游戏怪物NPC

欧美网络游戏女角色

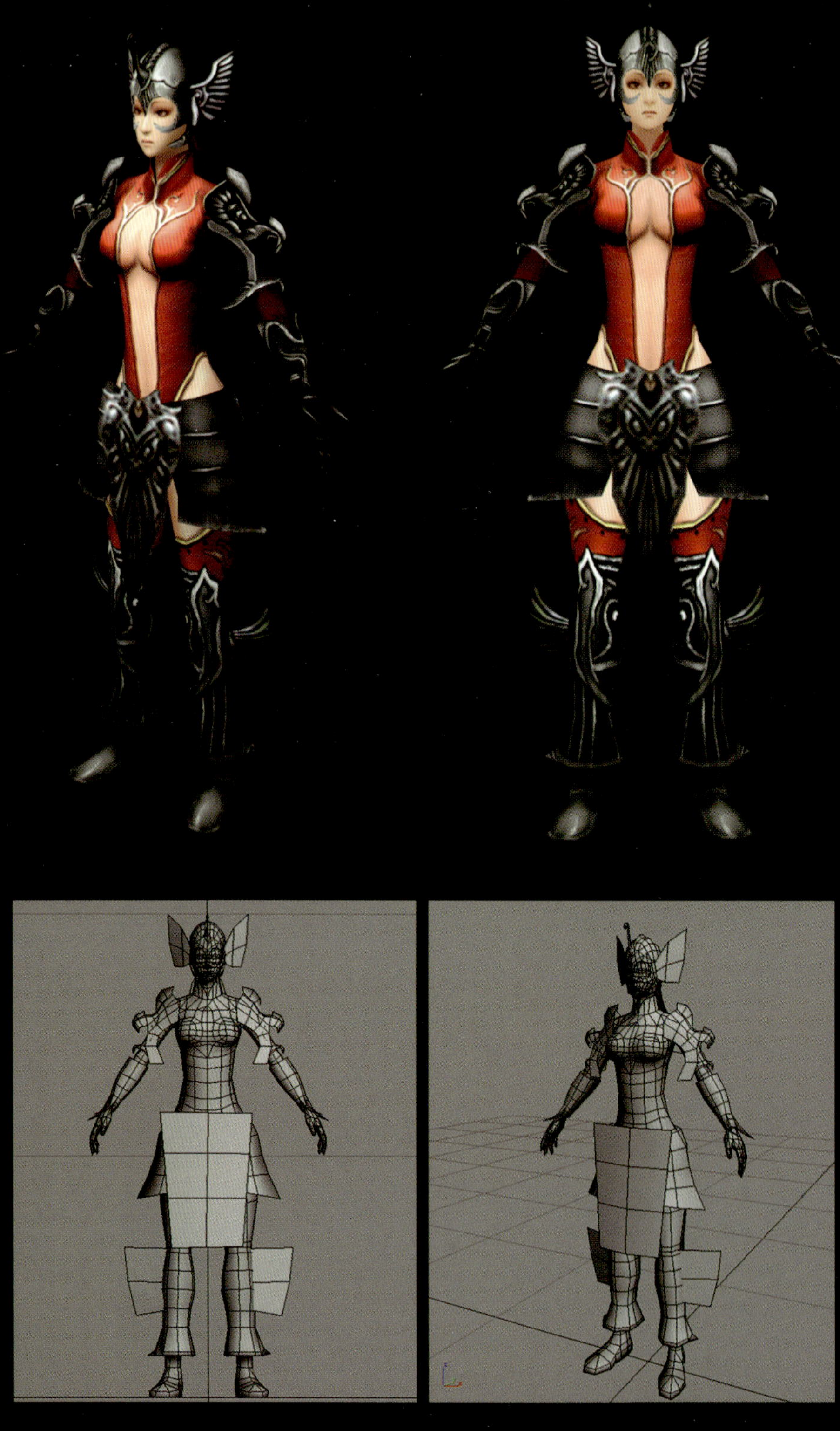

四足动物NPC（熊）

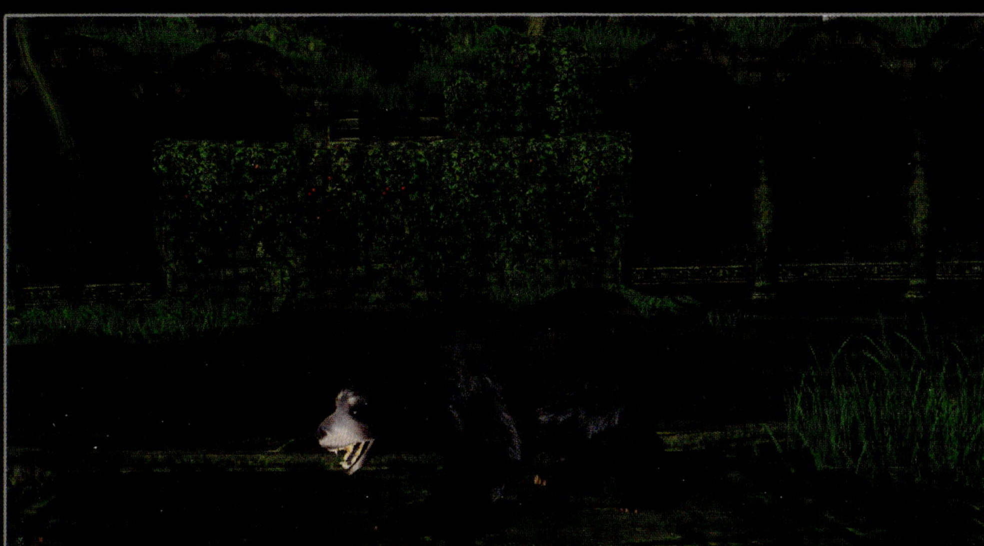

人形怪物（Boss）

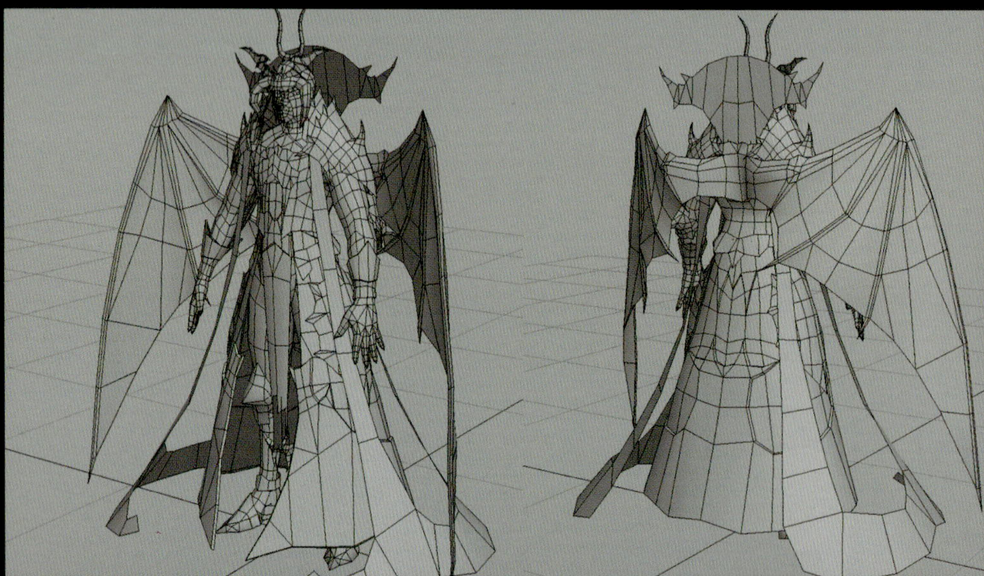

动漫游戏
系列丛书

动 漫 游 戏 系 列 丛 书

Maya
游戏角色设计

谌宝业　张　凡　刘若海　等编著
设计软件教师协会　审

中国铁道出版社
CHINA RAILWAY PUBLISHING HOUSE

内 容 简 介

本书整合了国内众多资深游戏制作人的开发经验，将目前国内外游戏制作领域中的最前沿技术系统地分布到每个具体章节中，让学生真正体会到游戏制作的内部流程。本书没有过多的理论知识讲解，而是从游戏角色制作的实际操作中提炼出成熟技巧和制作思路，使学习者能够通过完整实例制作的操作训练，系统地掌握当今欧美游戏开发的制作方法。

全书共分 6 章：第 1 章详细讲解了欧美人体的解剖基础、形体特征，欧美游戏的角色风格和分类及其基本制作技法和流程等内容；第 2 章以欧美网络游戏中怪物 NPC 的制作为例，详细讲解了如何使用 Maya 2010 创建欧美游戏中比较常见的怪物角色；第 3 章以欧美网络游戏中女角色的制作为例，详细讲解了融合东西方风格的角色制作；第 4 章以四足动物 NPC（熊）的制作为例，详细讲解了欧美网络游戏中四足动物的创建技巧和表现方法；第 5 章以欧美网络游戏中 BOSS 级 NPC 的制作为例，详细讲解了欧美网络游戏中重要角色的制作手法和表现手段；第 6 章以制作欧美游戏中的男角色为例，全面系统地讲解网络游戏角色换装系统的基本制作方法和技巧。

为了辅助初学者学习，本书配套光盘中含有相关实例的高清视频文件，还包含了所有实例的素材以及源文件供读者练习时参考。

本书适合作为高等院校艺术类专业教材，也可作为高等职业院校艺术类专业教材、相关专业培训教材和游戏美术工作者的参考书。

图书在版编目（CIP）数据

Maya 游戏角色设计/谌宝业等编著. —北京：中国铁道出版社，2010.9
（动漫游戏系列丛书）
ISBN 978-7-113-11623-1

Ⅰ.①M… Ⅱ.①谌… Ⅲ.①三维－动画－图形软件，Maya Ⅳ.①TP391.41

中国版本图书馆 CIP 数据核字（2010）第 120813 号

书　　名：Maya 游戏角色设计
作　　者：谌宝业　张　凡　刘若海　等编著

策划编辑：秦绪好　王春霞
责任编辑：翟玉峰　　**读者热线电话**：400-668-0820
编辑助理：李维芳
封面设计：付　巍　　**封面制作**：白　雪
责任印制：李　佳　　**版式设计**：于　洋

出版发行：中国铁道出版社（北京市宣武区右安门西街 8 号　邮政编码：100054）
印　　刷：北京米开朗优威印刷有限责任公司
版　　次：2010 年 9 月第 1 版　　2010 年 9 月第 1 次印刷
开　　本：787mm×1092mm　1/16　**印张**：16.25　**字数**：369 千
印　　数：3 000 册
书　　号：ISBN 978-7-113-11623-1
定　　价：69.00 元（附赠光盘）

PREFACE

丛书序

动漫游戏产业作为文化艺术及娱乐产业的重要组成部分，具有广泛的影响力和潜在的发展力。

动漫游戏行业是非常具有潜力的朝阳产业，科技含量比较高，同时也是现在精神文明建设中一项重要的内容，在国内外都受到很高的重视。

进入21 世纪，我国政府开始大力扶持动漫和游戏行业的发展，“动漫”这一含糊的俗称也成了流行术语。从2004 年起至今，国家广电总局批准的国家级动画产业基地、教学基地、数字娱乐产业园已达16 个；全国超过300 所高等院校新开设了数字媒体、数字艺术设计、平面设计、工程环艺设计、影视动画、游戏程序开发、游戏美术设计、交互多媒体、新媒体艺术与设计和信息艺术设计等专业；2006 年，国家新闻出版总署批准了北京、成都、广州、上海4 个“国家级游戏动漫产业发展基地”。根据《国家动漫游戏产业振兴计划》草案，今后我国还要建设一批国家级动漫游戏产业振兴基地和产业园区，孵化一批国际一流的民族动漫游戏企业；支持建设若干教育培训基地，培养、选拔和表彰民族动漫游戏产业紧缺人才；完善文化经济政策，引导激励优秀动漫和电子游戏产品的创作；建设若干国家数字艺术开放实验室，支持动漫游戏产业核心技术和通用技术的开发；支持发展外向型动漫游戏产业，争取在国际动漫游戏市场占有一席之地。

从深层次上讲，包括动漫游戏在内的数字娱乐产业的发展是一个文化继承和不断创新的过程。中华民族深厚的文化底蕴为中国发展数字娱乐及创意产业奠定了坚实的基础，并提供了广泛而丰富的题材。尽管如此，从整体看，中国动漫游戏及创意产业面临着诸如专业人才缺乏、融资渠道狭窄、缺乏原创开发能力等一系列问题。长期以来，美国、日本、韩国等国家的动漫游戏产品占据着中国原创市场。一个意味深长的现象是，美国、日本和韩国的一部分动漫和游戏作品取材于中国文化，加工于中国内地。

针对这种情况，目前各大专院校相继开设或即将开设动漫和游戏的相关专业。然而，真正与这些专业相配套的教材却很少。北京动漫游戏行业协会应各大院校的要求，在科学的市场调查的基础上，根据动漫和游戏企业的用人需要，针对高校的教育模式以及学生的学习特点，推出了这套动漫游戏系列教材。本套教材凝聚了国内外诸多知名动漫游戏人士的智慧。

本从书的特点为：

- 三符合：符合本专业教学大纲，符合市场上技术发展潮流，符合各高校新课程设置需要。
- 三结合：相关企业制作经验、教学实践和社会岗位职业标准紧密结合。
- 三联系：理论知识、对应项目流程和就业岗位技能紧密联系。
- 三适应：适应新的教学理念，适应学生现状水平，适应用人标准要求。
- 技术新颖、任务明确、步骤详细、实用性强，专为数字艺术紧缺人才量身定做。
- 基础知识与具体范例操作紧密结合，边讲边练，学习轻松，容易上手。
- 课程内容安排科学合理，辅助教学资源丰富，方便教学，重在原创和创新。
- 理论精练全面、任务明确具体、技能实操可行，即学即用。

动漫游戏系列丛书编委会

2009 年10 月

FOREWORD

前言

进入21世纪后，我国政府开始大力扶持动漫和游戏行业的发展。截至2008年，中国网游产业收入已经超过传统的三大娱乐产业：电影、电视和音乐，成为中国娱乐业与互联网行业发展的先锋。网游行业的高速发展，导致企业对人才的需求更为迫切。有调查显示，今后3年内，游戏开发人员缺口在20万左右。

在游戏产业发达的国家，游戏人才的培养已形成稳定规模。许多大学都有对口的专业来为游戏产业培养人才。而在我国，多渠道人才培养体系还很薄弱，专业培训机构也无法完全满足网游公司对基础性人才的需求。因此，中国的游戏产业必须在多渠道人才培养方面加快进程，尽快建立起完善的多渠道人才培养体系。

目前，各大专院校已开设或即将开设动漫和游戏的相关专业。然而，真正与这些专业配套的教材却很少。北京动漫游戏行业协会应各大院校的要求，在科学的市场调查的基础上，根据动漫和游戏企业的用人需要，针对高校的教育模式以及学生的学习特点，推出了这套动漫游戏系列教材。

本套教材凝聚了国内外诸多知名动漫游戏人士的智慧，课程内容安排科学合理，辅助教学资源丰富，步骤详细，实用性强，专为数字艺术紧缺人才量身打造。所有实例均是高校（中央美术学院、中国传媒大学、清华大学美术学院、北京师范大学、首都师范大学、北京工商大学传播与艺术学院、天津美术学院、天津师范大学艺术学院、山东理工大学艺术学院、河北艺术职业学院）教学主管和骨干教师从教学理论和实际工作中总结出来的，同时，也是全国所有热爱数字艺术教育的专业制作人员的智慧结晶。

参与本书编写的人员有谌宝业、张凡、刘若海、李岭、谭奇、冯贞、顾伟、李松、程大鹏、关金国、许文开、宋毅、李波、宋兆锦、于元青、孙立中、肖立邦、韩立凡、王浩、张锦、曲付、李羿丹、刘翔、田富源等。

本书适合作为高等院校、高等职业院校相关专业师生或社会培训班的教材，也可作为建模设计爱好者的自学和参考用书。

由于作者水平有限，书中难免有不妥之处，敬请读者批评指正。

游戏开发系列教材编委会

2010年8月

CONTENTS 目录

第 1 章 游戏角色设计分析 1

1.1 Maya 游戏角色剖析 1

1.1.1 欧美人体解剖基础 1

1.1.2 欧美游戏角色（人物、动物、怪物）的风格特点 7

1.2 网络游戏角色设计技法 12

1.2.1 角色原画概念设定 12

1.2.2 原画和角色建模的关系 14

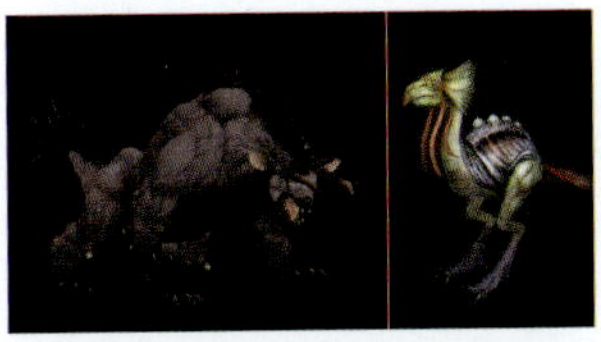

1.3 网络游戏角色制作流程 15

1.3.1 原画设定分析 15

1.3.2 制作模型和贴图 15

课后练习 17

第 2 章 游戏怪物 NPC 的制作 18

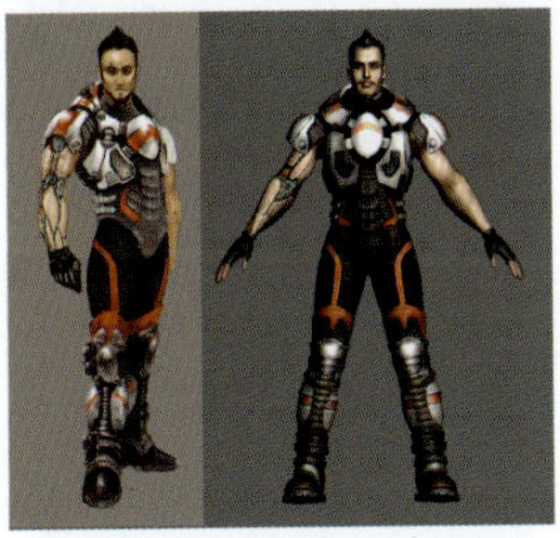

2.1 怪物 NPC 原画分析 18

2.2 创建怪物 NPC 的模型 19

2.2.1 怪物模型制作分析 19

2.2.2 创建怪物头部的模型 20

2.2.3 创建怪物身体的模型 42

2.2.4 创建怪物手和脚的模型 60

2.2.5 创建怪物的装备模型 61

2.3 怪物 NPC 的 UV 编辑 64

2.3.1 认识 Maya 2010 中的 UV 编辑器 64

2.3.2 怪物身体的 UV 编辑 69

2.3.3 怪物手和脚的 UV 编辑 80

2.3.4 怪物头部的 UV 编辑 83

2.3.5 怪物装备的 UV 编辑 86

2.4 怪物 NPC 的贴图绘制 88

课后练习 96

第 3 章　欧美网络游戏女角色的制作 97

3.1　原画设定分析 98
3.2　制作女性角色 98
　　3.2.1　头部模型制作分析 98
　　3.2.2　制作角色头部模型 99
　　3.2.3　编辑头部的 UV 106
　　3.2.4　制作角色身体模型 111
　　3.2.5　编辑角色身体的 UV 117
　　3.2.6　制作角色装备和编辑装备 UV 120
3.3　女角色贴图的绘制 124
　　3.3.1　提取 UV 线框 124
　　3.3.2　绘制基础纹理 125
课后练习 132

第 4 章　四足动物 NPC(熊)的制作 133

4.1　原画造型的设定分析 134
4.2　制作熊的基本形体 134
　　4.2.1　制作熊的身体模型 134
　　4.2.2　制作熊的头部模型 143
4.3　编辑熊的模型的 UV 152
4.4　绘制熊的贴图材质 161
课后练习 165

第 5 章　人形怪物(Boss)的制作 166

5.1　Boss 角色原画分析 167
5.2　Boss 模型的创建 168
　　5.2.1　Boss 模型制作分析 168
　　5.2.2　创建 Boss 头部模型 169
　　5.2.3　创建 Boss 上半身模型 174
　　5.2.4　创建 Boss 腿部模型 179
　　5.2.5　创建 Boss 手臂模型 180
　　5.2.6　创建 Boss 手和脚的模型 182
　　5.2.7　创建 Boss 的装备模型 183
5.3　Boss 的 UV 编辑及调整 188
　　5.3.1　头部的 UV 编辑 189
　　5.3.2　身体的 UV 编辑 192
　　5.3.3　装备的 UV 编辑 193
5.4　Boss 贴图的绘制 196
　　5.4.1　提取 UV 线框 196
　　5.4.2　绘制基础纹理 198

5.4.3 刻画细节纹理 …… 199

课后练习 …… 200

第6章 欧美网络游戏男角色的制作 …… 201

6.1 原画造型的设定分析 …… 202

6.2 制作男性角色 …… 203

6.2.1 模型制作分析 …… 203

6.2.2 制作男角色头部模型 …… 204

6.2.3 制作男角色身体模型 …… 211

6.2.4 编辑男角色的UV …… 222

6.2.5 绘制男角色贴图 …… 232

6.3 角色换装赏析 …… 241

课后练习 …… 243

第1章 游戏角色设计分析

在游戏世界中，最能吸引玩家的莫过于形象各异的角色造型，一款游戏的成功与否，除了内在的娱乐性之外，那些令人印象深刻的角色也同样功不可没！看看《古墓丽影》中美丽善良的劳拉，《诛仙》中聪明活泼的陆雪琪，《最终幻想》中英俊勇敢的克劳德，无不充满了人格魅力，吸引着玩家迫不及待地去体验游戏。

随着游戏文化发展的多元化，充满想象力的游戏角色越来越多地出现在游戏中。作为一名优秀的游戏角色设计者，除了需要了解不同种族、不同地区的风俗习惯、服饰特点、相貌特征和体形比例，更需要了解不同国家、不同地区的游戏角色的设计风格。下面将向大家介绍和讲述欧美人种的形体特征，以及欧美风格游戏的角色特点。

1.1 Maya 游戏角色剖析

本节分为欧美人体解剖基础和欧美游戏角色（人物、动物、怪物）的风格特点两部分。

1.1.1 欧美人体解剖基础

角色建模师是游戏美术中最具挑战性和创造性的一项工作。要想很好地塑造人物形象，就必须掌握人体解剖学的相关知识。实践证明，在塑造人物形象时，如果缺乏解剖学知识的引导，往往会感到无从入手。有时就算能勉强塑造出人物的形象，也很难制作出理想的作品。因此，对艺用解剖学基本知识的学习是非常重要和必要的。下面，我们就从游戏角色建模的角度出发，向大家介绍在欧美游戏角色建模时常用的一些艺用解剖学基础知识。

1. 欧美人体比例

每个人都有自己的长相，高矮胖瘦不尽相同，其比例相态也因人而异。人体的整体比例关系，现在通用的是以自身头长的长度来测量，就是通常所说的“头长”。欧洲人通常比亚洲人高，欧洲成年男性身高比例一般为8～9个头长，如图1-1所示，女性通常为7～8个头长；而亚洲成年男性身高比例一般为7～7.5个头长，女性一般为6～6.5个头长。

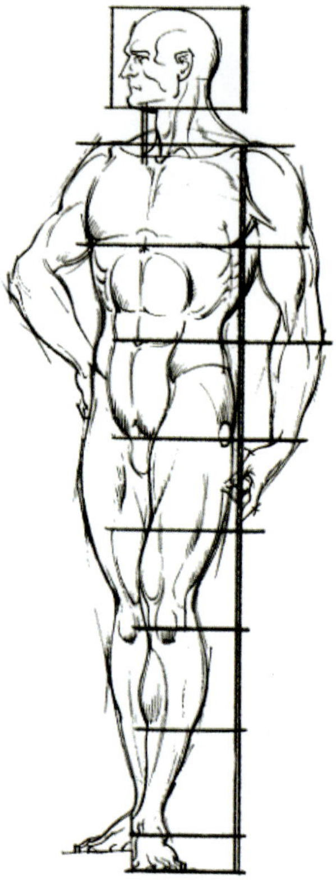

图 1-1　欧洲成年男性的身高比例

欧洲和亚洲人体特征的差别还表现为躯干和四肢长短的不同。总体来说，欧洲人躯干短、上肢短、下肢长；亚洲人躯干长、上肢长、下肢短。欧洲和亚洲人体比例的差别，通常女性比男性表现明显。

1）欧美人基本人体比例

8 个头长的人体比例分段如下：

- 头自高。
- 下巴到乳头。
- 乳头到脐孔。
- 脐孔到耻骨联合下方。
- 耻骨联合到大腿中段下。
- 大腿中段下到膝关节下方。
- 膝关节下方到小腿 3/4 处。

在游戏制作中，假如被描述的游戏角色难以确定其高度（头被遮挡或是戴着帽子），可以采用从下往上测量的方法。比如 8 个头长的人体，从足底到髌骨为 2 个头长；再到髂前上棘又是 2.5 个头长；再到锁骨又是 2 个头长；剩下的部分为 1.5 个头长。四肢的测量方法：手臂的长度约 3 个头长，其中前臂约 1 个头长，上臂约 4/3 个头长，手约 2/3 个头长。其余部位的测量方法：肩宽接近 2 个头长，庹长（两臂左右伸直成一条直线的总长度）等于身高，第七颈椎的臀下弧线约 3 个头长，大转子之间 1.5 个头长，颈长是 1/3 个头长。一般来说，身高越高，其四肢就越长；身高越矮其四肢就越短。

2）男女人体比例

男性与女性之间有比较明显的形体差异，在进行角色设计时，一定要注意强化这种差异。

如果成年男性身高为8.5个头长，则颈部到腰为3个头长，臀部到脚底为4.5个头长，头部为1个头长；如果身材高大的男子身高为9个头长，即颈部到腰为3.5个头长，臀部到脚底为4.5个头长，头部为1个头长。与女性相比，男性肩较宽，锁骨平宽而有力，四肢粗壮，肌肉结实饱满，外形可以用倒梯形来概括。

如果成年女性身高为7个头长，以头为基准，头部为1个头长，颈部到腰为2.5个头长，臀部到脚底为3.5个头长；如果矮小女子身高为6个头长，其中颈部到腰，臀部到脚底各减0.5个头长。与男性相比，女性肩膀窄，坡度较大，颈部较细，四肢比例略小，腰细胯宽，胸部丰满。

男女身体比例和外形的区别如图1–2和图1–3所示(1ft=12in=0.3048m)。

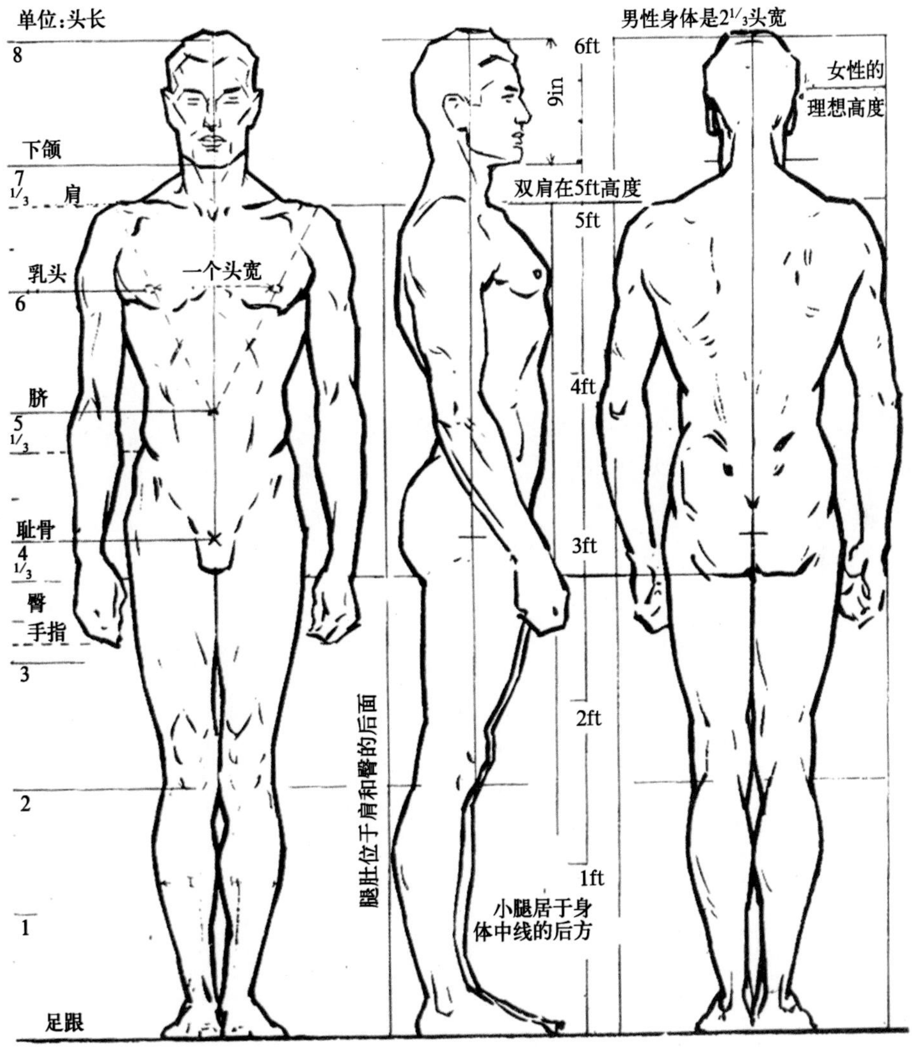

图1–2　男性身体和比例

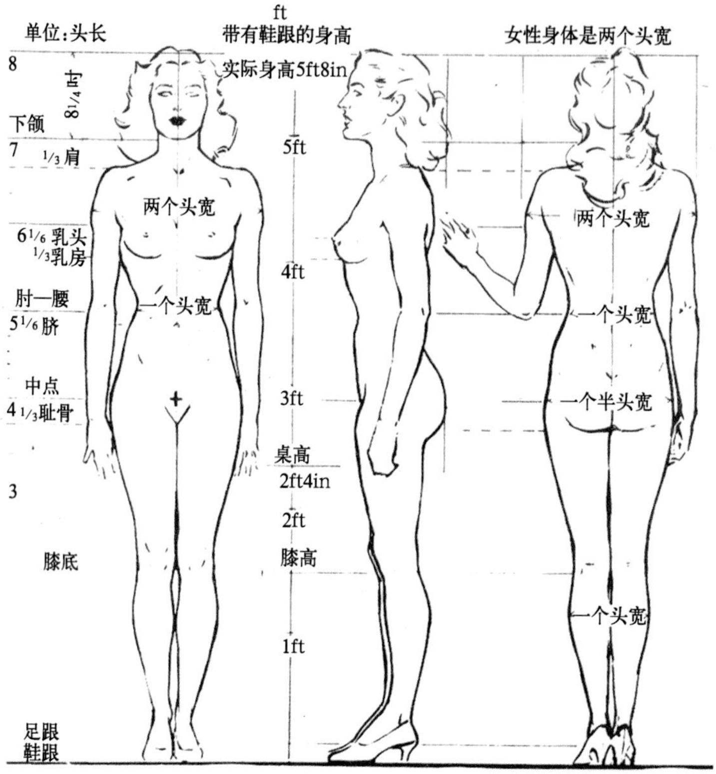

图 1-3　女性身材外形比例

3）儿童、老年人体比例

儿童身高一般为 3～4 个头长，其中四肢比较短小，手臂长度一般只能达到胯部，腿也比较短，而头部则无论是从宽度还是高度上都占有比较大的比例。儿童由于发育尚未成熟，因而男女形态差异较小，颈部、腰部及至整个肢体的曲线都不如成人明显。儿童的形态，年龄越小越显得平直、浑圆，如图 1－4 所示。

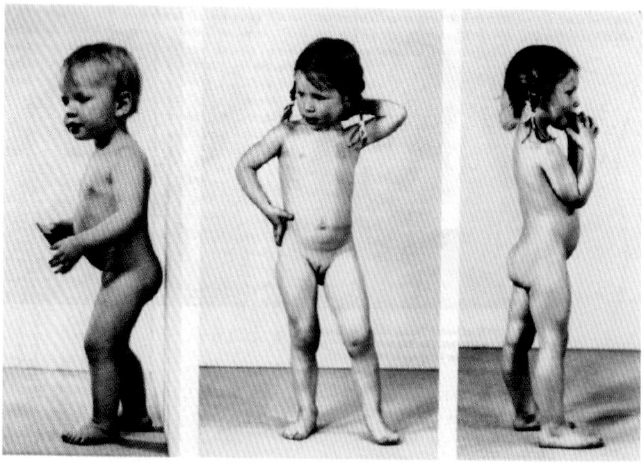

图 1-4　儿童人体比例

老年人身高比青年时要矮，往往不足7.5个头长，身材比例较成年人略小一些，头部和双肩的距离略近一些。老年人会有一定的驼背现象，腿部也稍弯曲，行走时步伐显得有些蹒跚。老年人的这些身体特征，在设计角色的时候需要特别注意。图1－5所示为老年人和青年人的人体比例示意图。

4）不同形体的人体比例

人体体型的个性特征大体可分为均匀、胖和瘦3种类型。它们的区别首先是骨骼的差别，其次是肌肉和脂肪的多少。欧美人的肥胖，主要表现为皮下脂肪分布在腰、下腹、臀等部位，腹大腰粗，其他部位却无明显特征。较瘦的欧美人体骨骼纤细、胸部长而窄，骨骼的骨点、骨线显于体表，脊椎曲线一般都呈“弓”形。

要注意，女子再瘦，其胸脯和臀部的造型依然呈现出女子的形态；男子再胖，也不能有丰满女子隆起的胸脯和臀部。肥胖男子腰粗，丰满的女子由于臀部脂肪加厚而显得腰更细；肥胖男子曲线简单，丰满的女子曲线大，节奏感强。

5）人体黄金比例

人体黄金比例是意大利的著名画家达·芬奇提出的人体绘画规律：标准人体的比例头部是身高的1/8，肩宽是身高的1/4，平伸两臂的宽度等于身长，两腋之间宽度与臀部宽度相等，乳房与肩胛下角在同一水平线上，大腿正面厚度等于脸的厚度，人跪下时的高度为身高的3/4，如图1－6所示。

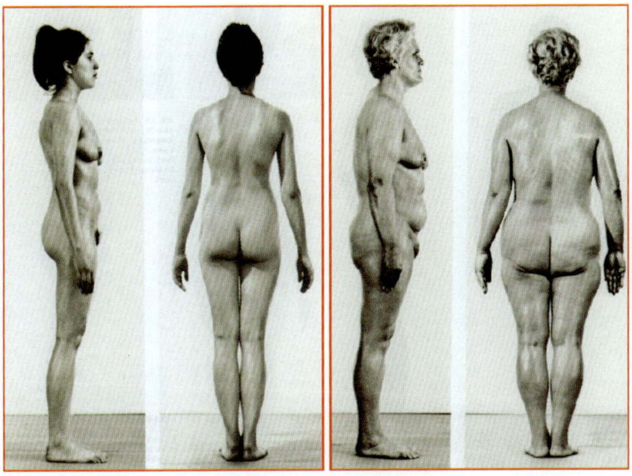

图1－5 老年人和青年人的人体比例示意图

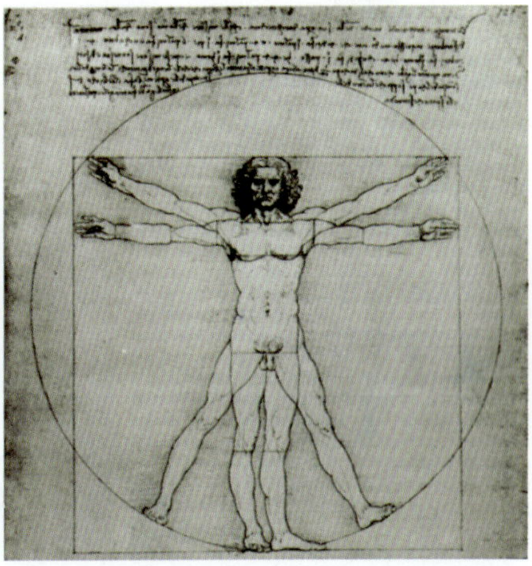

图1－6 达芬奇的人体黄金比例

而所谓黄金分割定律，是指把一定长度的线条或物体分为两部分，使其中一部分对于全体之比等于其余一部分对这部分之比，这个比值近似为0.618：1。对完美的人体结构而言，肚脐是身体上下部位的黄金分割点，肚脐以上的身体长度与肚脐以下身体长度的比值也近似为0.618：1。

2. 面部比例

人的面部是由眉、目、鼻、口、脸等各种器官按不同比例关系组合而成的。

正常人的脸型常有4种形态，即圆形、方形、椭圆形和长形。又有人将脸型分为“田”、“由”、“国”、“用”、“目”、“甲”、“风”、“申”等形态，目前公认椭圆形（即鹅蛋形）的脸最为俊美，方形脸则显得比较刚毅，圆形脸显得憨厚，长形脸给人以精明能干的感觉。图

1－7 所示为欧美人不同脸型的比较。这些一般化的头部比例只能作为角色建模时的参考，最重要的是在实践中灵活运用，正确区别不同的形态结构，才能体现所描述对象的特征。

面部比例常用“三庭、五眼、三均”的概念来概括，如图 1－8 所示。三庭，是指上自额部发际缘，下至两眉间联线的距离为一庭；眉间至鼻底为第二庭；鼻底至下颌缘为第三庭。这三庭比例相同，各占面长的 1／3。五眼，是指两只耳朵中间的距离为五只眼睛的长度。在两侧眼裂等长的情况下，两内眼角的宽度是一只眼长的距离。从两侧外眼角至发际缘又各是一只眼裂的长度。三均，是指在口裂水平方向，正常面宽是口裂静止时的长度（正面宽）的 3 倍。下颌角宽大或咬肌肥厚的人，从正面看，面宽就超过三均比例。

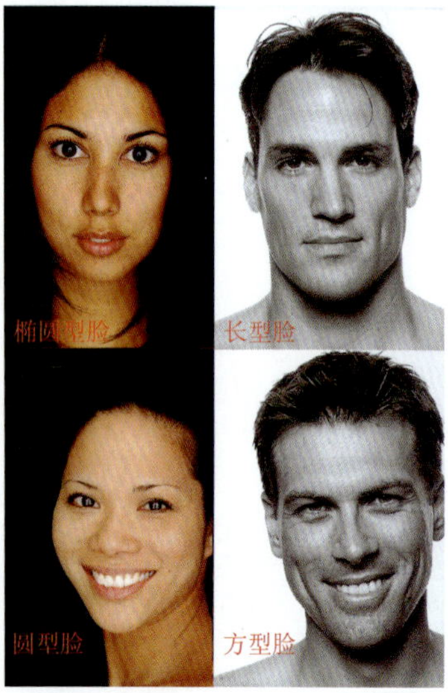

图 1－7　欧美人的各种脸型

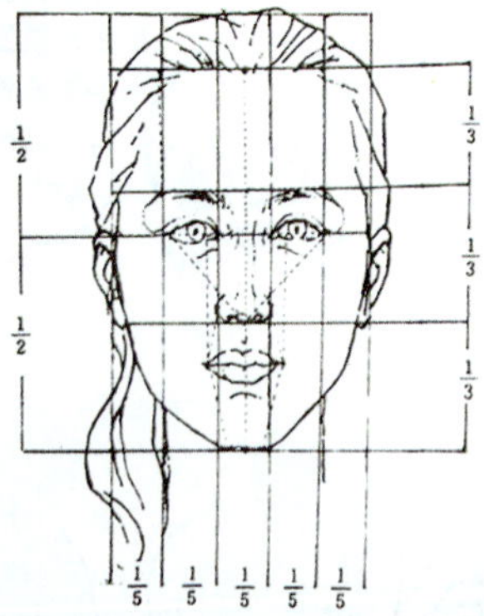

图 1－8　三庭、五眼、三均示意图

3．五官形态

欧美人的五官结构分明，立体感强，在建模时要注意与东方人的面部特征区别开。

1）眼睛

眼睛是由瞳孔、角膜、眼角组成的，呈球形，嵌在眼睛窝里，上、下眼睑包裹在眼球外，边缘长有睫毛，呈放射状。上眼睑，睫毛较粗长且向上翘，下眼睑睫毛细而短且向下弯，如图 1－9 所示。眼睛形状不同，有圆、扁、宽、双眼皮、单眼皮等区别。年龄段不同，眼睛的形状也不同。有的人内眼角低，外眼角高；有的人内外眼角较平，应认真注意区分。

2）眉头

眉头起自眼眶上缘内角，向外延展，越过眼眶的部分称为眉梢。眉分为两列：下列呈放射状，内稠外稀；上列覆于下列之上，气势向下，内侧直而刚，并且常因背光而显得深暗，外侧呈弧形，因受光显得轻柔弯曲。人的眉毛、走形、浓淡、长短、宽窄都不尽相同，是年龄、性别、性格、表情的有力标志。

3）鼻子

鼻子隆起于面部，呈三角状，由鼻根和鼻底两部分组成。鼻子上部的隆起是鼻骨，它小而结实，其形状决定了鼻子的长、宽等。鼻骨下边连接鼻软骨、鼻侧软骨和鼻翼软骨，鼻翼可随呼吸或表情翕动，如图 1－10 所示。鼻子的形状很多，因人而异，有高的、肥厚的，也有尖细的或扁平的等。

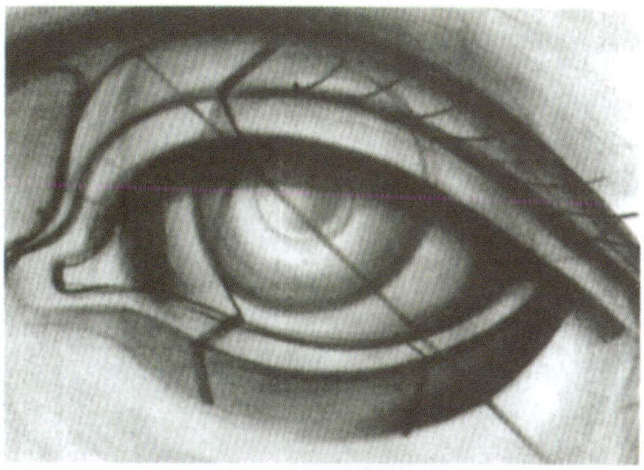

图 1-9　眼睛的示意图

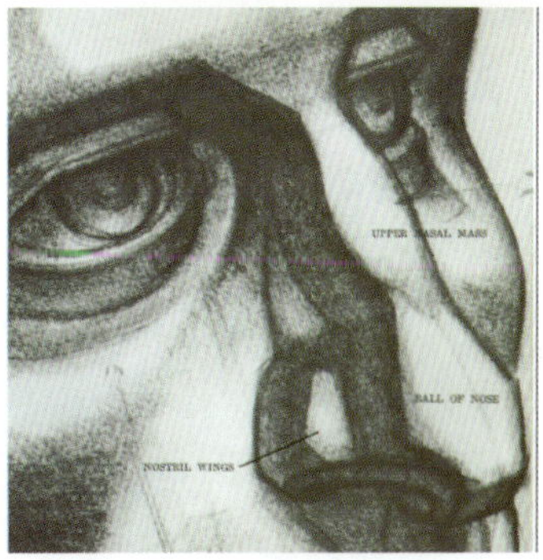

图 1-10　鼻子的结构

4）嘴唇

如图 1-11 所示，嘴唇由口轮匝肌组成，上下牙齿生在半圆形的上下颅骨齿槽内，外部呈圆形，上唇中间皮肤表面有凹条，称为人中。嘴唇的表面有唇纹，每个人的唇纹形状不同。椭圆形的口腔周围有肌肉纤维（口轮匝肌）在嘴角处交织叠合，使皮肤收缩附着在嘴柱上，嘴角边缘的皮肤有一条皱纹，是从两侧鼻翼延伸下来的，这条皱纹向下同下颌裂纹融合，由这块肌肉伸展出各种不同的面部表情肌肉。

5）耳朵

耳朵由外耳轮、三角窝、内耳轮、对耳屏、耳屏和耳垂组成，如图 1-12 所示。耳朵是软骨组织，具有一定的弹性，形似水饺，稍斜长在头部的两侧。

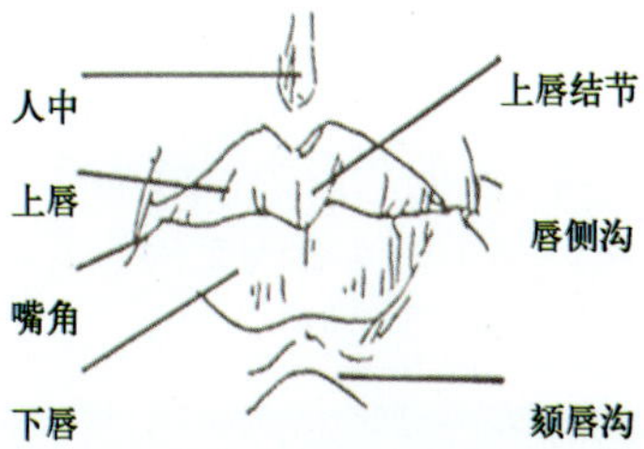

图 1-11　嘴的结构

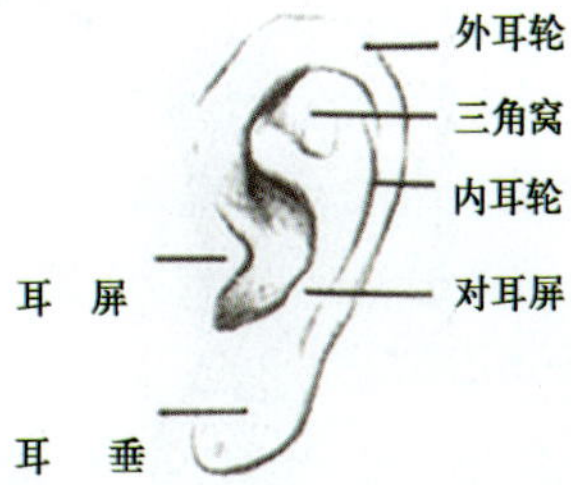

图 1-12　耳朵的结构

1.1.2　欧美游戏角色（人物、动物、怪物）的风格特点

与中、日、韩游戏的风格迥然不同，欧美游戏以写实风格的作品居多，无论是魔幻题材的《魔兽世界》，战争题材的《使命召唤》，还是探险题材的《孤岛惊魂》，欧美游戏始终坚持着自己一贯的写实风格。而游戏中的各类角色，也凭借着鲜明的面部特征、丰富的肢体动作，深深地吸引着广大玩家。作为一名游戏美术设计师，需要对不同风格、不同形体特征的游戏角色有着基本的了解。下面是为大家选取的一些典型欧美风格的游戏角色作品。

1. 欧美网络游戏的角色风格

也许是文化上的差异，造成欧美网络游戏在中国游戏市场上有点水土不服的感觉。但从整体质量来看，欧美网络游戏不乏上乘之作。《魔兽世界》、《自由国度》、《极品飞车》、《指环王》等经典游戏，相信每个玩家都不陌生。

1）欧美网络游戏的人物风格

欧美网络游戏的人物风格多为写实风格。由于游戏编辑器足够强大，使得欧美游戏公司在角色塑造上力求完美和真实，即便是魔幻类题材的游戏角色，游戏设计者也会尽最大可能制作出真实的细节。大多数欧美游戏情节紧张，为冒险与即时战斗类。图 1－13 所示为两款欧美网络游戏人物的造型。

图 1－13　欧美网络游戏人物造型

2）欧美网络游戏的动物风格

欧美网络游戏中的动物也多为写实风格，不过天马行空的想象力让游戏设计师在制作动物角色时，常常加入一些科幻或魔幻风格的艺术元素。图 1－14 和图 1－15 所示为两款欧美网络游戏动物造型。

图 1－14　欧美网络游戏动物造型 1

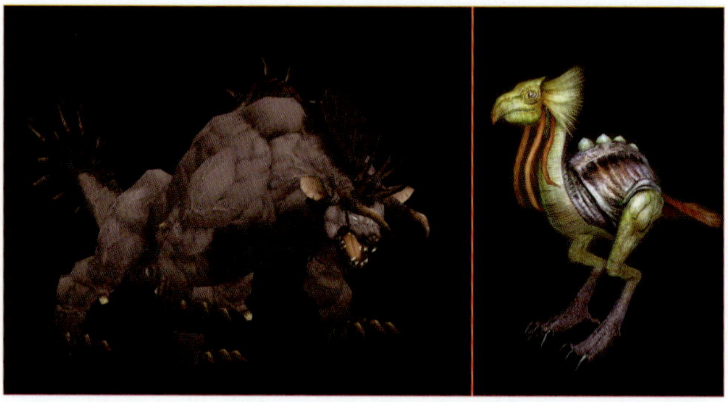

图 1－15　欧美网络游戏动物造型 2

3）欧美网络游戏的怪物风格

怪物角色对任何一款网络游戏而言都是不可或缺的，欧美网络游戏也不例外。或许是偏爱写实风格的原因，欧美网络游戏中的怪物多为人形怪物，让设计师在尽情发挥想象力的同时，还可以充分利用他们细腻的技术，再现神话故事中的人头马、吸血蝙蝠等形象，如图 1－16 和图 1－17 所示。

图 1–16　欧美网络游戏人形怪物造型 1

图 1–17　欧美网络游戏人形怪物造型 2

2．欧美次世代游戏的角色风格

相较于网络游戏，次世代游戏因为主机运算能力出众，画面质量和游戏性能均有很大提高，而擅长动作类游戏开发的欧美游戏制作者，更是将这一优势发挥到极致。

（1）欧美次世代游戏人物角色风格

《虚幻》系列游戏将《Ureal》引擎在物理碰撞和光影渲染方面的能力发挥得淋漓尽致，设计者在游戏开发中使用了大量的法线贴图技术，使皮肤和装备的纹理充满了质感，非常真实。图 1–18 所示为《虚幻竞技场》中的两个角色。

图 1–18　《虚幻竞技场》角色

（2）欧美次世代游戏动物角色风格

次世代游戏中动物 NPC（非玩家控制角色）的设计虽然也有夸张和变形，但依然遵循着正常动物的身体比例来制作，符合大众心理认同的标准，但因为真实感强，对玩家来说还是具有很大的视觉冲击力。图 1－19 所示为欧美次世代游戏中动物 NPC 示意图。

图 1－19　次世代游戏动物 NPC

（3）欧美次世代游戏怪物角色风格

次世代游戏中的怪物多为人形生物，有僵尸、生化人、人形动物等。这些怪物的体型庞大、残忍凶暴，提高了玩家的征服欲望。因此在制作时多采用夸张变形的表现手法，可以使材质表现更为真实。图 1－20 和图 1－21 所示为欧美次世代游戏中的怪物角色。

图 1－20　《战争机器》怪物角色

图 1－21　添加了法线贴图的怪物角色

3．不同角色的分类（主角、Boss、NPC）

在一款游戏中，角色的重要性不言而喻，没有角色的游戏就好像没有演员的电影一样。这些包括主角、Boss 和 NPC 在内的游戏角色，使游戏的故事情节、娱乐文化及画面品质得以整体展现，让人震撼。可以说，角色是决定一款游戏生命力的重要因素之一。

游戏中的主角一般模型轮廓分明，材质绘制清晰，装备也比较齐全，如图 1－22 和图 1－23 所示。

图 1–22 《战争机器》主要角色

图 1–23 《惩罚者》主要角色

游戏中的Boss也可以定位为反派的主要角色，因此造型大多比较夸张，让玩家在战胜他们后，产生一种满足感和兴奋感。图1–24所示为次世代游戏中的Boss角色。

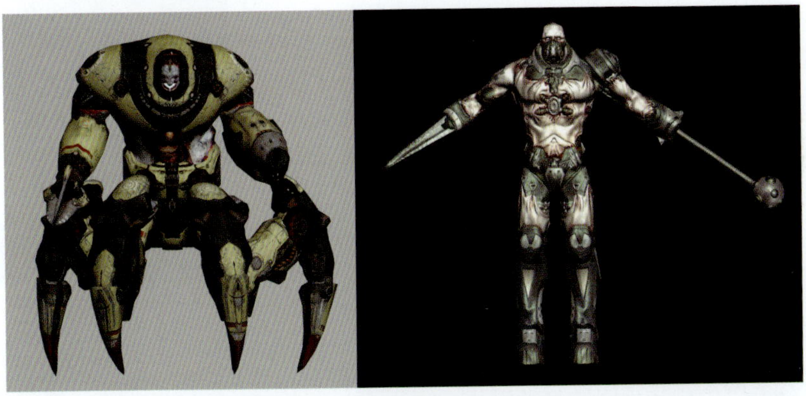

图 1–24 次世代游戏中的Boss角色

游戏中的NPC主要是为了配合主角进行游戏（交易、任务、技能）而存在，经常和玩家产生近距离的视觉接触。因此也需要制作出NPC模型的细节，精细程度根据其重要程度而定。图1–25所示为《使命召唤》中的NPC。

图 1–25 《使命召唤》NPC

1.2 网络游戏角色设计技法

网络游戏角色设计技法包括角色原画概念设定、原画和角色建模的关系两部分。

1.2.1 角色原画概念设定

游戏原画属于 CG 插画，主要是利用最新数码图像技术语言创造的绘画风格，是最前沿的插画设计形式。

优秀的游戏角色原画不仅可以为三维美术师提供参考和素材，同时也为游戏的市场推广提供有利的宣传方案。玩家会在游戏相关网站上首先看到各种宣传文案和角色原画，好的原画形象会立刻抓住玩家的心，使之期待游戏的发售。本节将为大家介绍一些经典游戏中出色的角色原画作品。

1.《魔兽世界》原画赏析

图 1－26 所示为《魔兽世界》中一个矮人的角色设定。粗壮的四肢显示出他强健的体魄，面部轮廓反映出他火爆的脾气，从全身的装备来看他的武力值很高，而火枪则表明了他的职业——猎人。那屏气凝神的姿态告诉我们，矮人是天生为了正义而战的战士！

图 1－26 《魔兽世界》矮人设定

2.《虚幻竞技场》原画赏析

如图 1－27 所示，夸张而厚重的铠甲，造型奇特的兵器，冷酷的外表，体现出他们是来自未来的优秀战士。在危险丛生、环境恶劣的未来科技世界，他们为保护地球家园、维护宇宙和平而英勇地战斗着。

图 1－27 《虚幻竞技场》人物设定

3.《暗黑破坏神 3》原画赏析

如图 1－28 所示，这是《暗黑破坏神 3》中的新增职业——巫医的角色设定。巫医是存在于传说中的神秘种族，游戏中他们能够使用可怕的魔法让自己的对手们伴随着爆炸和火焰而灰飞烟灭。即使还有敌人幸存，巫医也会继续使用自己的魔法指挥从阴曹地府中召唤出来的亡灵来撕裂敌人的躯体。从外貌特征来看，巫医擅长的应该是巫术，包括毒术、火焰术和召唤术等。

图 1－28　《暗黑破坏神 3》巫医设定

4.《黑暗之魂》原画赏析

图 1－29 所示为《黑暗之魂》游戏中的灵法师。她们是灾难的预兆者和幻术的大师，擅长利用人的心理，用制作出的幻象折磨敌人的灵魂。尽管她们有着漂亮的外表，但她们的内心异常残酷与冰冷。

图 1－30 所示为《黑暗之魂》中的弓箭手。他们曾经是古老王国隐秘卫队的成员，同时也会被指派执行侦查与暗杀任务。弓箭手宣誓效忠国王，手中的盾牌使他们在关键时刻可以保护国王，为此他们不顾骑士的名誉，在战斗中不择手段，因此被人称为堕落骑士。然而，在森林的深处，弓箭手们仍然在战斗着，他们的任务或许从来没有停止过。

图 1－29　灵法师

图 1－30　弓箭手

5.《波斯王子 3》原画赏析

图 1－31 所示为一张战士原画设定稿。图中战士身披华丽的盔甲，手持弯刀和圆盾，画面充满肃杀的气氛。武器精良也反映出角色善战的特点。

图 1－31　《波斯王子 3》角色设定

1.2.2　原画和角色建模的关系

游戏角色是游戏中最具生命特征和表现力的元素。游戏角色设计就是要通过外在的形象来表现出人物内在的精神气质和性格特征。游戏角色设计的质量高低直接影响到整个游戏的生动性，进而影响到玩家的置入感。在游戏开发中，角色原画绘制完成并敲定后，就会交给三维美术设计师按照原画制作模型和贴图。图 1－32 所示为《Kwari》中的游戏原画设定与最终模型效果。

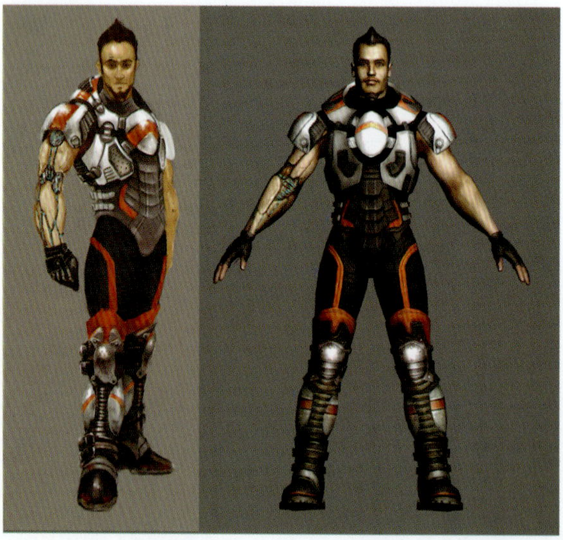

图 1－32　《Kwari》游戏原画设定与最终模型效果

1.3 网络游戏角色制作流程

无论漂亮可爱，还是特征鲜明，优秀的游戏角色都可以为玩家带来轻松快乐的游戏体验。比如《魔兽世界》中的牛头人，《暗黑破坏神》中的德鲁伊等，这些成功的游戏角色让玩家耳熟能详。本节将使用Maya 2010和Photoshop来制作一个简单的欧美游戏角色。通过本节的学习，读者应了解游戏角色制作的基本流程，为后面的学习做好铺垫。

1.3.1 原画设定分析

下面要制作的游戏角色原画设定稿如图1－32所示。这是一张欧美风格的原画，画面表达的是一位16岁左右的少女，身高在1.65m左右。根据前面介绍的制作原则，我们确定女孩的身材为7个头长。同时，在制作时要将女孩的眼睛制作得大一些，使她看起来更加可爱和生动，从而使角色更有亲和力。

图1－33　角色原画设定稿

1.3.2 制作模型和贴图

1）进入Maya 2010的主界面，然后在【Persp】视图中拉出一个立方体，再使用(Smooth)工具得到头部的基础模型，如图1－34所示。接着使用(Move Tool)和(Scale Tool)工具调整头部造型，效果如图1－35所示。

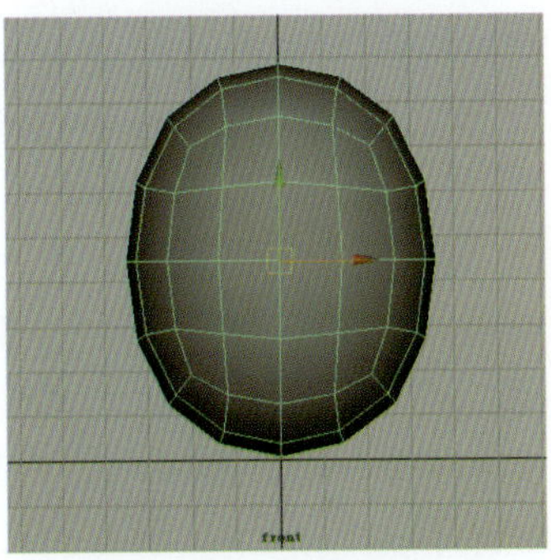

图1－34　头部基础模型

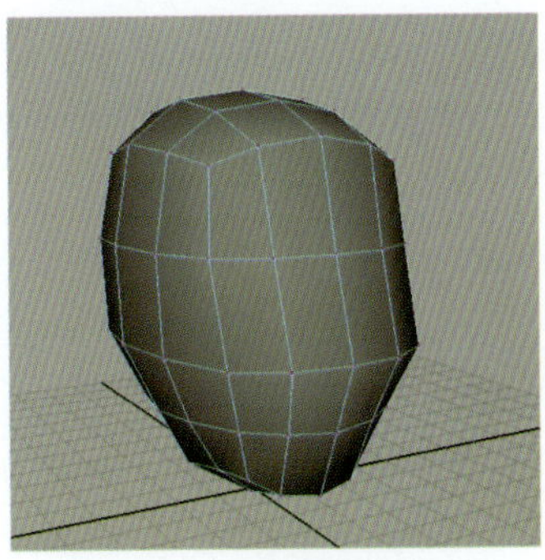

图1－35　头部造型效果

2）单击工具栏中的(Split PolyGon Tools）按钮，在头部按照人脸的五官分布添加边，然后按下【Enter】键确定，如图1－36所示。接着切换到【Vertex】子物体模式，以透视角度使用(Move Tool）工具适当调整五官造型，如图1－37所示。

3）同理，制作出身体造型，如图1－38所示。完成整体模型后，保存模型文件。

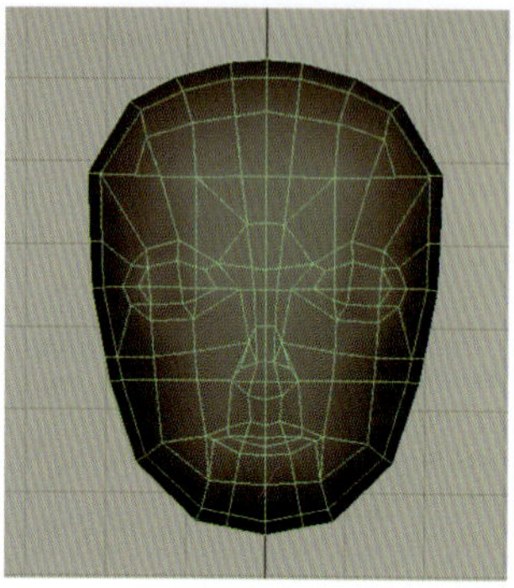

图1－36　在头部添加边

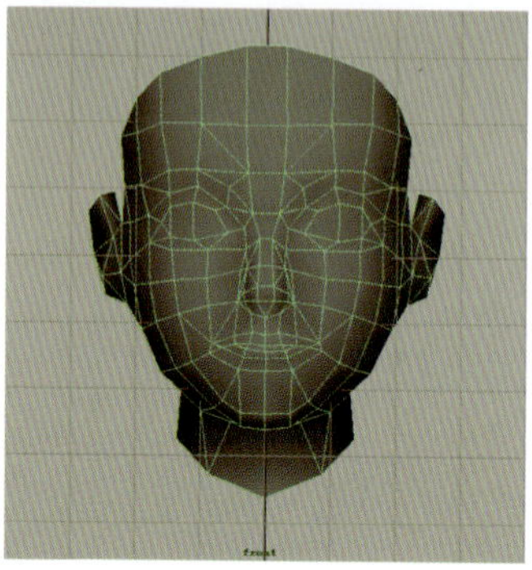

图1－37　调整出头部五官造型

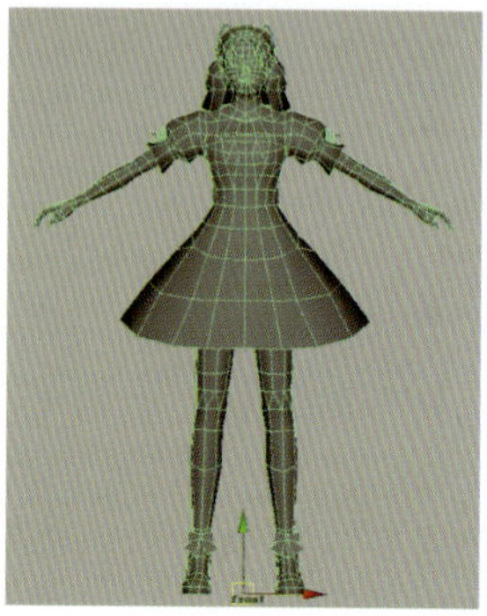

图1－38　完成女孩整体模型

4）对女孩模型进行UV编辑。只有编辑好UV，我们才能在平面软件中绘制女孩模型身上的皮肤、头发、衣服等纹理。打开Maya 2010的HyperShade（材质编辑器），给女孩模型指定一个“Lambert”材质球，然后给材质球赋予一张检测纹理——棋盘格贴图，如图1－39所示。接着根据模型结构，为各个部分依次指定“Planar Mapping”的UV映射方式，再打开UV Texture Editor（UV贴图编辑器），分别调整女孩局部模型的UV顶点，直到棋盘格图案规则显示为止。最后把各部分合理地摆放到0－1象限内，如图1－40所示。

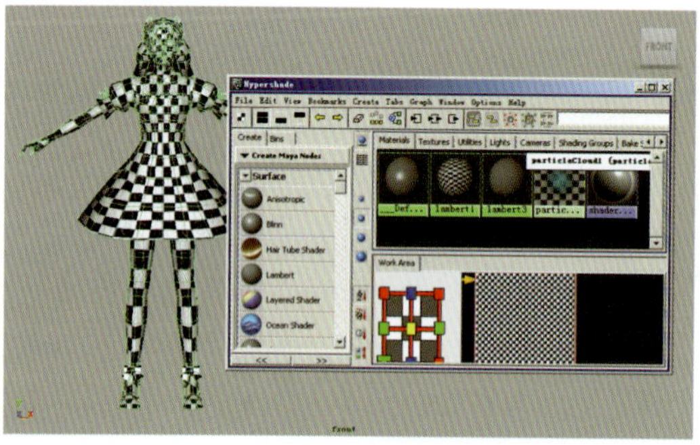

图1－39　给女孩模型指定棋盘格贴图

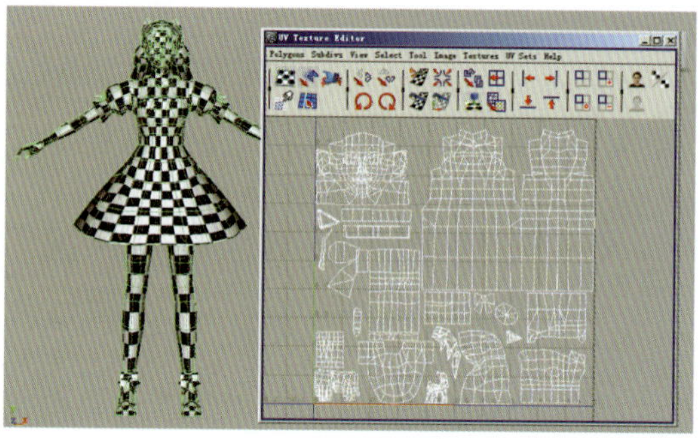

图1－40　编辑好女孩模型的UV

5）在UV Texture Editor中，选择右击弹出的快捷菜单中的【Edge】子对象，然后框选全部UV。选择菜单中的“SubDivs | UV Snapshot”命令，将编辑好的UV输出为“512 × 512”像素大小的2D线框图。

6）在Photoshop中打开UV线框图，提取线框。然后在线框层下方新建一个图层，根据编辑好的UV线框，也就是模型映射在棋盘格贴图上的坐标，绘制女孩模型的材质纹理，如图1－41所示。完成效果如图1－42所示。

7）纹理绘制好以后，将其保存为girls.psd文件。然后回到Maya 2010，打开HyperShade，利用绘制好的纹理贴图取代模型原有的棋盘格贴图，效果如图1－43所示。

图 1-41　根据 UV 坐标绘制女孩模型材质纹理

图 1-42　女孩模型的纹理绘制完成效果

图 1-43　完成女孩角色的制作

至此，我们完成了一个游戏角色的制作。由于本节是介绍性内容，大家只要对游戏角色建模的流程有一个简单认识就可以了，接下来会详细讲解使用 Maya 2010 制作游戏角色的完整流程和技巧。

课后练习

1）简述欧美网络游戏的角色风格，并列举出每种风格的代表性游戏。

2）简述原画与角色建模的关系。

3）简述欧美网络游戏角色制作流程。

第 2 章

游戏怪物 NPC 的制作

在一款游戏中，除了主要角色（玩家角色、Boss）之外，还有许多的辅助角色——NPC，他们来自不同种族，能力各异，能“作战”、会“交谈”， 可以让玩家在游戏中轻松地实现“买卖”、“练级”、“竞技”以及完成任务，是游戏娱乐功能不可缺少的组成部分。本章使用Maya 2010来创建一个欧美网络游戏中的怪物NPC，重点讲解游戏开发中怪物NPC的制作流程和技巧。本例中NPC的制作效果及UV展开图如图2-1所示；放置到编辑器中进行测试的最终效果如图2-2所示。通过学习本章，读者应掌握欧美游戏中怪物角色的制作技巧和表现手法，并了解相应的制作规范和流程。

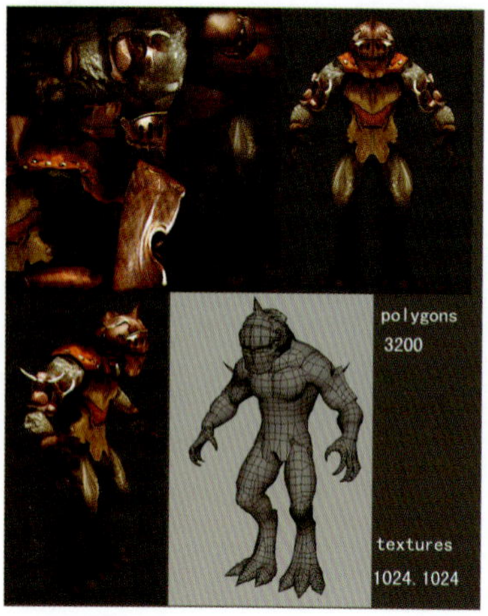

图 2-1 NPC 的制作效果及 UV 展开图

图 2-2 放置到编辑器中进行测试的最终效果

本实例制作分为原画设定分析、创建怪物模型、怪物的UV编辑及调整、怪物贴图的绘制4部分。

2.1 怪物 NPC 原画分析

较之于国内普通网络游戏开发，欧美网络游戏的制作流程更为复杂和严谨，对产品的质量要求也更加严格，模型的面数较多，贴图也大多靠手工绘制。在学习本章之前，首先要对怪物NPC的基本结构进行分析。游戏中怪物NPC的基本形态特征大多综合了动物和人类的特点，在美术表现上也比较大胆，某些部位与正常的人体比例会不一样。模型各部分的比例关系对后面的骨骼绑定和动画制作的影响很大，所以要严谨对待，灵活掌握这部分制作内容。

在创建模型之前要仔细分析角色的形体、服饰及性格特征，充分了解角色的设计构思。然后给角色划分出基本的结构图，以便在制作时能够准确地把握角色形体，更好地表现细节特征。

在游戏的原画设定中，需要对角色的身高比例、形象特征、服饰变化等作简要的标注，有时候甚至要根据角色装备和等级的不同来设定不同的服饰。

本例中怪物角色的原画设定为某营地哨兵，如图 2－3 所示。锤和盾表现出了怪物的力量型攻击方式，头部为厚重的金属头盔，身披轻便而紧凑的皮甲，裸露的鳞质皮肤具有较强的防御力，是典型的近战职业；头盔、手臂处的尖刺和肘部的护具具有很强的装饰性，这部分需要通过建模来进行细节表现。而胸部和腹部的皮甲带属于紧身装备，在制作中可以通过后期贴图来表现。

图 2–3　怪物角色原画

本例怪物角色的标准设定文案如下：

- 背景：此角色是一个欧美魔幻风格的怪物 NPC ——营地哨兵。营地哨兵属于游戏中比较普通的怪物战士角色。
- 特征：野蛮凶悍，智能较低，装备非常具有古代武士服装的特点。
- 技能：此怪物角色擅长锤类的力量型武器，擅长近战搏斗，以物理攻击为主。

2.2　创建怪物 NPC 的模型

本例怪物角色的模型制作内容分为怪物模型制作分析、创建怪物头部的模型、创建怪物身体的模型、创建怪物手和脚的模型、创建怪物的装备模型 5 个部分。

2.2.1　怪物模型制作分析

在创建模型之前，要根据原画来确定建模思路。原画效果如图 2－4 所示。本例将怪物模型分成头部、身体、四肢和装备 4 个部分来创建。

图 2-4　怪物原画分析结构图

头部：本例怪物的头部被金属头盔紧紧包裹，并且延伸到颈部，占用面积较大，需要在制作时重点表现。同时，怪物的头盔制作工艺精良，各个部分护甲彼此独立，但衔接巧妙，在建模时须认真考虑其表现手法。

身体：怪物身体比较小，而且护甲部分不多，因此可以直接创建整个身体。创建身体时可以考虑首先挤出大腿，再单独创建手臂，最后将之与身体结合到一起。

手和脚：手和脚是单独创建的，为了节省制作时间，可以用类似的手脚模型修改，进行简单创建。

装备：怪物手臂和身体上的一些装备，如护肩、腰带等需要单独创建。

2.2.2　创建怪物头部的模型

在游戏制作的过程中，大部分角色、场景、道具等的创建方法基本上以 Polygon 建模（即多边形制作）为主。因为这样可以保证游戏程序比较方便、快捷地读取所有模型的数据，并将之转换为游戏中的参数。

结合前面欧美女性角色的制作流程，本例也使用多边形（Polygon）建模的方法来完成怪物 NPC 模型。这里读者除了可以进一步巩固 1.3 节中多边形（Polygon）建模的相关知识外，还可以更深入地学习游戏中人形怪物的制作要点和技巧。

1. 制作头部基本形状

在完成怪物 NPC 的基本结构分析之后，接下来进行怪物头部模型的制作。前面分析了人物角色造型的基本方法，参照原画表现，本例怪物的头部是被头盔紧密包裹的，因此只要制作出头盔，即可完成大部分头部模型的创建。下面按照从整体到局部的制作方法来制作怪物的头部。

1）　进入 Maya 2010 的主界面，设置操作界面。这样，就可以在当前界面进行建模工作了。

2）　单击工具栏中的（Polygon Cube）按钮，在透视图中拉出一个立方体，如图 2-5 中 A 部分所示，然后修改立方体的坐标，如图 2-5 中 B 部分所示。

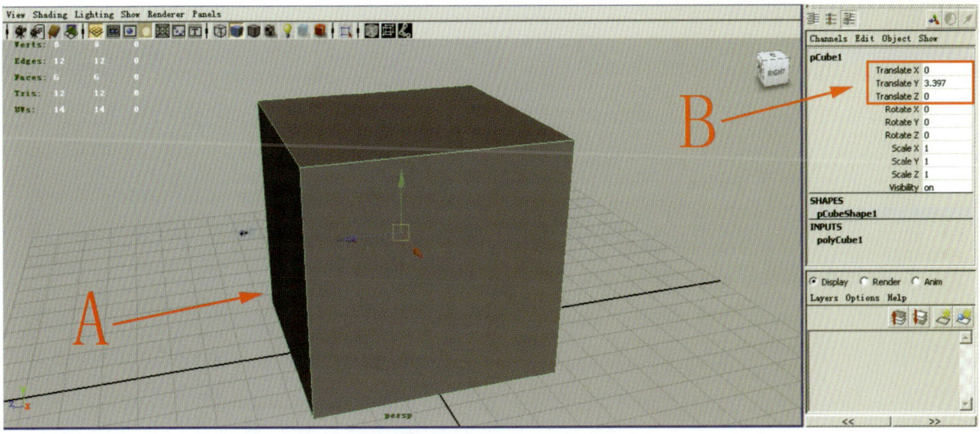

图2-5 创建立方体

3）双击顶部工具栏中的(Smooth）按钮，在弹出的属性对话框中设置参数，如图2-6（a）所示，单击“Apply”按钮，即可得到作为头部基础模型的立方体，效果如图2-6（b）所示。然后按【空格】键切换到【front】视图，再使用(Move Tool）和(Scale Tool）工具调整头部操作角度，效果如图2-6（c）所示。

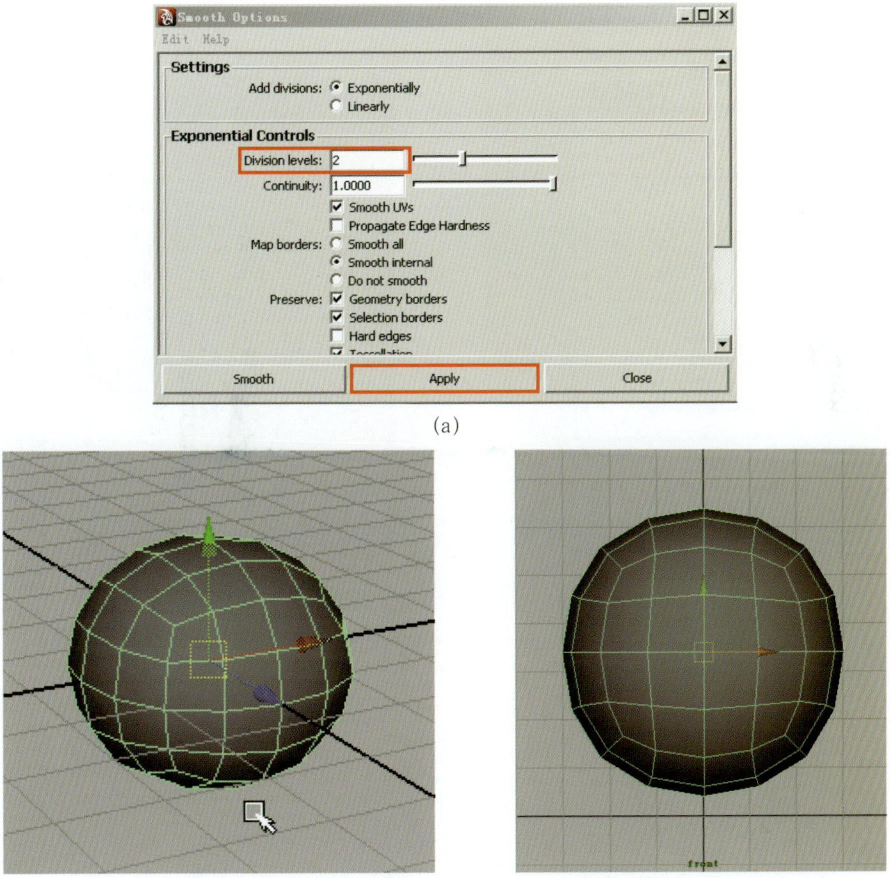

(a)

(b)　　(c)

图2-6 设置Smooth参数并调整其效果

提 示

Maya 2010 视图操作中，使用【Alt】+鼠标右键可以放大视图；使用【Alt】+鼠标左键可以旋转当前视图；使用【Alt】+鼠标中键可以平移视图，使用鼠标中键可以平移被选择的物体。

4）在头部模型上右击不放，然后在弹出的菜单中移动光标到如图 2-7 所示的【Face】按钮后，松开鼠标右键，进入【Face】子物体模式。接着在【front】视图中，选择头部模型左侧的面，按下【Delete】键进行删除，效果如图 2-8 所示。再在模型上右击，在弹出的菜单中移动光标至【Object Mode】按钮后，松开鼠标右键，进入相应子物体模式。最后单击“Edit | Duplicate Special”右侧的方形按钮，在弹出的“Duplicate Special Options”对话框中如图 2-9 中 A 部分所示设置参数，从而复制出另一半参考模型，效果如图 2-9 中 B 部分所示。

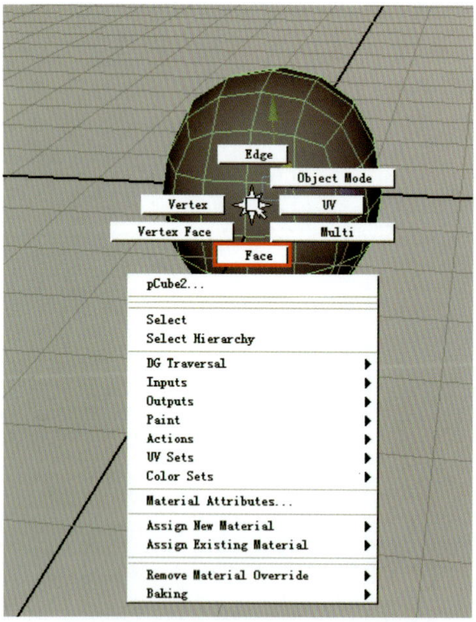

图 2-7 切换到【Face】子物体模式

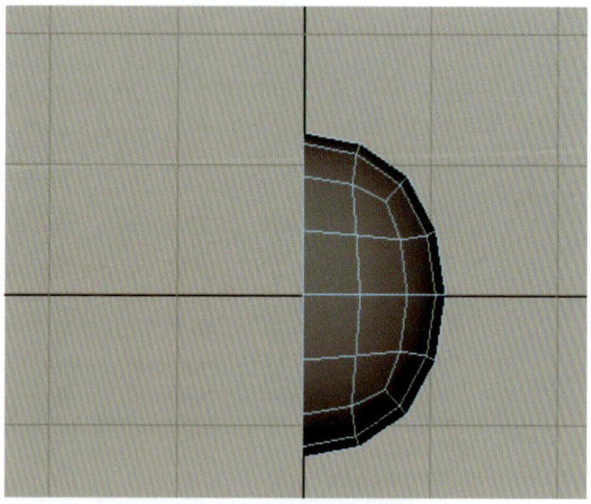

图 2-8 删除左侧的模型

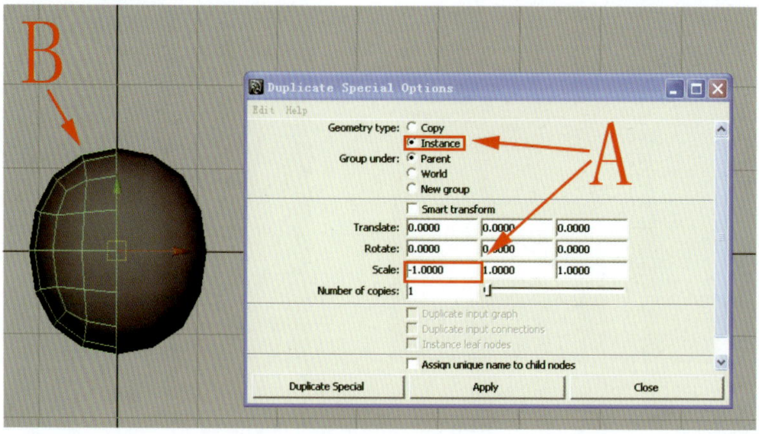

图 2-9 复制一侧的模型

提 示

复制参考模型后，只需调整一侧的模型，另外一侧的参考模型会相应变化，这样可以节省制作时间，极大地提高制作效率。复制模型的命令为“Duplicate Special”，快捷键为【Ctrl+D】。

5）右击菜单中的【Vertex】按钮，进入【Vertex】子物体模式。然后选中怪物额头处的一个顶点，单击顶部工具栏中的(Extrude）按钮，挤出怪物头盔上的尖角，效果如图2-10所示。接着使用右上角的观察盒，如图2-11中A部分所示，将视图调整为侧面显示，再单击工具栏中的(Split PolyGon Tools）按钮，在尖角中间添加一段边，并按下键盘上的【Enter】键确定，如图2-11中B部分所示。最后切换到【Vertex】子物体模式，以透视角度使用(Move Tool）工具适当调整尖角造型，如图2-11中C部分所示。

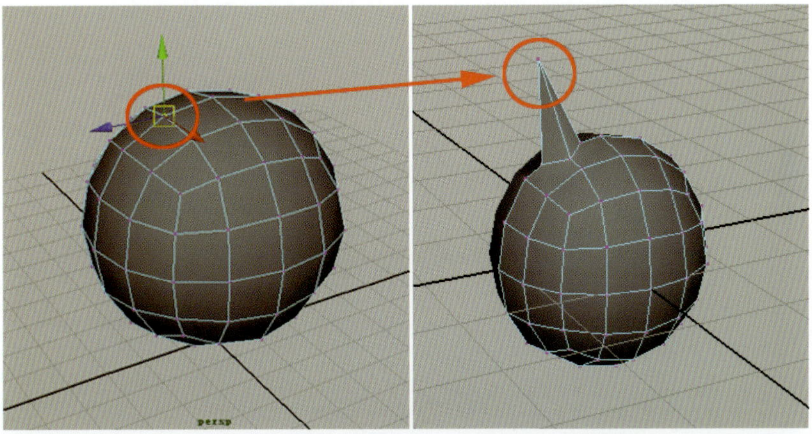

图2-10　挤出头部尖角

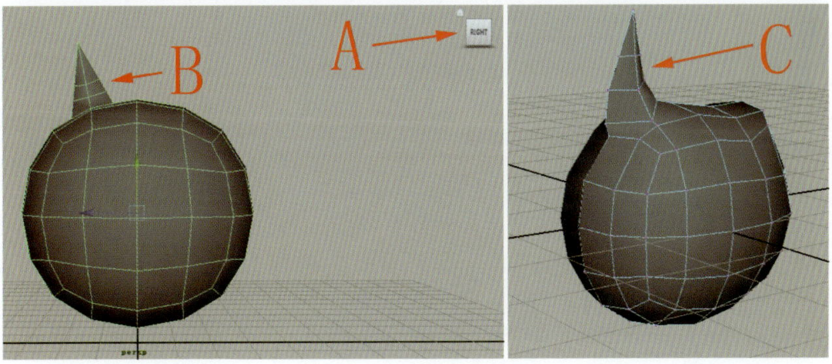

图2-11　调整尖角造型

6）调整头部的大体模型。方法：首先参照原画，在【Vertex】子物体模式下，使用(Move Tool）工具大致调整头部造型，从而基本确定头部各部位的比例和形态，如图2-12中A部分所示。然后使用(Split PolyGon Tools）工具，适当为头部模型添加边，再切换到【Vertex】子物体模式，使用(Move Tool）工具调整头部造型，如图2-12中B部分标红处所示。接着选择菜单中的“Edit | Delete By Type | History”命令，清除历史操作记录，如图2-13所示。

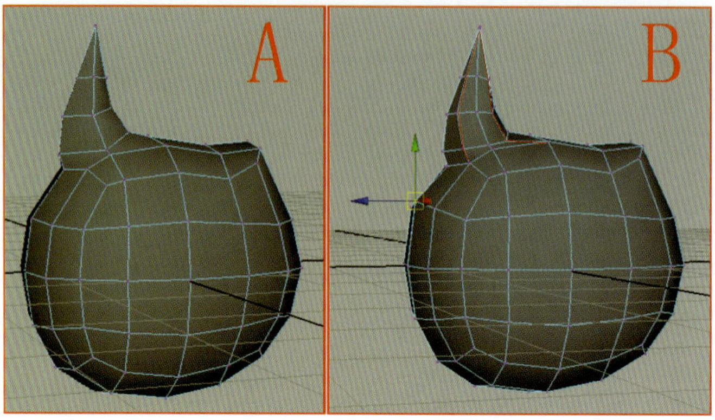

图 2-12　调整头部大体模型

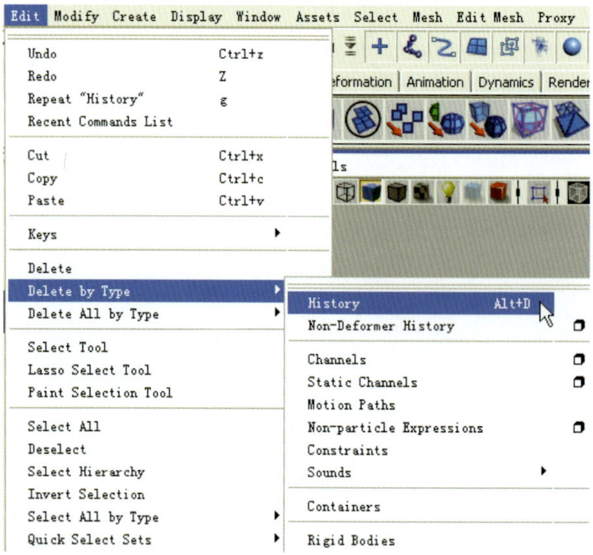

图 2-13　清除历史操作记录

提　示

使用 Maya 2010 制作模型时，应该随时清除历史操作，这样可以避免很多不必要的程序错误。清除历史操作的快捷键为【Alt+D】。也可以先按下【Ctrl+Shift】组合键再单击，将删除历史操作的命令创建到工具栏中，以便操作。使用该方法也可以将一些常用的菜单命令创建到工具栏上，定制自己的工具栏。

7）调整头盔的造型。方法：使用(Split PolyGon Tools）工具为模型添加边，然后切换到【Vertex】子物体模式，使用(Move Tool）工具调整出头盔的造型，如图 2-14 所示。

8）制作嘴部造型。方法：在透视图中使用(Split PolyGon Tools）工具在模型嘴部添加边，然后切换到【Vertex】子物体模式，使用(Move Tool）工具细微调整出嘴巴的形状，接着进入【Face】子物体模式，选中嘴部的面进行删除，如图 2-15 所示。

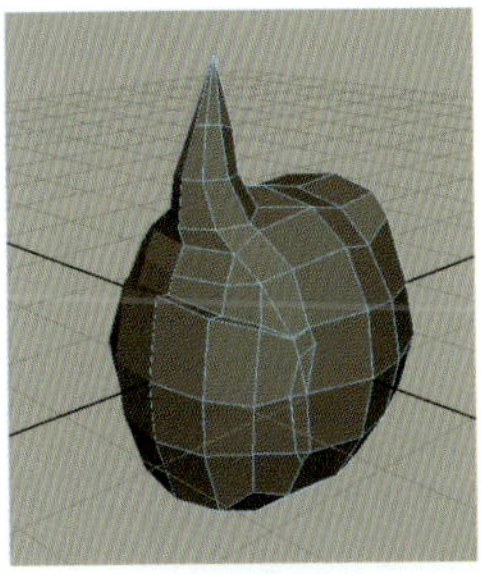

图 2-14 调整出头盔的基本造型

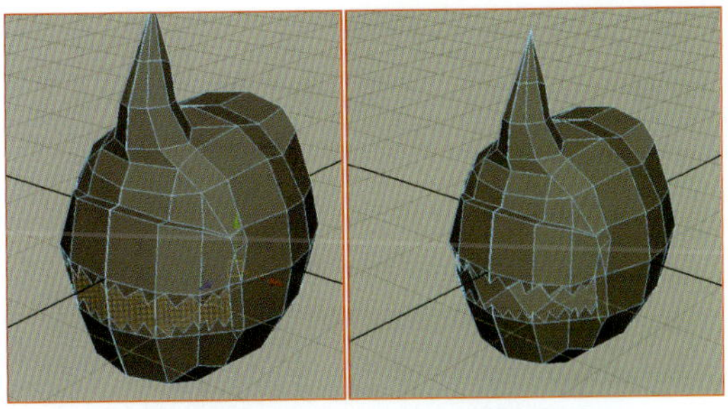

图 2-15 制作出嘴巴的造型

9）制作下巴造型。方法：使用(Split PolyGon Tools）工具为嘴部模型添加边，然后切换到【Vertex】子物体模式，使用(Move Tool）工具进行调整，将下巴造型也调整出来，如图 2-16 中 A 部分所示。接着进入【Edge】子物体模式删除多余的边，完成效果如图 2-16 中 B 部分所示。

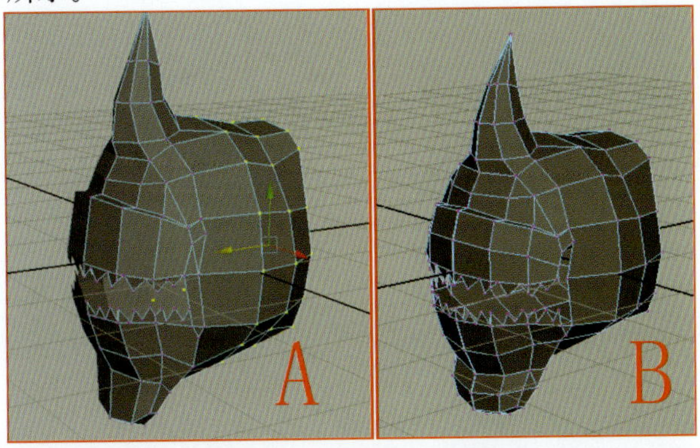

图 2-16 制作出下巴造型

10）细致调整头盔前面部分的造型。方法：在头盔前部继续添加边，调整出头盔的轮廓。然后选中头部模型前面的顶点，双击(Move Tool）工具按钮，进入该工具属性面板。接着勾选【Soft Selection】参数下的【Soft Select】选项，调整 Falloff radius 的取值范围，如图 2-17 所示。最后使用(Move Tool）工具调整头部顶点位置，使头部造型更加合理，如图 2-18 所示。

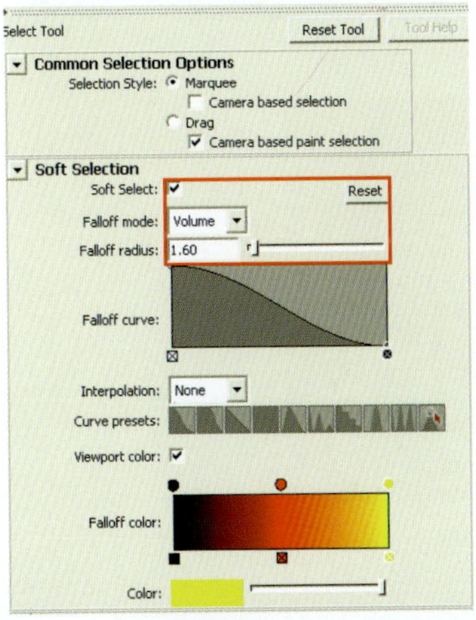

图 2-17 【Soft Selection】参数设置

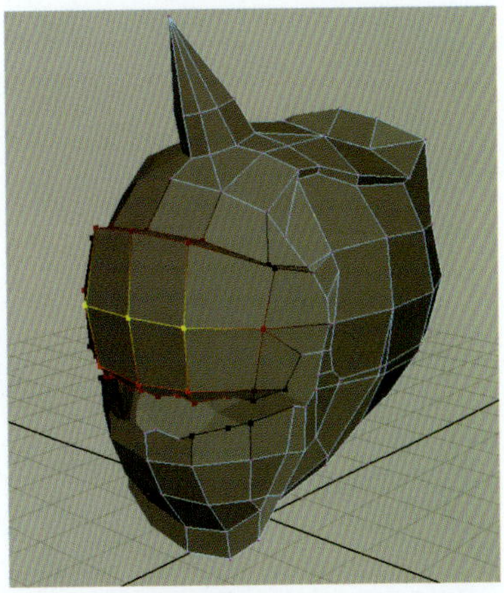

图 2-18 调整顶点使头部造型更加合理

11）调整头盔侧面轮廓的造型。这部分的制作重点在于调整出头盔侧面的造型，同时制作出头盔各部分的轮廓。方法：使用(Split PolyGon Tools）工具在头盔侧面添加边，调整出侧面的轮廓，如图 2–19 所示。然后从下颌部分向头部侧面对边进行分解，同时在【Vertex】子物体模式下，使用(Move Tool）工具调整出完整的头盔侧面造型，如图 2–20 所示。接着分别在【Vertex】和【Edge】子物体模式下删除多余的顶点和边，效果如图 2–21 所示。

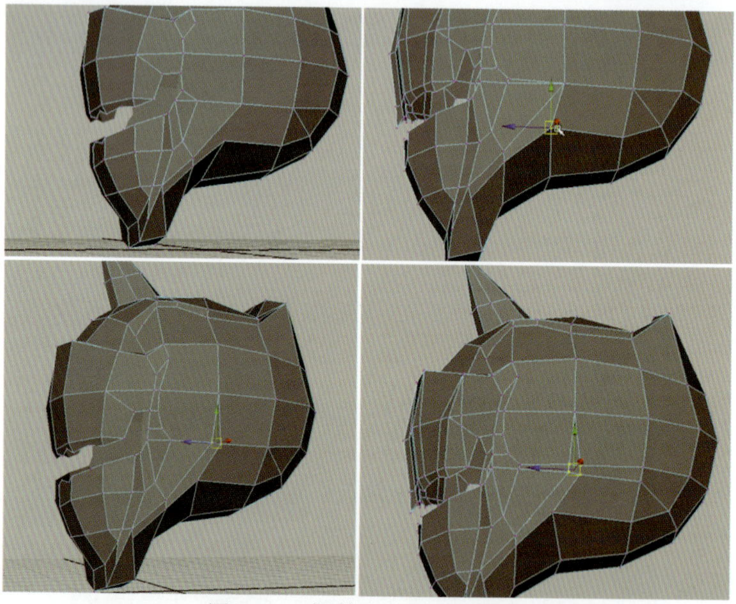

图 2–19　调整头盔侧面的轮廓

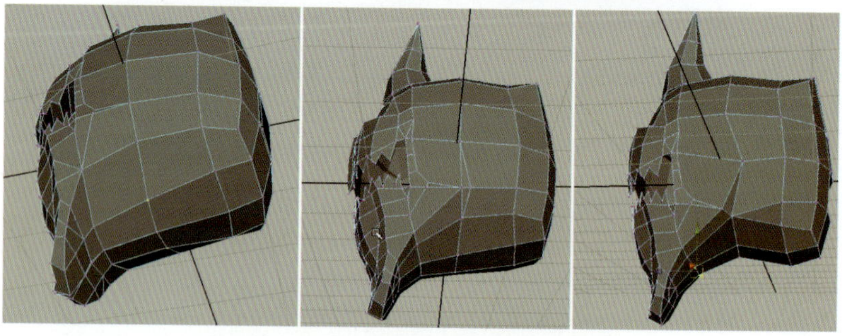

图 2–20　调整头盔侧面的下部轮廓

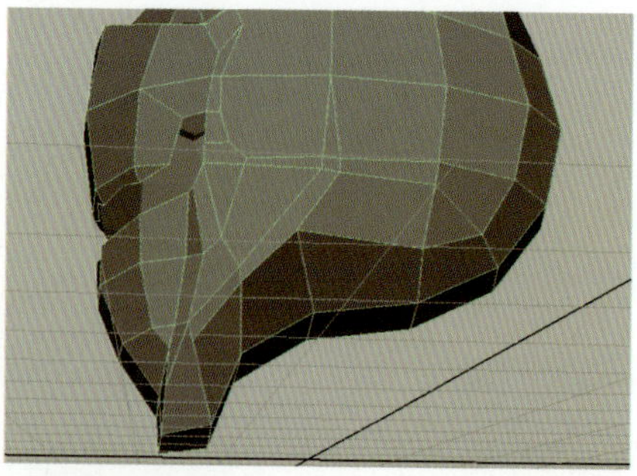

图 2–21　制作出完整的侧面轮廓

12）至此，头部基本形状制作完毕。

提 示

步骤1）~12）操作演示详见配套光盘“多媒体视频文件\第2章 游戏怪物NPC的制作\head001.avi”视频文件。

2. 整体调整头部造型

1）进入【Vertex】子物体模式，使用(Move Tool)工具从整体上调整头部造型，如图2−22所示。

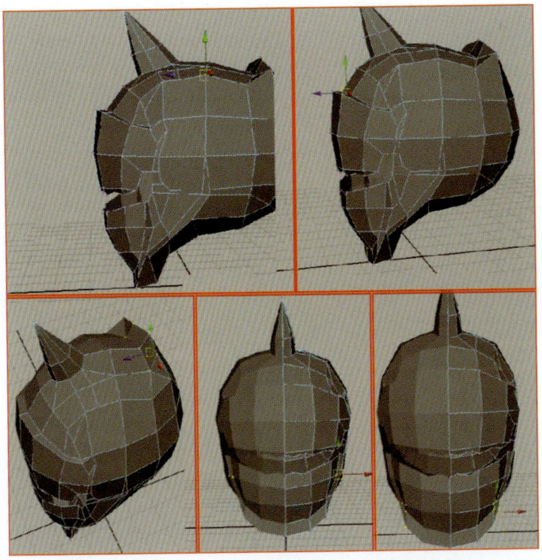

图2−22 整体调整头部的造型

2）调整头盔顶部的简单造型。方法：观察原画中头盔的结构，然后使用(Split PolyGon Tools)工具在头盔侧面添加边，从而调整出侧面的轮廓。接着进入【Vertex】子物体模式，使用(Move Tool)工具调整出头盔顶部的基本造型，如图2−23所示。

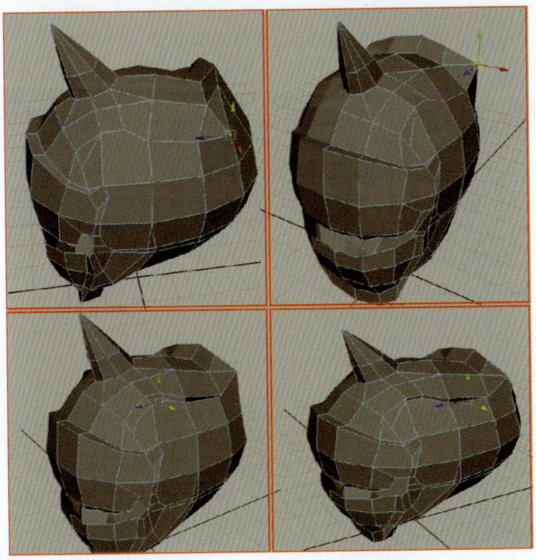

图2−23 头盔顶部基本造型

提 示

因为在后面的制作中会不断对模型进行结构调整，因此目前只要确定结构和基础造型即可。

3）调整头盔前方的造型。方法：观察原画中头盔的结构，然后使用(Split PolyGon Tools）工具在头盔前面添加边，从而调整出前面的轮廓。接着进入【Vertex】子物体模式，使用(Move Tool）工具调整出头盔顶部的基本造型，如图 2-24 所示。最后选择菜单中的“Edit | Delete By Type | History”命令，清除历史操作记录。

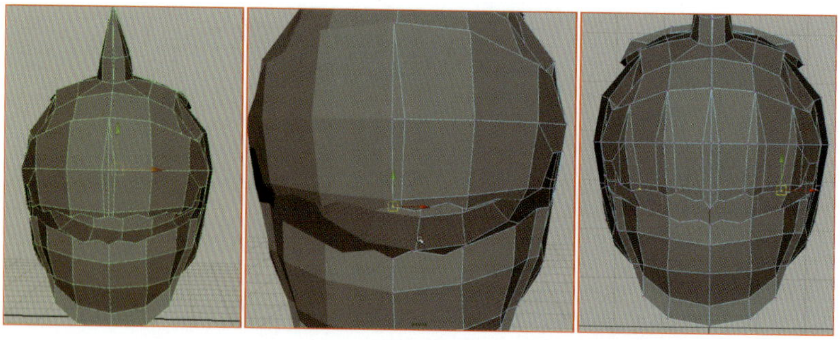

图 2-24 调整头盔前面的轮廓和造型

4）制作怪物的口腔。在 Persp 视图中，进入【Edge】子物体模式，选择怪物嘴部的一圈边，如图 2-25 中 A 部分所示。然后单击顶部工具栏中的(Extrude）按钮，再单击操作杆改变轴向，使用移动工具杆向口腔内平行移动，挤出一段面，如图 2-25 中 B 部分所示。接着按下【G】键，重复上一步的操作，从而挤出第二段面。最后接着使用缩放工具杆，将挤出的两个面的末端压缩到一起形成口腔，如图 2-25 中 C 部分所示。再切换到【Vertex】子物体模式，使用顶部工具栏中的(Merge Vertices）按钮将口腔内部的顶点依次融合，如图 2-26 所示。

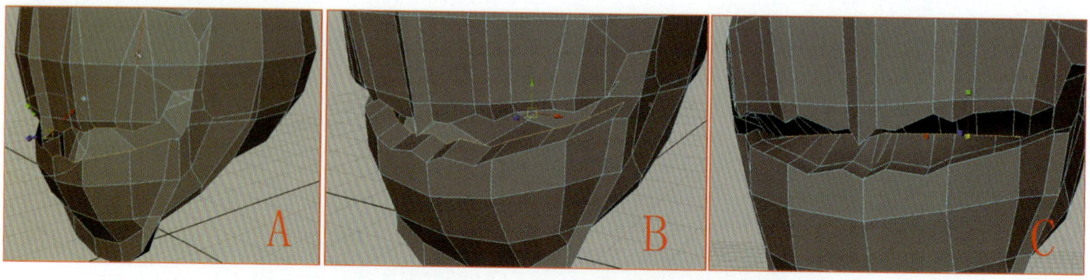

图 2-25 制作怪物口腔

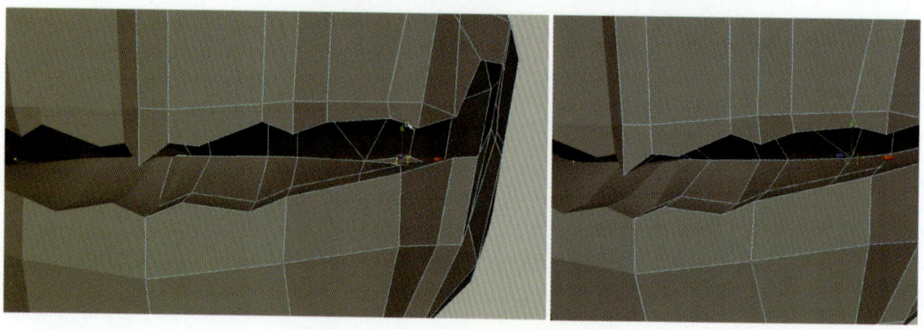

图 2-26 将口腔内部的顶点融合

5）调节下颌造型。方法：在Persp视图中，根据怪物的造型特点，使用(Split PolyGon Tools）工具为下颌部模型添加边。然后进入【Vertex】子物体模式，使用(Move Tool）工具调整下颌部位的顶点，使下颌部和下巴模型的线段尽量匹配，如图2-27所示。

提 示

在怪物NPC的整个建模过程中，经常用到Split PolyGon Tools。只有在整体和局部之间进行反复观察和修改，才能制作出惟妙惟肖的角色造型。

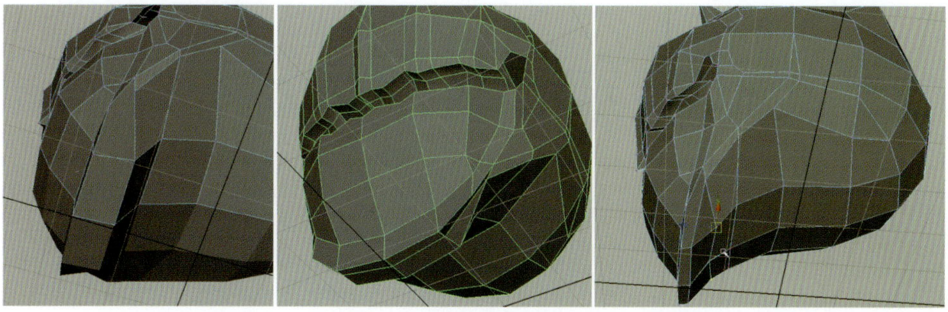

图2-27　调整怪物下颌造型

6）制作怪物头盔连接处。方法：进入【Edge】子物体模式，选择怪物嘴角后面的一圈边，如图2-28中A部分所示。然后单击顶部工具栏中的(Extrude）按钮，使用移动工具杆沿X轴向内平移，从而挤出一段面，如图2-28中B部分所示。接着按下【Delete】键删除另外一半模型，再调整角度到头颅模型内部观察，将漏选的边选中，按下【G】键重复向内挤出面，如图2-28中C部分所示。再进入【Vertex】子物体模式，选择所有挤出面末端的顶点，使用顶部工具栏中的(Merge Vertices）工具将其依次融合，最终效果如图2-29所示。

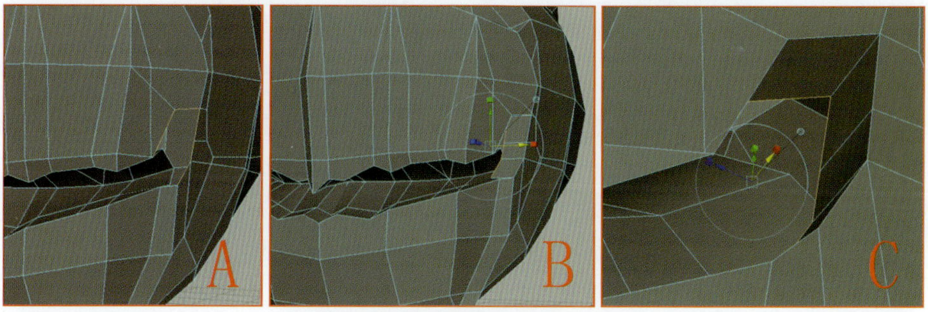

图2-28　处理头盔连接处的造型

图2-29　头盔连接处造型最终效果

7）制作怪物的颈部造型。方法：观察原画会发现怪物的颈部也覆盖了铠甲，并且与头盔连接到一起，因此可以考虑从头盔后面直接拉出颈部造型。进入【Vertex】子物体模式，双击(Move Tool）工具按钮，打开右侧的Move Tool属性面板，然后勾选【Soft Selection】参数下的【Soft Select】选项，调整Fall off radius的值为1.6，然后到Side视图使用(Move Tool）工具调整头盔后面的顶点，如图2－30所示。接着使用(Merge Vertices）工具将侧面的结构线优化，如图2－31所示。

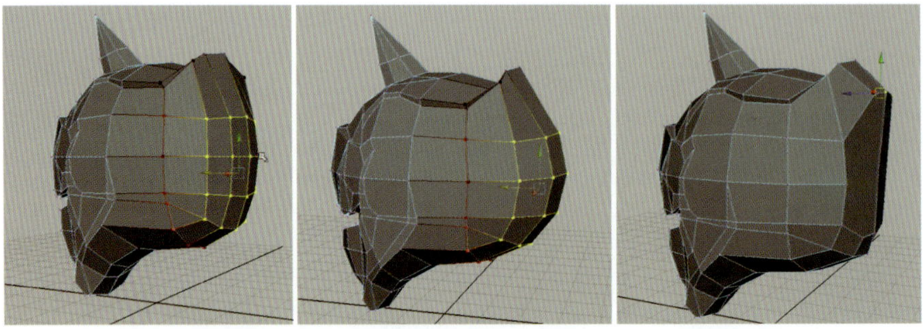

图2－30 调整头盔后面顶点

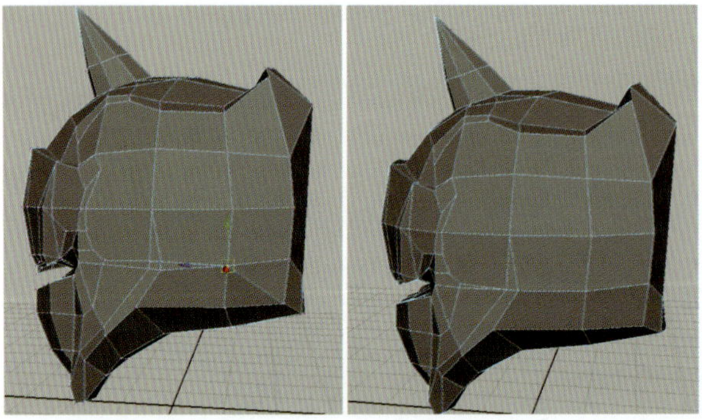

图2－31 优化头盔侧面的结构线

8）挤出颈部的造型。方法：在Persp视图，进入【Face】子物体模式，选中准备用于挤出颈部的面，单击顶部工具栏中的(Extrude）按钮，如图2－32中A部分所示。然后使用移动工具杆沿Z轴向后挤出一段面，如图2－32中B部分所示。接着使用(Split PolyGon Tools）工具为颈部模型添加边，然后在Size视图进入【Vertex】子物体模式，使用(Move Tool）工具根据原画调整颈部的造型，如图2－33所示。

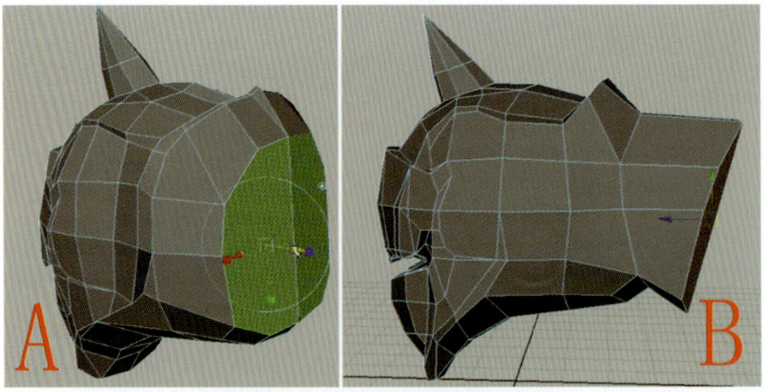

图2－32 挤出一段颈部

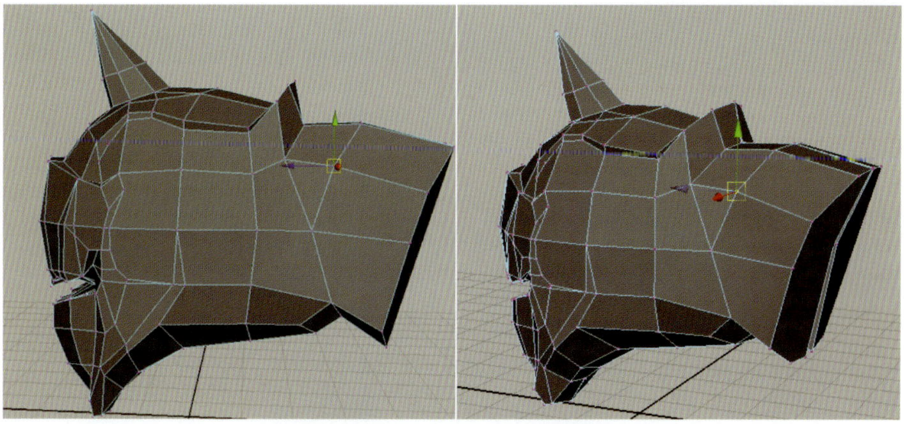

图 2-33　调整颈部的造型

9）同理，制作第 2 段颈部，如图 2-34 所示。然后进入【Object Mode】子物体模式，复制出另一半模型，如图 2-35 所示。

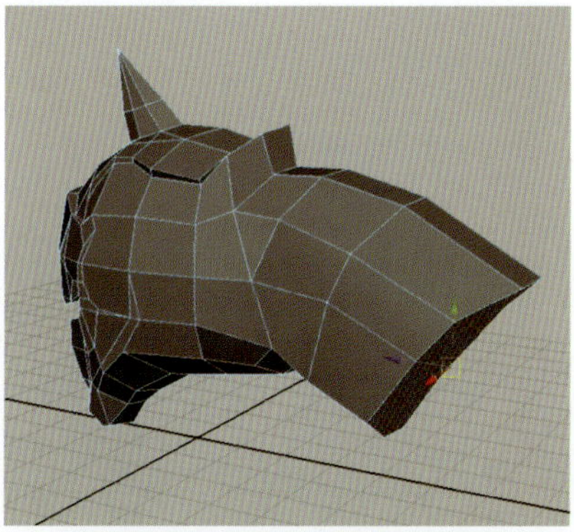

图 2-34　制作出第 2 段颈部

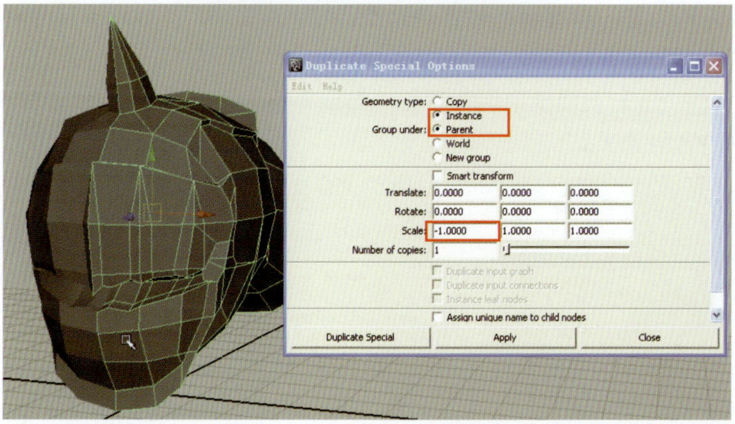

图 2-35　复制另一半模型

10）进入【Face】子物体模式，选中颈部内侧多余的面，然后按下【Delete】键进行删除，如图 2-36 所示。接着进入【Vertex】子物体模式，调整颈部部位的顶点，使颈部造型更加合理，如图 2-37 所示。

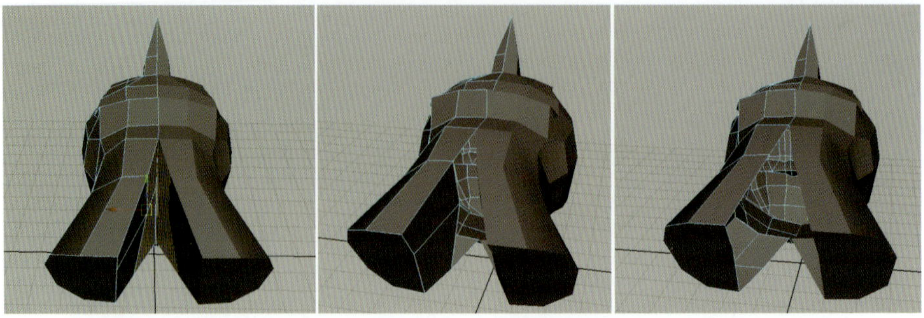

图 2–36　删除颈部内侧多余的面

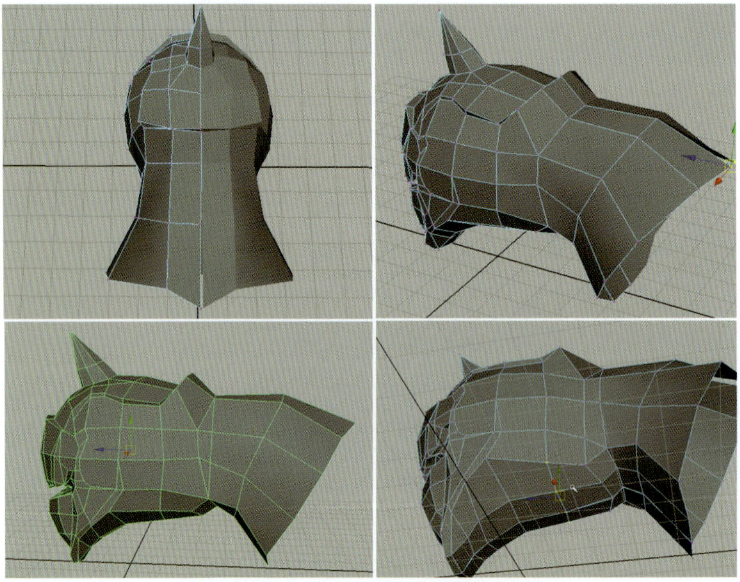

图 2–37　调整颈部造型

11）为颈部和头盔的连接处添加倒角造型。方法：进入【Edge】子物体模式，选中如图 2–38 中 A 部分所示的边，然后单击“Edit Mesh | Bevel”命令右侧的方形按钮，在弹出的【Bevel Options】对话框中调整参数，如图 2–38 中 B 部分所示。接着单击【Apply】按钮，确认添加倒角效果。

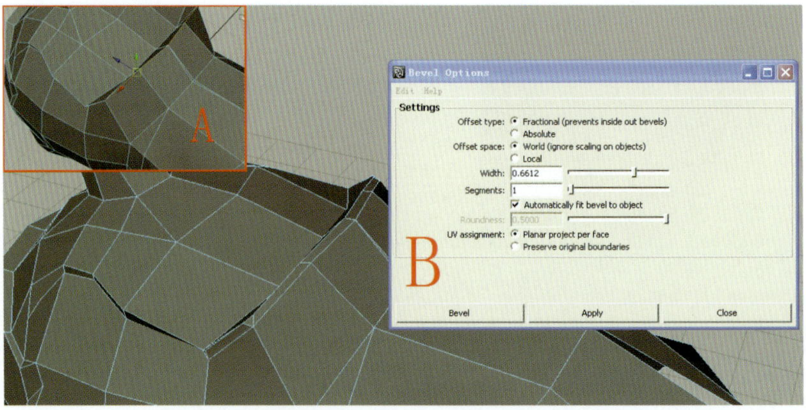

图 2–38　为颈部的铠甲模型添加倒角效果

12）进一步为头盔造型添加细节，同时删除多余的顶点和边，优化模型结构。首先使用(Split PolyGon Tools) 工具为颈部模型添加边，如图 2-39 中 A 部分所示，然后在【Vertex】子物体模式下，分别选中如图 2-39 中 B 部分所示的顶点，依次使用(Merge Vertices) 工具进行融合。接着回到【Edgc】子物体模式，选中多余的边进行删除，如图 2-39 中 C 部分所示。

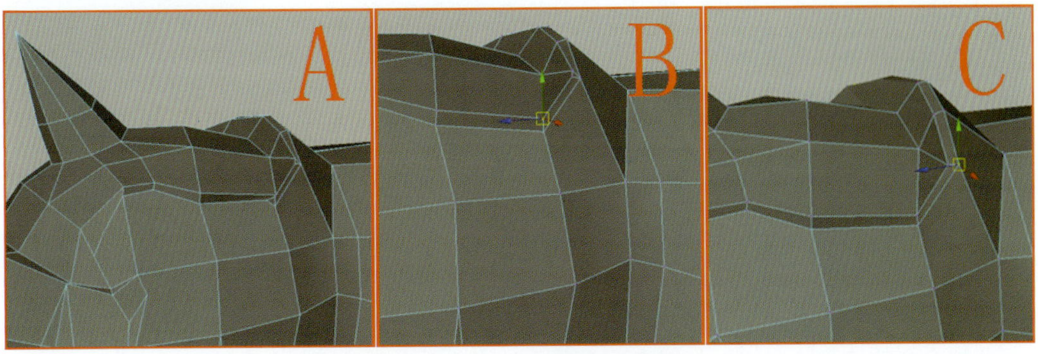

图 2-39　进一步调整和优化模型

13）使用(Split PolyGon Tools) 工具为头盔顶部、侧面添加边，然后调整出头盔顶部和侧面上、下边缘的细节，如图 2-40、图 2-41 和图 2-42 所示。接着在头盔侧面继续添加边，调整出头盔隆起的造型，如图 2-43 所示。最后清除历史操作记录。

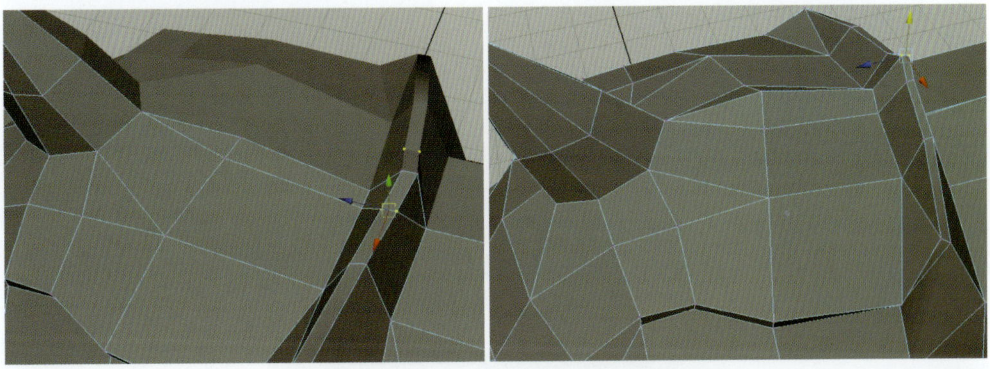

图 2-40　为头盔顶部添加细节

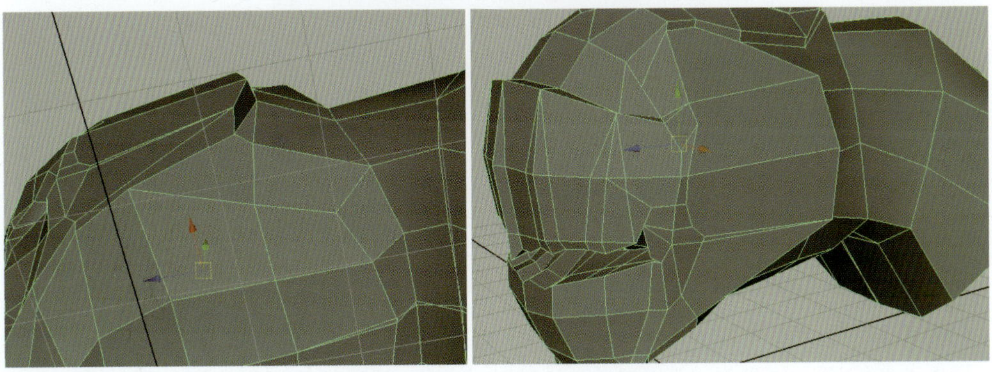

图 2-41　调整头盔侧面下缘细节

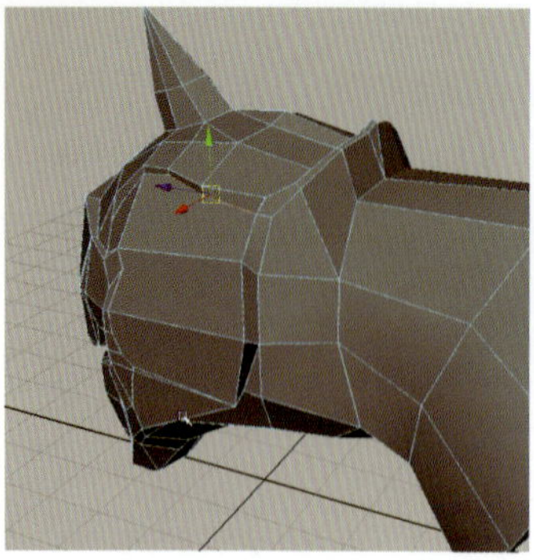

图 2-42　调整头盔侧面上、下缘细节

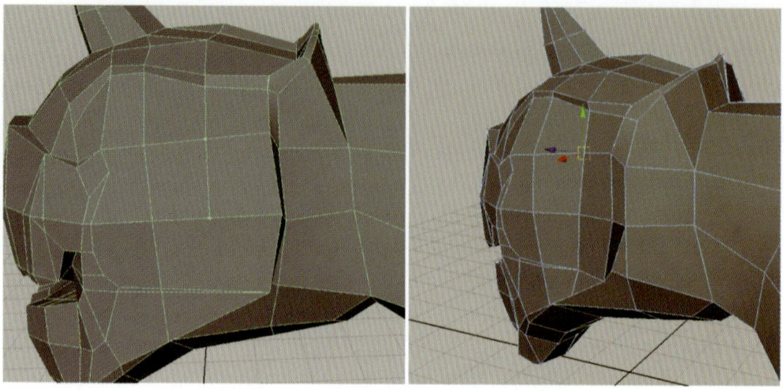

图 2-43　调整出头盔侧面的隆起造型

14）进一步调整头盔前部细节造型。首先在 Persp 视图中使用 (Merge Vertices) 工具，将头盔前面的顶点依次融合，如图 2-44 中 A 部分标红处所示，融合后效果如图 2-44 中 B 部分所示。然后合并上颚处的顶点，使用 (Split PolyGon Tools) 工具在上颚添加边，并把多余的边删除，效果如图 2-45 所示。接着在上颚处添加一条边，如图 2-46 中 A 部分标红处所示，再使用顶部工具栏的 (Collapse) 工具，将图 2-46 中 B 部分标红处所示的边依次塌陷，效果如图 2-46 中 C 部分所示。

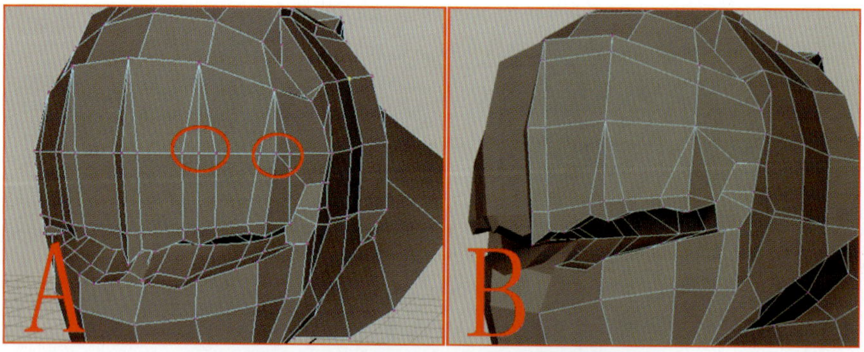

图 2-44　融合头盔前面的部分顶点

图 2-45　调整上颚处的造型

15）添加下颚部分的细节。在 Persp 视图使用 (Split PolyGon Tools) 工具在下颚处添加辅助造型的边，如图 2-47 中 A 部分标红处所示。然后调整下颚造型如图 2-47 中 B 部分所示。

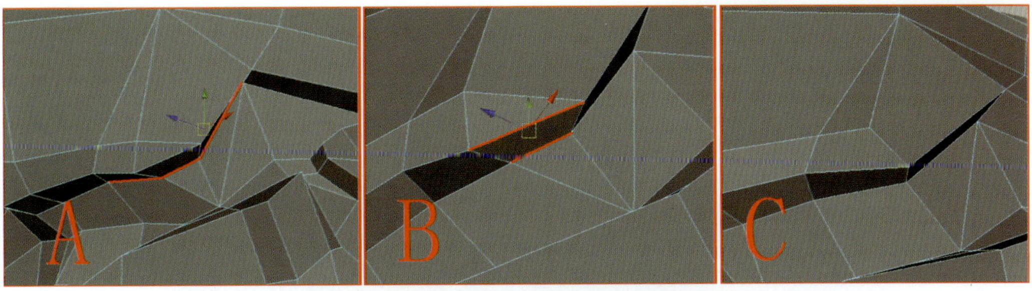

图 2-46 调整上颚处的基本造型

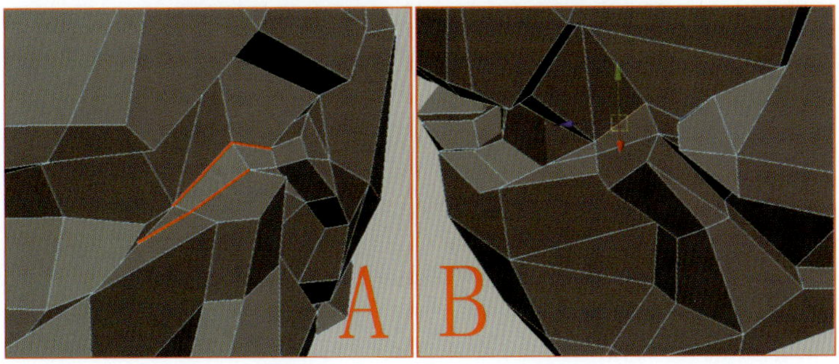

图 2-47 调整下颚基本造型

16）使用 Bevel 工具将额头造型处理的更加饱满。方法：选中额头部分的一条边，如图 2-48 中 A 部分所示，然后单击工具栏中的 (Bevel) 按钮（可以使用【Ctrl+Shift】组合键再单击将此按钮创建到工具栏中），为选中的边添加倒角的变形效果，如图 2-48 中 B 部分所示。接着进入 Side 视图，使用 (Split PolyGon Tools) 工具为头盔结合处添加结构线，如图 2-49 标红处所示。

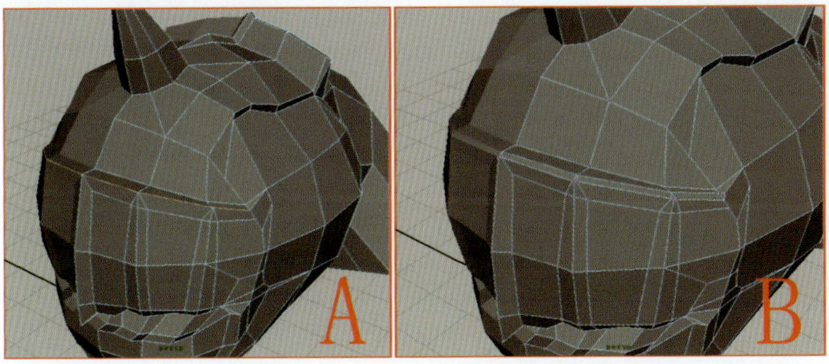

图 2-48 为额头部分添加 Bevel 效果

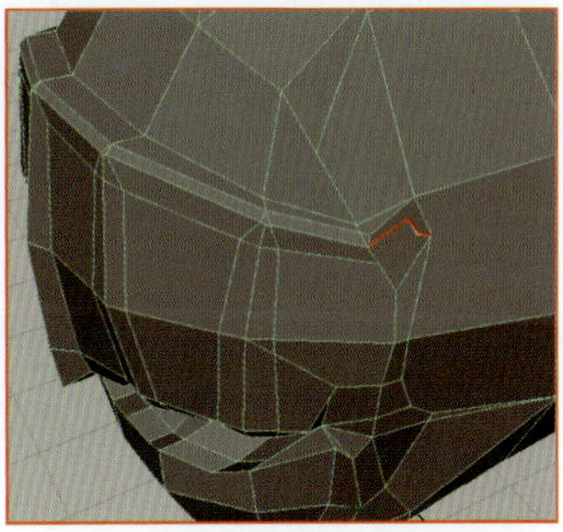

图 2-49 头盔结合处的结构线

提 示

步骤 1）~16）操作演示详见配套光盘“多媒体视频文件\第 2 章 游戏怪物 NPC 的制作\head002.avi”视频文件。

3．深入刻画头盔的造型

观察原画会发现，头盔是怪物外形的主要表现部分，因此在制作中需要重点刻画。同时这部分操作内容也比较复杂和烦琐，无法用图片和文字表达出来的地方请大家参照演示光盘中的内容。

1）制作到这里，模型已经比较复杂了，会给后面的建模、UV 指定和绘制贴图等工作带来不便。下面将头盔各部分的模型根据如图 2-50 所示的原画表达的结构分离开。方法：在【Face】子物体模式下，分别选中头盔模型的各个组成部分，然后单击顶部工具栏中的 (Extract) 按钮，将之依次从头盔整体模型中分离出来，如图 2-51 所示。

图 2-50　头盔原画结构

2）借助 Maya 2010 中的 Layer 管理面板，可以很方便地完成模型的创建工作。Layer 面板如图 2-52 所示，主要参数及说明如下：

A：创建一个新图层，同时将被选择物体置入层中。

B：创建一个新的空白层。

C：图层名称，双击可弹出“Edit Layer”对话框，从中可对图层的基本属性进行编辑和修改。

D：图层显示模式，单击可以切换。其中“R”表示图层内模型可以正常显示，但不能被修改；“T”表示图层内模型被冻结，不能做任何修改；取消显示表示可以对图层内模型做任何修改。

E：图层显示开关，单击可选择是否显示图层，其中“V”表示显示图层内的模型；取消“V”表示隐藏图层内模型。

F：用于编辑图层的名称。

G：单击该按钮，可保存对图层的修改结果。

H：弹出菜单。在 Layer 管理面板上右击会弹出菜单，选择标红处的命令，可将选择的物体置入图层。

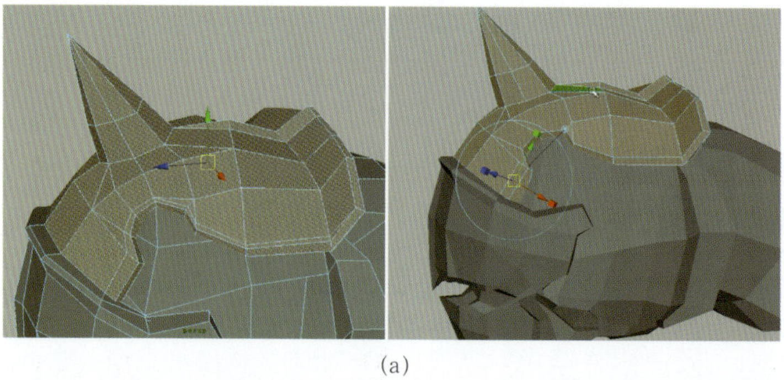

(a)

(b)

(c)

图2-51　分离头盔模型

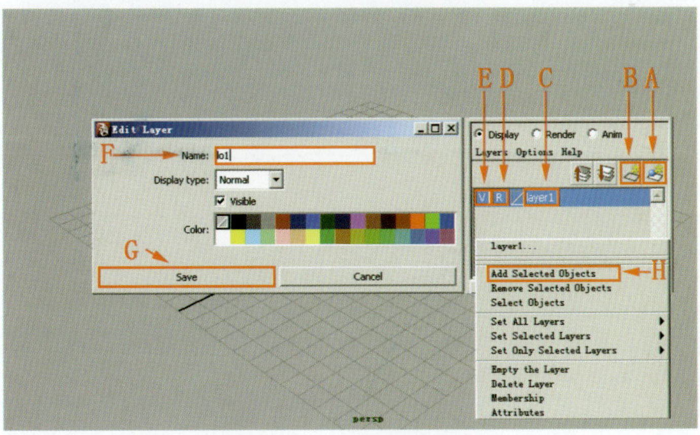

图2-52　Layer管理面板

3）结合Layer面板进行头部的调整。首先建立一个新层取名为L01，并置入整个头部。然后选择头盔的上鄂部分，按住【Shift】键的同时单击下颚部分，从而同时选中两部分模型。接着单击顶部工具栏中的图标(CoMayaine）按钮，将上颚和下颚合并为一体，如图2-53所示。最后新建一个图层，将上颚和下颚的模型置入。

图 2-53　合并上颚和下颚的模型

4）刻画头盔顶部护甲造型。方法：选中头盔顶部模型，在【Vertex】子物体模式下，使用(Move Tool）工具调节其轮廓造型，如图 2-54 所示。然后使用(Split PolyGon Tools）工具在模型上添加边，如图 2-55 中 A 部分所示，接着在【Edge】子物体模式下调整模型的造型，如图 2-55 中 B 部分所示。最后继续深入调整头盔顶部的造型，使之更加接近原画的效果，如图 2-56 所示。

图 2-54　调整头盔顶部的轮廓

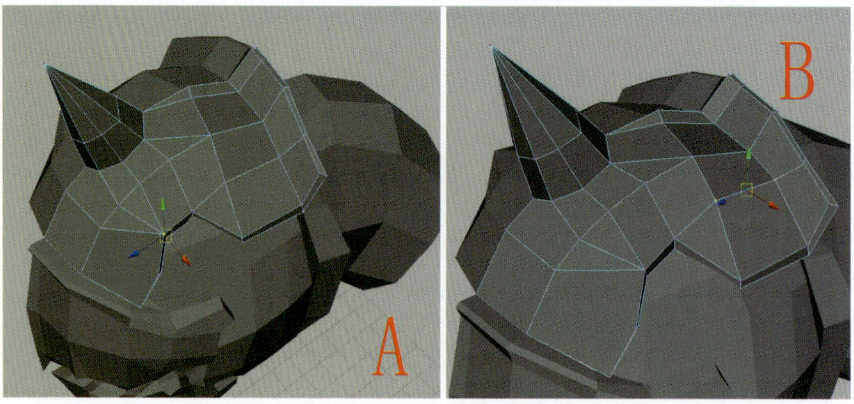

图 2-55　刻画头盔顶部的造型

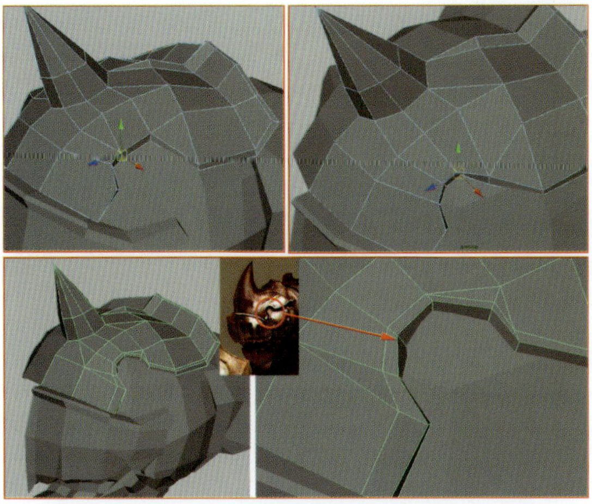

图 2-56　深入调整头盔顶部护甲的造型

5）刻画头盔嘴部护甲的造型。方法：认真观察原画，然后使用(Split PolyGon Tools)工具和(Move Tool）工具认真调整铆钉处的造型，如图 2-57 所示。接着调整侧面脸颊处的护甲，如图 2-58 所示。

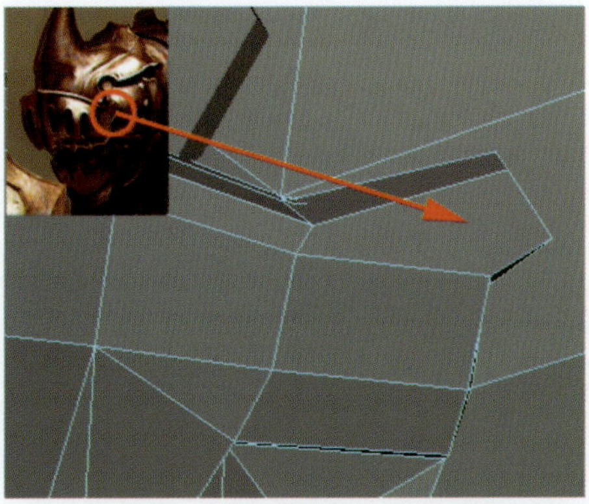

图 2-57　调整铆钉处的造型

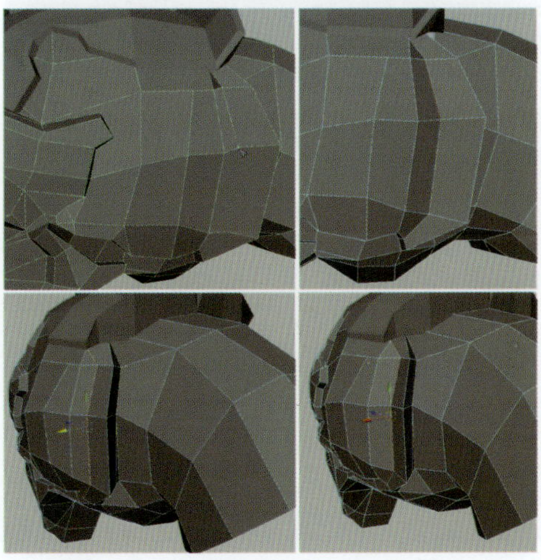

图 2-58　调整侧脸颊处护甲的造型

提 示

因为嘴部和脸颊处的护甲是用铆钉紧密结合在一起的，因此要进行同步调整。

6）单击顶部工具栏中的(CoMayaine）按钮，合并嘴部和脸颊处的护甲模型，并使用(Split PolyGon Tools）工具在模型上添加边，如图 2-59 标红处所示。然后切换到【Face】子物体模式，选中如图 2-60 标红处所示的面进行删除，（脸颊部分掏洞缺视频）进入【Edge】子物体模式，选择删除面周围的边，单击工具栏中的(Extrude）按钮，单击转换挤出轴向，沿 X 轴向内挤出一段面，如图 2-61 所示。

图 2-59　为头部模型添加边

图 2-60　删除面

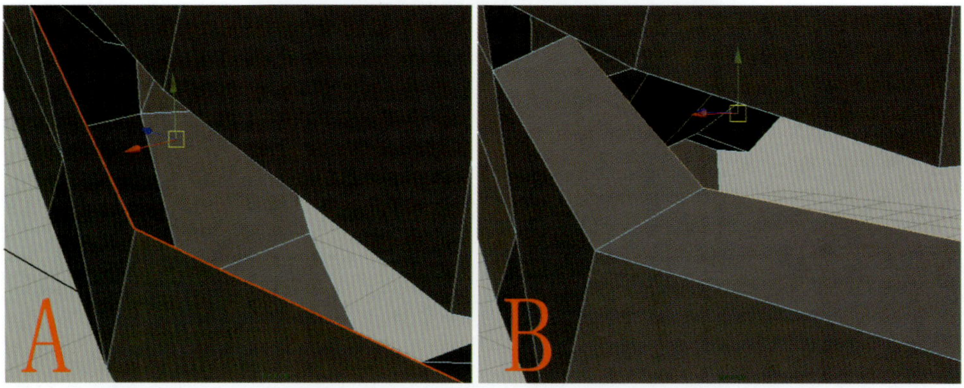

图 2-61　向内挤出一段面

7）同理，选中图2-62中A部分所示的边。然后使用(Extrude)工具和【G】键连续挤出三段面，效果如图2-62中B部分所示。再选中最前面的两个顶点，双击(Merge Vertices)工具，在弹出的对话框中将merge的感应值调大，从而将最前面的顶点融合，如图2-63所示。接着进入【Vertex】子物体模式，选中(Move Tool)工具，并激活工具栏中的(Snap Point)按钮，将挤出面的顶点和与之匹配的脸颊处的顶点一一对应。最后使用(Merge Vertices)工具将每一组对应的顶点分别融合，效果如图2-64所示。

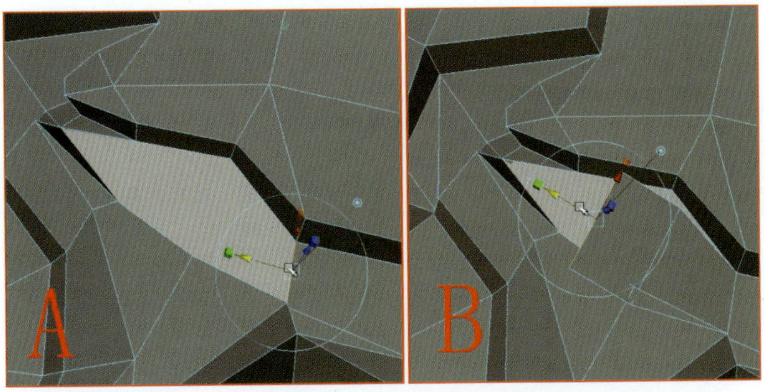

图2-62　挤出三段面

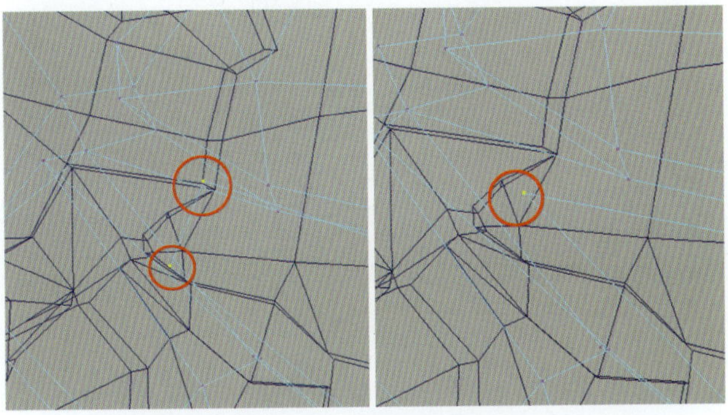

图2-63　融合顶点

图2-64　融合顶点后的效果

提 示

提示：如果双击Maya工具栏中的按钮，就会弹出相应的属性面板，可以在里面对其属性进行设置。

8）整体观察和细微调整头部模型。制作到这里，头部模型的创建基本完成了。但仍需要在各个视图中仔细观察模型的结构，尽可能使模型的布线均匀合理。整个调整的过程如图 2－65 所示；最终完成的头部模型效果如图 2－66 所示。将怪物头部模型文件保存为“MAYA 文件 \ 第 2 章 游戏怪物 NPC 的制作 \head_001.Maya”文件。

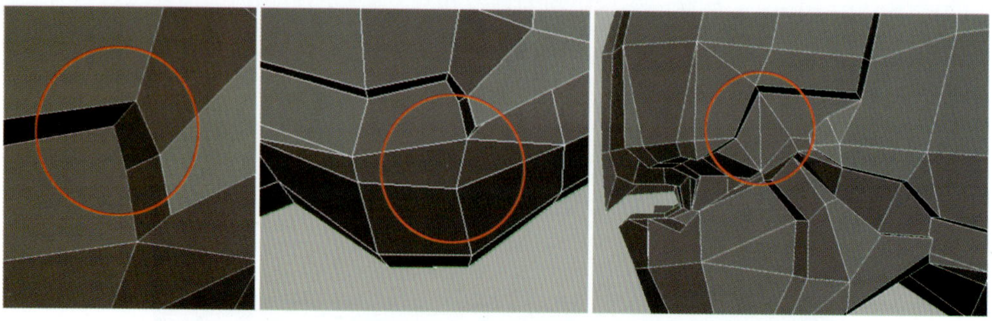

图 2–65 细微调整头部模型

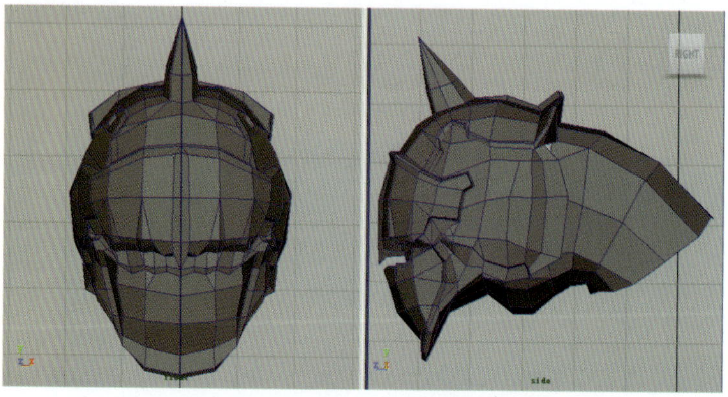

图 2–66 头部模型的整体完成效果

提 示

步骤 1）～8）的操作演示详见配套光盘“多媒体视频文件 \ 第 2 章 游戏怪物 NPC 的制作 \head003.avi”视频文件。

2.2.3 创建怪物身体的模型

制作怪物身体模型首先制作怪物的上半身模型，然后挤出下半身的腿部，再从身体挤出手臂的造型。

1. 制作怪物的上半身模型

1）利用 Layer 面板将制作好的怪物头部模型隐藏，然后单击工具栏中的 (Polygon Cube) 按钮，在 Persp 视图中拉出一个立方体，如图 2–67 中 A 部分所示。接着修改立方体的坐标，将之归零，如图 2－67 中 B 部分所示。

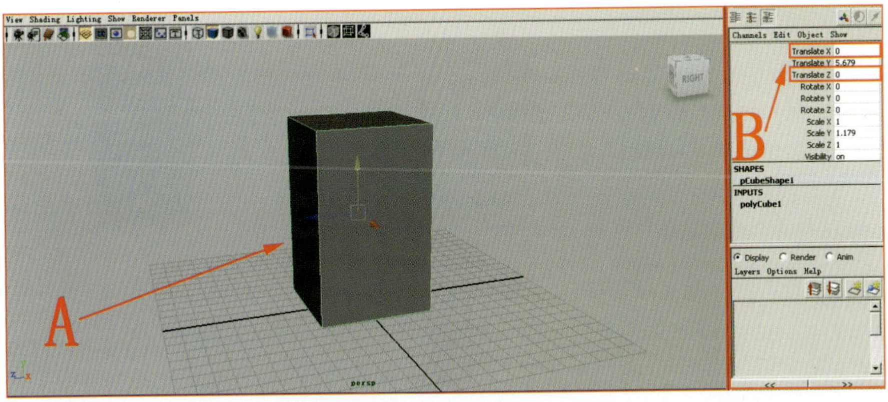

图 2-67　创建身体模型并将其坐标归零

2）为身体添加“Lattice”变形器。方法：单击工具栏中的(Smooth）按钮，此时立方体的显示效果如图 2-68 所示，由此得到了创建身体结构的基础模型。然后选中身体模型，将【Polygon】切换到【Animation】状态，单击“Create Deformers｜Lattice”右侧的方形按钮，在弹出的“Lattice Options”对话框中设置参数，如图 2-69（a）所示。接着单击“Apply”按钮，即可看到身体模型外出现一个“6 × 5 × 6”规格的线框，如图 2-69（b）所示效果。

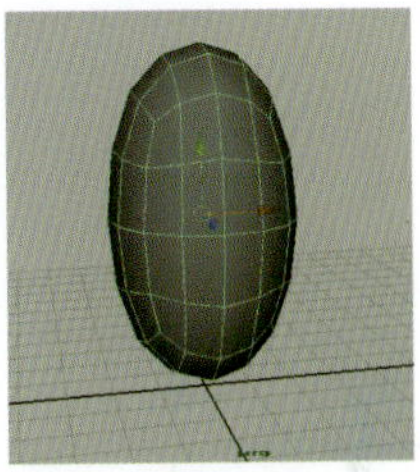

图 2-68　为立方体添加“Smooth”后的效果

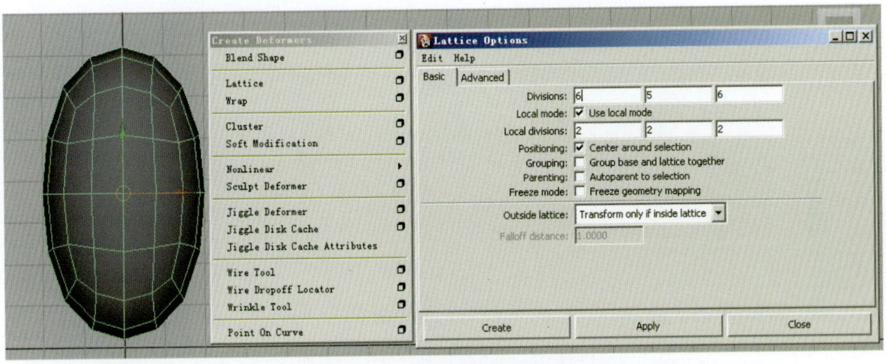

（a）

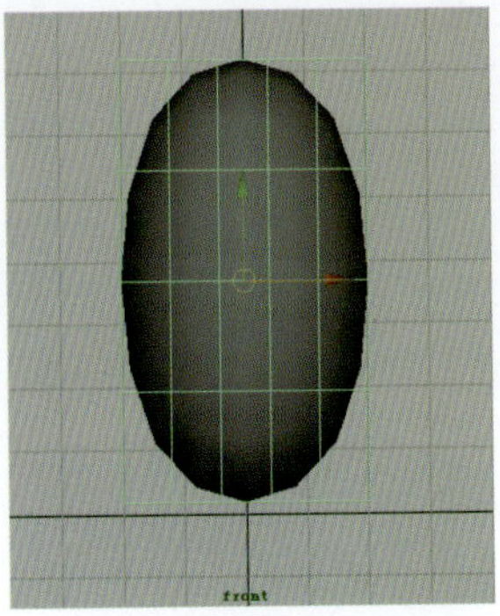

（b）

图 2-69　Lattice 变形器参数设置及效果

3）使用“Lattice”变形器调整身体大概模型。方法：右击变形器线框，然后在弹出的菜单中选择“Lattice Points”命令，如图 2–70 中 A 部分所示。接着激活变形器的顶点，如图 2–70 中 B 部分所示。然后分别在【Front】视图和【Side】视图中调节“Lattice”变形器的顶点，从而制作出怪物身体的基本造型，如图 2–71 所示。

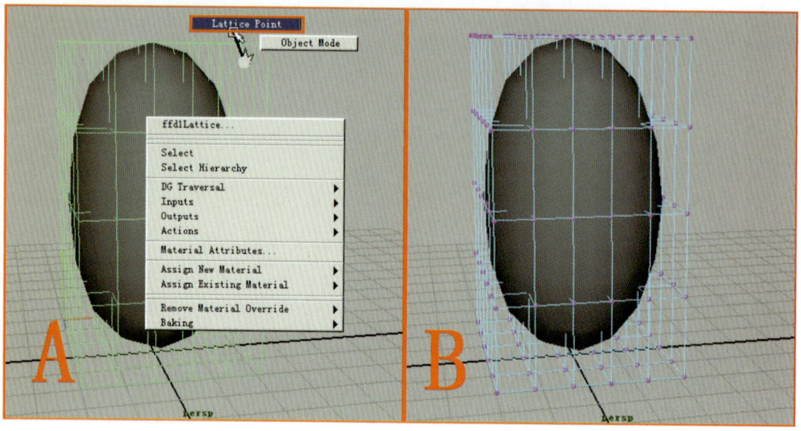

图 2–70　激活“Lattice”变形器顶点

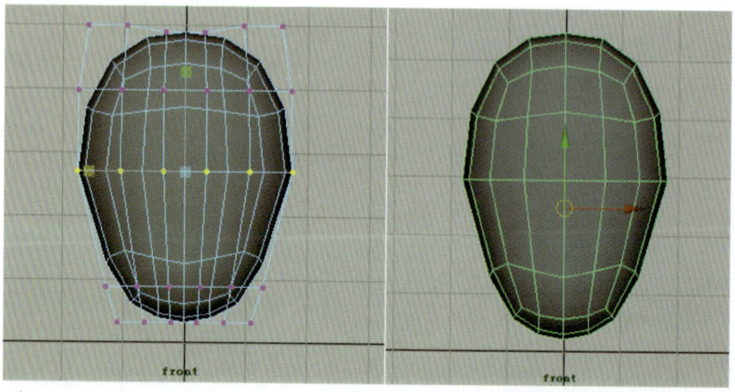

(a)

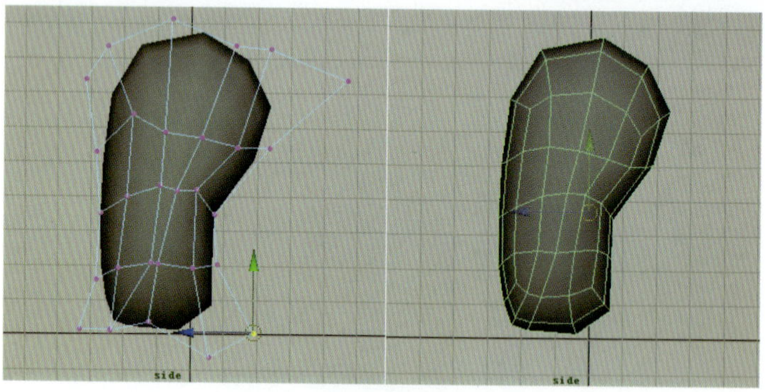

(b)

图 2–71　调节模型造型

4）回到【Polygon】状态，然后进入【Front】视图，在【Face】子物体模式下，选择身体模型左侧的面，按下【Delete】键进行删除，如图 2–72（a）所示。接着进入【Object Mode】子物体模式，单击“Edit | Duplicate Special”右侧的方形按钮，在弹出的“Duplicate

Special Options”对话框中设置如图 2-72（b）所示的参数，单击 Apply 按钮，从而复制出另一半参考模型，效果如图 2-72（c）所示。

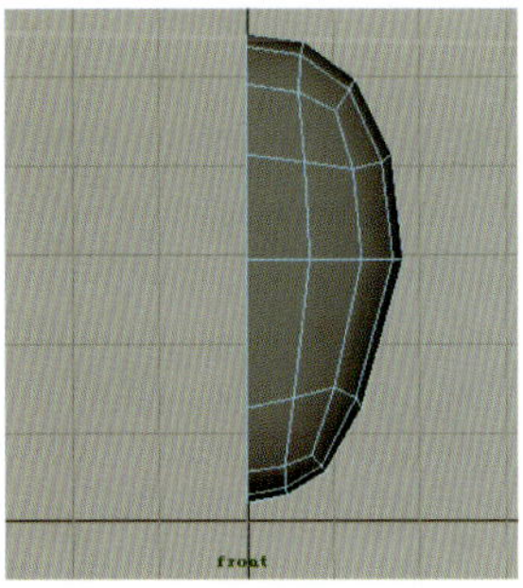

(a)

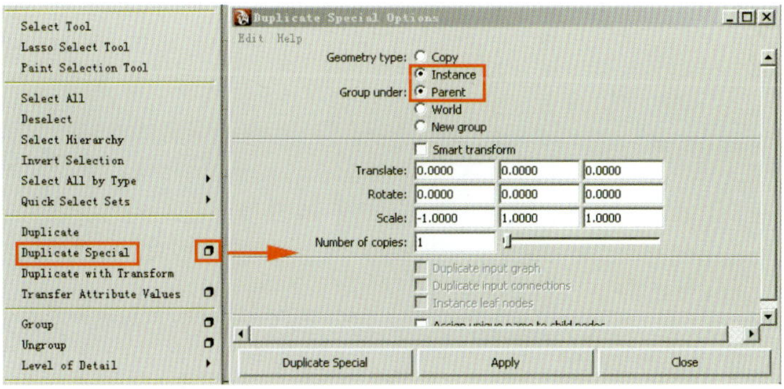

(b)

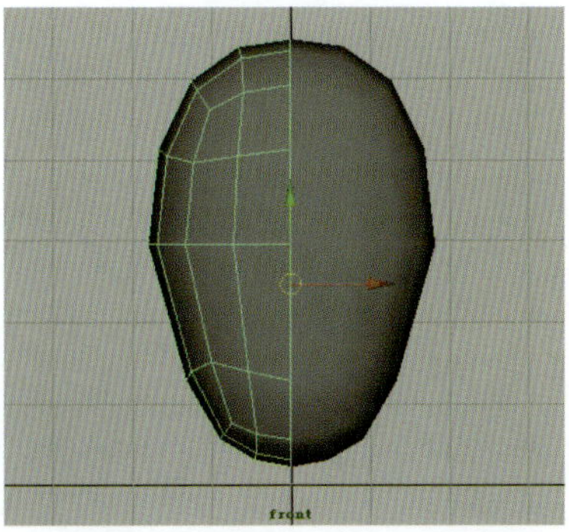

(c)

图 2-72　制作身体模型

5）深入调整身体模型。方法：选中身体模型，进入【Vertex】子物体模式，然后双击左侧工具栏中的(Move Tool）工具按钮，调出该工具的属性面板。接着修改“Soft Selection”参数如图 2-73 所示，以使在调整模型顶点时，模型结构线的变化不会生硬。最后参照原画，使用(Move Tool)、(Rotate Tool）和(Scale Tool）工具调整身体的模型，如图 2-74 所示。

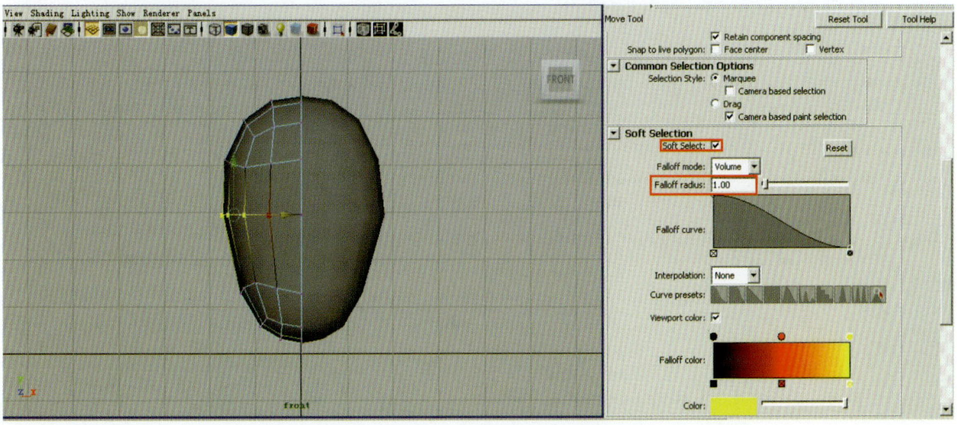

图 2-73　使用“Soft Selection”模式调整模型顶点

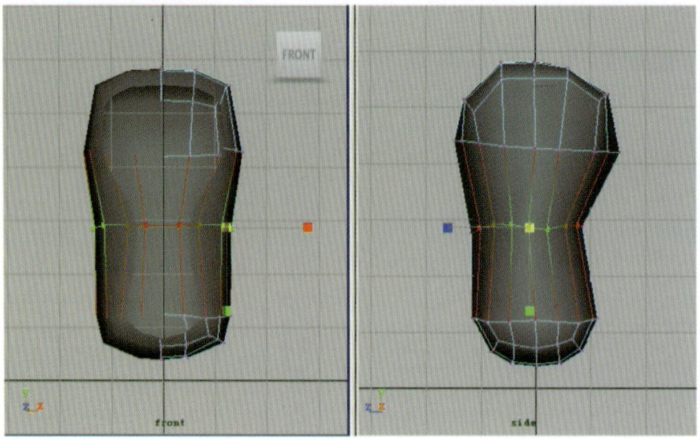

图 2-74 调整身体的基本造型

6）为身体模型添加细节。方法：进入【Edge】子物体模式，选择菜单中的“Edit Mesh | Insert Edge Loop Tool”命令，然后在图 2-75 中 A 部分所示的边上单击，为模型插入腰部的边，如图 2-75 中 B 部分所示。同理，为身体其他部位添加边，如图 2-76 所示。

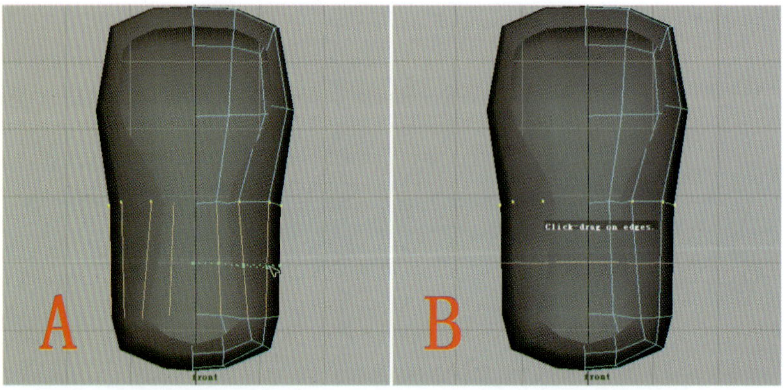

图 2-75 添加腰部的边

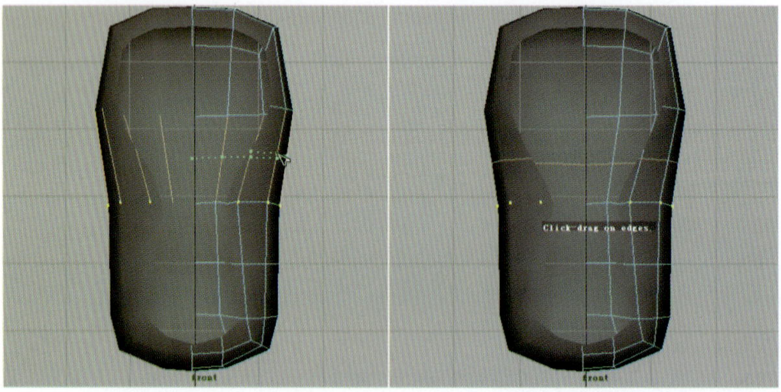

图 2-76 添加胸部的边

提 示

按下【Ctrl+Shift】组合键的同时选择“Edit Mesh | Insert Edge Loop Tool”命令，将其创建到工具栏中，因为后面会经常使用。

7）进入【Vertex】子物体模式，勾选“Soft Select”复选框，然后在【Side】视图中初步调整出肩和腰部的基本造型，如图2－77所示。

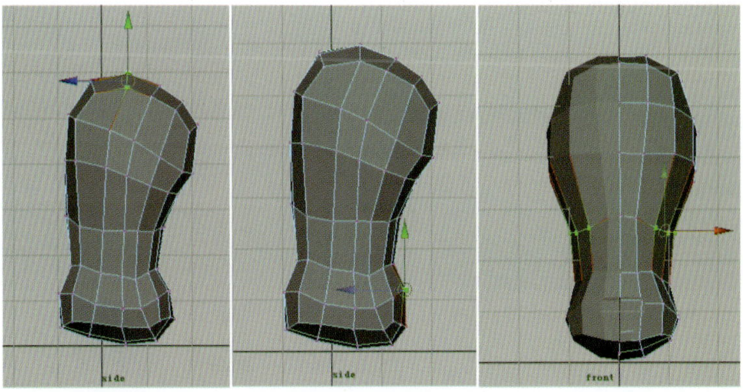

图2–77 调整肩和腰部的基本造型

8）在【Persp】视图中进入【Edge】子物体模式，使用(Split PolyGon Tools）工具为模型添加相应的细节线段，如图2－78中标红处所示。然后选择模型底部的面并删除，如图2–79所示。接着继续使用(Split PolyGon Tools）工具为模型底部添加边，再切换到【Vertex】子物体模式，使用(Move Tool）调整造型，如图2–80（a）所示。最后制作效果如图2–80（b）所示。

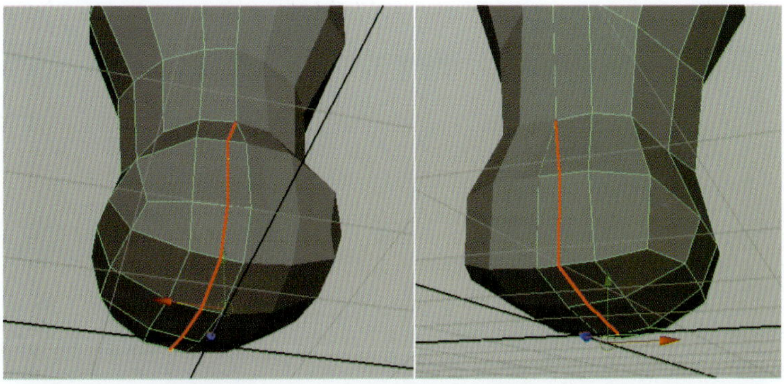

图2–78 自腰部向下添加线段

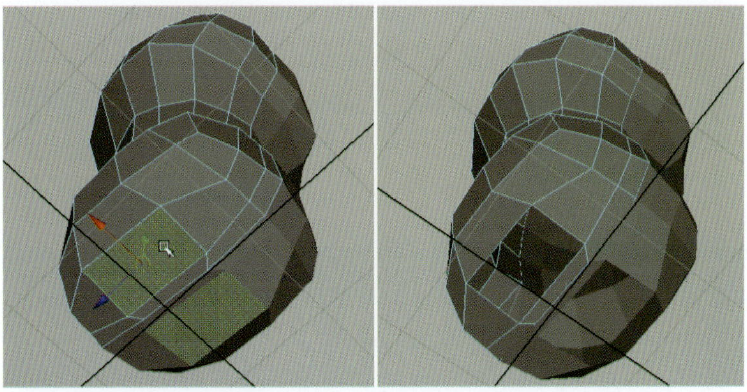

图2–79 删除模型底部的面

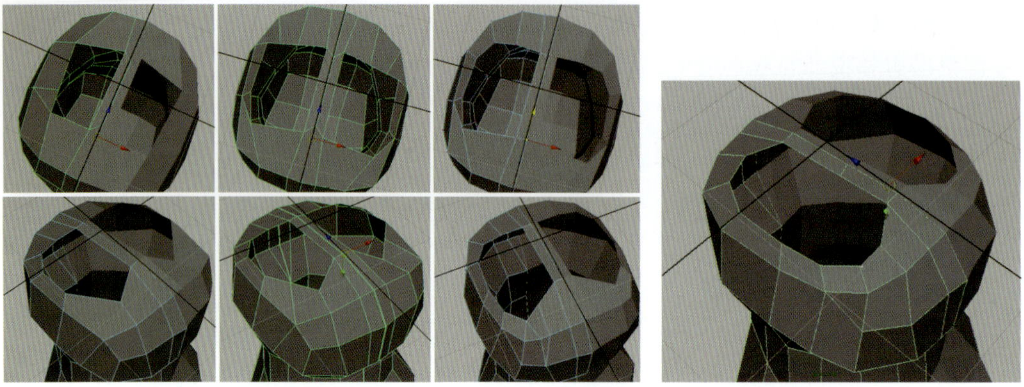

(a) (b)

图 2-80 模型底部结构调整及效果

提 示

调整时要注意怪物与人类角色的形体差别，同时还要处理好身体与装备之间的关系。

10）再次调整身体结构，如图 2-81 所示。进入【Face】子物体模式，选中身体与颈部的连接面，按下【Delete】键进行删除，如图 2-82 所示。接着使用(Split PolyGon Tools)工具在连接面处添加边，再用(Move Tool) 工具进行调整。最后删除多余的顶点和边，过程如图 2-83 所示。按下【Ctrl+S】组合键保存怪物身体模型。

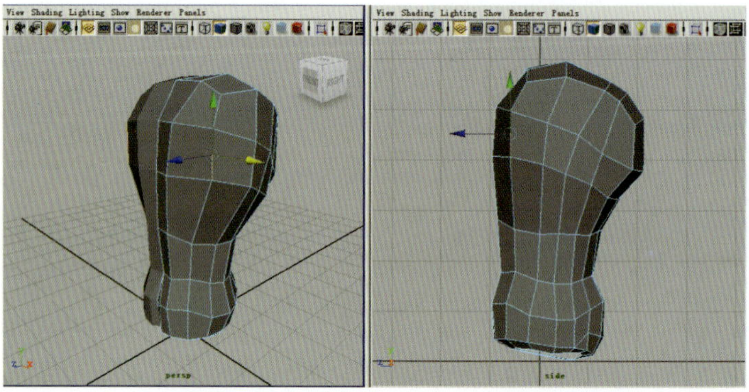

图 2-81 再次调整身体结构

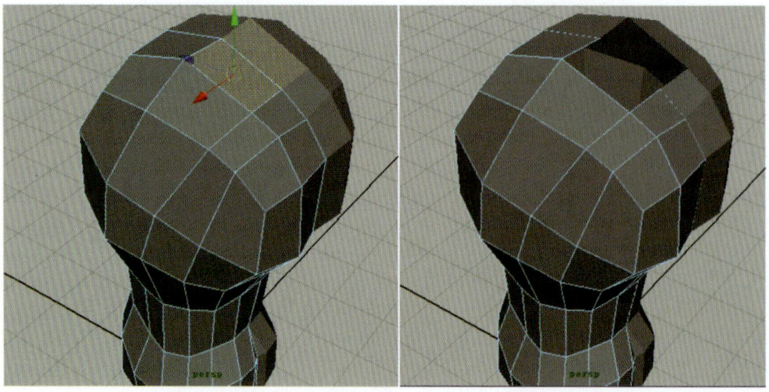

图 2-82 删除身体与颈部连接处的面

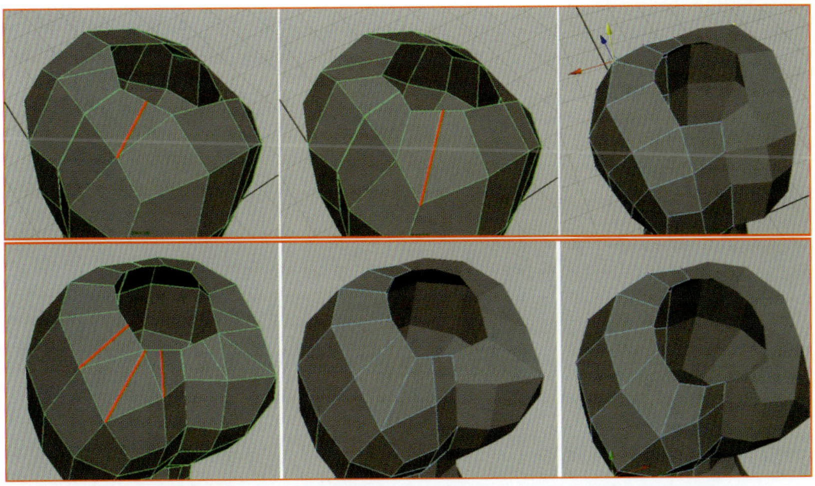

图 2-83　调整身体与颈部的连接部分

提 示

步骤 1）~9）的操作演示详见配套光盘“多媒体视频文件 \ 第 2 章 游戏怪物 NPC 的制作 \ body001.avi”视频文件。

2. 制作怪物的腿部模型

1）调整身体与腿部连接处的造型。由于腿部是从身体直接挤出的，因此在制作之前，要仔细调整连接处的顶点，这样有利于后面腿部模型的创建。然后使用 (Move Tool) 工具仔细调节这部分的顶点，效果如图 2-84 所示。

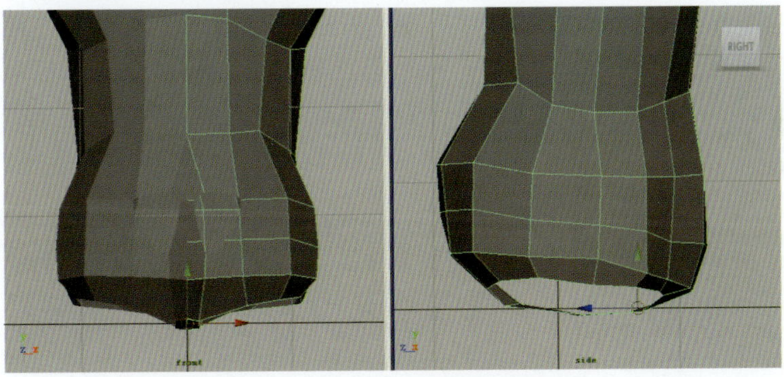

图 2-84　调整腿部连接处的顶点

2）挤出一段腿部造型。方法：在【Persp】视图中进入【Edge】子物体模式，然后选择身体底部的一圈边，如图 2-85 中 A 部分所示，单击顶部工具栏中的 (Extrude) 按钮。接着单击工具杆转换挤出轴向，切换到【Front】视图，沿 Y 轴向下挤出一段腿部造型，如图 2-85 中 B 部分所示。最后进入【Vertex】子物体模式，使用 (Move Tool) 工具从不同视角调整腿部造型，特别要注意其与身体衔接处的造型调整。效果如图 2-86 所示。

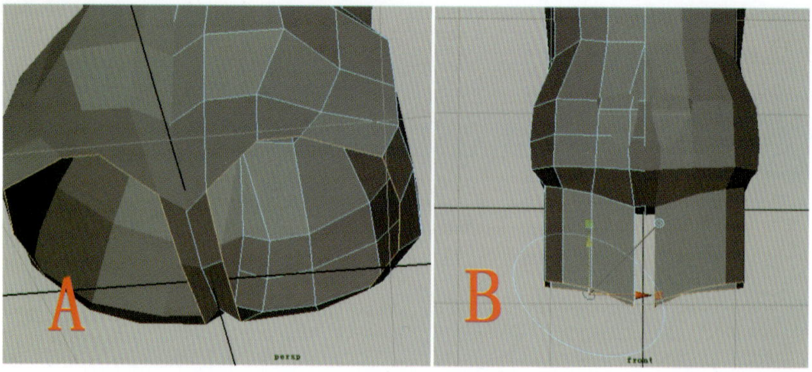

图 2−85　挤出一段腿部造型

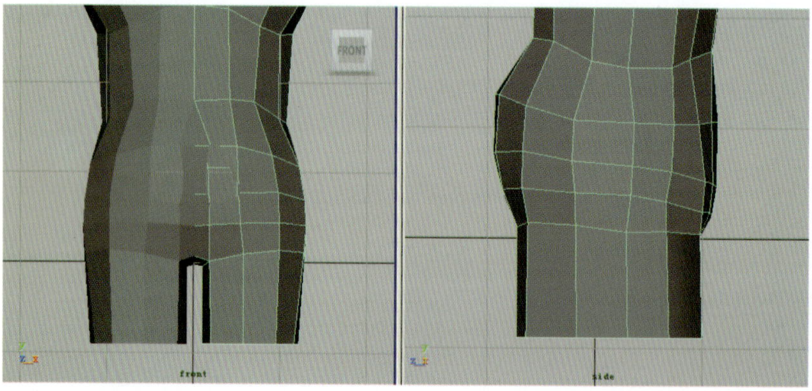

图 2−86　调整挤出的腿部造型

3）同理，继续挤出完整的腿部造型。为了让腿部模型的转折部分过度更为自然，可以进入【Vertex】子物体模式勾取“Soft Select”复选框，使用(Move Tool)、(Rotate Tool) 和(Scale Tool) 工具在【Side】视图将腿部造型调整合适后再进行挤出，过程如图 2−87 所示。

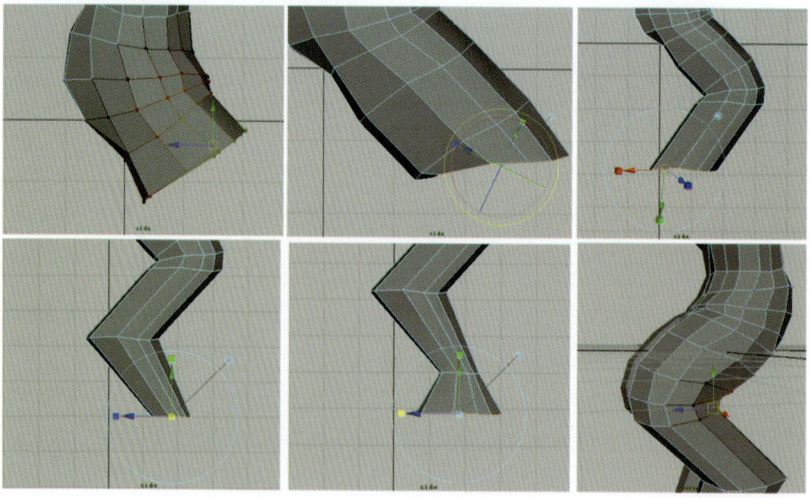

图 2−87　挤出腿部造型的过程

4）参照原画的设定，对腿部进行整体调整，这一过程比较繁琐和沉闷，需要耐心制作。首先进入【Vertex】子物体模式，勾取“Soft Select”复选框，然后使用(Move Tool)工具调整腿部整体造型，如图2-88 (a)所示，接着进入【Edge】子物体模式，选择菜单中的“Edit Mesh | Insert Edge Loop Tool”命令，为腿部添加两圈边，如图2-88 (b) 标红处所示。再选择腿部转折处的一条边，单击工具栏中的(Bevel) 按钮，为腿部转折部分添加细节，如图2-88 (c) 所示。最后切换到【Vertex】子物体模式，使用(Move Tool)工具调整出的最终效果如图2-89 所示。

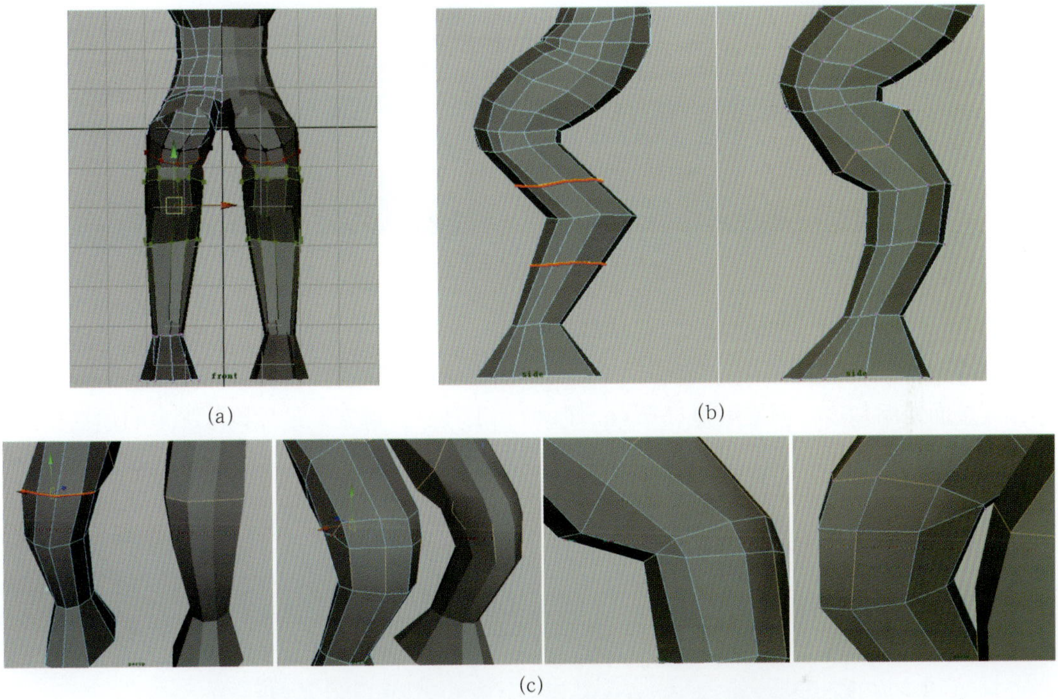

图2-88　调整腿部造型

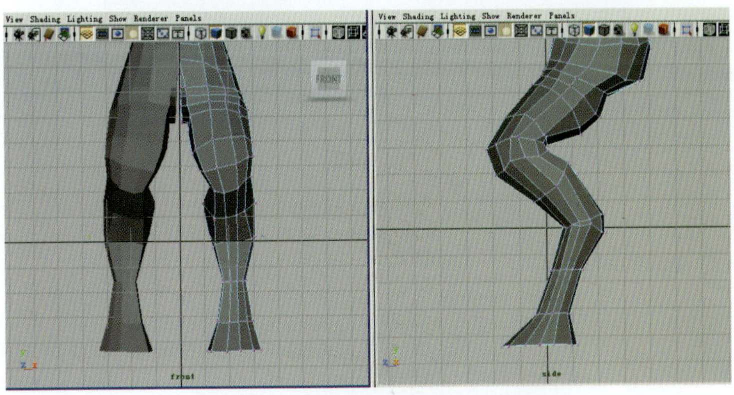

图2-89　最终调整好的腿部造型

提 示

步骤1）~4）的操作演示详见配套光盘“多媒体视频文件 \ 第2章 游戏怪物NPC的制作 \ body002.avi”视频文件。

3．怪物手臂的创建

1）在【Persp】视图进入【Vertex】子物体模式，然后选中身体侧面的一个顶点，如图 2-90 中 A 部分所示。接着选择菜单中的 “Edit Mesh | Chamfer Vertex”命令，如图 2-90 中 B 部分所示，将被选择的顶点进行细分，如图 2-90 中 C 部分所示。

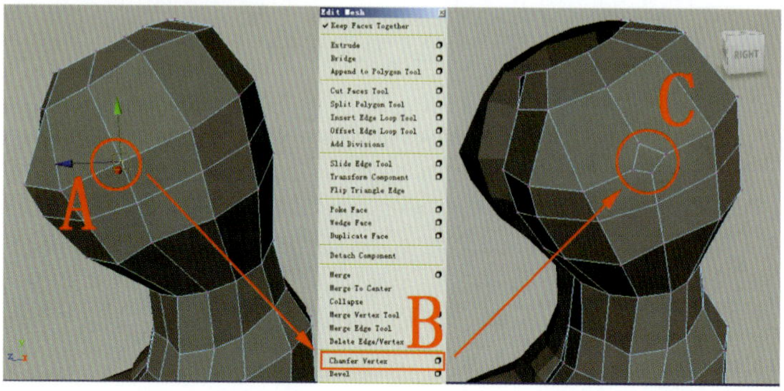

图 2-90　制作挤出手臂的面

2）进入【Face】子物体模式，利用 (Scale Tool）工具将细化出来的面适当放大。然后按下【Delete】键进行删除，如图 2-91 (a)所示。接着使用 (Split PolyGon Tools）工具在连接面处添加边，再使用 (Move Tool）工具进行调整，最后删除多余的顶点和边，如图 2-91 (b) 所示。

(a)

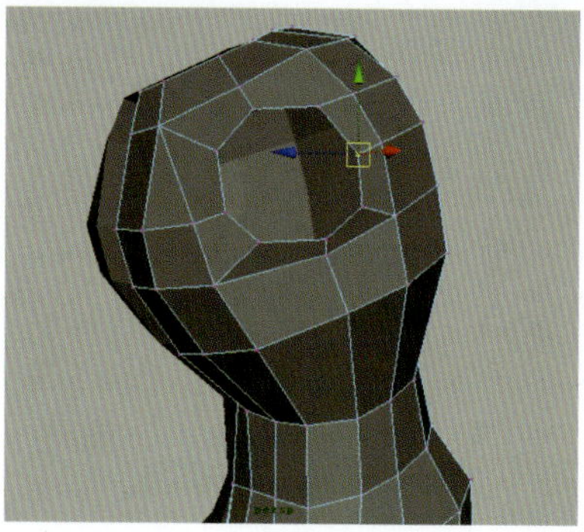

(b)

图 2-91　调整手臂部分的面和顶点

3）挤出手臂的造型。参考前面挤出腿部的方法，在【Persp】视图中进入【Edge】子物体模式，然后选择身体侧面的一圈边，如图 2-92 中 A 部分所示，接着单击顶部工具栏中的(Extrude) 按钮，再单击工具杆转换挤出轴向后，切换到【Front】视图沿 X 轴向外挤出一段手臂，如图 2-92 中 B 部分所示。最后进入【Vertex】子物体模式，使用(Move Tool) 工具从不同视角调整手臂造型，特别要注意与身体衔接处的造型调整。调整后的效果如图 2-93 所示。

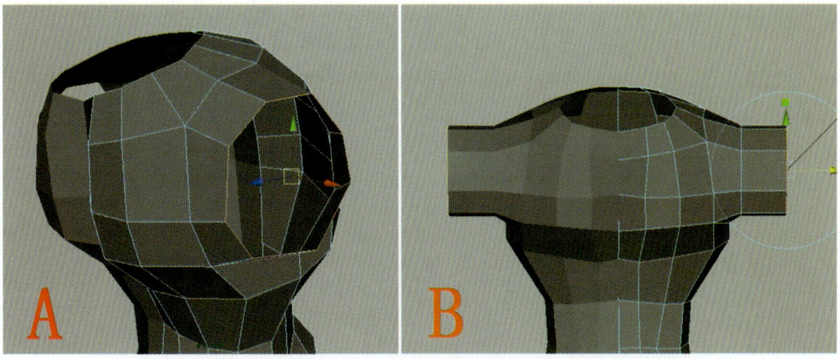

图 2-92　挤出一段手臂

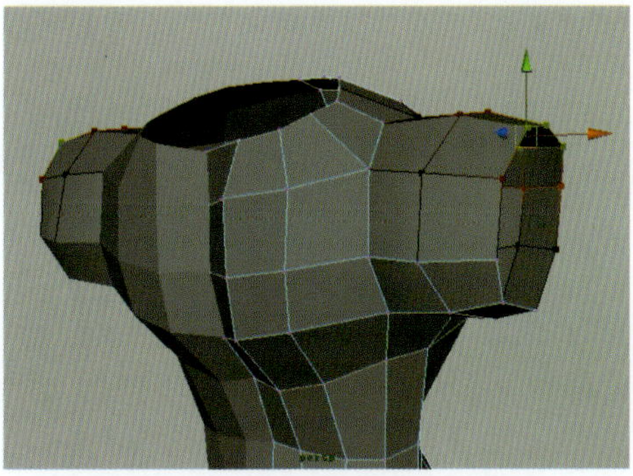

图 2-93　调整挤出的手臂造型

4）继续挤出手臂造型。同理，在【Side】视图中使用(Extrude) 工具继续挤出完整的手臂造型，如图 2-94 所示。然后为了让手臂模型的转折部分过度更为自然，需要进入【Vertex】子物体模式，勾取“Soft Select”复选框，再使用(Move Tool)、(Rotate Tool) 和(Scale Tool) 工具在【Persp】视图以各个视角做进一步调整，效果如图 2-95 所示。

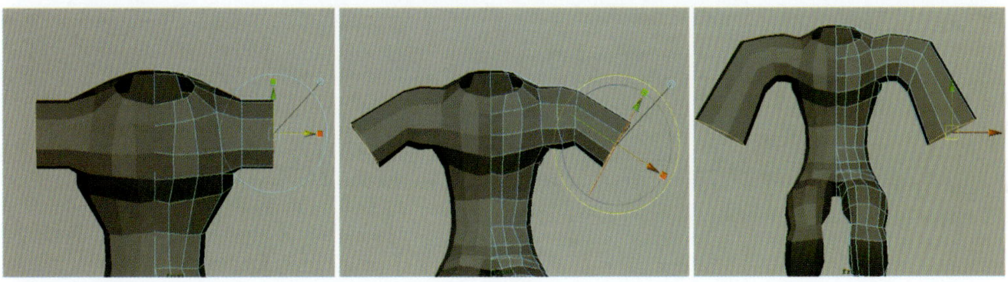

(a)

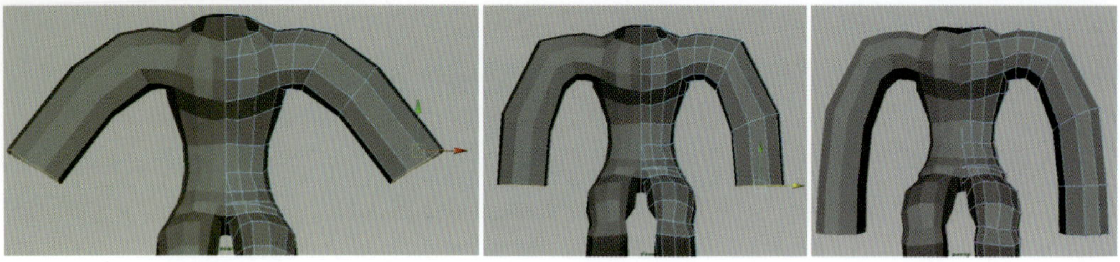

(b)

图 2-94　挤出手臂部分

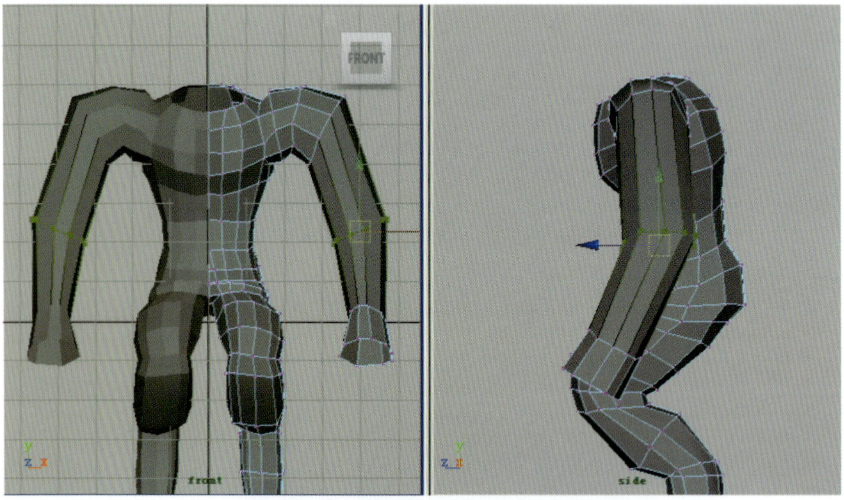

图 2-95　调整手臂部分的顶点

5）调整身体的整体结构。这部分需要调整身体的全部顶点，调整时应多观察原画，抓住怪物的形体特征，尽可能地把这些特征表现出来，使怪物身体的整体结构更加合理。调整好的效果如图 2-96 所示。

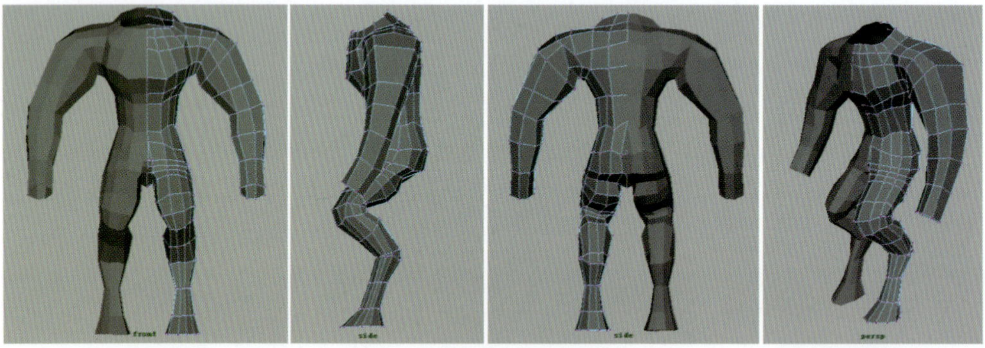

图 2-96　调整怪物身体的整体结构

6）连接头部和身体的模型。方法：单击101 图层前面的方框，取消隐藏头部模型，如图 2-97 所示。然后使用(Move Tool) 和(Scale Tool) 工具调整模型大小和位置。接着使用激活(Snap to points) 工具将颈部连接处的顶点进行对位，并进入【Vertex】子物体模式调整模型，效果如图 2-98 所示。按下【Ctrl+S】组合键保存怪物模型文件。

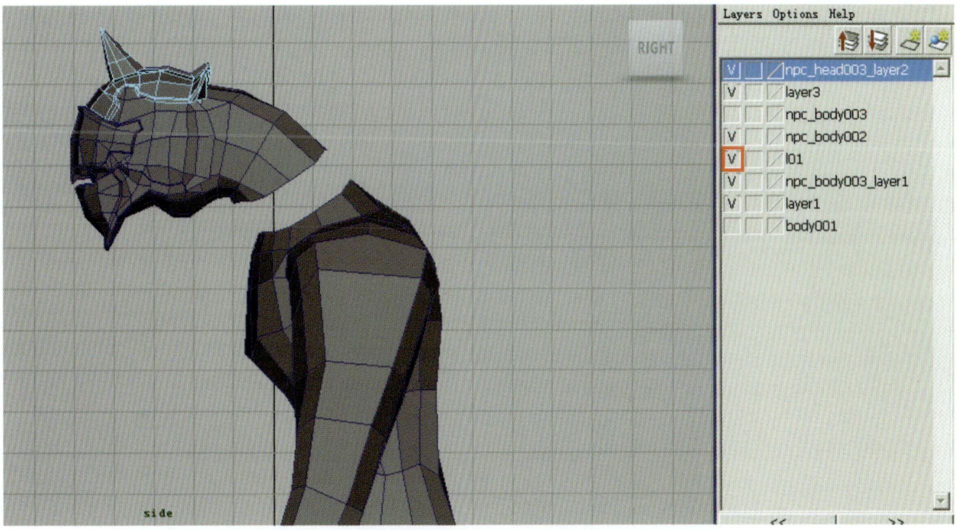

图 2-97 显示出头部模型

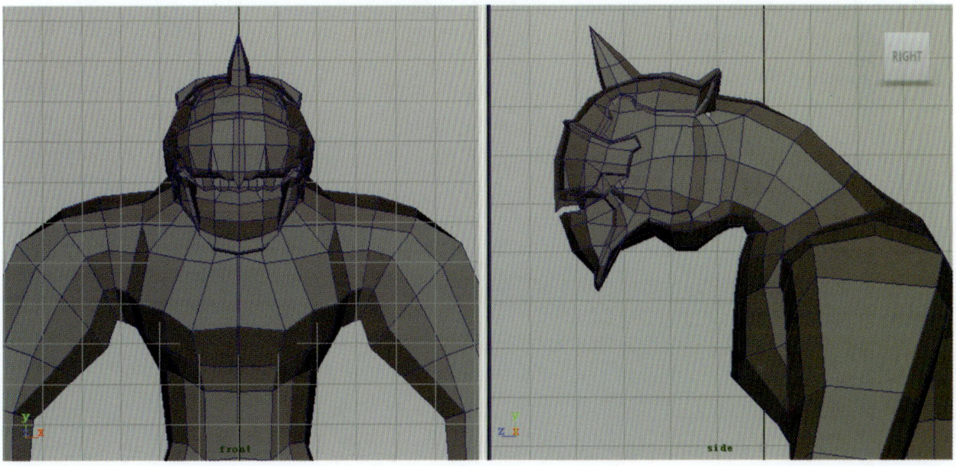

图 2-98 将头部与身体对位

提 示

步骤 1）~6）操作演示详见配套光盘“多媒体视频文件\第 2 章 游戏怪物 NPC 的制作\body003.avi”视频文件。

4. 怪物身体的细节刻画

前面已经制作了怪物身体的基本造型，但是与原画比较还需要添加更多的细节，比如肌肉和装备等。在此将身体分为躯干、腿部、手臂 3 个部分来进行刻画。

1）刻画躯干的细节。重点是刻画胸部、背部、肩部和腰部的造型，因为要从这些地方制作出一体化装备。方法：进入【Vertex】子物体模式，根据原画设定，在【Soft Select】模式下使用(Move Tool)、(Rotate Tool) 和(Scale Tool) 工具在【Persp】视图从各个视角调整模型结构，如图 2-99 和图 2-100 所示。

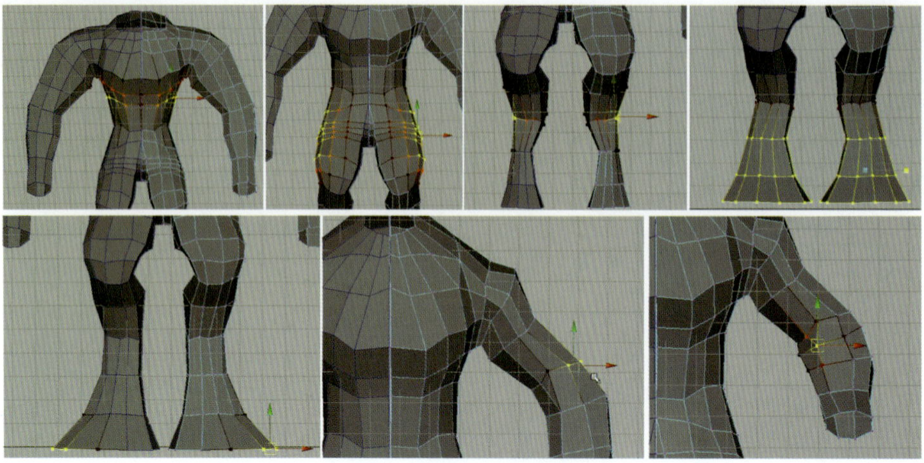

图 2-99　调整模型结构 1

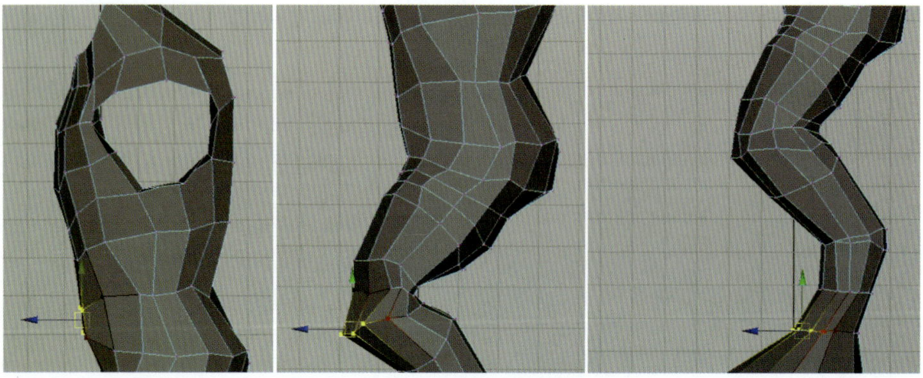

图 2-100　调整模型结构 2

提 示

步骤 1）的操作演示详见配套光盘“多媒体视频文件\第 2 章 游戏怪物 NPC 的制作\body004.avi”视频文件。

2）使用(Split PolyGon Tools) 工具在颈部、胸部及背部添加细节，然后调整外形结构，如图 2-101 所示。接着在肩部陆续添加边，如图 2-102 所示，从而制作出肩部装备的造型，如图 2-103 所示。

图 2-101　在颈部、胸部及背部添加细节

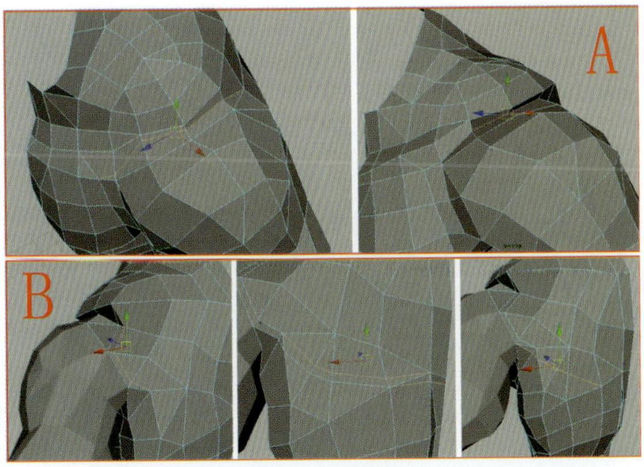

图 2-102　添加肩部的边

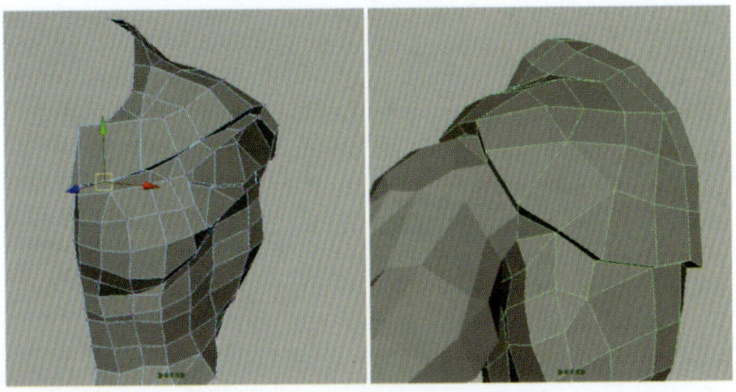

图 2-103　怪物肩部装备造型

3）同理，单击 (Collapse）按钮塌陷多余的边，如图 2-104 中 A 部分所示。然后刻画怪物腰部造型，如图 2-104 中 B 部分所示。接着使用 (Split PolyGon Tools）工具在腰部添加细节，如图 2-105 所示，从而制作出腰部装备的造型，如图 2-106 所示。

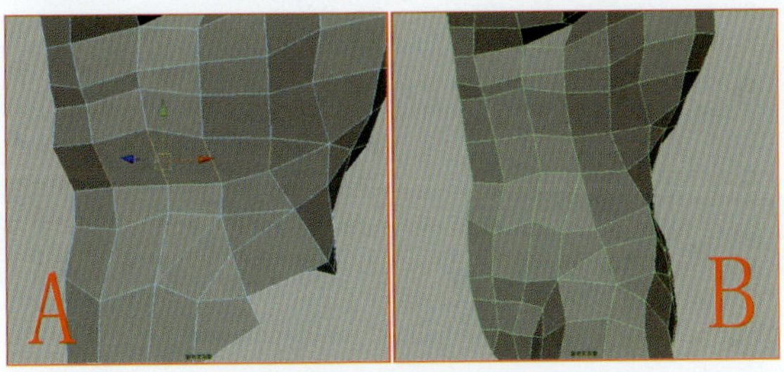

图 2-104　调整腰部造型

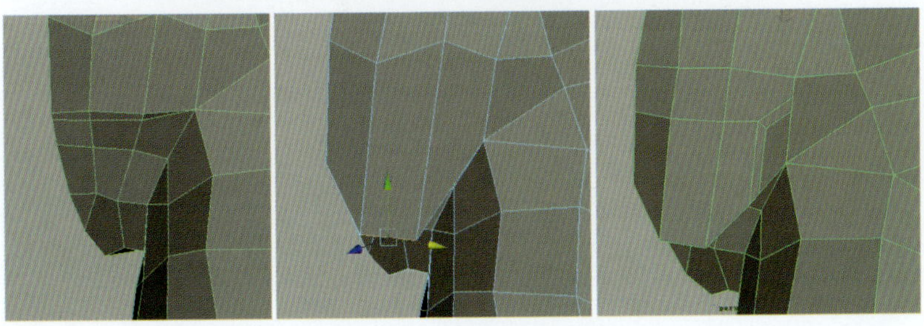

图 2-105　在腰部添加细节

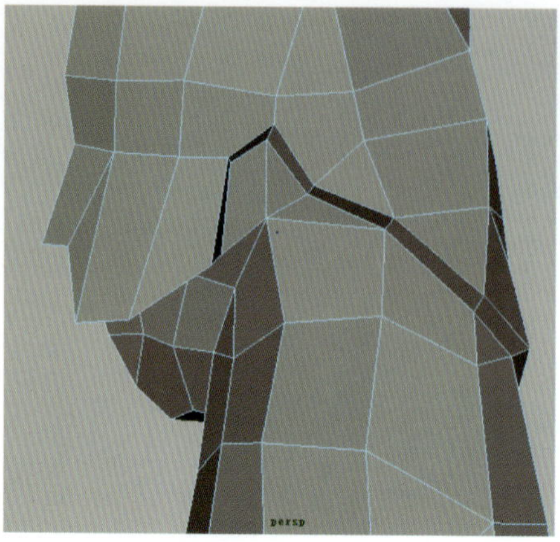

图 2–106　腰部装备造型

提 示

步骤 2）~3）的操作演示详见配套光盘“多媒体视频文件\第 2 章 游戏怪物 NPC 的制作\body005.avi”视频文件。

4）刻画怪物手臂细节。在角色制作中，关节布线对角色后期的动作设定有非常重要的影响，因此建模时须认真制作。此步骤要注意肩关节的连接处、肘部、手腕部的结构。最终上臂制作效果如图 2–107 所示；肘部制作效果如图 2–108 所示；前臂制作效果如图 2–109 所示。

图 2–107　上臂的制作效果

图 2–108　肘部的制作效果

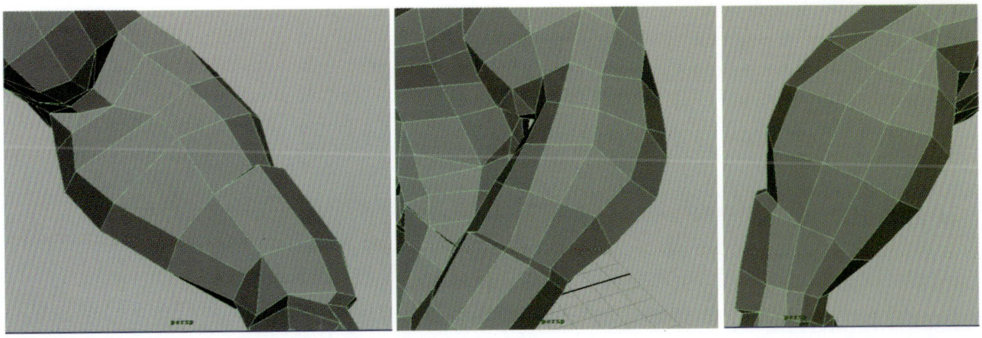

图 2-109　前臂的制作效果

提 示

步骤 4）的操作演示详见配套光盘“多媒体视频文件\第 2 章 游戏怪物 NPC 的制作\body006.avi”视频文件。

5）制作手腕处的装备。方法：使用(Split PolyGon Tools）工具在怪物手腕处添加两条边，如图 2-110 中 A 部分所示，然后使用(Move Tool）工具调整装备的造型，如图 2-110 中 B 部分所示。

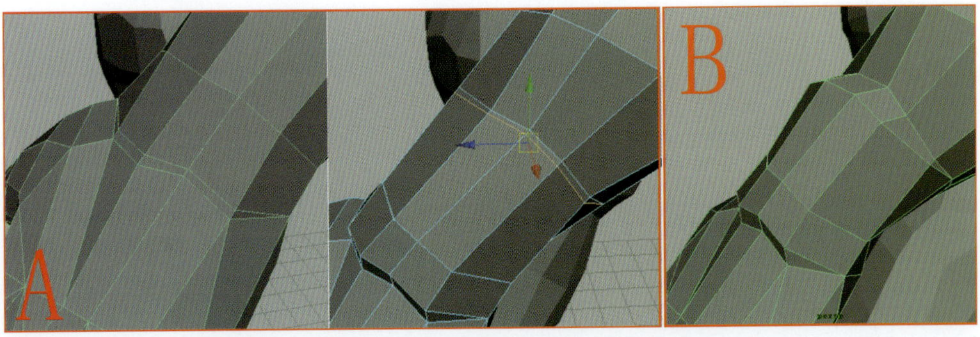

图 2-110　制作手腕装备的造型

提 示

步骤 5）的操作演示详见配套光盘“多媒体视频文件\第 2 章 游戏怪物 NPC 的制作\body005.avi”视频文件。

6）刻画怪物腿部细节。调整时注意膝、踝、髋等关节部位的结构，调整后的效果如图 2-111 所示。

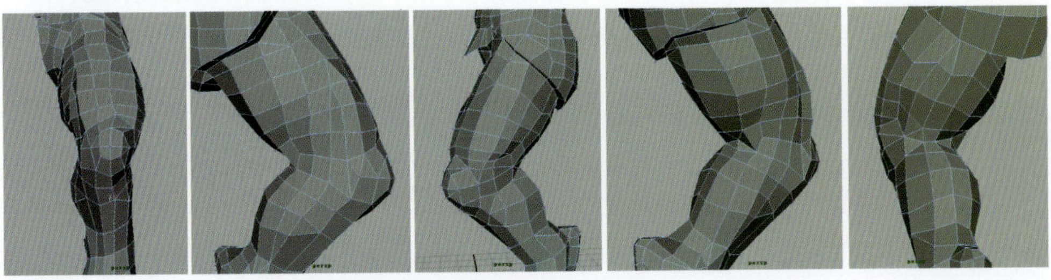

图 2-111　腿部的基本造型

提 示

步骤 6）的操作演示详见配套光盘“多媒体视频文件\第 2 章 游戏怪物 NPC 的制作\body007.avi”视频文件。

2.2.4 创建怪物手和脚的模型

本例中怪物 NPC 角色制作的重点主要体现在头部、手和胸部 3 大模块。这 3 部分最能体现角色的造型特点。建模时需注意怪物手部造型与人类手部的区别，要通过腕关节及手指关节部位的结构转折来表现出关节粗大、强壮有力的感觉。

1）在【Persp】视图创建立方体，使用(Split PolyGon Tools）工具在立方体上添加边，然后使用(Move Tool）工具调整出手掌的基本造型，如图 2–112 中 A 部分所示。再在【Face】子物体模式下单击(Extrude）按钮，挤出手指。接着使用(Split PolyGon Tools）工具添加细节，并调整手指的造型，如图 2–112 中 B 部分所示。再使用(Extract）工具将手指与手掌进行分离。最后按下【Ctrl+D】组合键复制调整好造型的手指，如图 2–112 中 C 部分所示。再将调整好的全部手指与手掌对位，并使用(CoMayaine）工具与(Merge Vertices）工具将手指与手掌合并到一起，如图 2–112 中 D 所示。

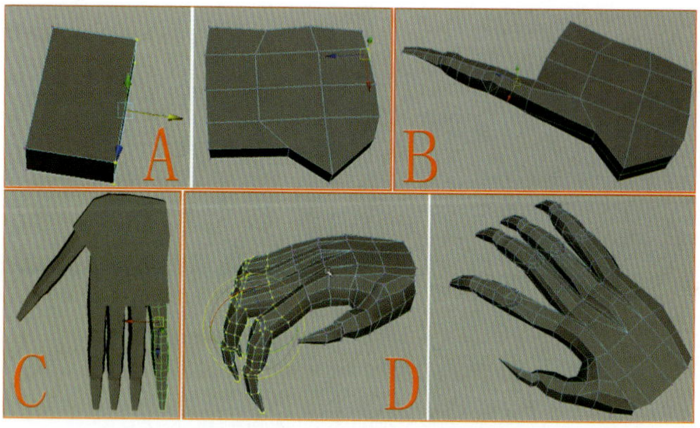

图 2–112 制作手部的造型

提 示

步骤 1）的操作演示详见配套光盘“多媒体视频文件\第 2 章 游戏怪物 NPC 的制作\hand001.avi、hand002.avi”视频文件。

2）将手臂同时显示出来，以便更好地观察和调整手部的造型。然后使用(Move Tool）和(Rotate Tool）工具继续调整手部造型，效果如图 2–113 所示。手部模型最终完成效果如图 2–114 所示。

提 示

步骤 2）的操作演示详见配套光盘“多媒体视频文件\第 2 章 游戏怪物 NPC 的制作\hand003.avi”视频文件。

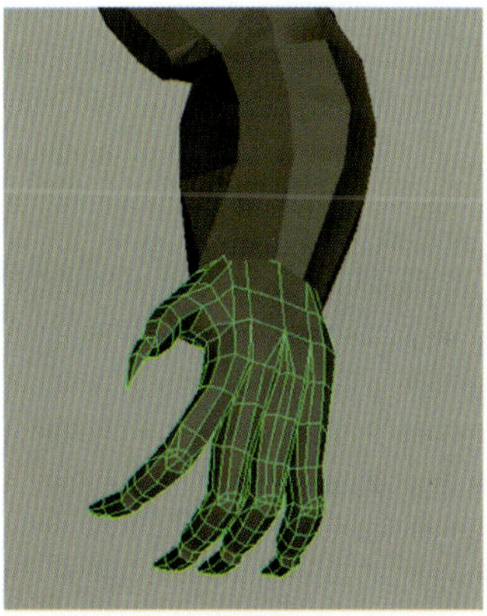

图 2-113 继续调整手部造型

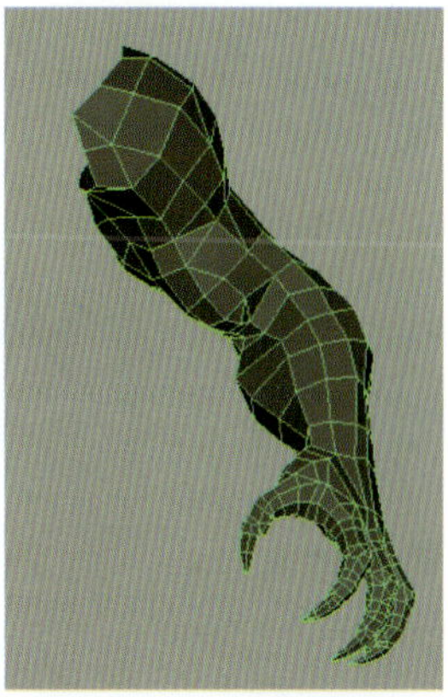

图 2-114 完成手部造型

3）参考手部制作方法，制作出怪物的脚部造型，如图 2-115 所示。

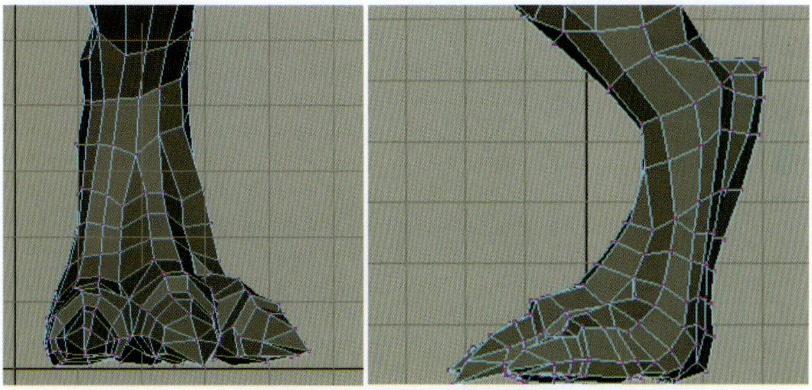

图 2-115 怪物的脚部造型

提 示

步骤 3）的操作演示详见配套光盘“多媒体视频文件\第 2 章 游戏怪物 NPC 的制作\foot.avi”视频文件。

2.2.5 创建怪物的装备模型

怪物身体上的装备主要通过贴图来表现，主要的独立装备只有颈部护甲。

1）怪物颈部护甲的制作。方法：隐藏怪物身体的模型，然后在【Persp】视图中调整至合适的视角，再使用(Split PolyGon Tools）工具在怪物颈部模型上添加边，如图 2-116 中标红处所示。接着切换到【Face】子物体模式，选中制作装备的面，如图 2-117 中 A 部分所示，再选择菜单中的“Edit Mesh | Duplicate Face”命令，复制出选中的面，如图 2-117 中 B 部分所示。最后按下键盘上的【Insert】键，移动坐标轴到装备模型最边缘，如图 2-118 所示，以便后面进行对称复制和模型调整，再按下【Insert】键取消移动模式。

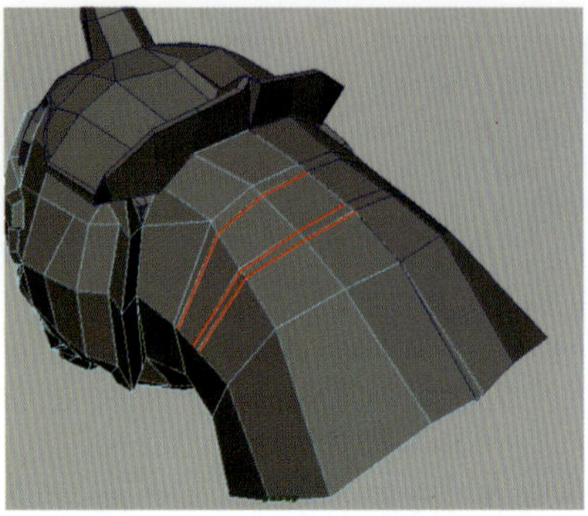

图 2-116　在怪物颈部添加边

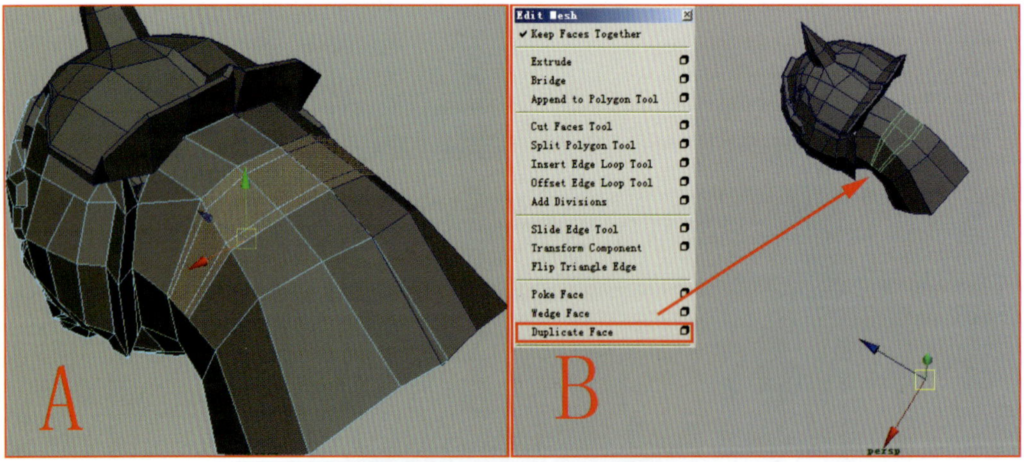

图 2-117　复制颈部装备的面

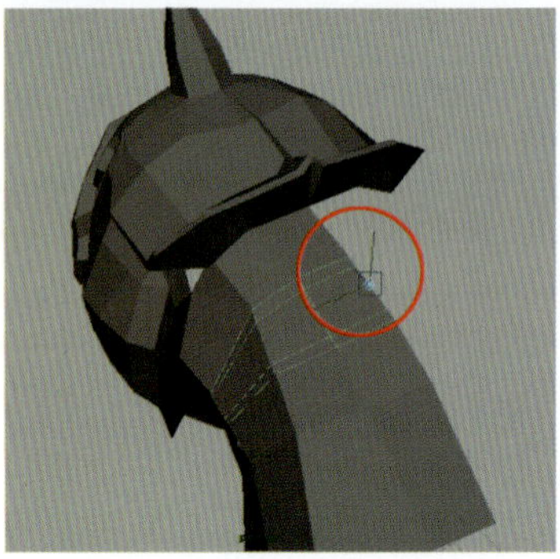

图 2-118　移动坐标轴的位置

提 示

可以利用创建工具按钮的方法将“Duplicate Face”创建到工具栏中，其图标将显示为。

2）使用(Insert Edge Loop Tool）工具在怪物颈部装备上添加边，并切换到【Vertex】子物体模式。然后使用(Move Tool）调整装备造型，如图 2-119 中 A 部分所示。接着使用(Split PolyGon Tools）工具在怪物颈部模型上继续添加边，再使用(Move Tool）调整装备造型，如图 2-119 中 B 和 C 部分所示。

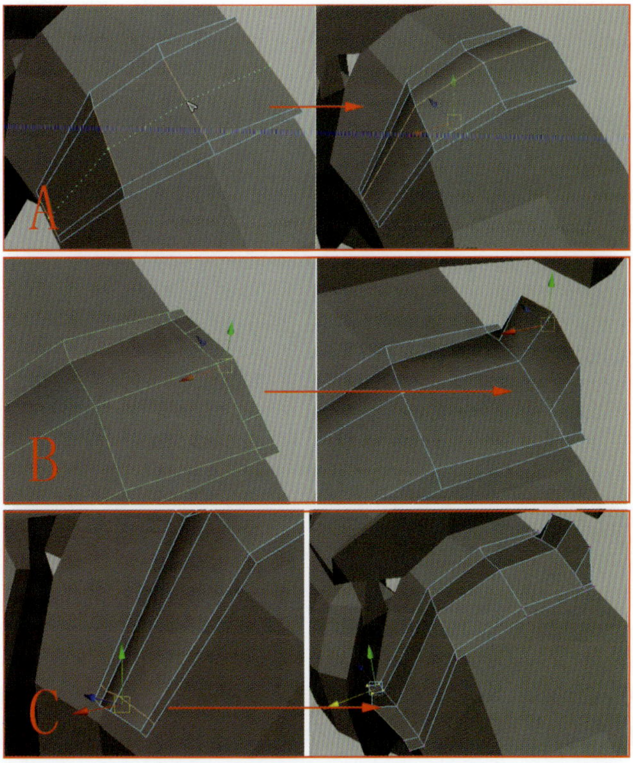

图 2-119　调整颈部模型的造型

3）制作完整的颈部装备造型。方法：进入【Side】视图，选择制作好的颈部装备，然后按快捷键【Ctrl+D】，复制出一个装备，如图 2-120 中 A 部分所示。接着使用(Move Tool) 和(Rotate Tool) 工具将复制出来的装备摆放到合理位置，如图 2-120 中 B 部分所示。同理，将装备的其他部分也复制出来，最终效果如图 2-120 中 C 部分所示。

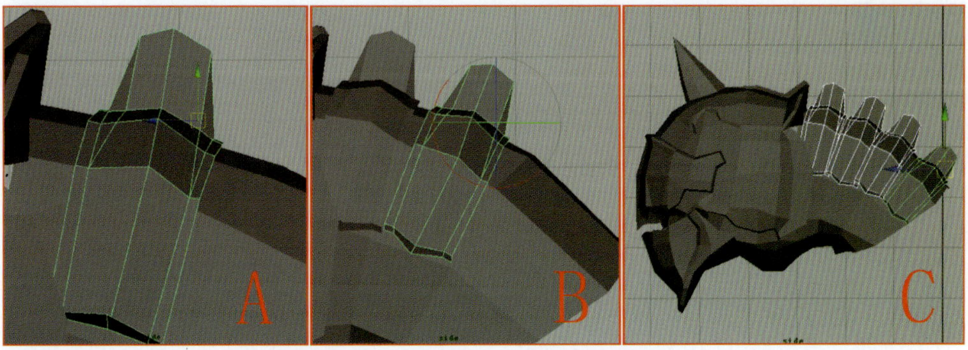

图 2-120　复制出完整的颈部装备

提 示

步骤 1）~3）的操作演示详见配套光盘“多媒体视频文件\第 2 章 游戏怪物 NPC 的制作\head004.avi”视频文件。

4）至此，怪物模型的创建就完成了，效果如图2–121所示。最后，按下【Ctrl+Shift+S】组合键将怪物模型文件另存为“MAYA 文件 \ 第 2 章 游戏怪物 NPC 的制作 \guai_npc.mb”文件。

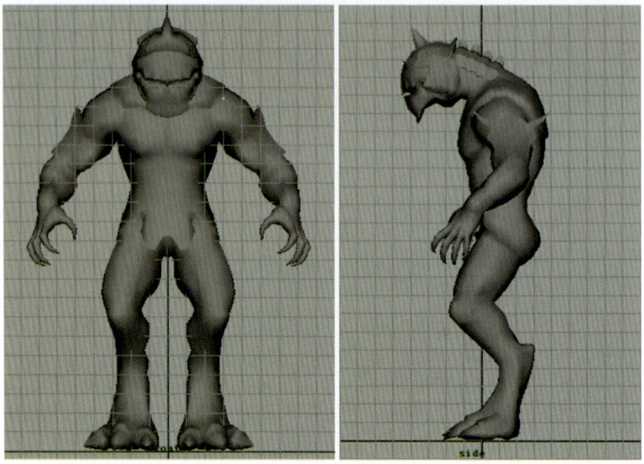

图 2–121 完成怪物模型的创建

2.3 怪物 NPC 的 UV 编辑

通常在完成角色模型以后，要对角色的外貌进行准确地表达，这对材质的绘制品质要求非常严格。而材质准确定位和 UV 的编辑有直接关系。本例怪物 UV 编辑的流程为：首先在【Front】视图中将模型删除一半，然后分别为怪物模型指定 UV 贴图坐标，并在 UV Texture Editor（UV 材质编辑器）中分别调整，处理 UV 坐标的拉伸和摆放。最后复制出模型的另一半，完成整体 UV 坐标的编辑，进入材质纹理的绘制过程。编辑过程分为怪物身体的 UV 编辑、怪物手和脚的 UV 编辑、怪物头部的 UV 编辑、怪物装备的 UV 编辑 4 部分内容。

2.3.1 认识 Maya 2010 中的 UV 编辑器

在进行怪物 UV 编辑之前，首先要对 Maya 2010 中的 UV 概念以及 UV 编辑工具—— UV Texture Editor（UV 材质编辑器）进行简单的了解。

1. UV 的概念

UV 主要是多边形（Polygon）表面的一个元素，也是确定 2D 材质纹理的坐标点，控制着 2D 材质纹理在模型上的对应关系。每个 UV 直接依附于模型上的各个顶点，位于某个 UV 的像素点将被放置在模型上该 UV 所依附的顶点上，如图 2–122 所示。

在 2D 纹理贴图上：U 相当于坐标中的 X，也就是贴图的水平方向；V 相当于坐标中的 Y，也就是贴图 UV 平面的垂直方向。在确定 UV 坐标之前，2D 材质纹理在多边形表面可能无法直接定位与放置，唯一的解决方法是进行 UV 映射。如果缺少这一步骤，即使制作出再精致的模型，也无法为其赋予漂亮的材质。而通过在 UV Texture Editor（UV 材质编辑器）中对 U V 坐标进行移动、翻转、旋转、缝合、剪切等一系列编辑，可以在模型表面准确放置材质纹理，从而制作出形象逼真的角色。

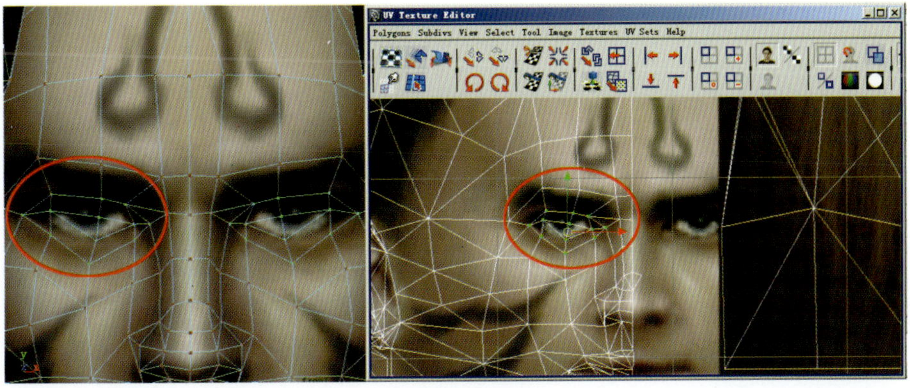

图 2–122　UV 坐标与模型的关系

2．UV 编辑器界面的介绍

1）选择“Edit UVs｜V Texture Editor”命令，调出 UV Texture Editor（UV 材质编辑器），如图 2–123 所示。UV Texture Editor 有自己的窗口菜单与工具条，工具条实现的功能大部分都能在菜单中找到。作为一个视图窗口，它与三维视图窗口的视图操作方法也完全相同。

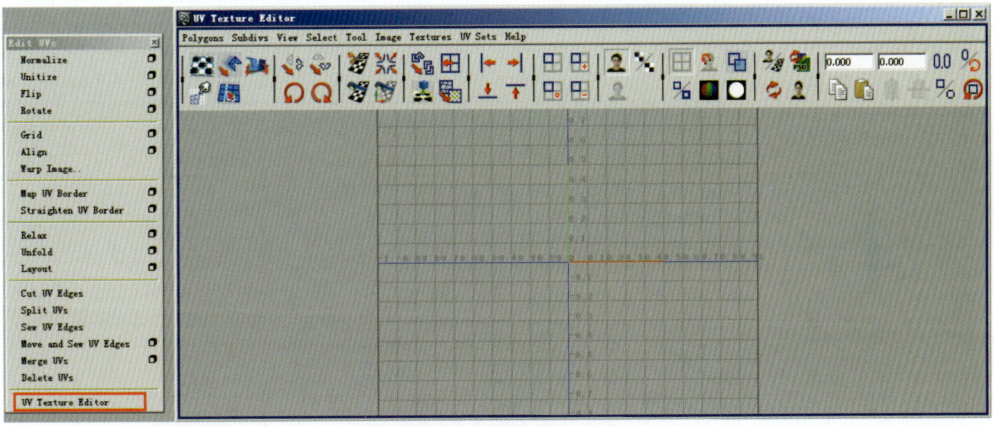

图 2–123　UV 编辑器窗口界面

2）UV Texture Editor 工具条命令说明。

工具条列出了 UV 编辑过程中常用的工具与命令，通过执行 UV Texture Editor 窗口中 “View｜Toolbar”命令，可以打开与关闭工具条的显示。工具条所对应的菜单命令。功能与操作元素如下表所示。

UV Texture Editor 工具条命令说明

图　标	对应菜单命令	功　能	操 作 元 素
	UV Lattice Tool	UV 晶格调整工具	Uvs
	Move UV Shell Tool	移动 UV 外壳工具	UVs

续表

图　标	对应菜单命令	功　能	操作元素
	Smooth UV Tool	光滑 UV 工具	UVs
	UV Smudge Tool	UV 涂抹工具	UVs
	Select Shortest Edge Path Tool	最短边路径选择工具	UVs
	Flip Selected UVs in U Direction	水平(U 向)翻转选择的 UVs	Face / UVs
	Flip Selected UVs in V Direction	水平(V 向)翻转选择的 UVs	Face / UVs
	Rotate Select UVs Counterclockwise	逆时针旋转选择的 UVs	Face / Edge / Vertex / UVs
	Rotate Select UVs clockwise	顺时针旋转选择的 UVs	Face / Edge / Vertex / UVs
	Cut UV Edges	沿选择的边切开 UVs	Face / Edge / Vertex / UVs
	Split UVs	沿选择的边所连接的 UV 点切开 UVs	UVs
	Sew UV Edges	沿选择的边或 UVs 缝合	UVs / Edge
	Move and Sew UV Edges	移动缝合选择的 UVs	UVs / Edge
	Select faces to be Moved in UV space	将选择的面移进 UV 空间	Face / Edge / Vertex / UVs
	Snap Selected UVs to user Specified Grid	捕捉 UVs 对齐指定的网络	UVs
	Unfold	自动展开 UV	Face / Edge / Vertex / UVs
	Relax	合理调整选择的 UVs 布局	UVs
	Align	U 向对齐选择 UVs 的最小坐标值	UVs
	Align	U 向对齐选择 UVs 的最大坐标值	UVs
	Align	V 向对齐选择 UVs 的最小坐标值	UVs
	Align	V 向对齐选择 UVs 的最大坐标值	UVs
	Isolate select	打开隔离选择模式	Face/Edge/UVs/Vertex
	Isolate select	添加隔离的选择元素	Face/Edge/UVs/Vertex
	Isolate select	去除所有的隔离选择	Face/Edge/UVs/Vertex
	Isolate select	减去隔离选择的元素	Face/Edge/UVs/Vertex
	Display Image	显示纹理贴图	Face/Edge/UVs/Vertex
	Dim Image	变暗纹理图片	Face/Edge/UVs/Vertex
	Display Unfiltered	显示的纹理贴图是否进行模糊过滤	Face/Edge/UVs/Vertex
	View grid on	是否显示网格	Face/Edge/UVs/Vertex

续表

图　　标	对应菜单命令	功　　能	操 作 元 素
	Show Border On/Off	显示选择物体纹理边界	Face/Edge/UVs/Vertex
	Pixel Snap	UV 捕捉纹理贴图的像素点	UVs
	Shade UVs Display	UV 灯罩显示模式	Face/Edge/UVs/Vertex
	UV Texture Editor Baking	烘焙纹理	UVs
	Force UV Texture Editor Rebake	强制再次烘焙	UVs
	Use Image Ratio	使用纹理贴图的比例	Face/Edge/UVs/Vertex
	Copy colors, UVs, and or shaders from a face	复制 UVs 坐标	UVs
	Paste colors, UVs, and or shaders from a face	粘贴 UVs 坐标	UVs
0.0	Refresh the current UV values	当移动 UVs 点时，在工具条上的坐标显示并不能及时更新，使用这个按钮可以更新 UVs 的新坐标值	UVs
	Cycle UVs	逆时针旋转 UV 的坐标值但保持 UV 拓扑不变	Face/Edge/UVs/Vertex
	Toggle copy/paste for faces/UVs	设定复制粘贴是在 UVs 上还是在 UV 面上	Face / UVs
	Display RGB Channels	显示纹理贴图的 RGB 彩色通道	Face/Edge/UVs/Vertex
	Display Alpha Channels	显示纹理贴图的 Alpha 通道	Face/Edge/UVs/Vertex
	Paste U value to selected UVs	粘贴 U 值到指定的 UVs	UVs
	Paste V value to selected UVs	粘贴 V 值到指定的 UVs	UVs
	Update PSD Networks	更新 PSD 的网络	Face/Edge/UVs/Vertex
	Toggles mode of the UV entry fields between Absolutely Position and Relative transformation tools Values	切换 UV 输入模式为绝对位置或相对位移值	UVs

3．UV 的选择以及相应的转换

在三维视图窗口中，UV 是不可操作的元素，只能被选择，所以在 UV 编辑使用(Move Tool)、(Rotate Tool)、(Scale Tool) 工具，会出现警告信息。在三维视图窗口或在 UV Texture Editor 中按住鼠标右键，在弹出的菜单中选择 UV，如图 2-124（a）所示，即可选择 UV。如果要从当前选择的元素切换到其他元素，比如把选择的面转换为这些面所包含的 UV，可以在三维视图窗口或 UV Texture Editor 窗口中按下【Ctrl】键的同时再右击来完成多边形所有元素之间的切换，如图 2-124（b）所示。

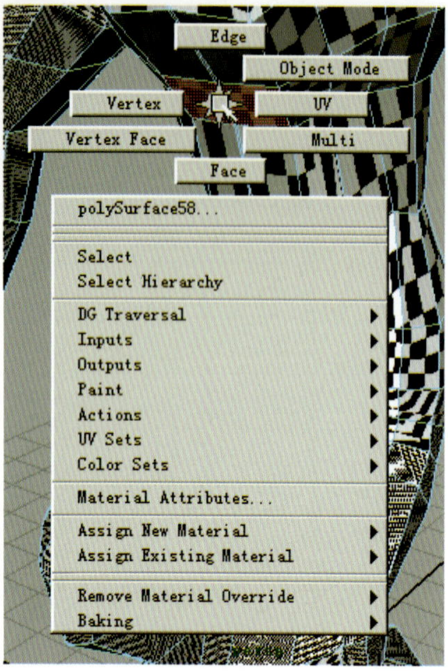

(a)

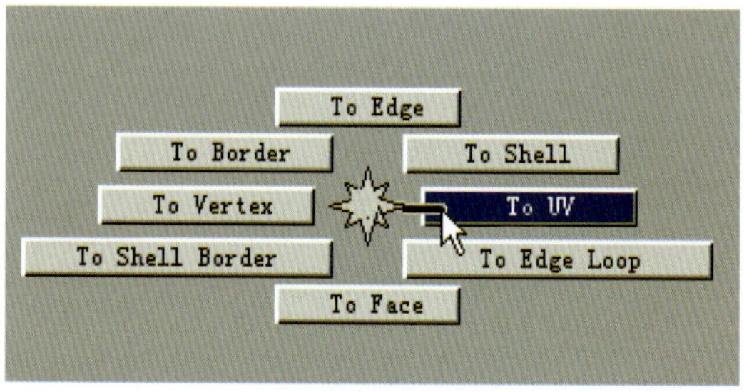

(b)

图 2-124　UV 的选择及其元素间的切换

4．UV 编辑的基本原则

最佳的 U V 排布取决于使用的纹理类型以及模型应用的场合，同时多边形的 U V 编辑也因制作者设定纹理的不同而不同。U V 编辑虽然各有各法，但必须遵循一些基本准则。下面就来指出这些基本的准则，以便给将来的具体应用提供参照。

1）U V （使用相同纹理）应避免重叠与交迭。

这是因为重叠的 U V 在 Maya 中会造成 2D 纹理的错位和拉伸，以及 bump 纹理的显示错误。

2）尽可能减少 U V 块的划分。

保持 U V 的完整是针对制作的纹理来说的，U V 块越少越可以避免对大量材质接缝的处理。

3）U V 的接缝摆放位置应为摄像机注意不到以及不易觉察的部位，如头后侧部、臂与腿的内侧等。

4）　保持 UV(相同纹理)在 0～1 纹理平面内。

数字 0～1 的范围内为纹理空间，这个空间内的纹理在 U V　Texture　Editor 中是无限重复的，即 0～1 空间和 1～2 空间的纹理是完全相同的。因此，如果模型的 U V 超出这个空间，就会使用相同的纹理，如 U V 坐标为 （1.5，0） 的点与 U V 坐标为(0.5，0)点的使用的像素相同，所以超出这个空间的纹理在模型表面上是重复的。这也属于一种间接的 U V 重叠。

5）尽可能利用 0～1 纹理平面空间。

这是因为纹理是以 U V 为坐标参照，在模型表面上进行分布的，同时这个贴图纹理会参与渲染。如果制作了一个纹理，但没有充分利用纹理空间的话，就会造成该纹理空间的浪费。如图 2-125 所示，纹理空间大小假设为 512 × 512 像素，实际利用空间却少于 256 × 256 像素大小，这样就浪费了 3/4 的纹理空间，造成绘制出来的贴图因为分辨率过低而不够清晰。

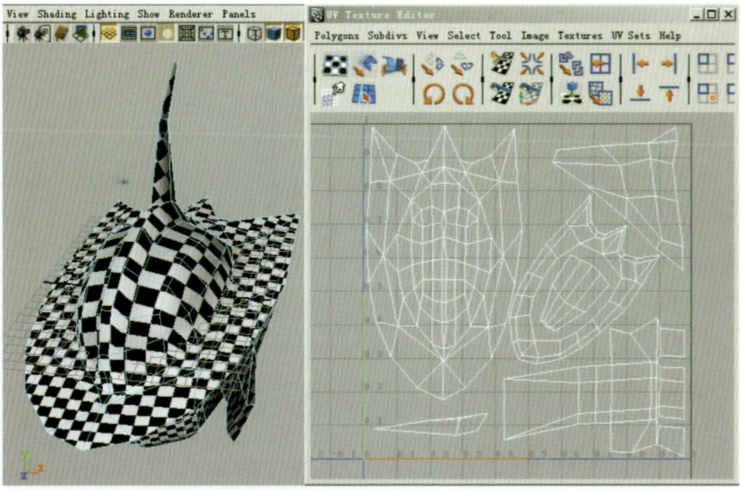

(a)

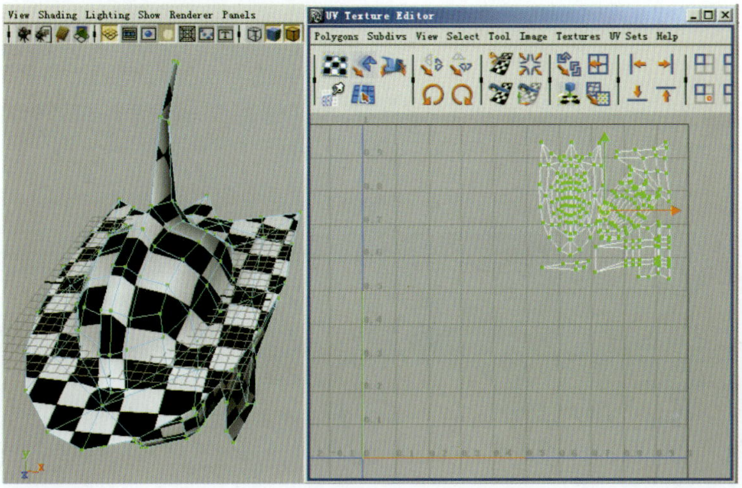

(b)

图 2-125　纹理空间的材质效果

2.3.2　怪物身体的UV编辑

怪物身体的 UV 编辑分为躯干的 UV 编辑、手臂的 UV 编辑、腿部的 UV 编辑 3 个部分来进行。

1. 躯干的 UV 编辑

1）赋予文件检测纹理。UV 编辑的最终目的是为使用 2D 材质纹理服务的，通常在编辑纹理的时候会通过一个标准的 2D 纹理来检验 UV 坐标是否正确，以便快速和准确地进行 UV 编辑。本例中使用自制的棋盘格图片作为检测纹理，如图 2-126 所示，该文件存放于配套光盘“贴图 \ 第 2 章　游戏怪物 NPC 的制作 \”目录内。

图 2-126　检测 UV 纹理

2） 赋予模型纹理时，首先要执行菜单中的 Window ｜ Render Edito ｜ Hypershade 命令，如图 2–127 中 A 部分所示，打开 Hypershade（超材质编辑器）窗口，然后双击窗口左侧 Create Maya Nodes 工具条中的 Lambert 材质球，建立一个新的 Lambert 材质，如图 2–127 中 B 部分所示。接着右击新建的材质，在弹出的菜单中选择 Rename 命令， 如图 2–128 中 A 部分所示，把材质重命名为 guai_lambert。最后选择怪物的身体模型，再次右击材质，在弹出的菜单中选择 Assign Material To Selection 命令，如图 2–128 中 B 部分所示。这样，材质就被赋予怪物的身体了。

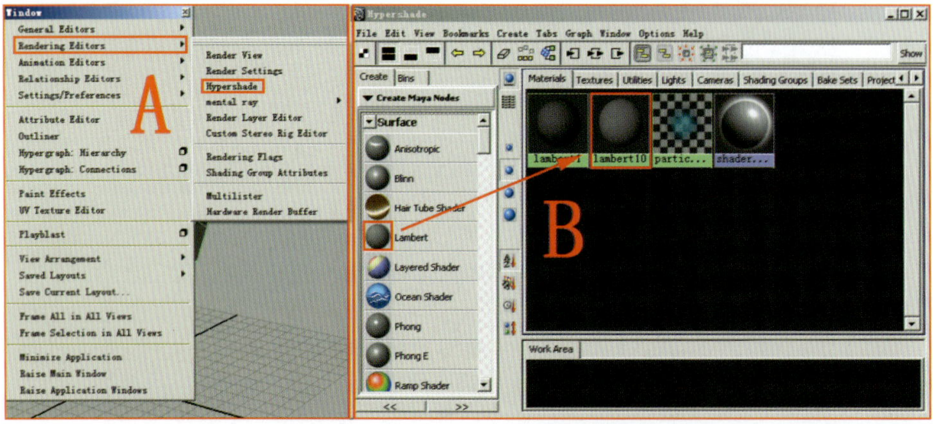

图 2–127 打开 Hypershade 并新建材质

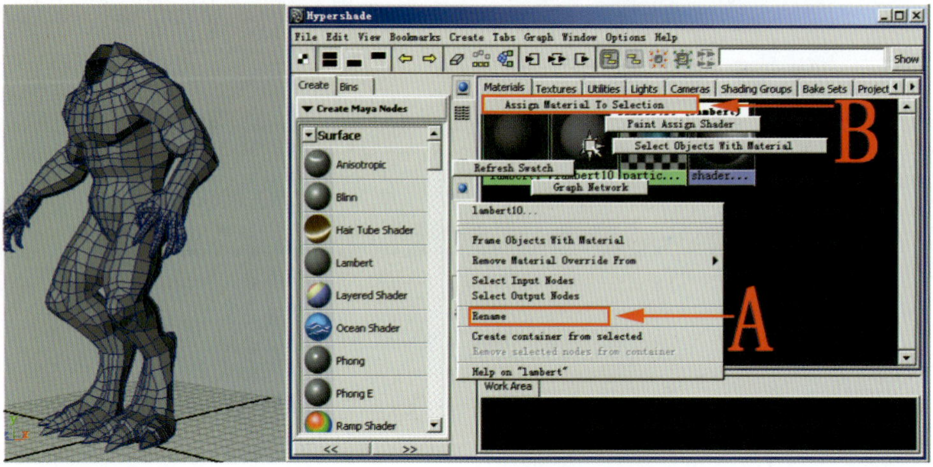

图 2–128 在 Hypershade 中修改材质名字

3）隐藏怪物其他部位，仅保留身体模型。然后双击新建的 guai_lambert 材质，打开其属性编辑器，单击 Common Material Attributes 栏 Color 后边的按钮，如图 2–129 中 A 部分所示。最后在弹出的 Create Render Node 对话框中的【2D Textures】选项组中单击 File 按钮，如图 2–129 中 B 部分所示。

4）在 Hypershade 窗口的工作区中双击刚才生成的 file1 文件纹理节点，打开其属性编辑器，如图 2–130 中 A 部分所示。然后在 file1 节点属性编辑器中的 File Attributes 选项组中单击 Image Name 后边的(Open file）按钮，如图 2–130 中 B 部分所示，打开文件贴图的窗口找到用于测试的纹理——棋盘格.jpg，单击 Open 按钮确认。

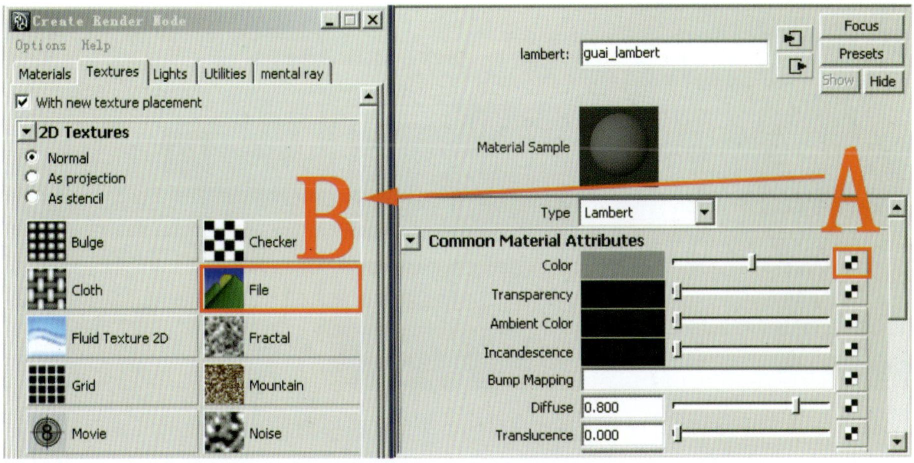

图 2-129 为材质颜色贴图

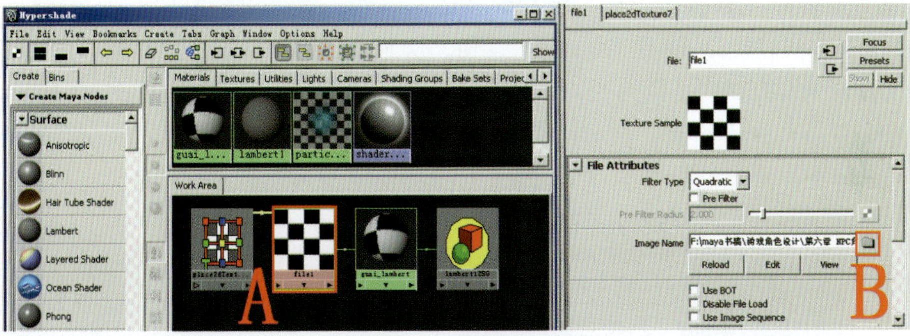

图 2-130 为模型赋予检测纹理

5）在 3D 视窗中按数字键【6】或单击视窗菜单“Shading｜Hardware Texturing”打开视窗的硬件纹理显示，如图 2-131 所示；然后在 Hypershade 窗口中，双击 place2dTexture7 打开其属性编辑器窗口，如图 2-132 中 A 部分所示，设置 Repeat UV 数值为（4，4），如图 2-132 中 B 部分所示，设置棋盘纹理的 UV 重复数达到最佳显示状态。

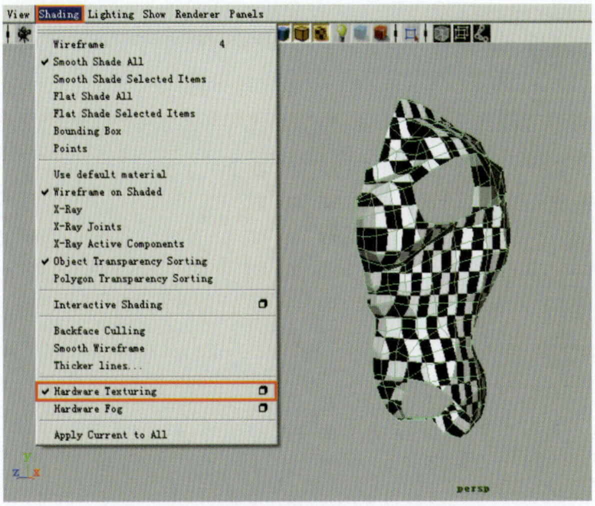

图 2-131 观察棋盘格纹理显示效果

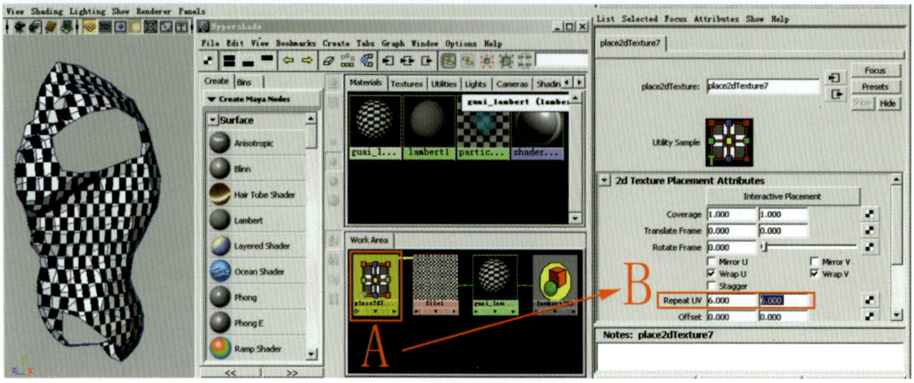

图 2-132　设置棋盘格纹理的 UV 重复数达到最佳显示状态

6）为身体模型指定 UV 映射方式。方法：单击“Create UVs | Planar Mapping”命令后面的方形按钮，如图 2-133 中 A 部分所示，然后在弹出的对话框中选择轴向，如图 2-133 中 B 部分所示，单击“Apply”按钮，从而得到如图 2-133 中 C 部分所示的效果。这时可以看到身体的 UV 是拉伸的，如图 2-134 中 A 部分所示。接着使用身体模型上出现的映射操控器与 UV 映射操作手柄来调节 UV，如图 2-134 中 B 部分所示。此时仔细观察效果会发现身体正面的 UV 已经调整完毕，但是侧面 UV 的错误仍没有解决，如图 2-134 中 C 所示，需要在 UV Texture Editor 中进行处理。

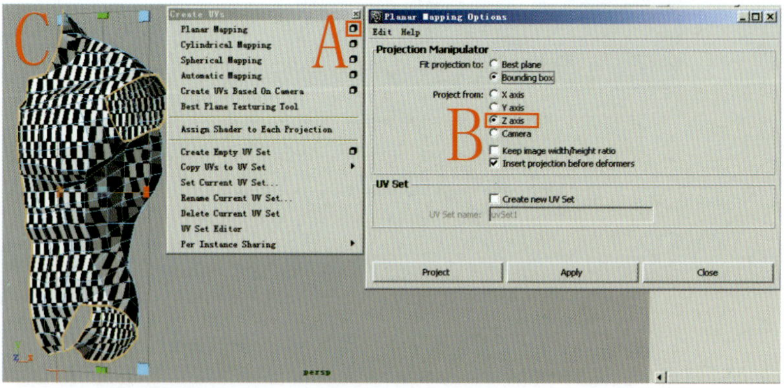

图 2-133　给身体模型指定平面映射方式

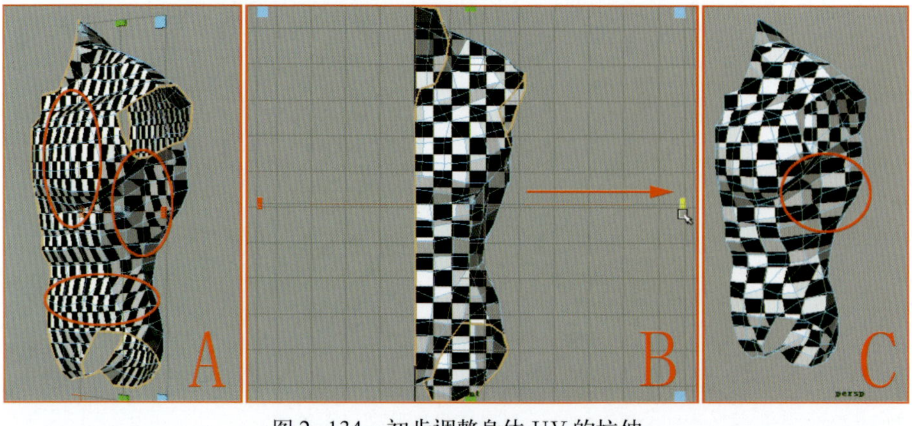

图 2-134　初步调整身体 UV 的拉伸

提 示

Maya有平面、圆柱、球形和自动映射4种基本映射。对多边形UV编辑的前期工作使用适当的映射方式，可节省更多的安排UV的时间。为模型添加一个UV映射之后，通常还需要做进一步的UV编辑。

7）打开UV Texture Editor，此时怪物身体的UV分布如图2-135所示，需要将其展开为一张平面，以方便后面的2D纹理绘制。方法：在【Persp】视图中进入【Edge】子物体模式，然后选中身体侧面的一条边，如图2-136标红处所示，再单击UV Texture Editor中的Cut UV Edges按钮，沿刚才选中的边剪切UV，从而把身体的UV分成前后两部分。接着选择右击弹出的菜单中的【UV】命令，再选中前面身体的一个UV坐标点，如图2-137所示。最后按下【Ctrl+鼠标右键】，在弹出的菜单中选择【To Shell】命令，如图2-138中A部分所示，从而选取身体前面全部的UV。再把选中的UV摆放到一边，如图2-138中B部分所示。

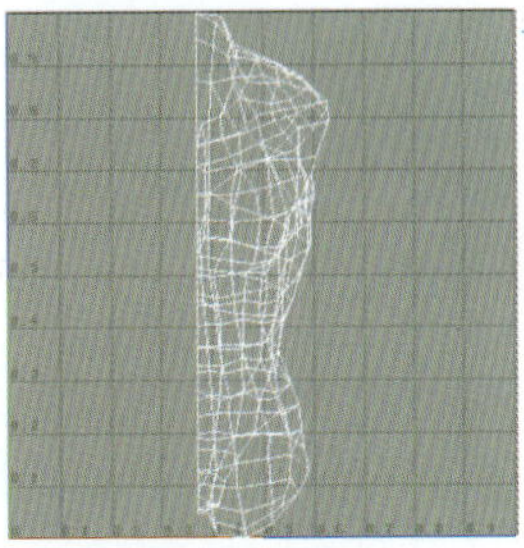

图2-135 调节前的UV坐标

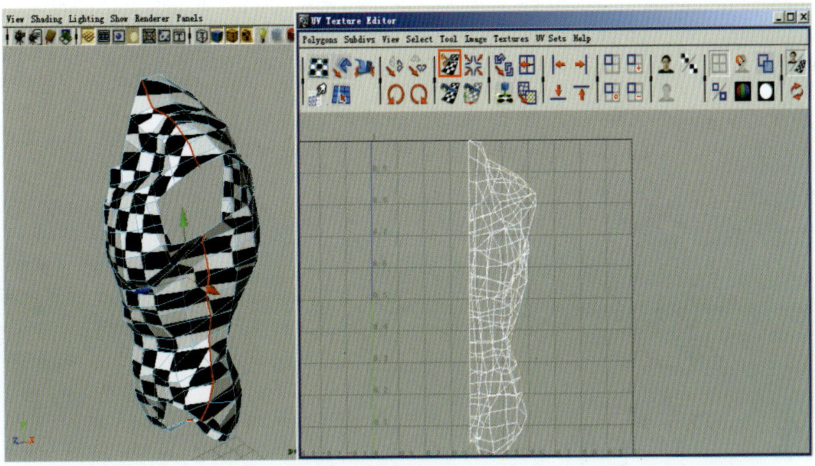

图2-136 剪切身体的UV

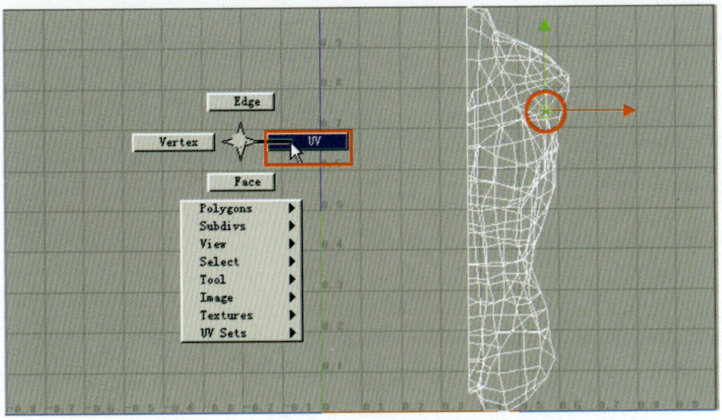

图2-137 选择前面身体的一个UV坐标

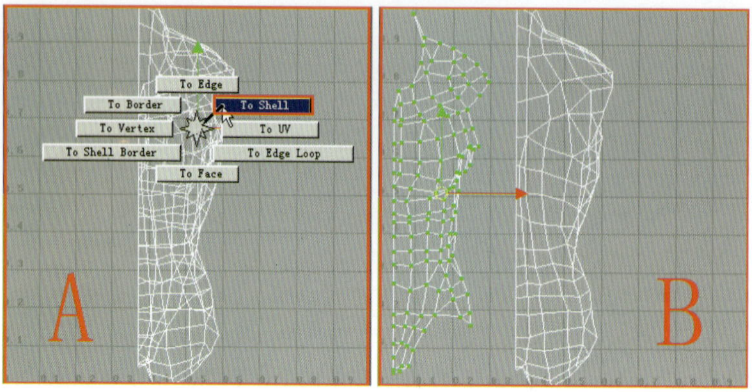

图 2-138　将身体 UV 分为前后两部分

8）缝合并调整身体的 UV。方法：首先选择半边身体的全部 UV，单击(Flip）工具按钮，沿 *U* 轴反转，使相邻的两条边彼此靠近。进入【Edge】子物体模式，执行菜单中的“Select | Select Selection Boundary”命令，如图 2-139 中 A 部分所示，然后在模型被打断的边上双击，从而选中整条边，如图 2-139 中 B 部分所示。接着在按下【Ctrl】键的同时右击，在弹出的菜单中选择【To UVs】命令，转换到 UV 子对象模式，选中的边会以 UV 点显示。最后使用(Scale Tool）工具将两条 UV 缩放到一起，如图 2-140 中 A 部分所示，再单击(Move and Sew UV Edge）工具，将两条 UV 直接对位缝合，如图 2-140 中 B 所示。

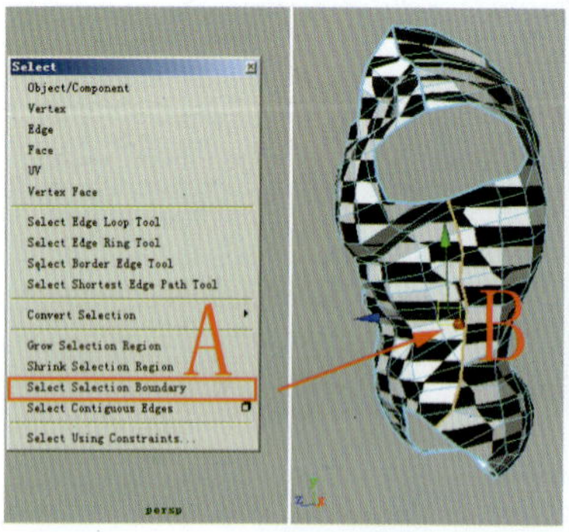

图 2-139　选中整条需要缝合的 UV

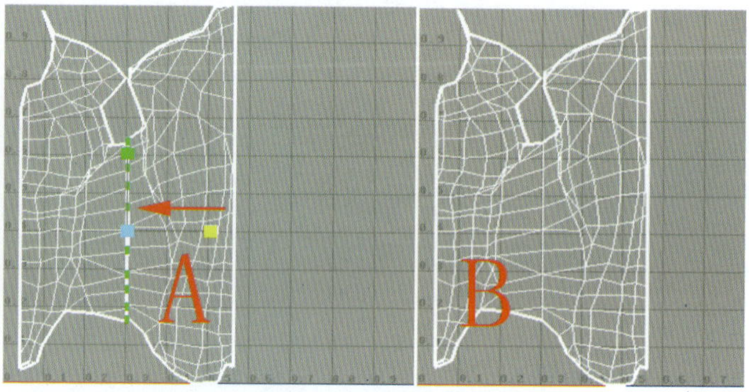

图 2-140　缝合选中的 UV

9）调整身体的 UV。方法：进入【UV】子对象模式，然后选中身体 UV，按下【W】键，激活(Move Tool）工具对其进行调整。同时可以使用 UV Texture Editor 中的(Rotate）和(Relax）等辅助工具对 UVs 进行旋转、放松等操作。调整过程如图 2-141 所示，最终完成的 UV 效果如图 2-142 所示。

提 示

编辑 UV 是为了使模型的每一个顶点都能够准确地表现到 2D 纹理上，因此在调整时要多对照模型的布线，同时观察棋盘格显示是否整齐。调整过程中如果看到多余的废点或者不规则的布线，应该随时进行编辑和修改。

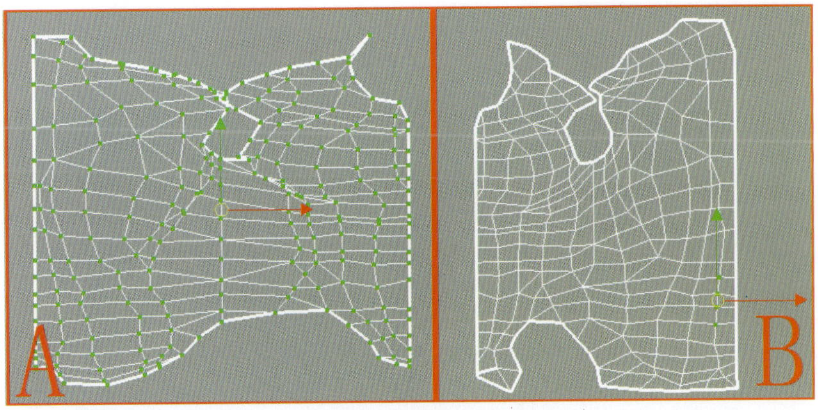

图 2-141　调整 UV 的过程

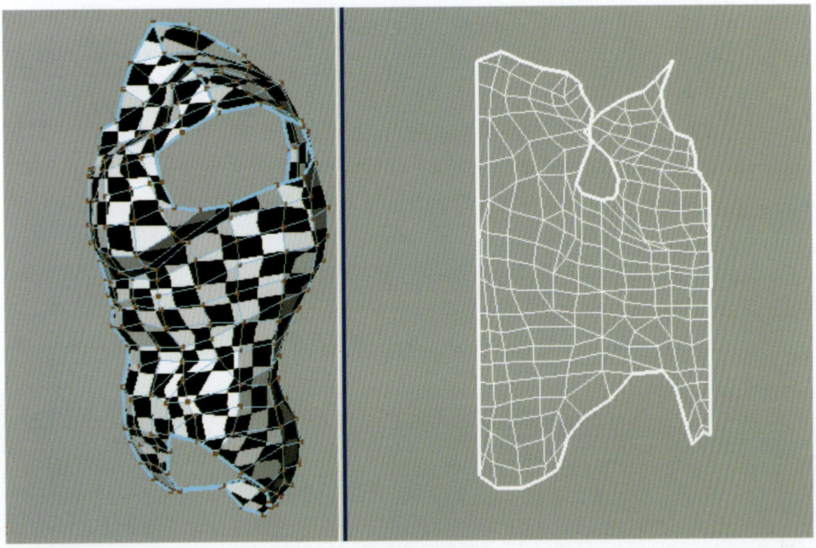

图 2-142　最后完成的 UV 效果

提 示

步骤 1）~9）的操作演示详见配套光盘“多媒体视频文件\第 2 章 游戏怪物 NPC 的制作\uv001.avi”视频文件。

2. 怪物手臂的 UV 编辑

1）为上臂模型指定 UV 映射方式。方法：参照身体的制作，首先在【Front】视图为上臂模型指定 Planar Mapping 映射方式，然后使用映射操控器的缩放手柄做简单调整，如图 2-143 中 A 部分所示。再到【Persp】视图进行观察，会发现棋盘格贴图出现拉伸的现象，如图 2-143 中 B 部分所示。接着打开 UV Texture Editor，查看上臂 UV，再单击工具栏中 (Rotate) 按钮，把上臂 UV 沿逆时针方向旋转 45°，如图 2-144 所示。

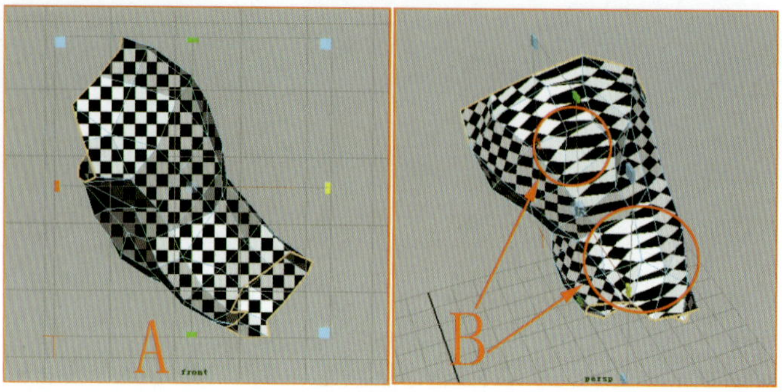

图 2-143　为上臂模型指定映射方式

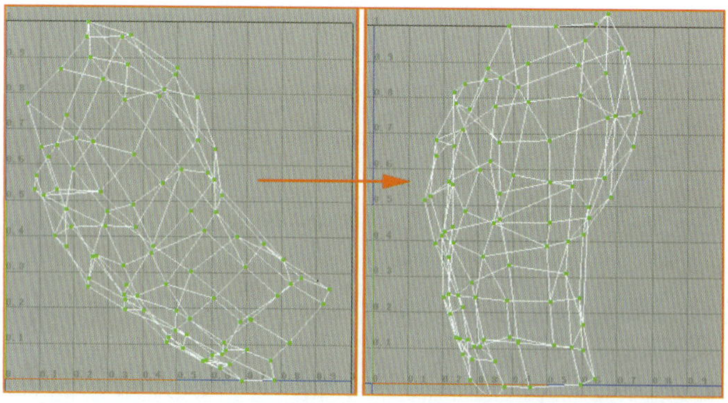

图 2-144　使用旋转工具调整上臂 UV 方向

2）通过将上臂 UV 进行剪切，再缝合的方法来处理模型外侧的纹理拉伸，并把接缝设置到模型内侧的纹理拉伸处。方法：首先切换到【Edge】子物体模式，选择上臂两侧的边，如图 2-145 中标红处所示。再单击(Cut UV Edges)按钮沿着两条边剪切 UV，如图 2-146 中 A 部分所示。然后利用右击弹出的菜单中的命令选中一侧的 UV，再单击(Flip)按钮，使其沿 *U* 轴向反转。接着使用(Move Tool)工具和(Rotate Tool)工具调整位置，注意要把上臂外侧的 UV 相对，如图 2-146 中 B 部分所示。最后单击(Show Border)按钮，显示 UV 的边界，再使用(Move and Sew UV Edge)工具将相对的 UV 进行缝合，如图 2-147 中 A 部分所示，并使用(Move Tool)工具来调整 UV，最终效果如图 2-147 中 B 部分所示。

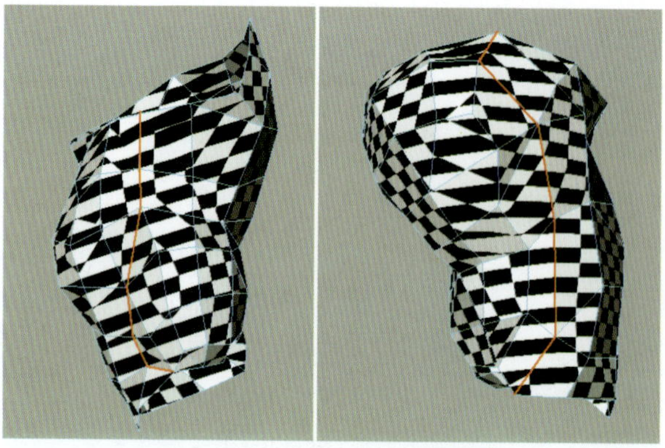

图 2-145　选择上臂两侧的边

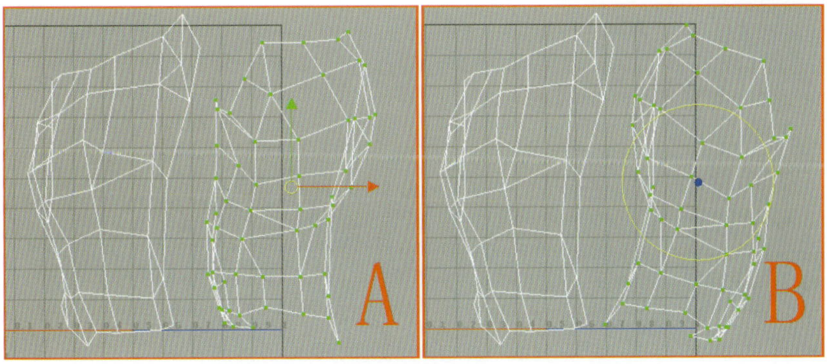

图 2-146　将剪切的上臂 UV 摆放合理

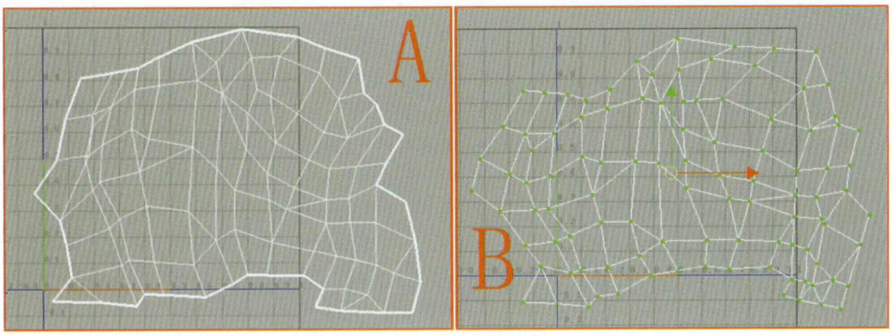

图 2-147　缝合并调整上臂的 UV

3）同理，调整怪物前臂的 UV。首先在【Front】视图为前臂模型指定 Planar Mapping 映射方式，然后到【Persp】视图观察棋盘格贴图出现拉伸的部位，效果如图 2-148 所示。接着进入【Edge】子物体模式，选择前臂两侧的边，如图 2-149 中标红处所示。再打开 UV Texture Editor，单击(Cut UV Edges) 按钮，沿着两条边剪切 UV。

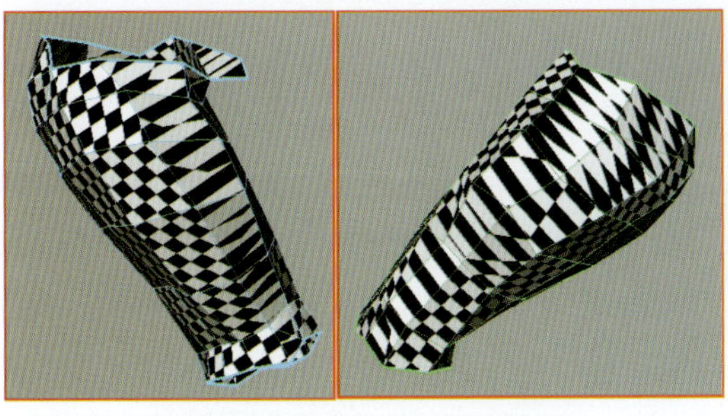

图 2-148 前臂 UV 出现拉伸

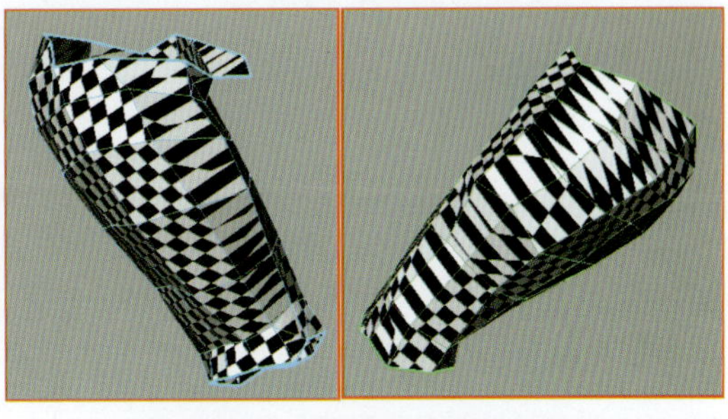

图 2-149　选择前臂两侧的边

4）利用右击弹出的菜单中的命令选中一侧的 UV，如图 2-150 中 A 部分所示。然后单击(Flip) 按钮，使其沿 *U* 轴反转，再使用(Move Tool) 工具摆放 UV 位置，注意把前臂外侧的 UV 相对，如图 2-150 中 B 部分所示。接着单击(Show Border) 按钮显示 UV 的边界，再使用(Move and Sew UV Edge) 工具将相对的 UV 缝合，如图 2-151 中 A 部分所示。最后使用(Move Tool) 工具来调整 UV，完成编辑，如图 2-151 中 B 部分所示。再清除历史操作记录，保存之前的编辑工作。

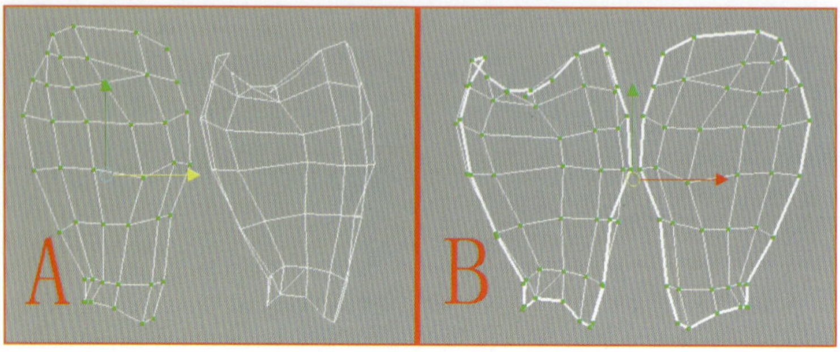

图 2–150　将剪切的前臂 UV 摆放合理

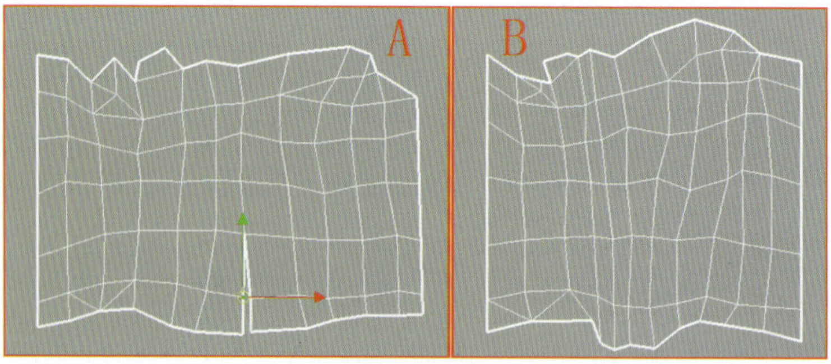

图 2–151　缝合并完成对前臂 UV 的调整

提 示

步骤 1）~4）的操作演示详见配套光盘“多媒体视频文件\第 2 章 游戏怪物 NPC 的制作\uv002.avi”视频文件。

3．怪物腿部的 UV 编辑

怪物腿部的 UV 编辑分为大腿和小腿两个部分来进行。方法与手臂 UV 编辑的方法相同。

1）在【Front】视图为大腿模型指定 Planar Mapping 映射方式，如图 2–152 中 A 部分所示。然后到【Persp】视图观察棋盘格贴图出现拉伸的部位，如图 2–152 中 B 部分所示。接着进入【Edge】子物体模式，选择大腿前、后侧的边，如图 2–153 中标红处所示，再打开 UV Texture Editor，单击(Cut UV Edges) 按钮，沿着两条边剪切 UV。

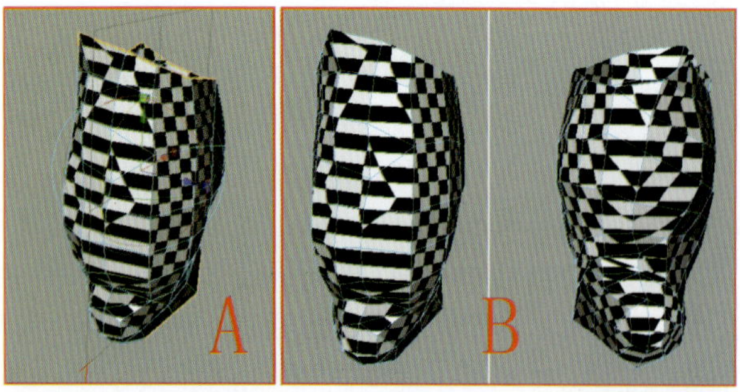

图 2–152　为大腿模型指定平面映射方式并观察 UV 拉伸

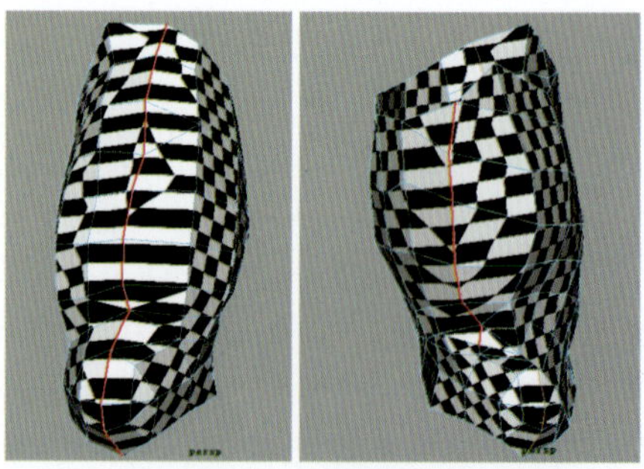

图 2–153　选择大腿模型前、后侧的边

2）利用右击而弹出的菜单中的命令选中一侧的 UV，如图 2–154 中 A 部分所示。然后单击(Flip）按钮，使其沿 *U* 轴向反转，再使用(Move Tool）工具摆放 UV 位置，注意要使大腿前面的 UV 相对，如图 2–154 中 B 部分所示。接着单击(Show Border）按钮，显示 UV 的边界，再使用(Move and Sew UV Edge）工具将相对的 UV 缝合，如图 2–155 中 A 部分所示。最后使用(Move Tool）工具来调整 UV 完成编辑，效果如图 2–155 中 B 部分所示。再清除历史操作记录，保存之前的编辑工作。

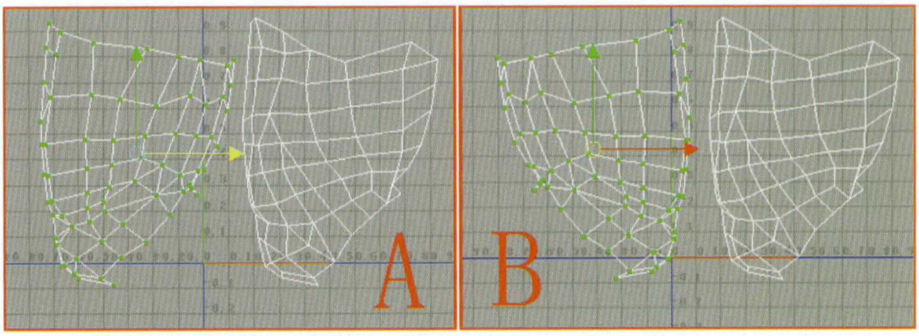

图 2–154　合理摆放被剪切的大腿 UV

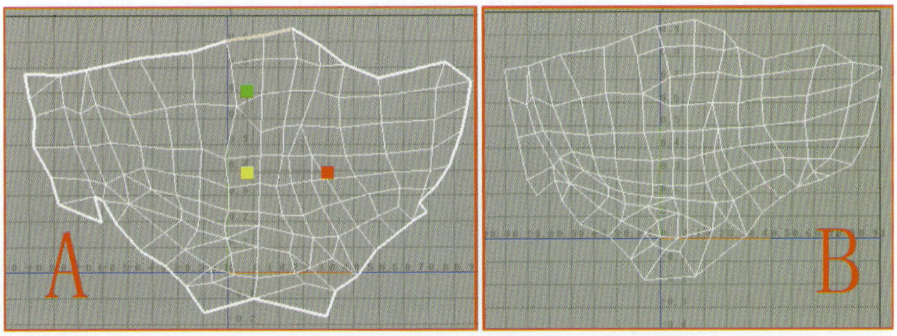

图 2–155　缝合并完成对大腿 UV 的调整

3）在【Front】视图为小腿模型指定 Planar Mapping 映射方式，如图 2–156 中 A 部分所示。此时在【Persp】视图中会发现棋盘格贴图出现拉伸的部位，如图 2–156 中 B 部分所示。进入【Edge】子物体模式，选择小腿前、后侧的边，如图 2–157 中标红处所示，再打开 UV Texture Editor，单击(Cut UV Edges）按钮，沿着两条边剪切 UV。

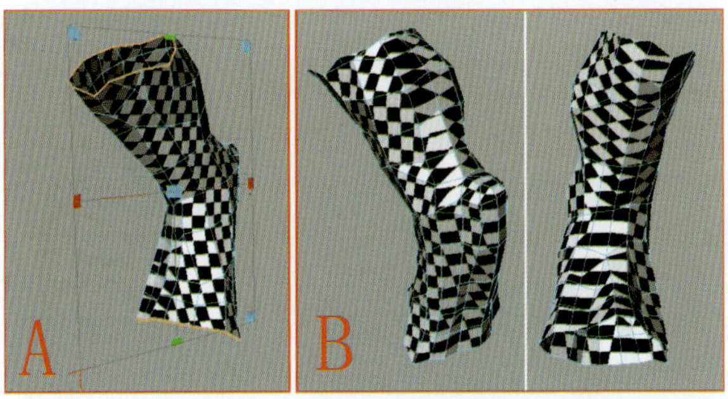

图 2–156　为小腿模型指定平面映射方式并观察 UV 拉伸

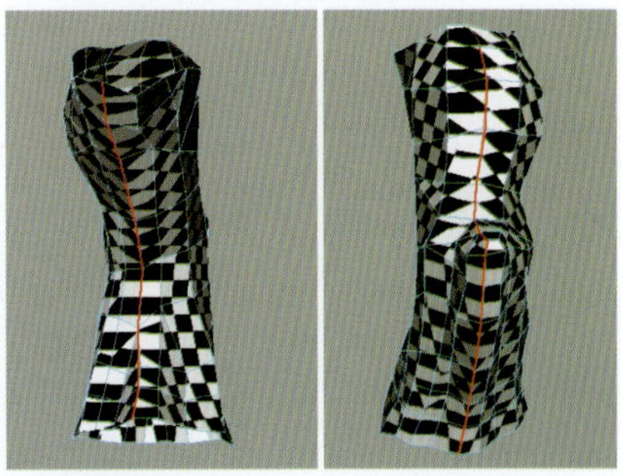

图 2–157　选择小腿模型前、后侧的边

4）利用右击而弹出的菜单中的命令选中小腿一侧的 UV，如图 2−158 中 A 部分所示。然后单击(Flip）按钮，使其沿 *U* 轴向反转，再使用(Move Tool）工具摆放 UV 位置，注意把小腿前面的 UV 相对，如图 2−158 中 B 所示。接着单击(Show Border）按钮，显示 UV 的边界，再使用(Move and Sew UV Edge）工具将相对的 UV 缝合，如图 2−159 中 A 部分所示，最后使用(Move Tool）工具来完成 UV 的编辑调整，如图 2−159 中 B 部分所示。清除历史操作记录，保存之前的编辑工作。

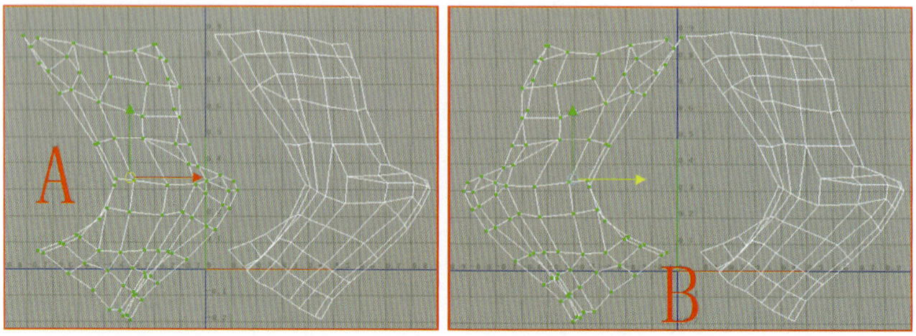

图 2−158　合理摆放被剪切的小腿 UV

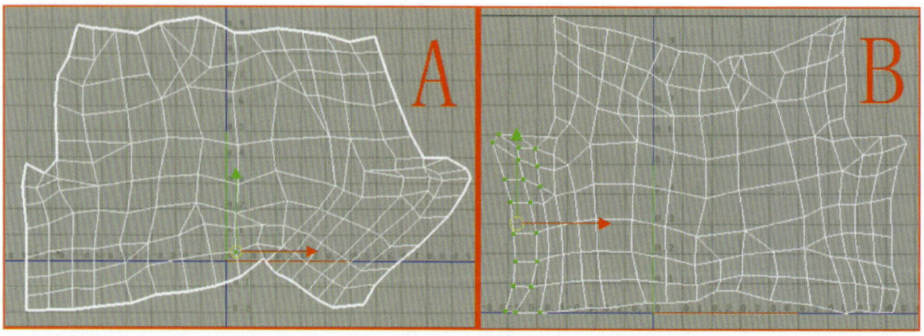

图 2−159　缝合并完成对小腿 UV 的调整

提 示

步骤 1）~4）的操作演示详见配套光盘“多媒体视频文件\第 2 章 游戏怪物 NPC 的制作\uv003.avi”视频文件。

2.3.3　怪物手和脚的 UV 编辑

怪物腿部的 U V 编辑同样可以参考手臂部分的调整方法，只是操作要加细致，因为手指和脚趾的形状比较复杂，如图 2−160 所示。

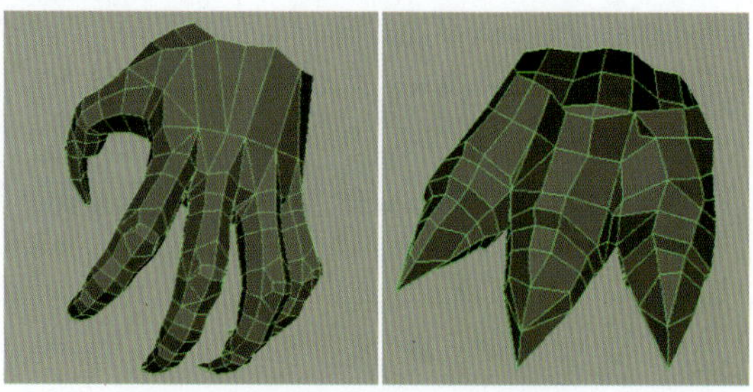

图 2−160　手指和脚趾的模型结构

1）编辑怪物手部模型的UV。首先在【Persp】视图为手部模型指定Planar Mapping映射方式，再使用映射操控器与UV映射操作手柄来进行UV的基本调节，如图2–161中A部分所示。此时会观察到棋盘格贴图出现拉伸的部位，如图2–161中B所示。进入【Edge】子物体模式，选择手部侧面的一圈边，此部分的选择操作要非常仔细，因为手部模型复杂，容易出现漏选的边，如图2–162所示。此时可以在按下【Ctrl+Shift】组合键的同时，执行菜单中的“Select | Select Selection Boundary”命令，将其创建到工具栏中以便操作。然后选中任意一段边，单击新创建的(Select Selection Boundary）按钮，即可将被选择的边的整个边界全部选中，从而提高操作的速度。接着选好侧面的边，如图2–163中标红处所示，再打开UV Texture Editor，单击(Cut UV Edges）按钮，沿着选中的一圈边剪切UV。

图2–161 为手部模型指定平面映射方式并观察UV拉伸

图2–162 漏选的边

图2–163 选中侧面所有的边

2）在UV Texture Editor中，选中手部一侧的UV，然后单击(Show Border）按钮，显示UV的边界，如图2–164中A部分所示，再单击(Flip）按钮反转UV。接着使用(Move Tool）和(Rotate Tool）工具移动和旋转UV，如图2–164中B部分所示。再使用(Move and Sew UV Edge）工具将相对的UV边界缝合，如图2–165中A部分所示。最后使用(Move Tool）工具来完成手部UV的编辑调整，效果如图2–165中B部分所示。再清除历史操作记录，保存之前的编辑工作。

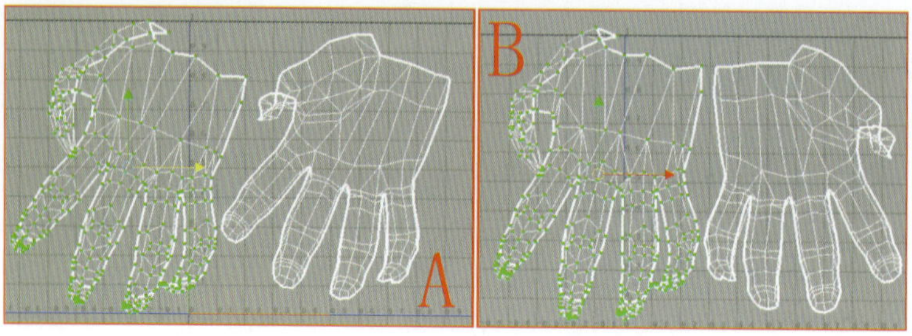

图 2–164　合理摆放被剪切的手部 UV

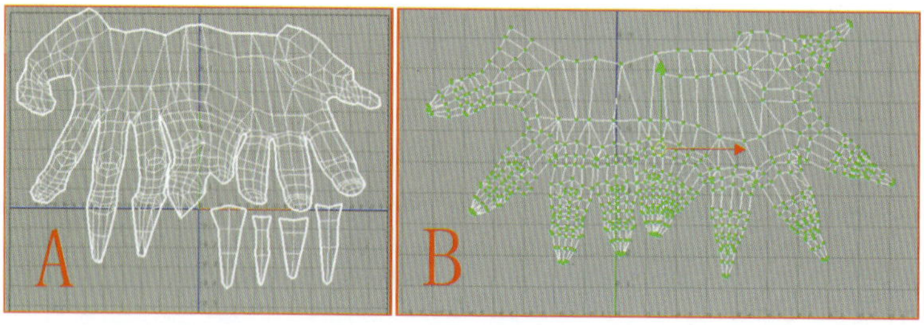

图 2–165　缝合并完成手部 UV 的调整

3）编辑怪物脚部模型的 UV。首先在【Persp】视图为脚部模型指定 Planar Mapping 映射方式，再使用映射操控器与 UV 映射操作手柄进行 UV 的基本调节，如图 2–166 中 A 部分所示。然后观察棋盘格贴图出现拉伸的部位，如图 2–166 中 B 部分所示。再进入【Edge】子物体模式，选择手部侧面的一圈边，此部分的选择操作要非常仔细，不要出现漏选的边。接着任意选中脚部侧面的一段边，单击工具栏中的(Select Selection Boundary）按钮，从而选中如图 2–167 标红处所示的侧面的边。最后打开 UV Texture Editor，单击(Cut UV Edges）按钮，沿着选中的一圈边剪切 UV。

图 2–166　为脚部模型指定平面贴图映射方式并观察 UV 拉伸

图 2–167　选中脚部侧面的边

4）在UV Texture Editor中利用右击而弹出的菜单中的命令选中脚底部的UV，然后单击(Show Border）按钮，显示出UV的边界，如图2-168中A部分所示。再单击(Flip）按钮反转UV。接着使用(Move Tool）工具和(Rotate Tool）工具移动和旋转UV位置，如图2-168中B部分所示。再使用(Move and Sew UV Edge）工具将相对的UV边界缝合，如图2-169中A部分所示。缝合边界时会发现脚趾部分的UV有拉伸问题，将脚趾的UV剪切下来，并使用(Move Tool）工具来完成整个脚部UV的编辑调整，效果如图2-169中B部分所示。最后清除历史操作记录，保存之前的编辑工作。

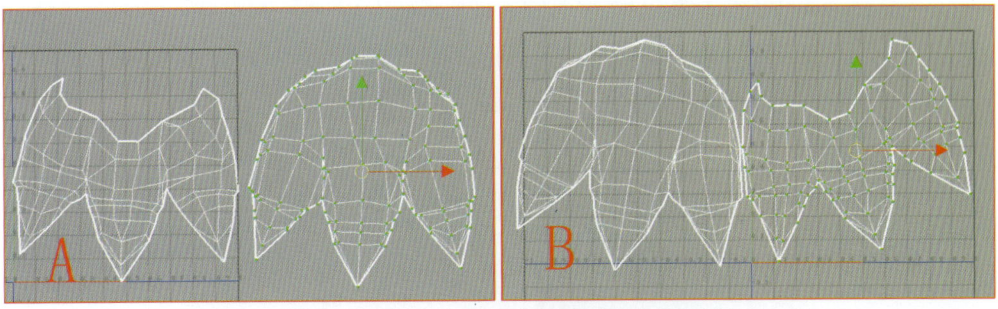

图2-168　合理摆放被剪切的手部UV

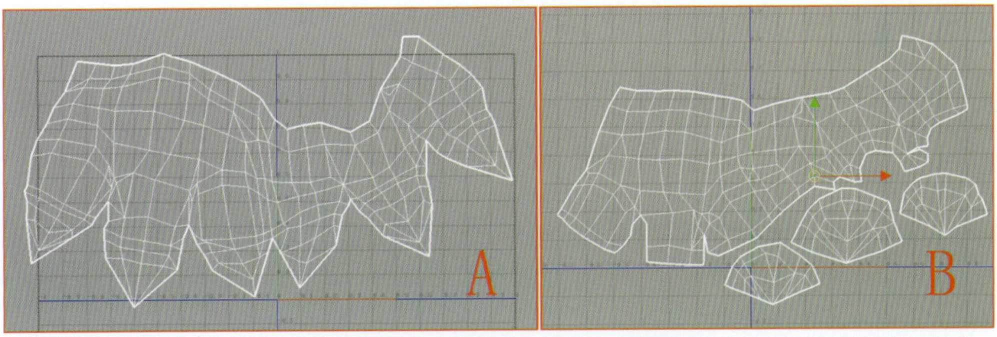

图2-169　缝合并完成手部UV的调整

提 示

步骤1）~4）的操作演示详见配套光盘“多媒体视频文件\第2章 游戏怪物NPC的制作\uv004.avi”视频文件。

2.3.4　怪物头部的UV编辑

怪物的头部模型比较复杂，其编辑分为头盔顶部、上鄂和下鄂、口腔、颈部及颈部护甲5部分。

1）在【Side】视图中为头部模型指定Planar Mapping映射方式，然后选择合适的轴向并使用映射操控器与UV映射操作手柄来进行UV的基本调节，如图2-170中A部分所示。接着观察棋盘格贴图出现拉伸的部位，如图2-170中B部分所示。最后将整个头部的UV沿着盔甲的接缝分别打断，如图2-171所示，再进行调整。

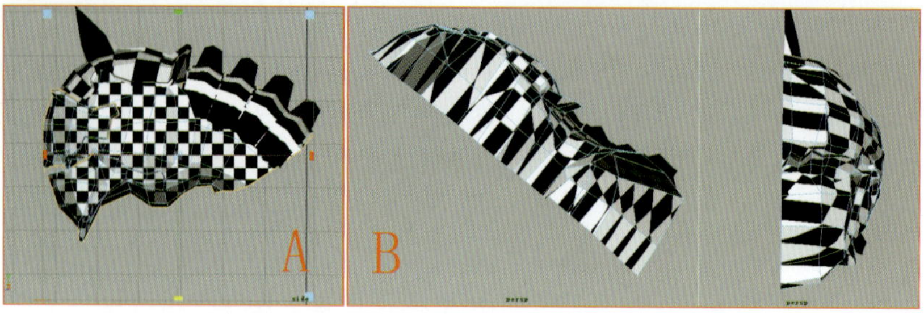

图 2–170　为头部模型指定平面贴图映射方式并观察拉伸部位

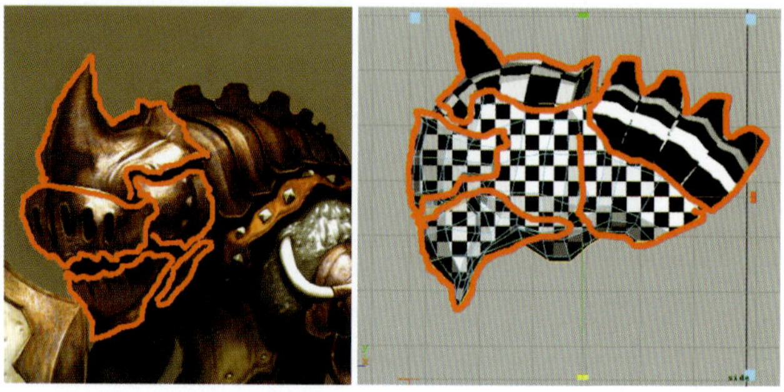

图 2–171　怪物头部 UV 分解示意图

2）为头盔顶部的模型指定 Planar Mapping 映射方式，然后使用映射操控器与 UV 映射操作手柄进行 UV 的基本调节，如图 2–172 所示。再进入【Edge】子物体模式，选择尖角底部一圈边，如图 2–173 中 A 部分标红处所示。接着单击 UV Texture Editor 中(Cut UV Edges）按钮，沿着选中边并剪切 UV。再在 UV Texture Editor 中进入【Face】子对象模式，选中尖角模型的面（注意此时选择的实际是 UV 的【Face】子对象模式），并指定 Planar Mapping 映射方式，如图 2–173 中 B 部分所示。最后调整头盔顶部的 UV，完成效果如图 2–173 中 C 所示。

图 2–172　为头盔顶部模型指定平面映射方式并调整 UV

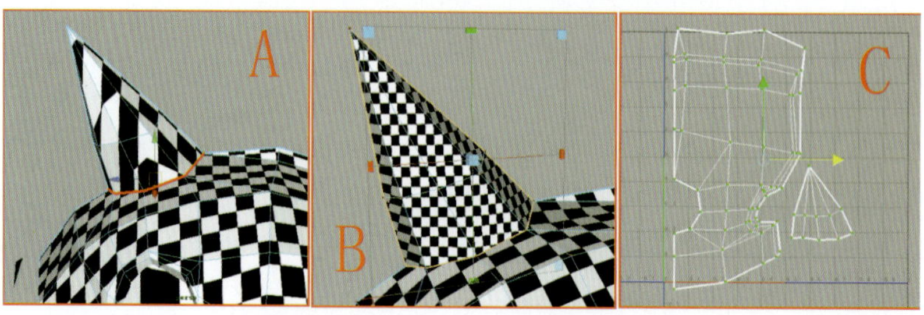

图 2–173　打断尖角的 UV 并完成头盔顶部的 UV 调整

3）进入【Face】子物体模式，然后选中下巴处的拉伸，如图2-174中A部分所示，为其指定Planar Mapping映射方式，如图2-174中B部分所示。接着调整UV如图2-174中C部分所示。

图2-174 为下巴指定映射方式

4）同理，进入【Edge】子物体模式，根据头部模型的结构分析，分别选择口腔、上鄂和下颚、连接处的边，如图2-175中标红处所示，单击UV Texture Editor中的(Cut UV Edges）按钮，沿着选中的边剪切UV，效果如图2-176所示。接着在UV Texture Editor中选中各部分的UV，再使用(Move Tool）和(Rotate Tool）工具依次移动和旋转UV，效果如图2-177所示。最终效果如图2-178所示。再清除历史操作记录，保存之前的编辑工作。

提 示

在选择边时，可以单击(Show Border）按钮，显示出UV的边界，以便进行观察操作。

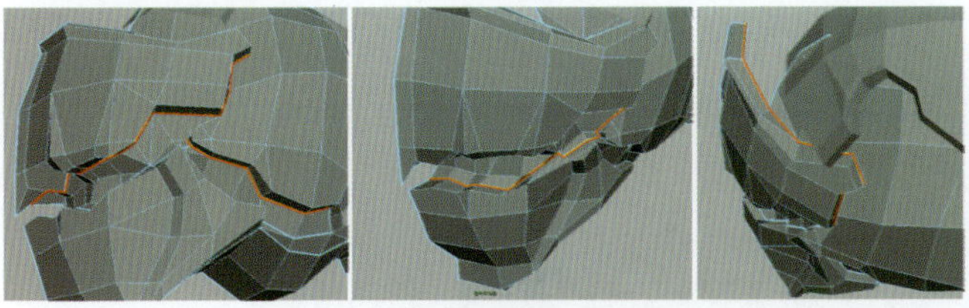

图2-175 选择头部模型各部分连接处的边

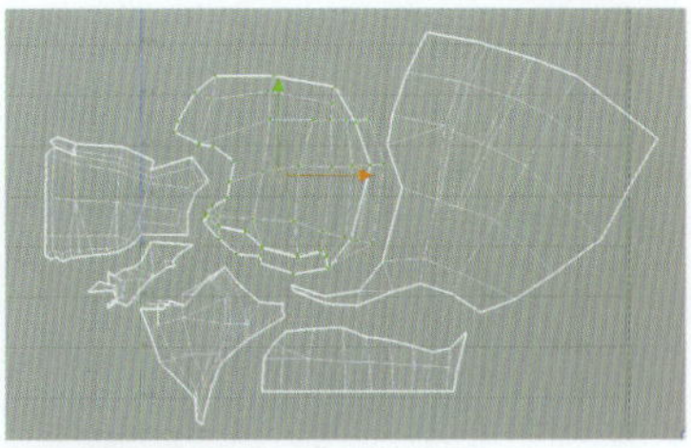

图2-176 剪切各部分的UV

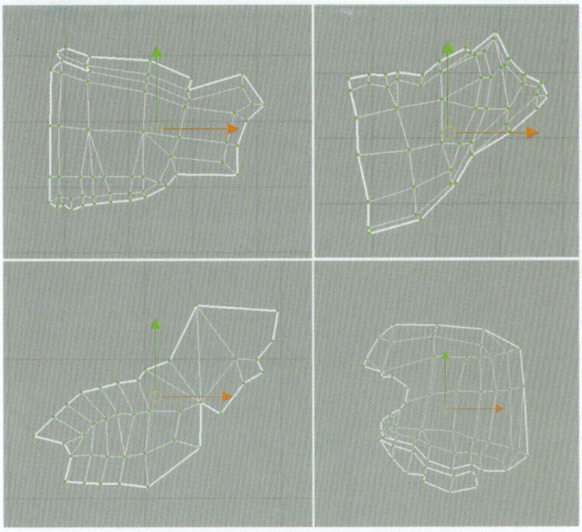

图2-177 调整各部分UV的效果

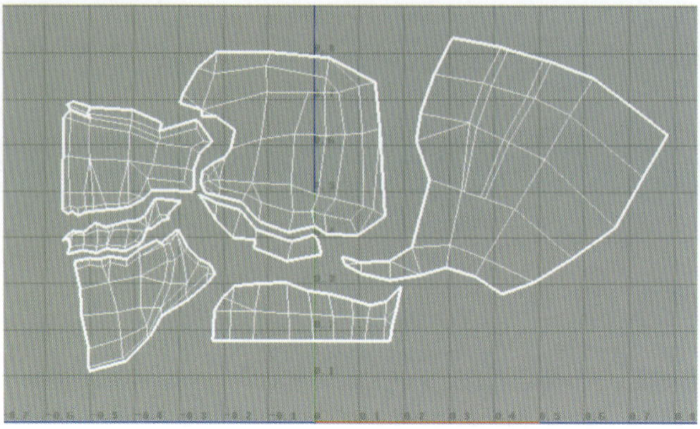

图 2-178　最终完成的头部 UV

提 示

步骤 1）~4）的操作演示详见配套光盘“多媒体视频文件\第 2 章 游戏怪物 NPC 的制作\uv005.avi”视频文件。

2.3.5　怪物装备的 UV 编辑

怪物装备的 UV 编辑分为颈部装备和手臂装备两个部分。

1）怪物颈部装备的 UV 编辑。颈部装备的模型是由 4 个形状相同的面片构成的，对于形状和材质相同的模型，可以采用一种新的思路来编辑。方法：首先为第 1 个面片指定 Planar Mapping 映射方式，然后使用映射操控器与 UV 映射操作手柄进行 UV 的基本调节，接着在 UV Texture Editor 中利用右击弹出的菜单中的命令选中这个面片的 UV，再使用 (Move Tool）工具调整 UV，调整后的效果如图 2-179 所示。

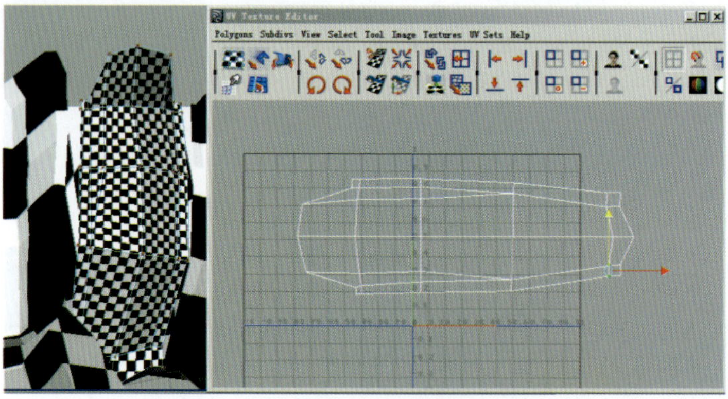

图 2-179　调整好的面片的 UV 效果

2）在【Persp】视图选中调整好的 UV 面片物体，然后按下【Shift】键，同时选中第 2 个面片，如图 2-180 中 A 部分所示。接着单击“Mesh | Transfer Attributes”命令右侧方框，在弹出的“Transfer Attributes Options”对话框中设置参数，如图 2-180 中 B 所示，再单击“Apply”按钮。这样便将第 1 块面片已经调整好的 UV 指定给了第 2 个面片。同理，对剩下的 2 块面片的 UV 进行调整，如图 2-181 中 A 部分所示。这时由于 4 块面片的 UV

重叠在了一起，因此在 UV Texture Editor 中的显示只有 1 块面片的 UV，如图 2-181 中 B 部分所示。

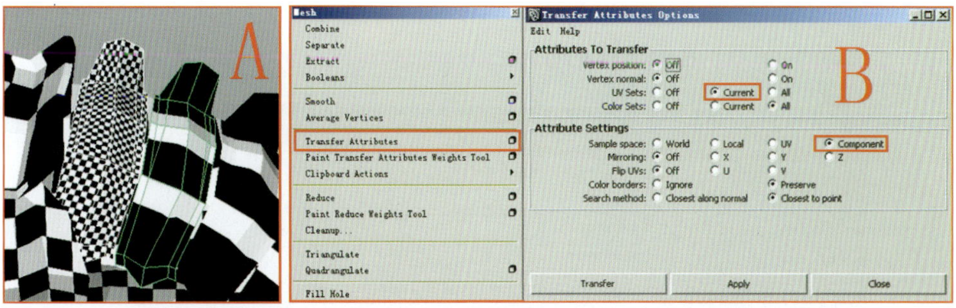

图 2-180 设置 Transfer Attributes 命令对话框参数

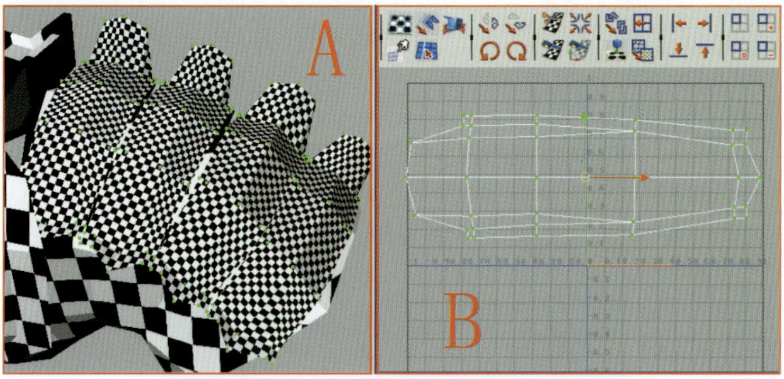

图 2-181 完成颈部装备的 UV 编辑

3）编辑好怪物整体模型的 UV 后，选中怪物的整体模型，单击打开 UV Texture Editor，此时怪物各部分模型的 UV 会全部显示出来，如图 2-182 中 A 部分所示。然后使用(Move Tool)、(Rotate Tool) 和(Scale Tool) 工具调整好怪物各部分造型的 UV，并将其摆放到一起，如图 2-182 中 B 部分所示。这样就完成了怪物的 UV 编辑。

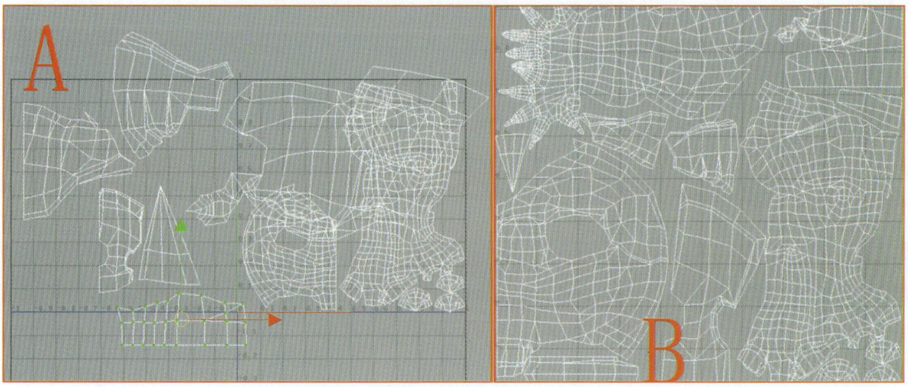

图 2-182 调整和摆放怪物的整体 UV

4）输出怪物的 UV。UV 编辑完成后，还要将 UV 线框输出为 2D 纹理，作为后面进行贴图绘制的参考线。方法：在 UV Texture Editor 中右击，在弹出的快捷菜单中选择【Edge】子对象，然后框选全部 UV。接着选择菜单中的“SubDivs | UV Snapshot”命令，在弹出

的“UV Snapshot”对话框中设置参数，如图2-183所示，单击OK按钮，即可将文件进行输出，效果如图2-184所示。最后将文件保存为“贴图\第2章 游戏怪物NPC的制作\guai_uv.tga”文件。

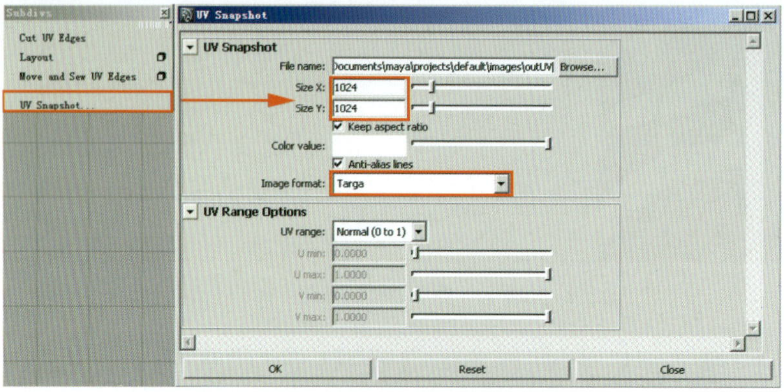

图2-183　输出UV的参数设置

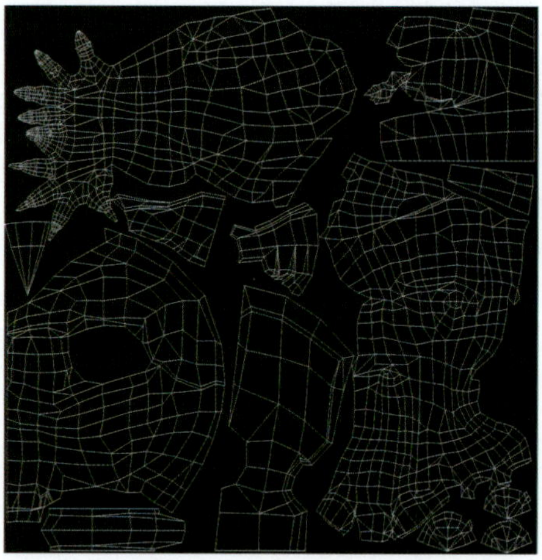

图2-184　输出的UV线框图

提 示

步骤3）~4）的操作演示详见配套光盘“多媒体视频文件\第2章 游戏怪物NPC的制作\uv006.avi”视频文件。

2.4　怪物NPC的贴图绘制

怪物NPC贴图的绘制是在一张贴图内完成的。整个流程分为提取UV线框、绘制基础纹理和刻画材质细节3部分。

1. 提取UV线框

前面已经完成了对怪物NPC的模型制作。接下来进入贴图绘制阶段。在游戏制作中，绘制贴图是整体美术工作的重要环节，不但直接影响游戏的画质，更关系到一款游戏的成败，特别是对一些低多边形（低模）的游戏来说。绘制贴图之前，可以多参考国内外优秀游戏角色的贴图绘制技巧。图2-185和图2-186所示为绘制完成的游戏角色的贴图。

图2-185　男性角色的贴图

图2-186　女性角色的贴图

1）在Photoshop中打开配套光盘“贴图\第2章 游戏怪物NPC的制作\guai_uv.tga”文件，如图2-187所示。

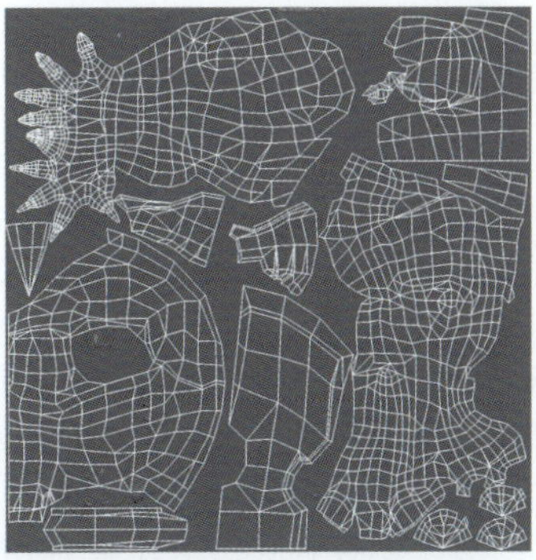
图2-187　打开怪物的UV线框图

2）选择菜单中的“选择|色彩范围”命令，在弹出的对话框中设置参数，如图2-188中A部分所示。此时鼠标指针为滴管状，下面用其点取图片文件中的黑色部分，如图2-188中B部分所示，单击“好”按钮，即可得到怪物UV线框的选区，如图2-188中C部分所示。

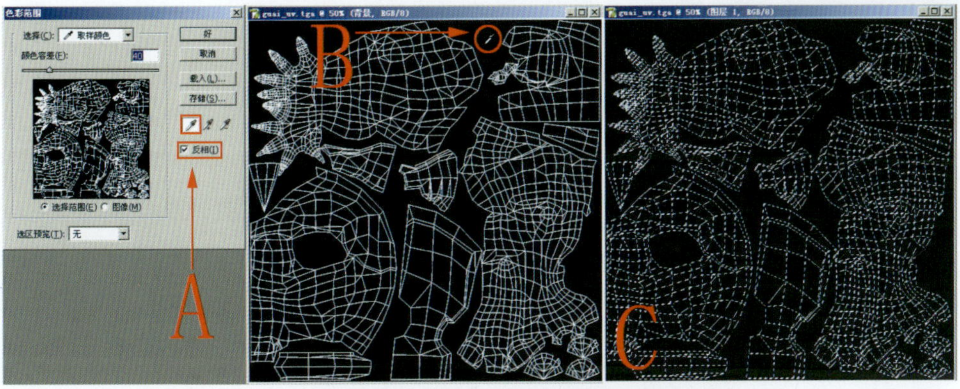

图2-188　应用色彩范围选取线框

3）单击“图层”面板下方的（创建新图层）按钮，创建“图层1”，如图2-189中A部分所示。然后单击工具箱下方的按钮，保持前景色和背景色默认不变，如图2-189中B部分所示。按住键盘上的【Ctrl+Delete】组合键，用背景色填充选区，再单击选中背景层，按住【Alt+Delete】组合键用前景色填充整个背景，填充后的效果如图2-189中C部分所示。最后将文件保存为“贴图\第2章 游戏怪物NPC的制作\guai_dif.psd”文件。

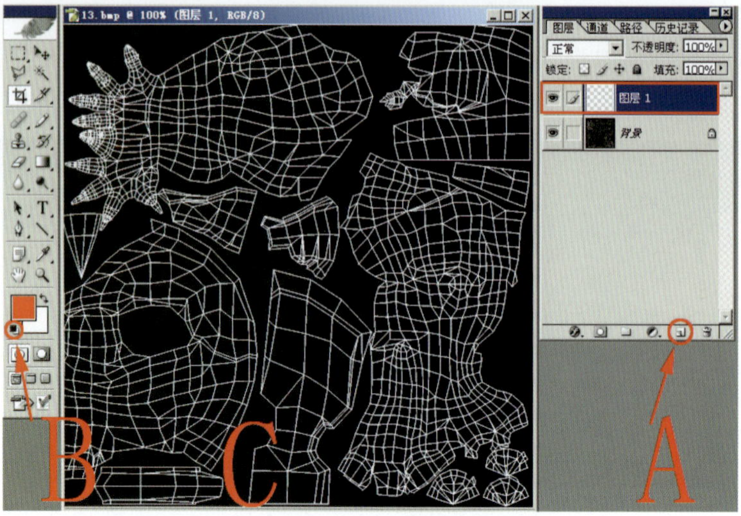

图 2-189　成功选取线框

提 示

步骤 1）～3）的操作演示详见配套光盘“多媒体视频文件 \ 第 2 章 游戏怪物 NPC 的制作 \texture001.avi”视频文件。

2．绘制基础纹理

绘制基础纹理应先铺底色，然后画出明暗关系、接着平涂基础颜色，最后刻画材质细节。

1）打开配套光盘中的“贴图 \ 第 2 章 游戏怪物 NPC 的制作 \guai_dif.psd”和“原画设定图.jpg”文件，然后利用工具箱中的 (多边形套索) 工具，沿 UV 线框边缘选取怪物腿部的 UV 区域，如图 2-190 中 A 部分所示。接着创建一个新图层，注意位置在线框图层下方，如图 2-190 中 B 部分所示。单击工具箱下方的“前景色”按钮，在弹出的对话框中参照原画中怪物腿部的颜色选取笔刷的基本色彩，如图 2-191 所示，单击“好”按钮。再按下【Alt+Delete】组合键，利用调整好的前景色填充腿部选区，如图 2-192 所示。

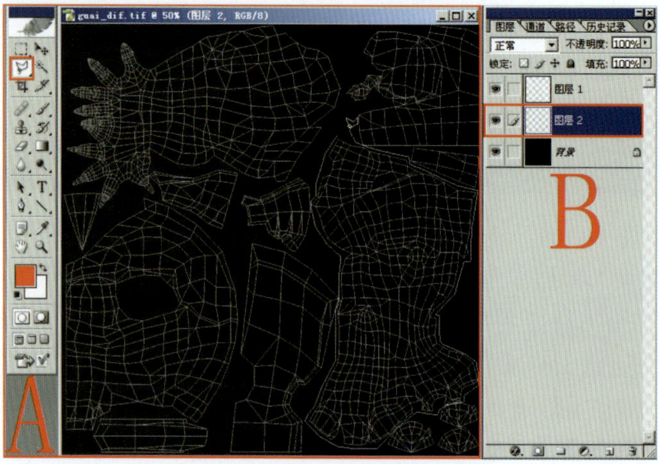

图 2-190　选择腿部的绘制区域

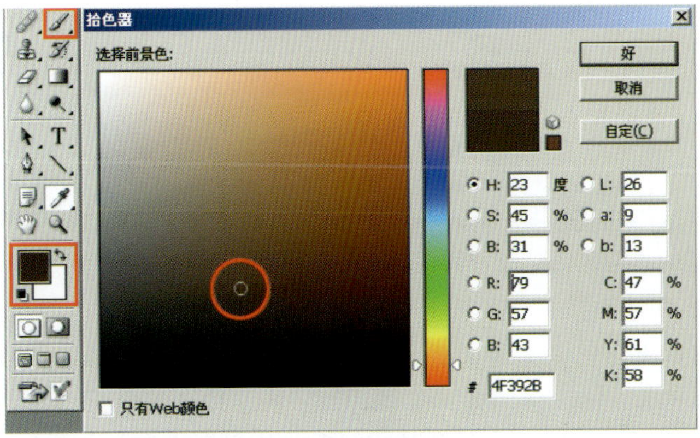

图 2-191　选择腿部的底色

2）绘制出怪物腿部纹理明暗关系。方法：选择工具箱中的（画笔工具），利用较深的颜色，沿着UV的形状在腿部底色上绘制出明暗调，如图2-193中A部分所示。然后再绘制出基本颜色，如图2-193中B部分所示。接着回到Maya 2010，打开HyperShade材质编辑器，将原来的棋盘格纹理替换为刚刚绘制好的图片，并单击“File Attributes”面板中的“Reload”按钮更新贴图，如图2-194所示，最后到【Persp】视图中观察贴图效果，如图2-195所示。

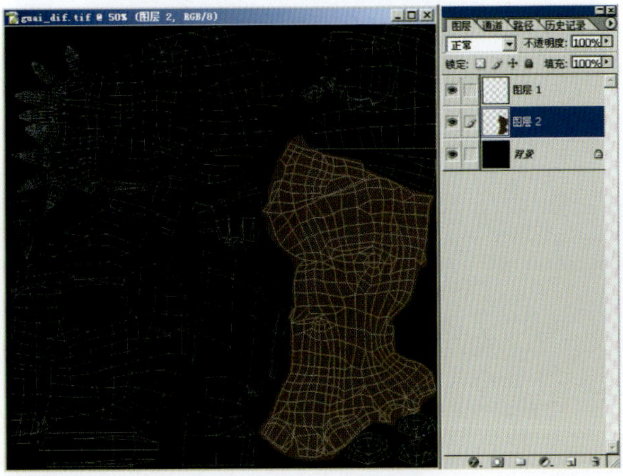

图 2-192　填充腿部的底色

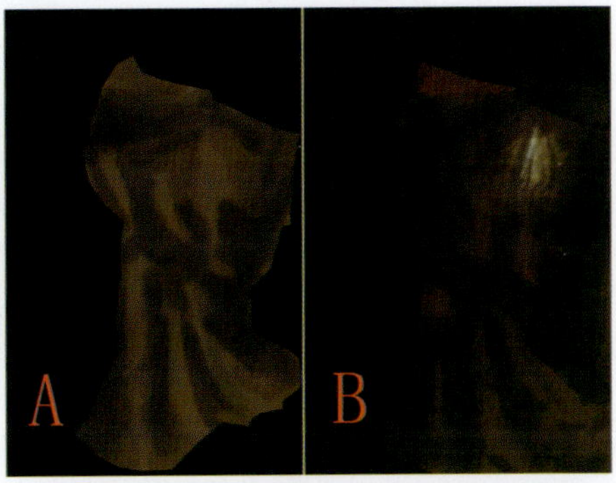

图 2-193　绘制腿部基本明暗变化

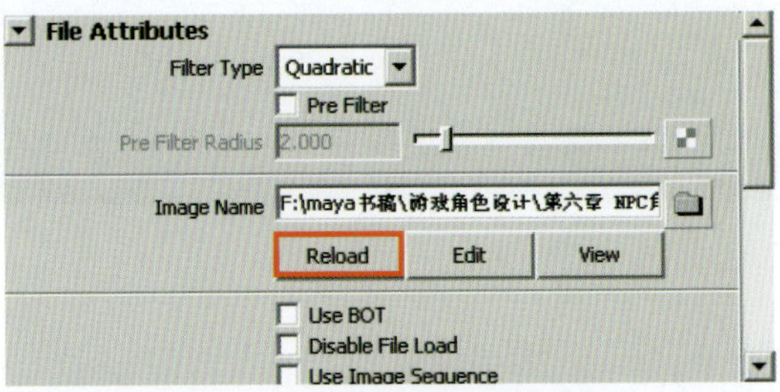

图 2-194　更新贴图的显示

图 2-195　将绘制的纹理赋予怪物模型

提 示

整个绘画过程主要使用压感笔。如果没有十足的把握，可以多创建几个图层，分别绘制底色、明暗调、基础色彩和材质细节等。

3）打开配套光盘中的“贴图 / 第 2 章　网络游戏怪物 NPC 的制作 / 原画设定图.jpg”文件，观察怪物腿部的皮肤材质。然后选择 Photoshop 工具箱中的（画笔工具），使用粉笔笔刷，调整好大小和透明度，继续进行大块色调的绘制，使颜色更丰富。绘制时不必拘泥于小细节的刻画，绘制后的效果如图 2−196 所示。接着使用（多边形套索）工具直接从原画中截取局部作为贴图绘制的基础材质，如图 2−197 中 A 部分所示，然后利用（移动工具）把选取的材质拖到 UV 贴图中作为基础材质，使用自由变换工具与 UV 进行匹配，如图 2−197 中 B 部分所示。接着使用（橡皮擦）工具将基础材质周围擦除，使其可以更好地与周围的材质融合，如图 2−197 中 C 部分所示。最后按下【Alt】键，使用（画笔）工具从基础材质上吸取颜色，对周围材质进行刻画，如图 2−197 中 D 部分所示。

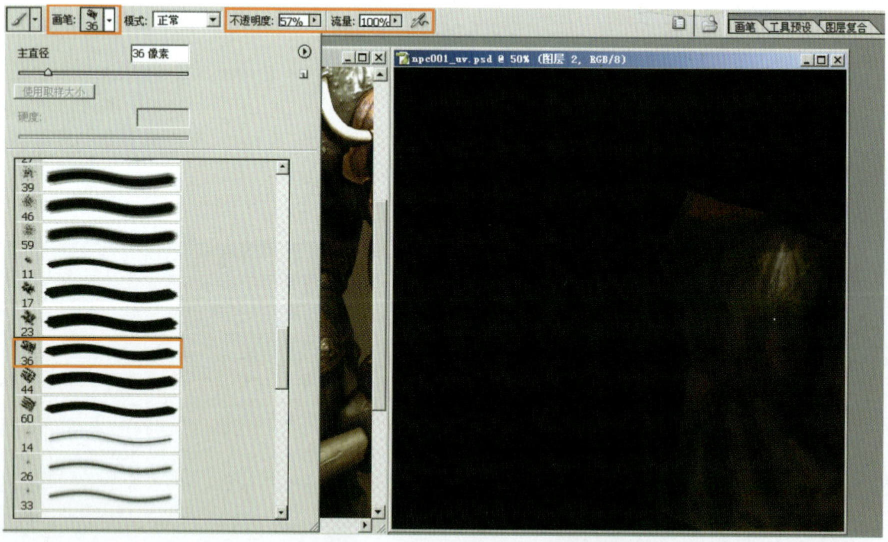

图 2−196　继续绘制基本色彩

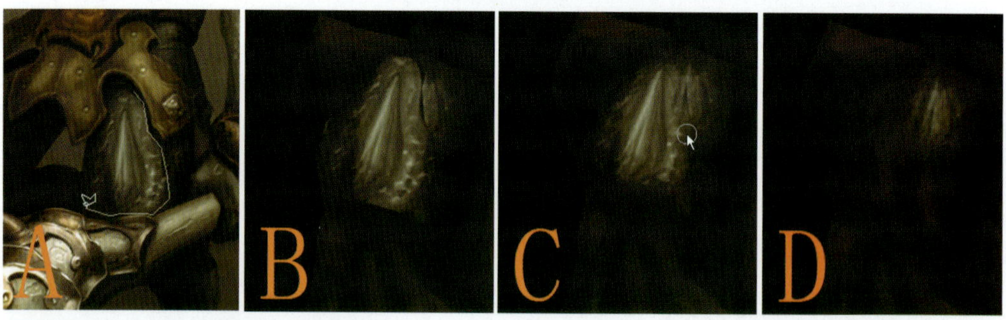

图 2−197　从原画中选取材质绘制腿部基础材质

4）根据肌肉走向绘制腿部材质纹理，效果如图 2−198 所示。

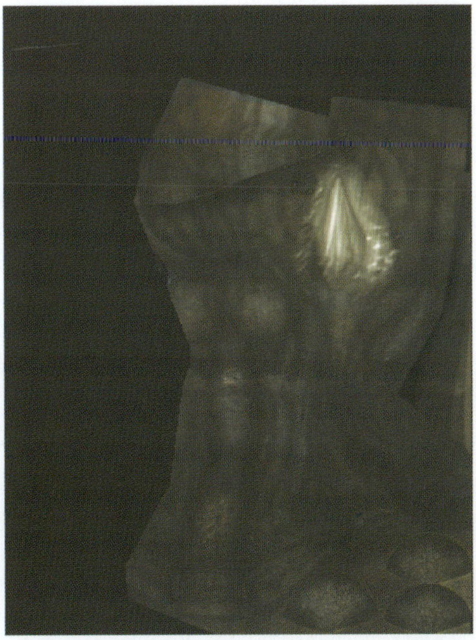

图 2-198　画出最终的腿部肌肉纹理

提 示

步骤 1）~4）的操作演示详见配套光盘“多媒体视频文件\第 2 章 游戏怪物 NPC 的制作\texture001.avi”视频文件。

3. 刻画材质细节

1）同理，绘制全部 UV 的基础颜色，如图 2-199 所示。然后继续刻画材质纹理的细节，如图 2-200 中 A 部分所示，绘制时要注意贴图中的接缝处理。接着保存贴图文件“guai_dif.psd”，再回到 Maya 2010 中，在“File Attributes”选项组中单击“Reload”按钮更新贴图。最后从各个角度观察贴图的整体显示效果，如图 2-200 中 B 部分所示。对不满意的地方可以通过 UV 坐标微调来处理。

图 2-199　绘制全部 UV 的基础颜色

图 2-200　完成胸、背部和手臂的材质绘制

提 示

步骤 1）~4）的操作演示详见配套光盘“多媒体视频文件\第 2 章 游戏怪物 NPC 的制作\text002.avi”视频文件。

2）回到 Photohsop 中，使用 (多边形套索工具) 从原画中截取更多的图片作为贴图绘制的基础材质，如图 2-201 中 A 部分所示。在此基础上深入刻画怪物材质纹理，并根据原画设计，重点绘制金属盔甲和装备的纹理，如图 2-201 中 B 部分所示。接着保存贴图文件，并在“File Attributes”选项组中单击“Reload”按钮更新贴图。

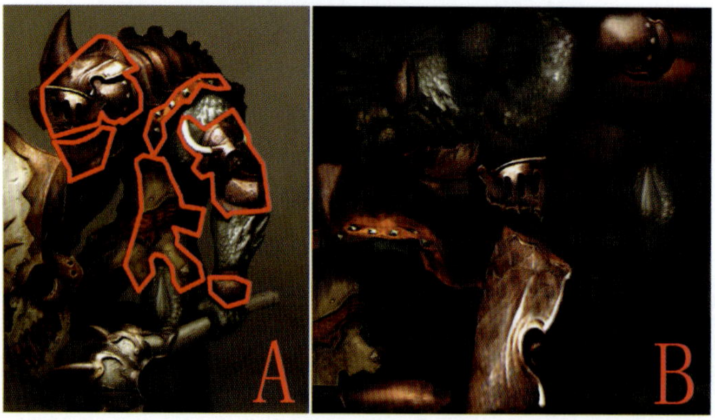

图 2-201　绘制盔甲和装备材质纹理

提 示

步骤 2）的操作演示详见配套光盘“多媒体视频文件\第 2 章 游戏怪物 NPC 的制作\texture003.avi”视频文件。

3）在 Maya 2010 中观察怪物 NPC 模型的显示效果，会发现手臂装备仍有问题，如图 2-202 标红处所示。下面通过创建面片，再给面片指定透明贴图来解决这个问题。方法：创建一个面片，为其指定新的 Lambert 材质。然后将其调整成手臂护甲的形状，如图 2-203 中 A 部分所示，再编辑其 UV，完成效果如图 2-203 中 B 部分所示。接着在 Photoshop 中修改出现错误的模型贴图，如图 2-203 中 C 部分所示。

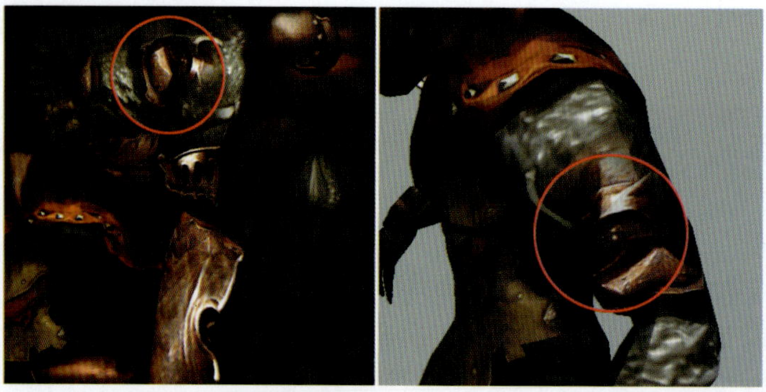

图 2-202　出现错误的贴图

图 2-203 处理手臂装备上的问题

4）使用 （多边形套索）工具从原画中截取手臂装备的基础材质来完成纹理绘制，并在通道面板中完成透明通道的制作，如图 2-204 所示。然后将透明贴图保存为“贴图 \ 第 2 章 游戏怪物 NPC 的制作 \t1.tga”文件。接着在 HyperShade 中双击手臂护甲模型的材质球，再在右侧出现的“Common Materials Attributes”面板中为护甲材质指定透明贴图，如图 2-205 中 A 部分所示，最后在下级“File Attributes”面板中单击“Reload”按钮更新贴图，效果如图 2-205 中 B 部分所示。

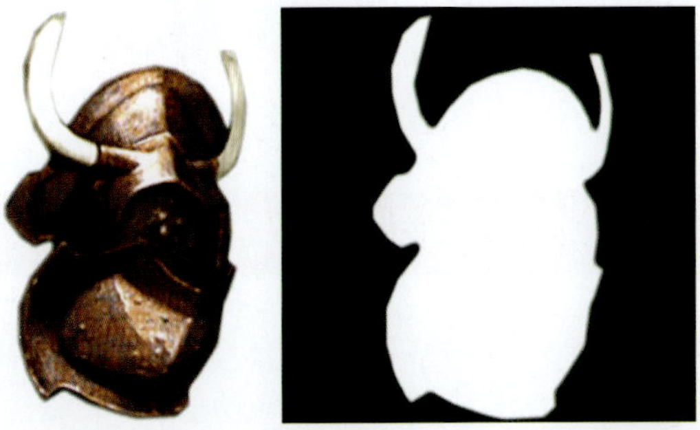

图 2-204 完成透明贴图的指定

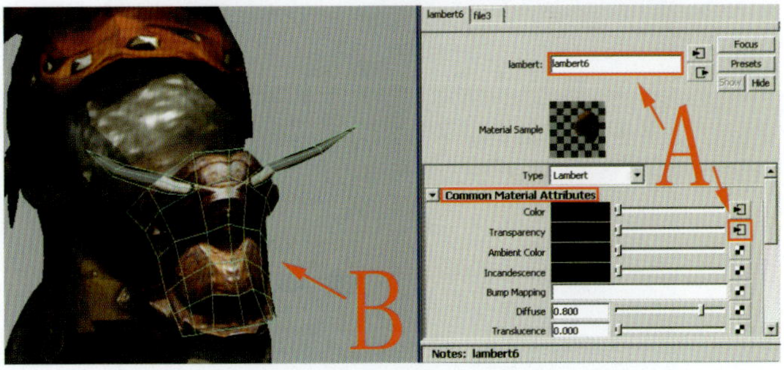

图 2-205 制作透明贴图

5）至此，整个怪物 NPC 模型和贴图的制作就全部完成了。下面单击 (Render Setting) 工具，在弹出的 Render Settings 对话框中设置渲染参数，如图 2-206 所示。然后单击 (Render) 工具对角色进行渲染，再将渲染后的效果与“原画设定图.jpg”进行比较。接着按照网络游戏的规范制作流程，对整个角色进行细节调整。图 2-207 所示为调整完成后不同视图中的最终渲染效果。

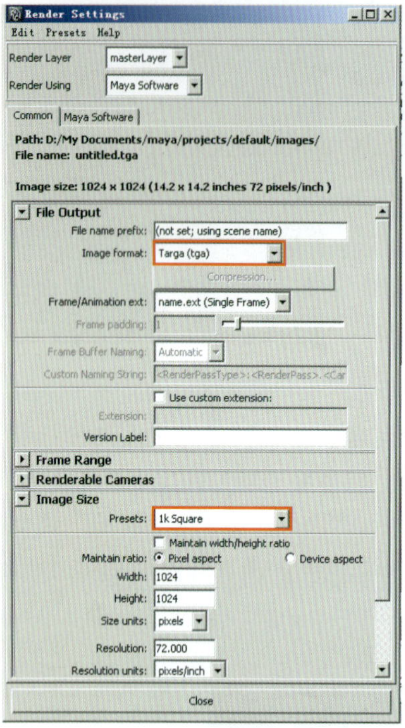

图 2–206 渲染参数设置

图 2–207 怪物模型的最终渲染效果

课后练习

运用本章所学的知识制作一个怪物，制作时注意怪物的造型特点，效果如图 2-208 所示，工程文件请参考配套光盘“课后练习\第 2 章\怪物.zip”文件。

图 2–208 怪物的造型

第3章

欧美网络游戏女角色的制作

前面章节讲解了欧美游戏中怪物NPC的设计和制作技巧。本章主要讲解网络游戏中最富有表现力的部分——女性角色的设计和制作技巧，本例效果图及UV展开图如图3-1（a）所示。角色放置到编辑器中进行测试的最NPC果如图3-1（b）所示。通过学习本章，读者应掌握欧美网络游戏中女性角色的制作方法和表现技巧，同时加深对欧美网络游戏角色塑造的理解。

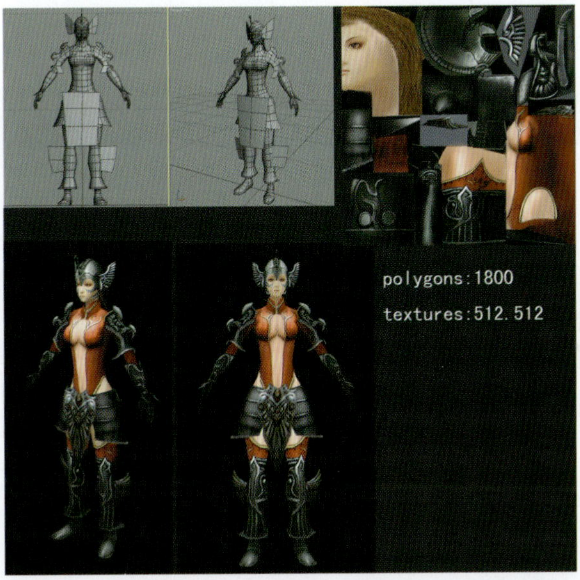

（a）女角色效果图及UV展开图

（b）编辑器中进行测试的最终效果

图3-1　女角色

本实例制作分为原画设定分析、制作女性角色、绘制女性角色贴图 3 部分内容。

3.1 原画设定分析

本例女性角色的标准设定文案如下：

- 背景：此角色是欧美网络游戏中的一个具有鲜明东方特征的女战士。她生活在古老而神秘的皇城，肩负着神圣的使命，守护着古老的文明，是正义与和平的捍卫者。
- 特征：娇媚，爽朗，活泼，有鲜明的个性。服饰的设计融合了中、西方传统服装的特点。
- 技能：擅长使用刀、剑一类的武器，及一些敏攻类攻击技能。

本例的原画 NPC 图如图 3-2 所示。

图 3-2　女角色原画

3.2 制作女性角色

制作本例的女性角色分为头部模型制作分析、制作角色头部模型、编辑头部的 UV、制作角色身体模型、编辑角色的身体 UV、制作角色装备和编辑装备的 UV　6 部分。

3.2.1 头部模型制作分析

在充分分析女性角色的原画设定和网络游戏换装系统的规范需求后，即可开始制作女性角色的模型。

该模型是运用多边形（Polygon）建模的方法来完成的。这里读者除了可以进一步巩固前面章节中使用的多边形建模的相关知识外，还可以深入地学习游戏中人物模型的制作要点和技巧。

运用多边形来制作人物模型主要有从整体到局部和从局部到整体两种基本方式。

- 从整体到局部。从整体出发，创建标准的几何体，然后通过添加线和多边形的方法来制作人物模型，这样可以在制作过程中对基本形体进行准确把握，还可以不断观察和调整细节部位。（本章重点）
- 从局部到整体。也就是说可以从眼，耳，口，鼻等任何一个部位开始塑造基本形体。然后通过连接、合并等方法来制作一个完整的形体。该方法对建模师本身的制作能力有很高的要求。为了避免一些常识性的失误，可以参照图 3-3 所示的头部的骨骼结构。

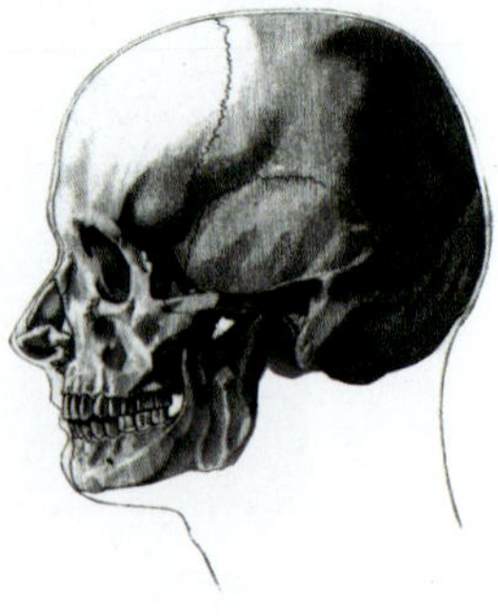

图 3-3　头部的骨骼结构

3.2.2 制作角色头部模型

前面分析了人物角色造型的基本方法，下面使用从整体到局部的制作方法，具体讲解头部的制作过程和技巧。

1）进入Maya 2010的主界面，在【Perspective】视图中创建一个立方体，并设置宽、高、长分别为5、6、5，宽、高、长的分段数均为1，如图3－4（a）所示。立方体效果如图3－4（b）所示。然后将*X*、*Z*的值均设置为0，如图3－4（c）所示。

（a）　（b）　（c）

图3－4　立方体及其参数

2）对立方体进行平滑处理。方法：双击顶部工具栏中的(Smooth）按钮，在弹出的“Smooth Options”对话框中设置参数，如图3－5（a）所示，单击“Apply”按钮，效果如图3－5（b）所示。

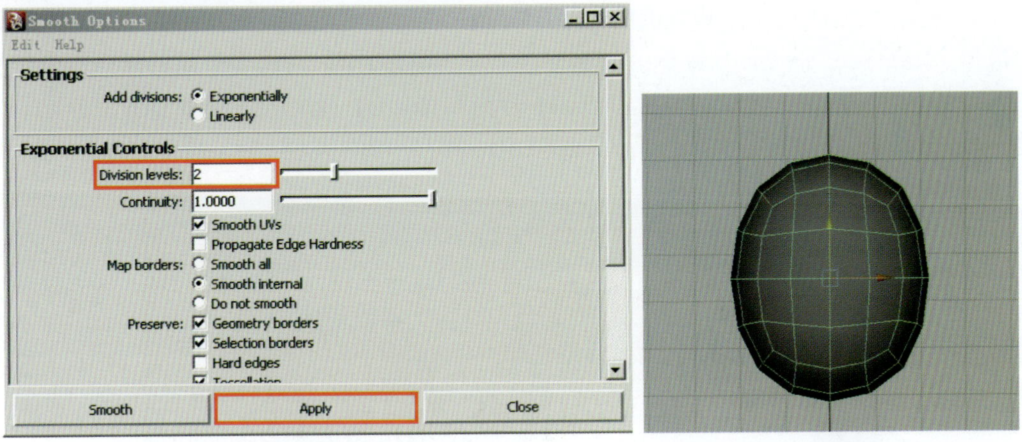

（a）　（b）

图3－5　Smooth参数设置及效果

3）为头部模型添加“Lattice”变形器。方法：在【Front】视图选中头部模型，再将【Polygon】切换到【Animation】状态，然后单击“Create Deformers｜Lattice”命令右侧的方形按钮，在弹出的“Lattice Options”对话框中设置参数，如图3－6（a）所示。接着单击“Apply”按钮，此时头部模型外部出现一个“4 × 4 × 4”规格的线框，效果如图3－6（b）所示。

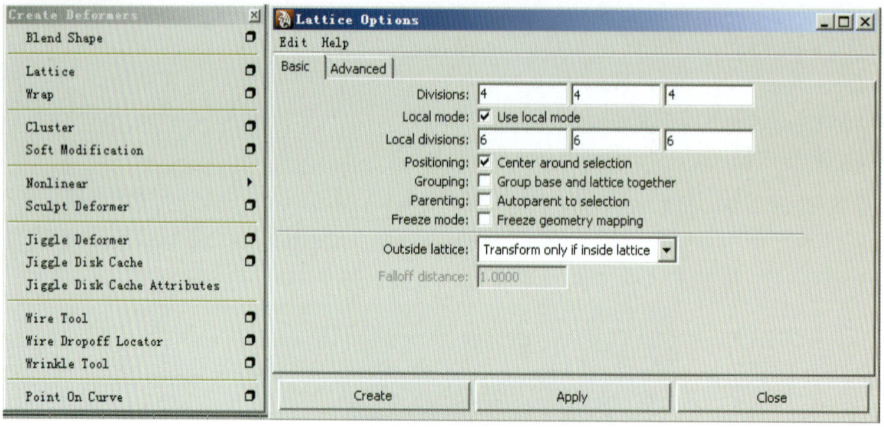

(a)

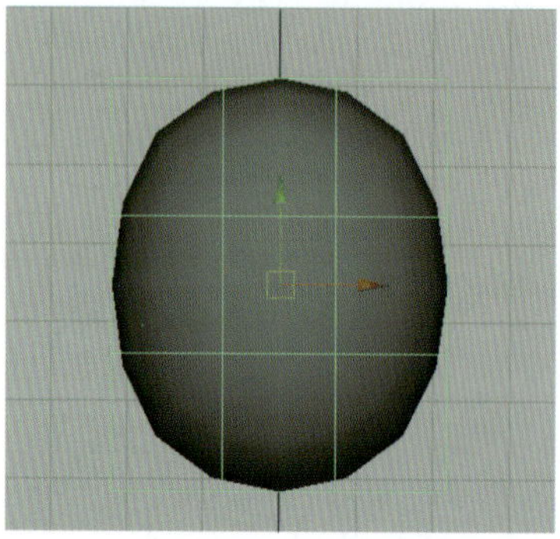

(b)

图 3-6　Lattice 变形器参数设置及效果

4）使用“Lattice”变形器调整头部大体形状。方法：右击变形器线框，在弹出的菜单中选择“Lattice Point”命令，如图 3-7 中 A 部分所示，激活变形器的顶点，效果如图 3-7 中 B 部分所示。然后分别在【Front】视图和【Side】视图中使用 (Move Tool) 工具调节“Lattice”变形器的顶点，从而调整出女角色头部的基本造型，如图 3-8 所示。

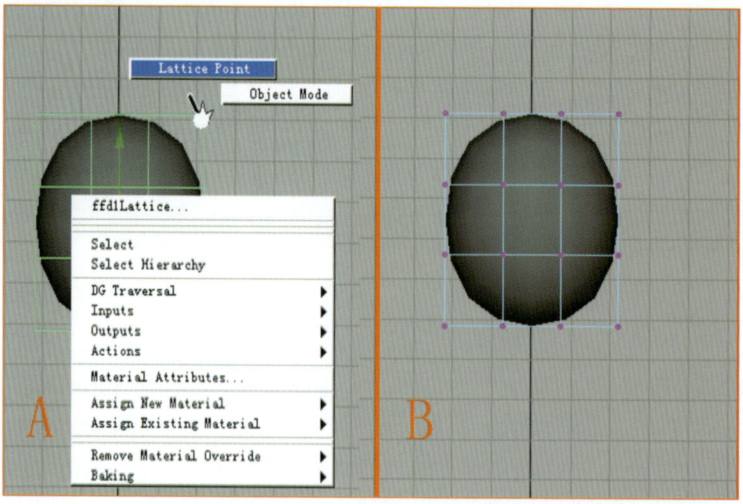

图 3-7　激活“Lattice”变形器的顶点

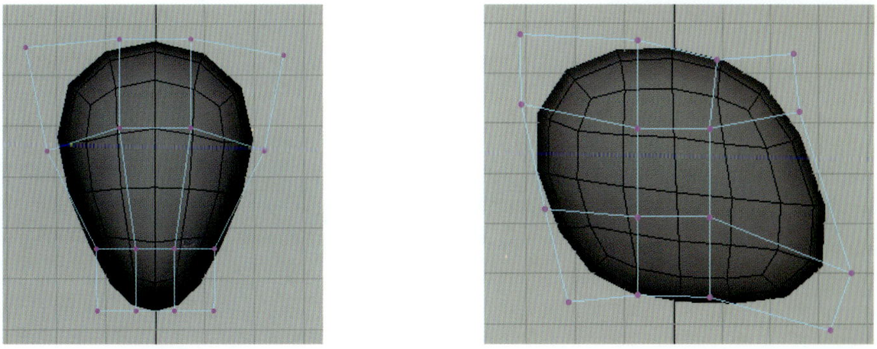

(a) (b)

图 3-8 调节模型造型

5）回到【Polygon】状态，在【Front】视图中进入【Face】子物体模式，如图 3-9 中 A 部分所示，效果如图 3-9 中 B 部分所示。然后选择头部模型右侧的面，如图 3-9 中 C 部分所示，按【Delete】键进行删除，效果如图 3-9 中 D 部分所示。接着进入【Object Mode】子物体模式，单击“Edit | Duplicate Special”命令右侧的方形按钮，在弹出的“Duplicate Special Options”对话框中设置如图 3-10 所示的参数，单击 Apply 按钮，从而复制出另一半参考模型，效果如图 3-11 所示。

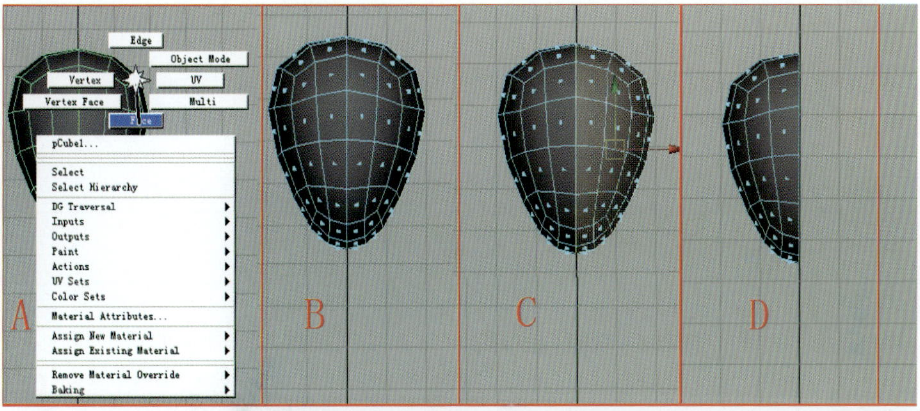

图 3-9 删除一半的头部

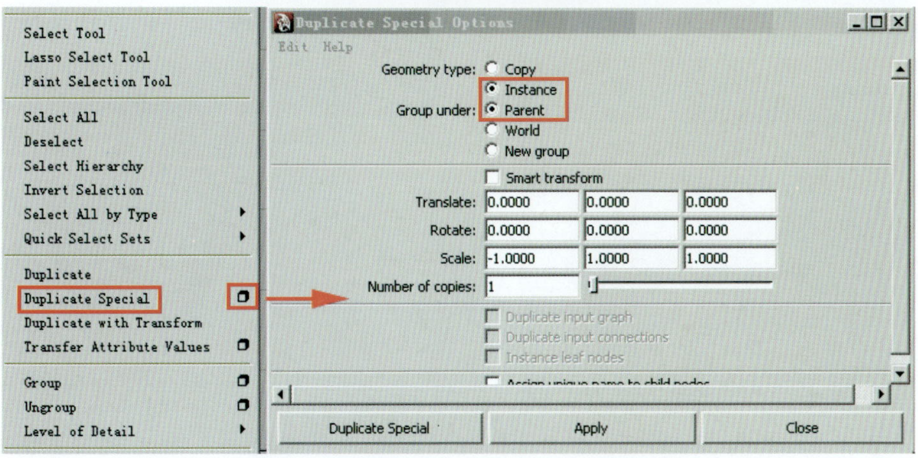

图 3-10 设置“Duplicate Special”参数

6）深入调整头部模型。方法：选中头部模型，进入【Vertex】子物体模式，然后单击“Edit Mesh｜Split Polygon Tool”命令右侧的方形按钮，在弹出的对话框中的Settings选项组中取消勾选如图3－12所示的复选框。接着根据女性角色的造型特点对五官部位加线，从而定位出基本的嘴部，眼部、鼻子等五官的结构，如图3－13所示。

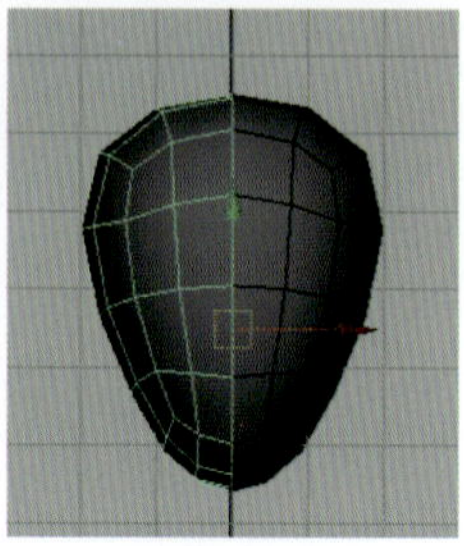

图3－11　复制另一半参考模型

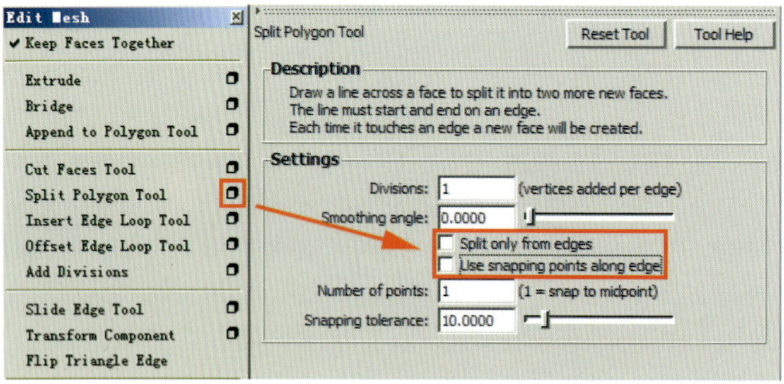

图3－12　设置“Settings”参数

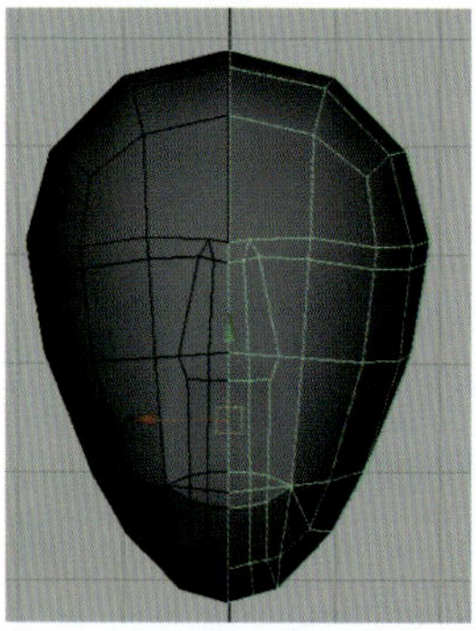

图3－13　刻画五官的基本造型

7）在【Side】视图进入【Vertex】子物体模式，然后使用(Move Tool）NPC调整出头部侧面造型，如图3－14所示。

提　示

嘴部和眼睛部位是头部制作的关键点，需要仔细刻画。

8）刻画面部五官的细节。方法：在【Front】视图根据头部骨骼的造型变化及三庭五眼的位置，使用(Split Polygon Tool）工具增加眼部和嘴部线段，然后进入【Vertex】子物体模式，使用(Move Tool）工具调整出眼部和嘴部细节，如图3－15所示。调整时要注意在各个视图中观察模型的顶点和边的分布是否均匀、合理。

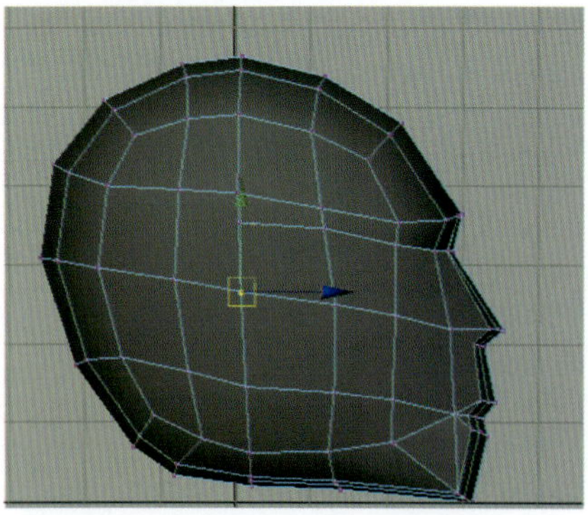

图3－14　调整大体的头部模型

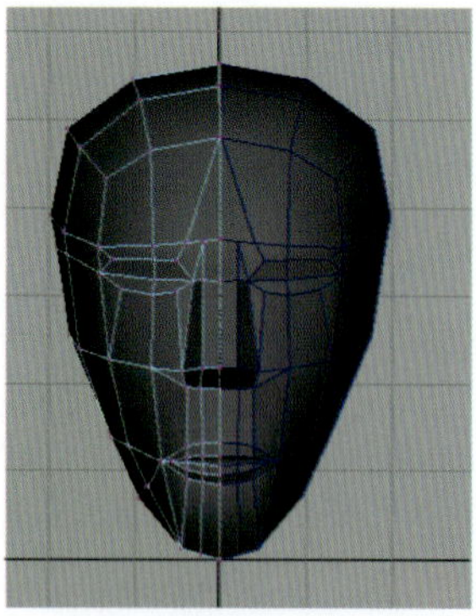

图3－15　刻画五官的基本造型

提 示

步骤1）~8）的操作演示详见配套光盘“多媒体视频文件\第3章 欧美网络游戏女角色的制作\head_001.avi”视频文件。

9）在【Persp】视图中使用(Split Polygon ToolNPC具在眼角和嘴角处添加分解线。方法：首先拉出口轮肌肉的结构线，如图3-16所示。然后使用(Move Tool）工具从侧面对眼睛、眉弓、鼻根等部位顶点进行仔细调整，如图3-17所示。

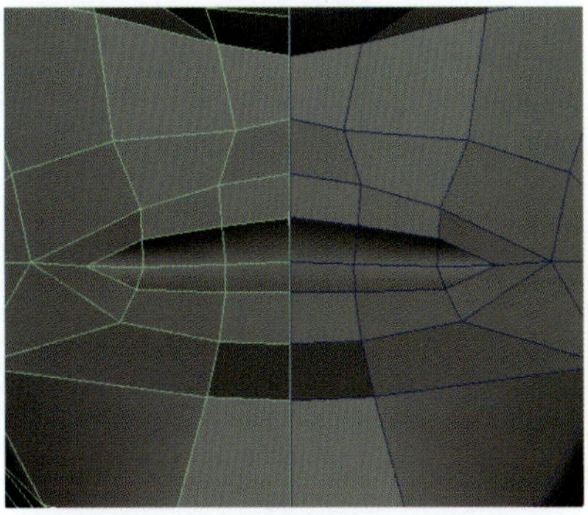

图3-16 口轮肌肉的结构线效果

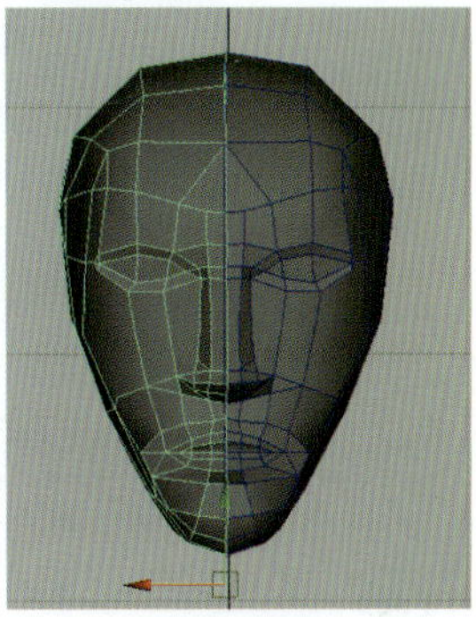

图3-17 进一步调整五官的效果

10）在【Persp】视图中使用(Split Polygon Tool）工具继续为角色的眉弓、鼻尖和嘴部添加边，然后在【Side】和【Persp】视图中调整模型的顶点，效果如图3-18所示。

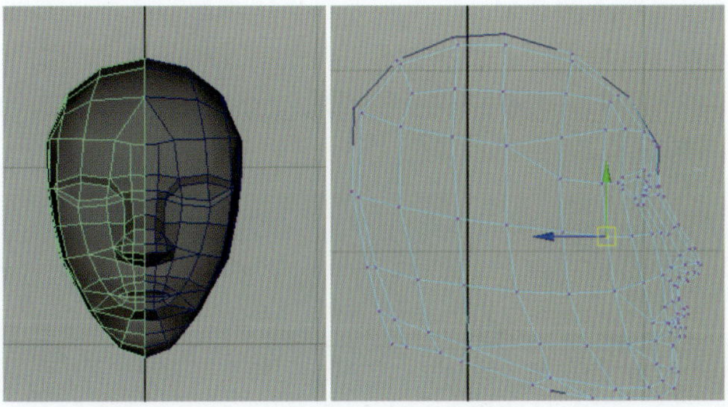

图3-18 五官结构线的调整

提 示

步骤9）~10）操作演示详见配套光盘“多媒体视频文件\第3章 欧美网络游戏女角色的制作\head_002.avi”视频文件。

11）对头部模型的细节进行整体调整和刻画（包括对五官——眼，耳，口，鼻，眉等）。在制作中可以参照一些较好的头部骨骼和肌肉形体的结构来修改模型，注意按照游戏角色的布线规则进行合理安排。方法：双击(Move Tool）工具按钮进入其属性面板，然后勾选【Soft Selection】参数下的【Soft Select】复选框，如图3-19所示。接着调整Falloff radius值的范围，再使用(Move Tool）工具调整头部模型的顶点位置，使头部造型更加合理，如图3-20所示。

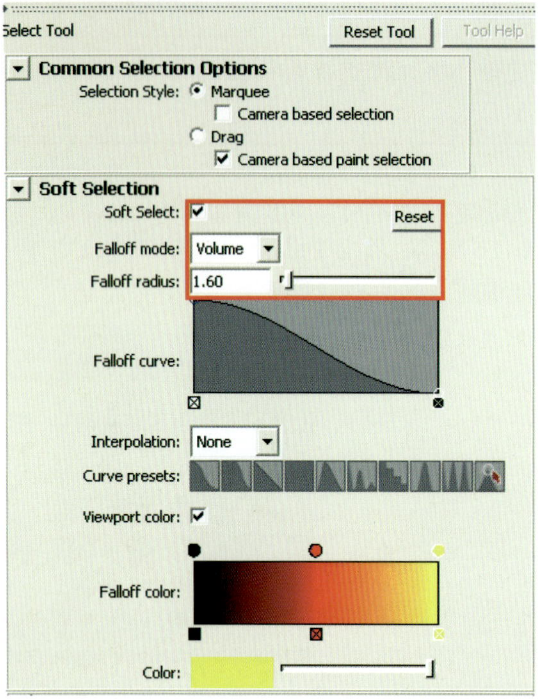

图 3-19 【Soft Selection】参数设置

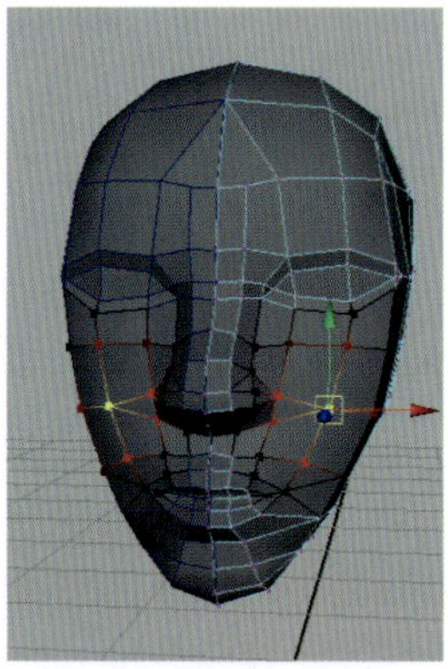

图 3-20 调整头部模型顶点

12）根据原画的造型特点，从不同的视图角度对整个角色的头部进行细节调整。由于角色是戴头盔的，所以可以不做耳朵，这里主要制作出颈部的造型。方法：在【Side】视图中选中头部模型，进入【Face】子物体模式，然后选择头部最底下的面，按【Delete】键进行删除。接着进入【Vertex】子物体模式，使用(Split Polygon Tool）工具调整出颈部的造型，如图 3-21 所示。

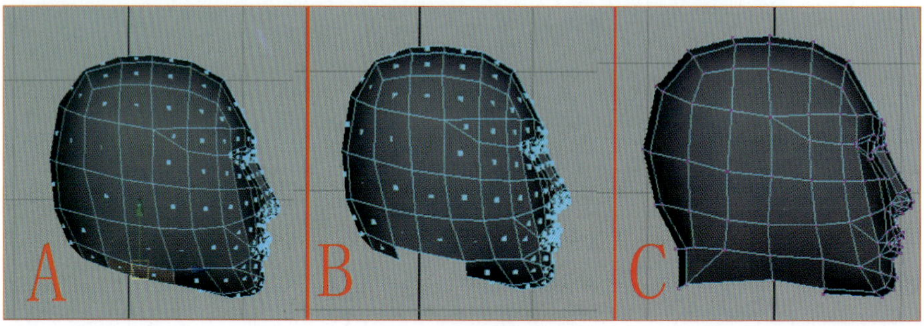

图 3-21 颈部形状调整

13）挤出颈部的造型。方法：在【Persp】视图进入【Edge】子物体模式，然后选中颈部底部的一圈边，单击顶部工具栏中的(Extrude）按钮，再单击操作杆改变挤出轴向。接 NPC 用(Move Tool）工具向下移动挤出一段面，如图 3-22 所示。最后进入【Vertex】子物体模式，使用(Move Tool）工具调整颈部造型，使颈部转折处的造型更加合理，如图 3-23 所示。

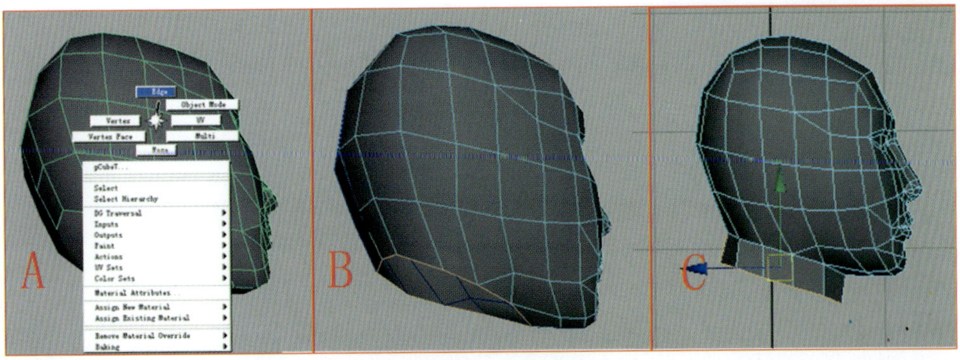

图 3-22　制作颈部

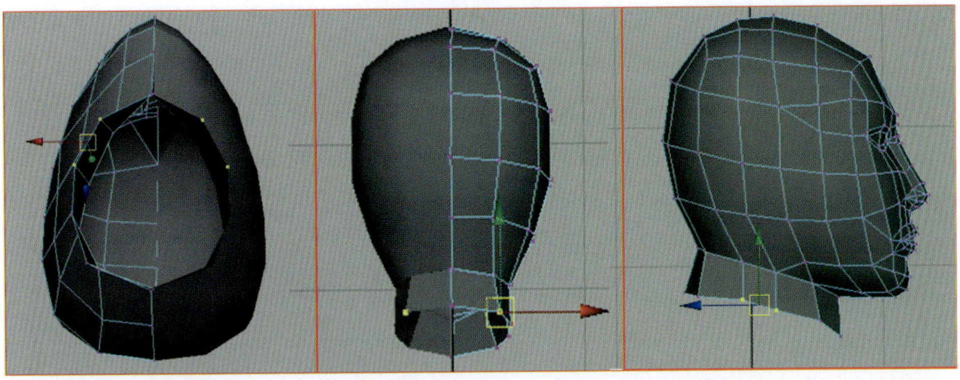

图 3-23　调整颈部造型的效果

14）选择完成的角色头部模型，然后按下键盘上的数字键【4】，使模型光滑显示，效果如图 3-24 所示。

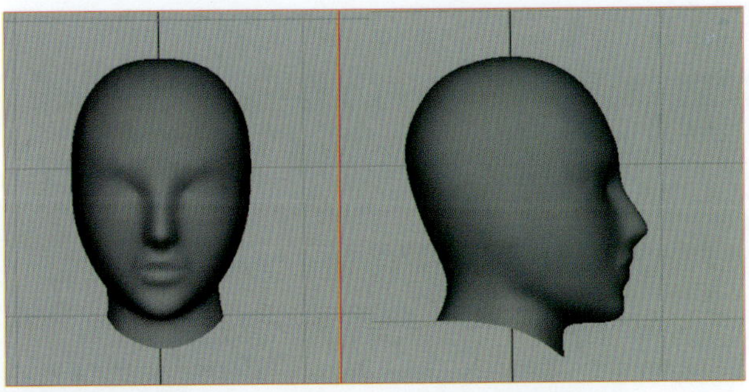

图 3-24　完成头部模型的效果

提 示

在角色刻画过程中要深入分析角色脸部的特征和细节，注意不同时代、不同民族、不同职业以及不同性别的角色外貌特征的差异。

步骤 11）~ 14）的操作演示详见配套光盘“多媒体视频文件 \ 第 3 章 欧美网络游戏女角色的制作 \head_003.avi”视频文件。

3.2.3 编辑头部的UV

接下来对角色头部进行UV编辑。在此过程中，要仔细分析头部造型细节，注意指定UV映射方式和纹理结构。此部分内容包括简化模型、指定材质球、编辑头部UV3部分。

1）简化模型。为了提高制作效率，需要在编辑UV前简化头部模型。方法：在【Front】视图中选择头部模型一半的面，按下【Delete】键删除。

2）赋予模型纹理。选择剩下的一半头部模型，选择“Window | Render Editors | Hypershade”命令，如图3-25中A部分所示，打开Hypershade（超材质编辑器）窗口。然后双击窗口左侧Create Maya Nodes工具条中的Lambert材质球，建立一个新材质，如图3-25中B部分所示。接着在材质球上右击，在弹出的快捷菜单中选择Assign Material To Selection命令，如图3-26所示。这样，材质就被赋予头部模型了。

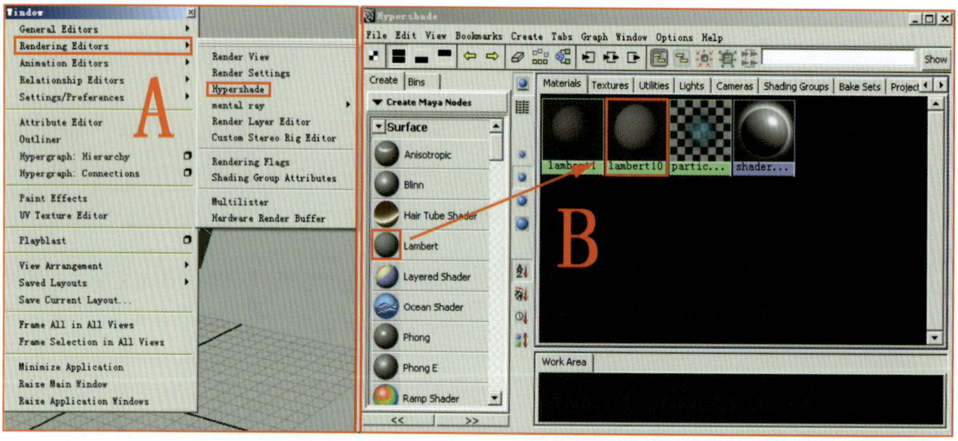

图3-25 打开Hypershade并新建材质

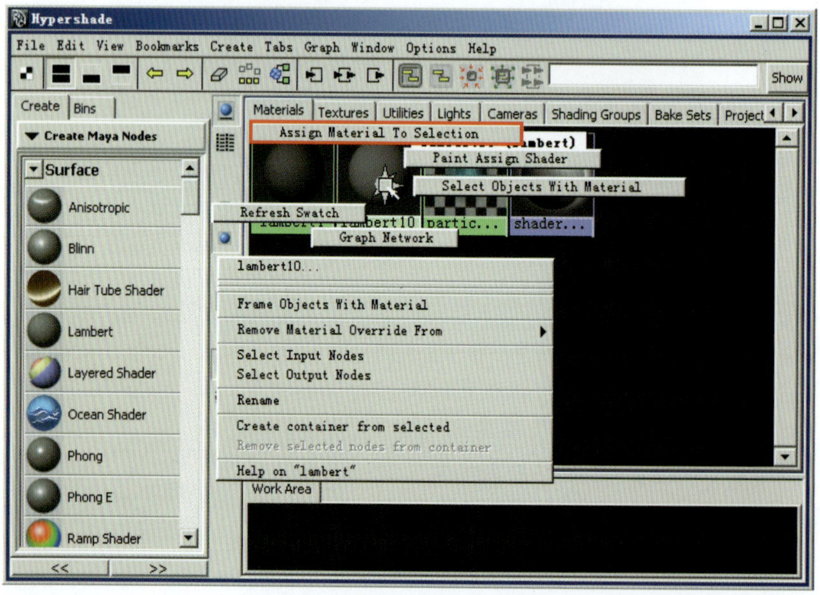

图3-26 把新材质指定给头部模型

3）指定纹理。方法：双击新建的lambert材质，打开其属性编辑器，然后在Common Material Attributes面板中单击Color后边的■按钮，如图3-27中A部分所示，接着在弹出的Create Render Node窗口的【2D Textures】标签下单击File按钮，如图3-27中B部分所示。

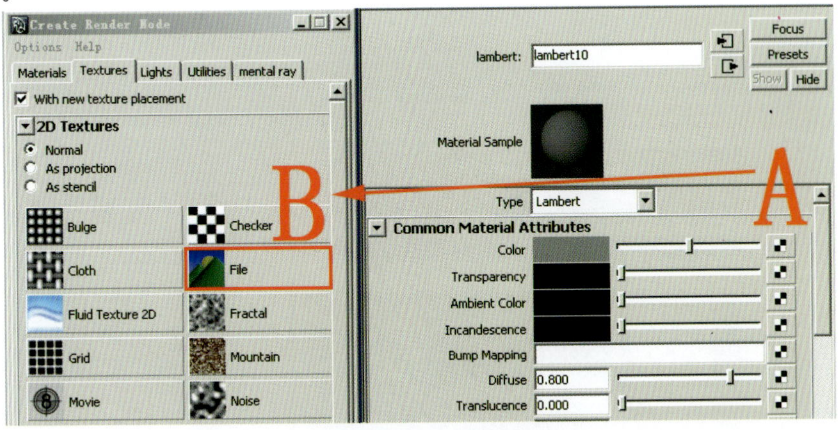

图3-27 设置材质颜色贴图

4）为模型赋予检测纹理。在Hypershade窗口的工作区中双击刚才生成的File1文件的纹理节点，打开其属性编辑器，如图3-28中A部分所示。然后在File1节点的属性编辑器中的File Attributes面板中单击"Image Name"后边的□(Open file)按钮，如图3-28中B部分所示，打开文件贴图的窗口找到用于测试的纹理——棋盘格jpg，单击【Open】按钮确认操作。

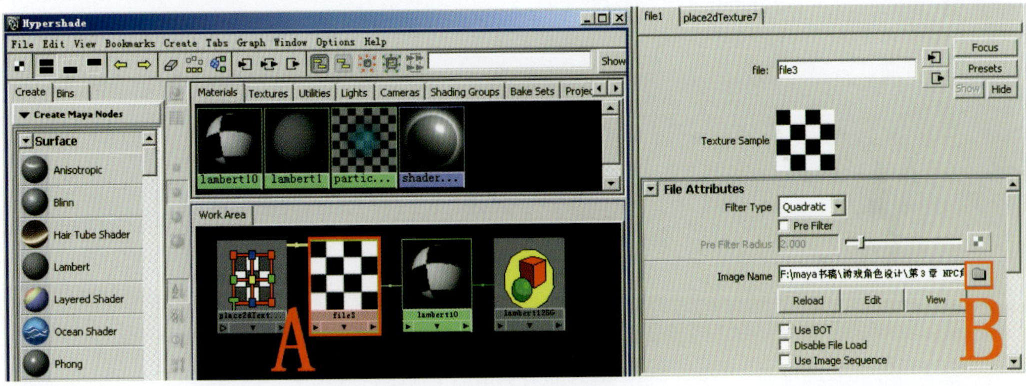

图3-28 为模型赋予检测纹理

5）在3D视窗中按数字键【6】或单击视窗菜单"Shading | Hardware Texturing"，打开视窗的硬件纹理显示，如图3-29所示。然后在Hypershade窗口中，双击place2dTexture3打开其属性编辑器窗口，如图3-30中A部分所示，设置Repeat UV数值为（6，6），如图3-30中B部分所示。

图3-29 棋盘格纹理效果

6）为头部模型指定UV映射方式。方法：单击"Create UVs | Planar Mapping"命令右面的方形按钮，如图3-31中A部分所示，在弹出的对话框中选择轴向，如图3-31中B

部分所示，然后单击“Apply”按钮，得到如图 3−31 中 C 部分所示的效果。这时可以看到头部的棋盘格纹理显示是错误的，如图 3−32 中 A 部分所示。接着使用头部模型上出现的映射操控器与 UV 映射操作手柄来调节 UV，如图 3−32 中 B 部分所示。此时头部正面的 UV 已经调整完毕，但是侧面 UV 的错误仍没有解决，如图 3−32 中 C 所示，这部分 UV 需要在 UV Texture Editor 中进行处理。

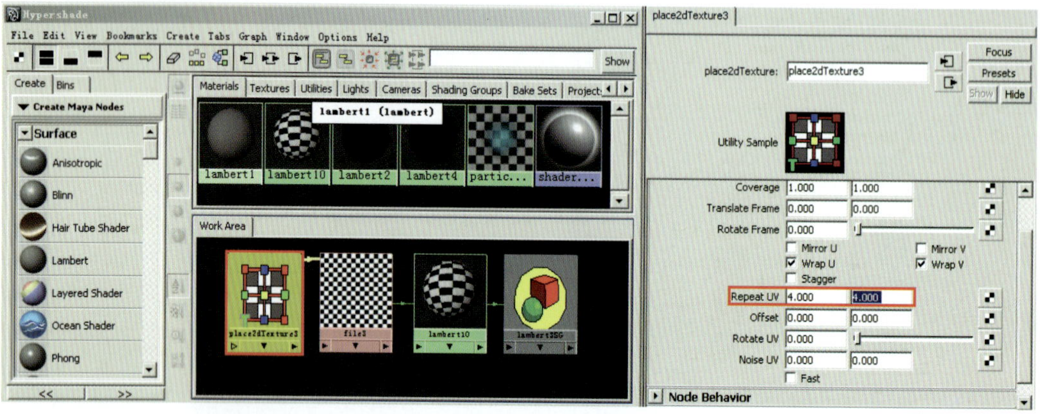

图 3−30　设置棋盘格纹理的 UV 重复数以达到最佳显示效果

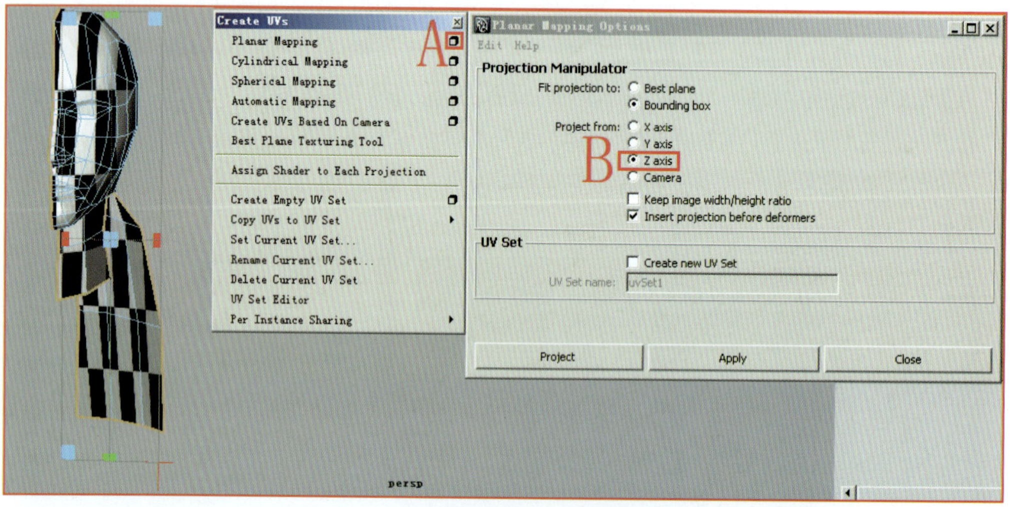

图 3−31　给头部模型指定平面映射方式

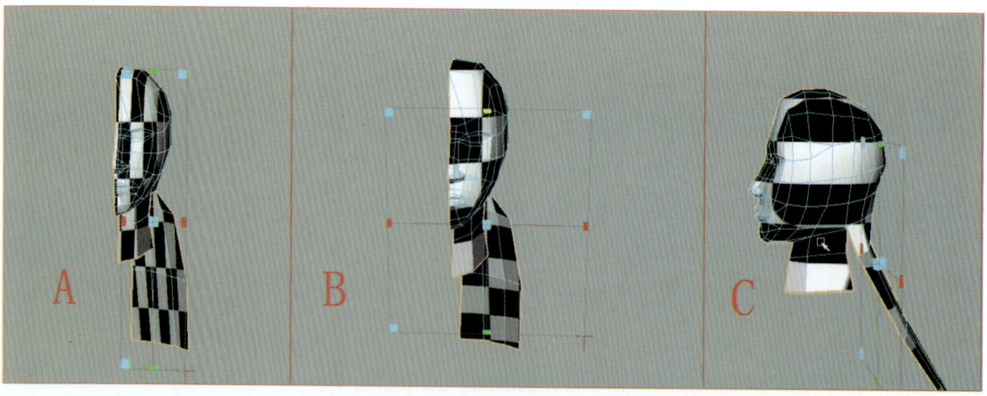

图 3−32　初步调整头部 UV 的拉伸

7）打开UV Texture Editor，此时角色头部的UV分布如图3－33所示，我们需要把其展开为一张平面图，以方便后面的2D纹理绘制。首先在【Persp】视图进入【Edge】子物体模式，然后选中头部侧面的一条边，如图3－34所示。再单击UV Texture Editor中（Cut UV Edges）按钮，沿刚才选中的边剪切UV，把头UV分成前后两部分。接着选择右击而弹出的菜单中的【UV】命令，选中头部前面的一个UV点，如图3－35中A部分所示。再在按下【Ctrl】键的同时右击，在弹出的菜单中选择【To Shell】命令，从而选取了前面头部全部的UV，如图3－35中B部分所示。最后把选中的UV摆放到一边，如图3－35中C部分所示。

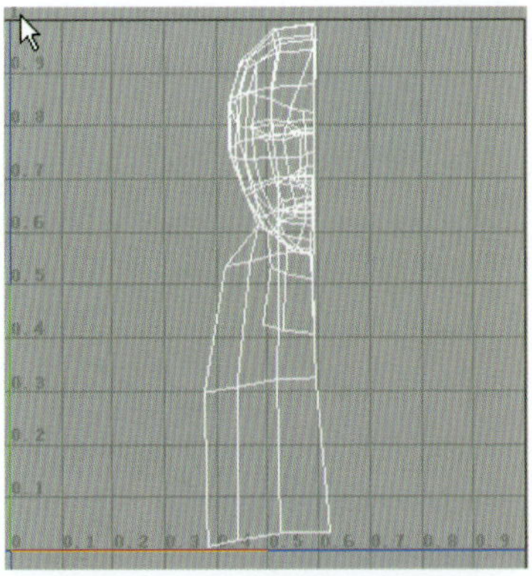

图3－33 调节前的UV坐标

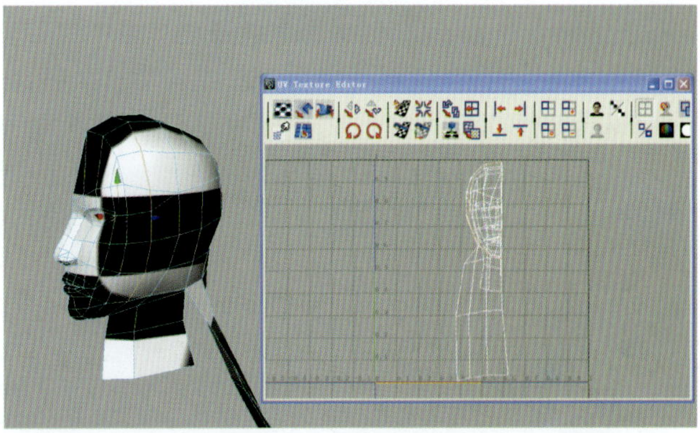

图3－34 剪切头部UV

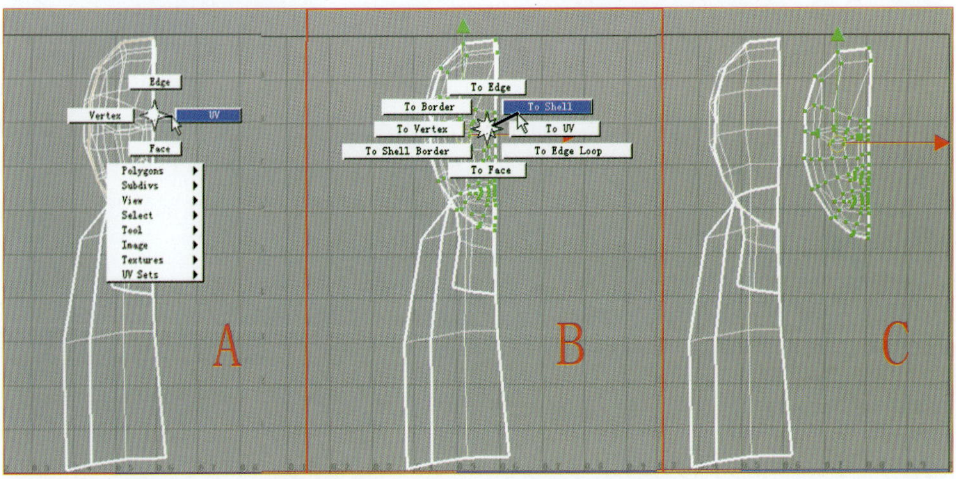

图3－35 将头部UV分为前、后两部分

8）调整头部的UV。方法：选择前脸的UV，单击（Unfold）按钮把脸部UV自动展平，再使用（Move Tool）工具调整UV，对棋盘格纹理拉伸较大的地方进行修改，如图3－36所示。然后进入【Edge】子物体模式，选择头部后侧的一条边，如图3－37中A部分所示，再使用（Cut UV Edges）命令沿选中的边剪切UV。接着选中头部后侧的UV，单击将其展平，效果如图3－37中B部分所示。最后使用（Move Tool）工具手动调节UV，效果如图3－37中C所示。

9）调整头发的UV，完成效果如图3－38所示。

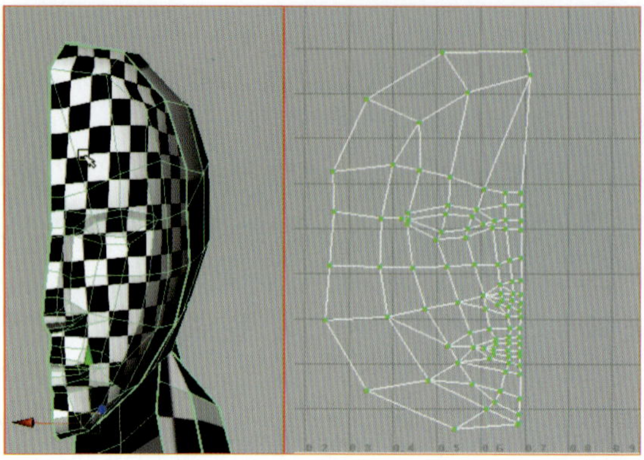

图 3-36　脸部完成的 UV

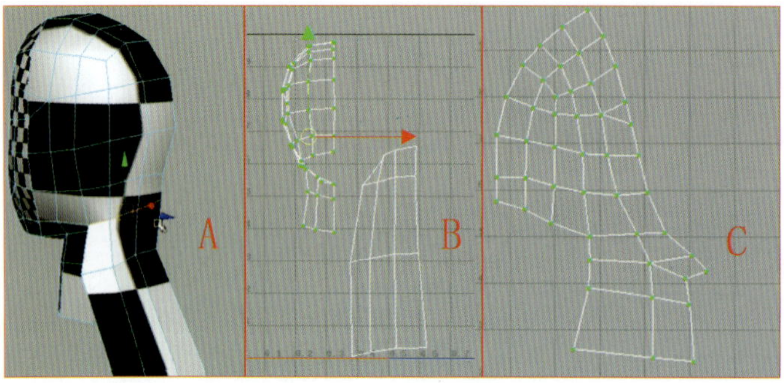

图 3-37　调整头部 UV

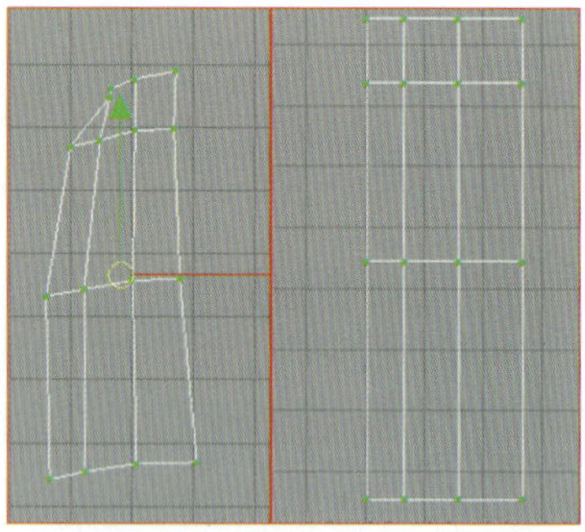

图 3-38　完成头发的 UV

10）缝合并调整身体的 UV。方法：首先选择半边头部的 UV，使相邻的两条边彼此靠近，然后进入【Edge】子物体模式选中整条边，如图 3-39 中 A 部分所示，再单击(Move and Sew UV Edge）工具，将两条 UV 直接对位缝合，如图 3-39 中 B 部分所示。接着使用 UV Texture Editor 中的(RotateNPC(Relax）等辅助工具对头部的 UV 进行旋转和放松等操作，从而完成 UV 的调整，如图 3-40 所示。

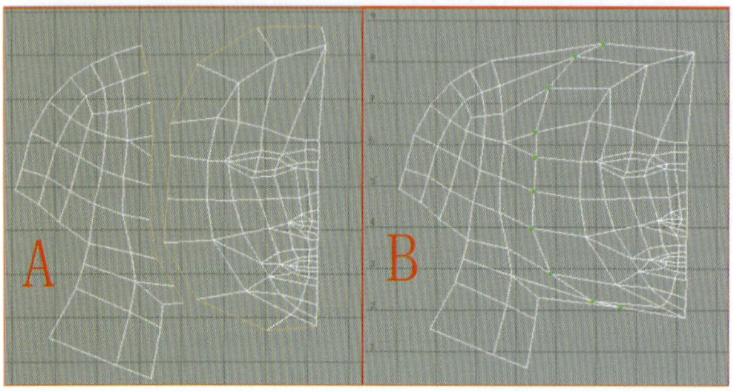

如图 3-39　调整 UV 的过程

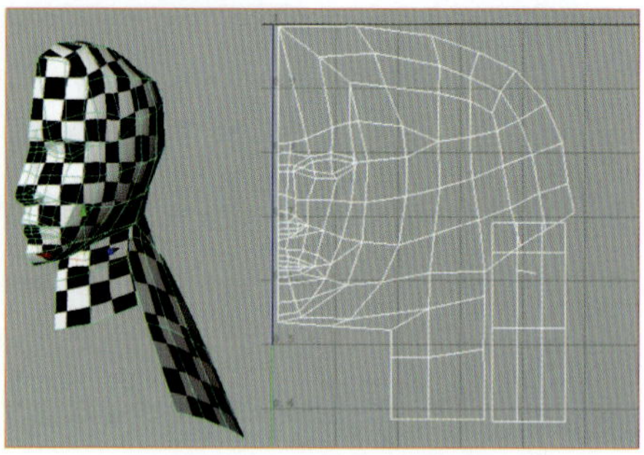

如图 3-40　最后完成的头部 UV

提示 1

编辑 UV 是为了使模型的每一个顶点都能够准确地映射到 2D 纹理上，因此在调整时要多对照模型的布线，观察棋盘格显示是否整齐。调整过程中如果看到多余的废点或者不规则的布线，可以随时切换到【Vertex】和【Edge】子物体模式下，编辑和修改头部模型。

提示 2

步骤 1）~ 10）的操作演示详见配套光盘“多媒体视频文件\第 3 章 欧美网络游戏女角色的制作\UV_001.avi”视频文件。

3.2.4 制作角色身体模型

前面主要介绍了女角色头部的建模方法，本节将详细讲述女角色身体的建模方法。在制作女角色的身体模型时要以女性角色的身体结构为准，深入刻画女角色细节造型的同时，还要多考虑游戏模型制作中的一些基本要求和技巧。

1. 角色身体结构分析

1）在开始制作角色身体之前，先对人体骨骼和躯干的基本结构进行大致了解，这样才能在角色模型制作中正确把握人物造型。图 3－41 所示为人体骨骼的基本结构。

2）在制作女性角色时，要注意与男性形体结构的差别，仔细分析头NPC 躯干部分的比例关系。可以对制作角色的形体进行夸张或变形，但仍要遵循最基本的人体结构。图 3－42 为女性的基本形体结构图。

3）在制作过程中要经常观察和了解人体结构及身体各个部分的关系，以便更好地理解人体关节的动态节奏，为后期的动画制作提供依据。男女角色的动态线如图 3－43 所示。

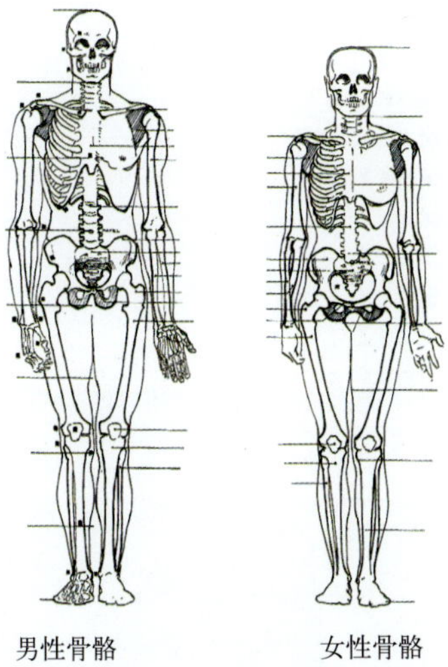

图 3-41　人体骨骼的基本结构

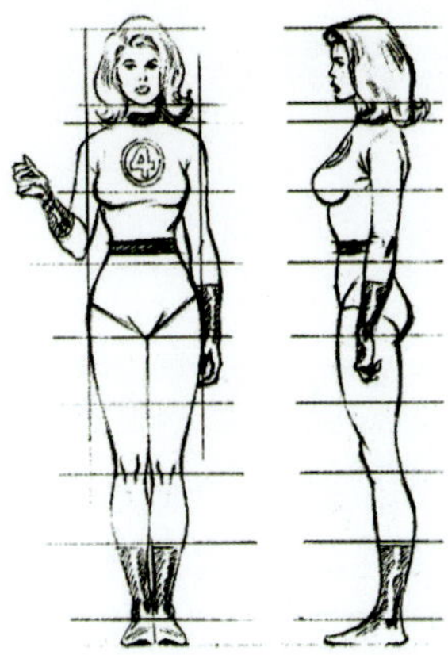

图 3-42　女性基本形体结构图

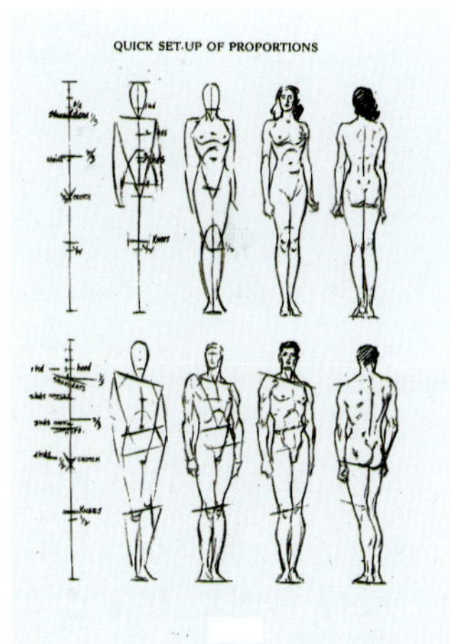

图 3-43 男女角色的动态线

4）在掌握了人体基本形体比例结构以后，还可以借鉴一些人体肌肉结构及解剖学的基本知识，这些知识能够帮助我们准确地把握角色形体的变化。同时，还需要考虑到角色身上的装备和饰物的关系，因其直接影响到后面的建模工作。

2．身体模型的制作

在制作过程中，模型设计师要多观察原画，充分理解游戏设计和制作的主旨，从而达到游戏角色设定的基本要求。

1）在【Persp】视图中单击(Polygon Cylinder)按钮创建一个圆柱体，然后进入【Face】子物体模式，删除顶部和底部的面，如图 3-44 所示。接着将 Subdivisions Axis、Subdivisions Height 的参数值分别设置为 12，5，将 X、Z 均设为 0，如图 3-45 所示。

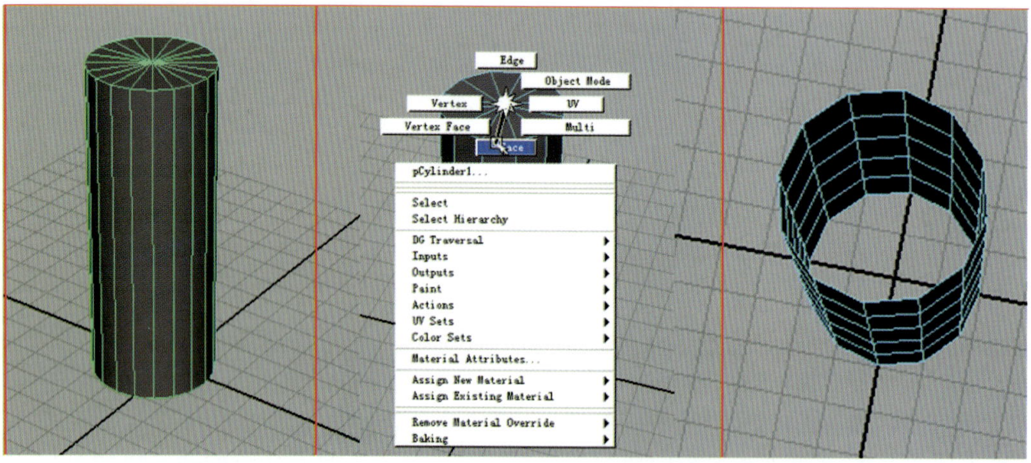

图 3-44　创建一个圆柱体

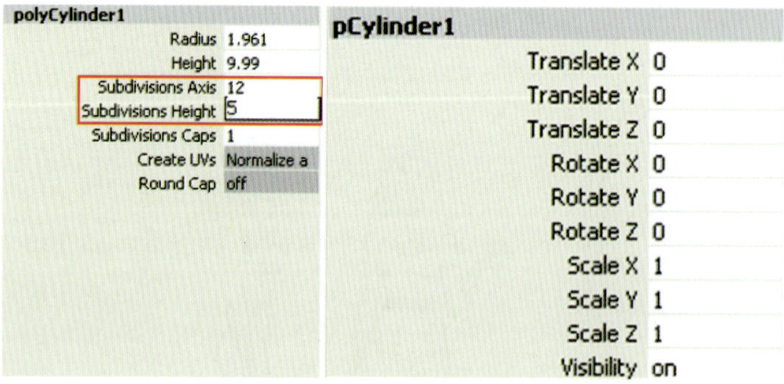

图 3-45　参数设置

2）参考女角色头部模型的制作步骤，为圆柱体添加“Lattice”变形器。然后根据女性身体的形态特点，在【Front】视图和【Side】视图中对圆柱分别进行调节从而形成身体侧面的厚度，效果如图 3-46 所示。

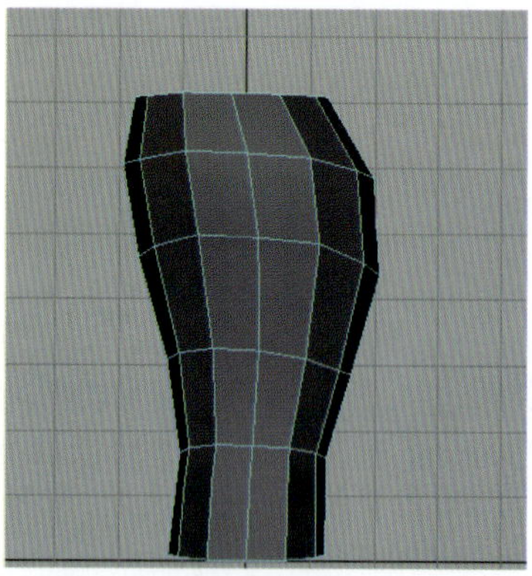

图 3-46　利用“Lattice”变形器调节角色基本形体

3）在调整好侧面的基本形体后，删除身体的一半模型，然后对称复制出另一半模型。

4）从正面调节角色身体的基本结构。在【Front】视图使用(Move Tool)工具调整模型顶点的位置，使其布线更加合理，如图 3-47 中 A 部分所示。然后在“Soft Selection”模式下，调整身体造型如图 3-47 中 B 部分所示。接着使用(Insert Edge Loop Tool)工具在腰部添加细节，再进一步调整形体结构，如图 3－47 中 C 部分所示。最后调整出身体的基本造型，如图 3－47 中 D 部分所示。

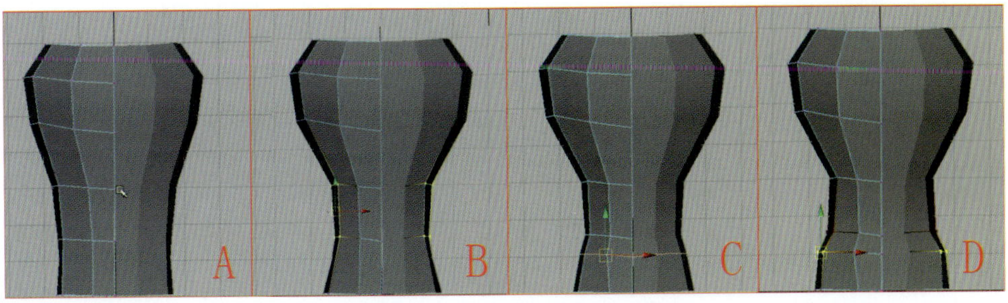

图 3－47　调整身体基本造型

5）在【Persp】视图中进入【Edge】子物体模式，然后使用(Extrude）按钮将身体前面的边向后挤出。接着切换到【Vertex】子物体模式下，使用(Move Tool）工具对挤压出的部分进行调节，再将挤出的边与臀部连接到一起，如图 3－48 所示。最后调整大腿内侧的造型，使模型布线符合臀部和大腿连接部位的肌肉结构，如图 3－49 所示。

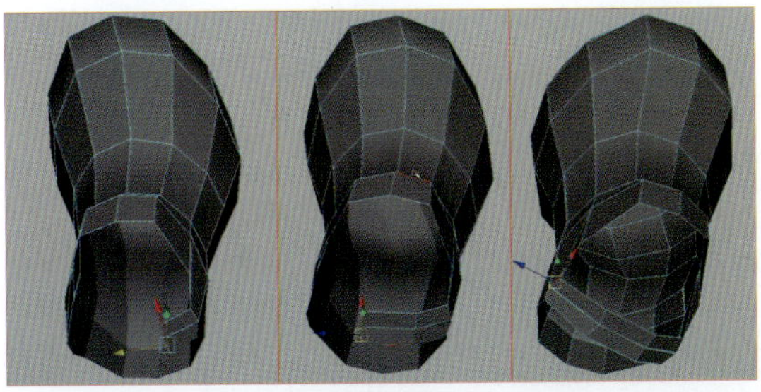

图 3－48　正面臀部结构线效果

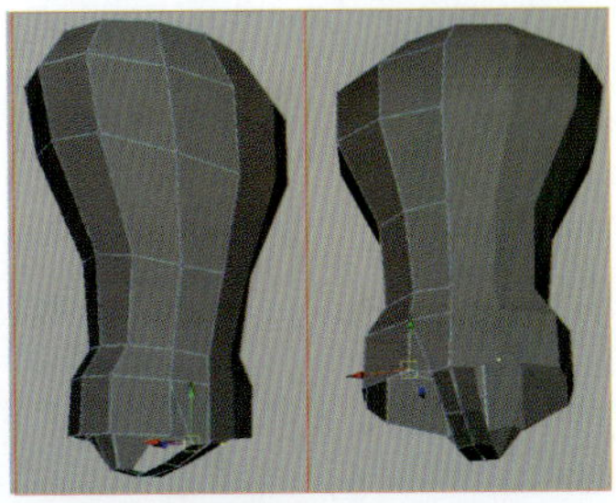

图 3－49　调整臀部结构线进行

6）选中臀部后面，在【Perspective】视图中使用 (Split Polygon Tool）工具对其增加分解线，如图 3－50 所示。然后在【Front】视图中使用(Move Tool）工具对臀部各顶点位置进行调整，如图 3－51 所示。

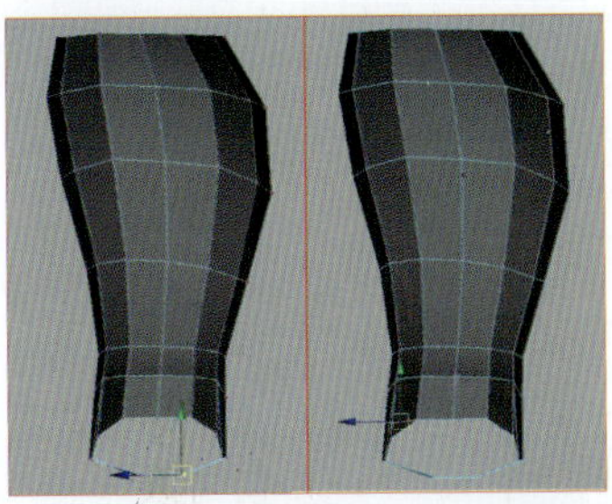

图 3－50　对臀部增加分解线

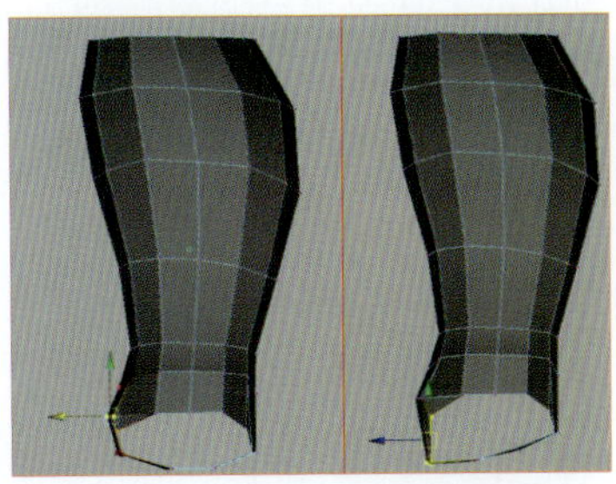

图 3－51　调整臀部各顶点位置

7）在【Front】视图中进入【Edge】子物体模式，然后选中臀部下面的边，单击(Extrude）按钮，再单击操作杆改变挤出轴向后向下拉伸出大腿部分的模型，这里注意尽量简化腿部的模型分段。接着使用(Move Tool）工具调节身体和腿部结合部处布线，如图 3－52 所示。

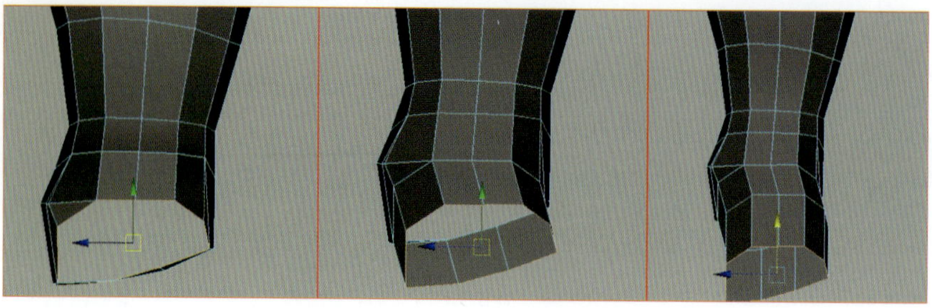

图 3-52 向下拉出大腿部分

提 示

步骤 1）~7）的操作演示详见配套光盘“多媒体视频文件\第 3 章 欧美网络游戏女角色的制作\body_001.avi”视频文件。

8）在【Vertex】子物体模式下，使用(Move Tool）工具对角色身体侧面结构线的细节进行调整（主要是对肩部，胸部，腹部，臀部的结构线进行编辑）。在调节时应注意女性形体曲线的变化，调整后的效果如图 3-53 所示。

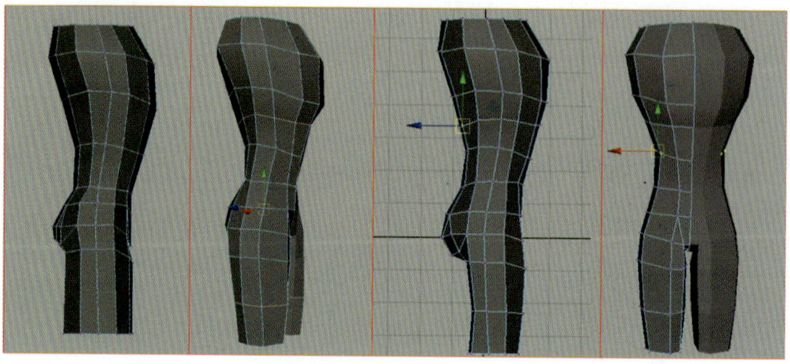

图 3-53 调节模型以表现女性形体的曲线

9）制作肩部、胸部、臀部的基本造型。方法：在【Side】视图中使用(Split Polygon Tool）工具为角色的肩膀部位添加边，并初步调整肩部的横断面造型，如图 3-54 所示。继续使用该工具为身体添加边，再切换到【Vertex】子物体模式，按照人体曲线走向，在不同视图中 NPC(Move Tool）工具调整身体造型的细节，尤其影响角色身体外形的胸部和臀部的结构，如图 3-55 所示。

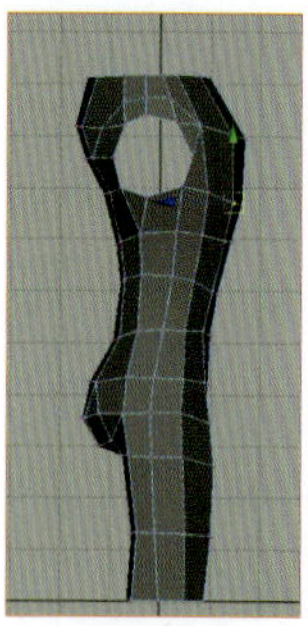

图 3-54 调整肩部横断面造型

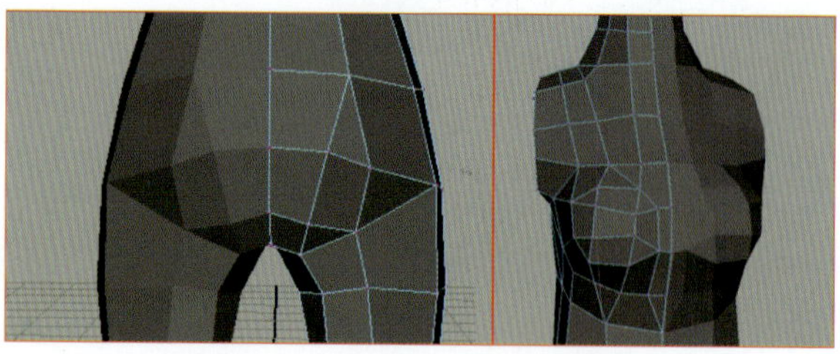

图 3-55 调整女角色曲线造型

10）调整完成以后，现有的模型布线已经不能满足对模型细节制作的要求了，需要进一步在角色的胸部增加边来制作细节。方法：使用(Split Polygon Tool）工具为角色添加边，然后切换到【Vertex】子物体模式，再勾取“Soft Selection”复选框，接着在【Side】视图里选中模型相应部位的顶点，再使用(Move Tool）工具向中间推拉，使模型的外形更加圆润，如图3-56所示。

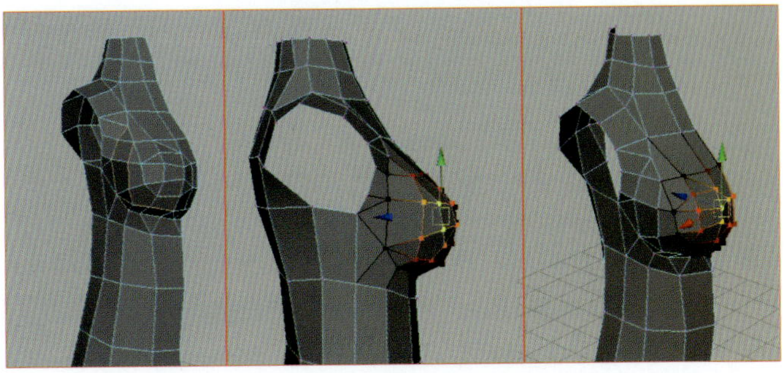

图3-56 进一步刻画角色上半身模型

提 示

在各视图中对身体的细节部分进行刻画时，在原画基础上可以多参考一些优秀的女性游戏角色的比例结构和造型特点。

步骤8）~10）的操作演示详见配套光盘“多媒体视频文件\第3章 欧美网络游戏女角色的制作\body_002.avi”视频文件。

11）制作手臂的造型。方法：根据原画设计的要求，在【Front】视图进入【Edge】子物体模式，选择肩膀部位的一圈边，然后使用(Extrude）工具，单击操作杆改变挤出轴向，接着在【Persp】视图中拉出手臂大体造型，再进入【Vertex】子物体模式，使用(Move Tool）工具调节手臂模型的顶点。最后使用(Split Polygon Tool）工具在手臂关节处添加细节，如图3-57所示。

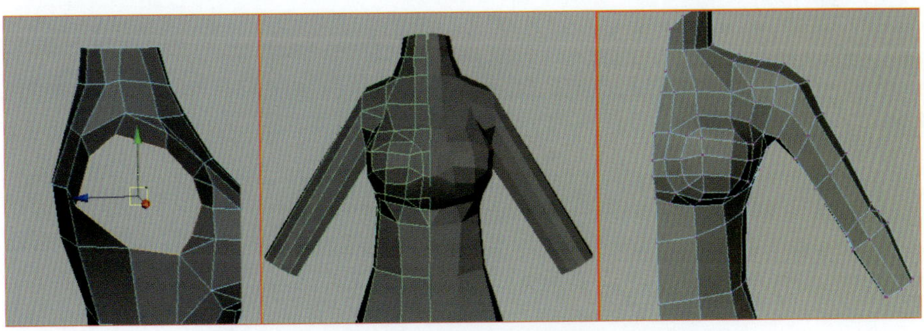

图3-57 手臂部分造型

12）根据原画设定要求，制作出前臂的造型。手的模型比较简单，直接导入已经完成的模型即可，如图3-58所示。

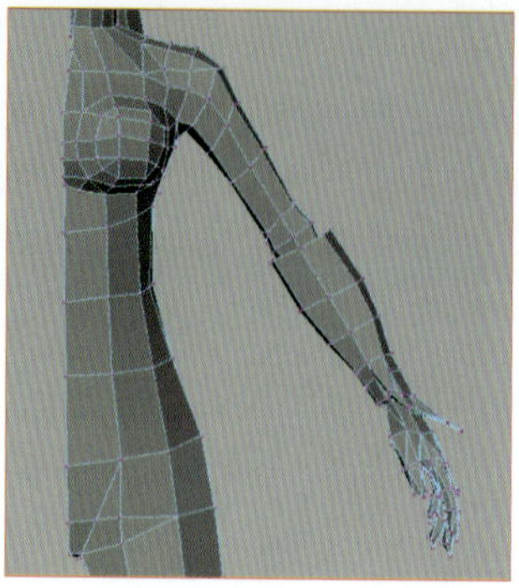

图 3-58　制作出前臂和手部的造型

12）制作小腿的造型。在游戏制作中，通常将大腿和小腿部分结合在一起进行刻画。参考之前大腿部分的制作方法，继续拉出关节和小腿部分的基本造型，如图 3-59 所示。然后使用(Split Polygon Tool）工具添加细节，接着调整腿部的造型。要注意臀部、大腿、关节及小腿之间的关系，根据运动规律应在关节部位适当多添加一些边，并分别从正面和侧面调整形体结构，如图 3-60 所示。

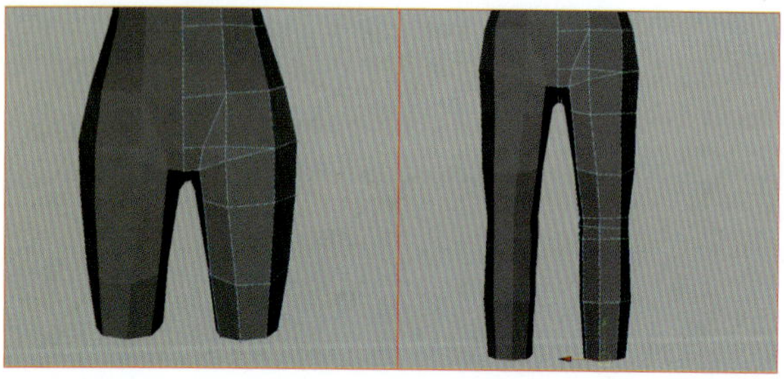

图 3-59　向下拉出整条腿

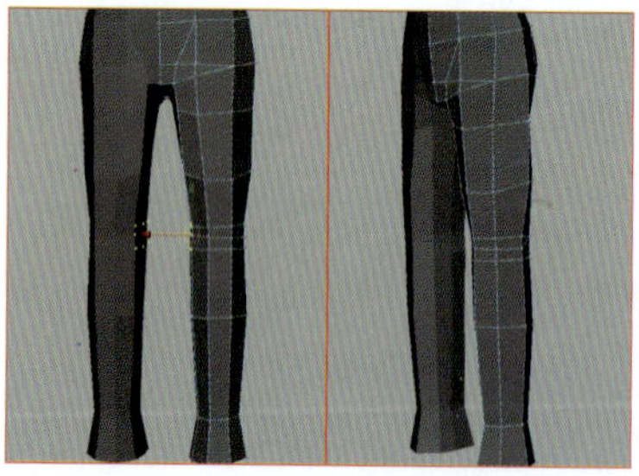

图 3-60　对整个腿部加线调整

提 示

步骤 11）~12）的操作演示详见配套光盘“多媒体视频文件\第 3 章 欧美网络游戏女角色的制作\body_003.avi”视频文件。

13）使用（Combine）工具把头和身体的模型结合到一起，完成人体模型的制作，如图 3-61 所示。

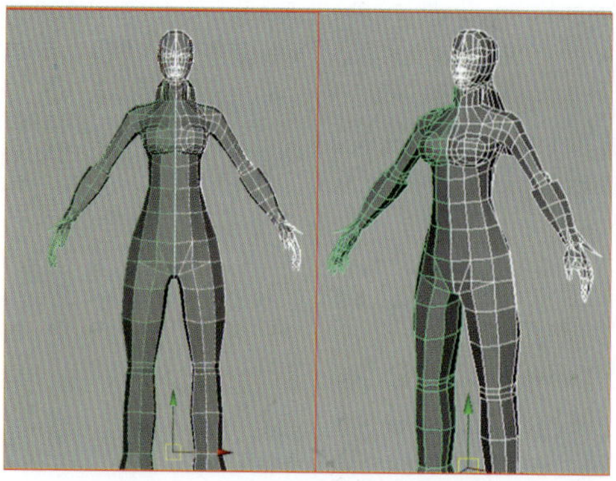

图 3-61　完成人体模型的制作

3.2.5 编辑角色身体的UV

下面首先给女性角色的身体赋予与头部模型相同的材质和贴图，然后指定以Planar Mapping映射方式进行UV编辑。

1）分离身体的UV。方法：在UV Texture Editor中，进入【Edge】子物体模式，然后分别选中如图3-62标红处所示的边，单击(Separate UVs)按钮将上半身、腿、手的UV分离，如图3-63所示。

图3-62 选中身体各部分衔接处的边

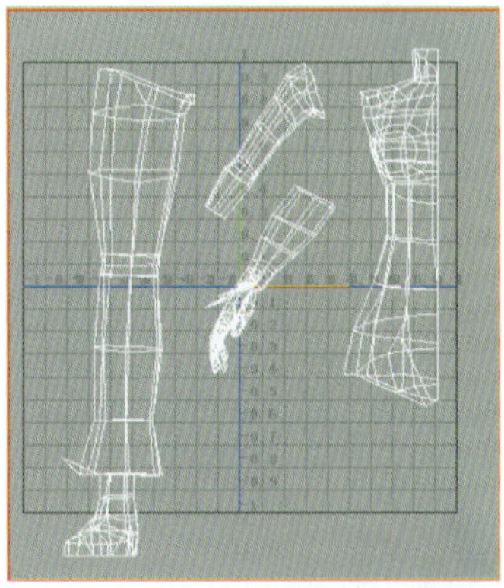
图3-63 分离身体各部分的UV

2）编辑身体的UV。方法：选中身体背部的UV，使用(Flip)工具将其翻转，使相邻的两条边彼此靠近，然后进入【Edge】子物体模式，选中相邻的整条边，如图3-64中A部分所示。再单击(Move and Sew UV Edge)按钮将两条边的UV直接对位缝合。接着使用(Move Tool)和(Rotate Tool)工具，同时也可以配合使用UV Texture Editor中的(Rotate)和(Relax)等辅助工具对合并的UV进行移动、旋转和放松等操作，调整效果如图3-64中B部分所示。调整后棋盘格的显示效果，如图3-64中C部分所示。

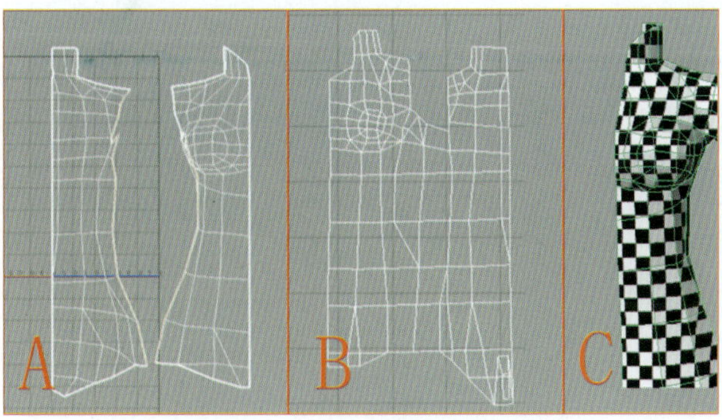

图3-64 身体完成的UV编辑

提 示

调整过程中如果看到多余的废点或者不规则的布线，可以随时进行编辑和修改。

3）编辑手臂的 UV。编辑时要注意把接缝处理到侧面向内的位置，再手动进行细节的处理，如图 3-65 所示。然后给手臂模型指定 Planar Mapping 映射方式，再进入 UV Texture Editor 中，将展开的手臂 UV 尽量拉直，如图 3-66 所示，以方便后期的贴图纹理绘制。

图 3-65　编辑手部 UV

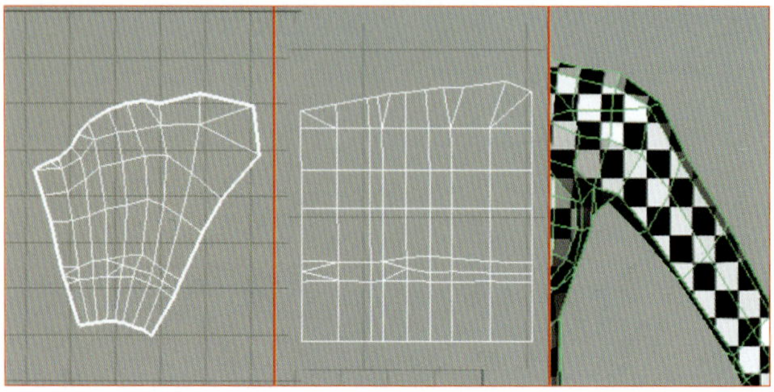

图 3-66　手部完成的 UV

4）完成前臂的 UV 编辑。方法同上，首先为前臂模型指定 Planar Mapping 映射方式，然后选择前臂内侧的边，使用(Separate UVs) 工具剪切 UV，如图 3-67 标红处所示。再把手掌和手部的尖角单独剪切出来，如图 3-68 标红处所示。接着把手掌和尖角断开，再进入 UV Texture Editor 中手动调整 UV，完成前臂 UV 的编辑，如图 3-69 所示。

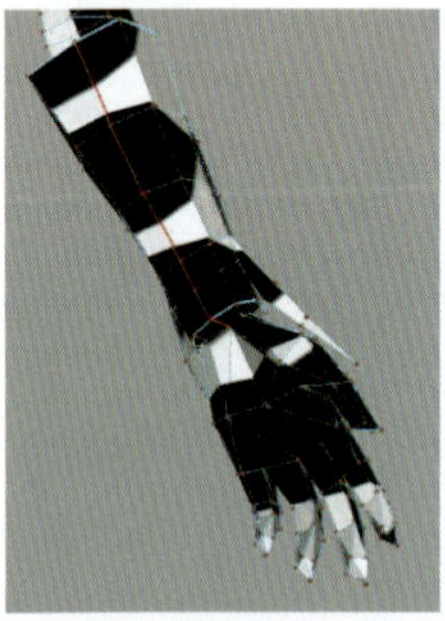

图 3-67　剪切前臂 UV

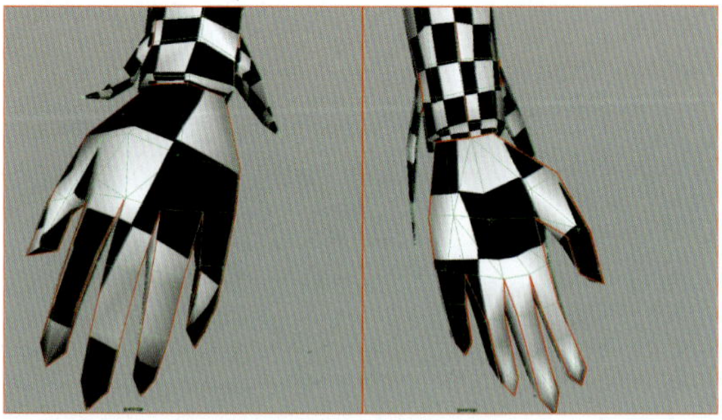

图 3-68　剪切手掌 UV

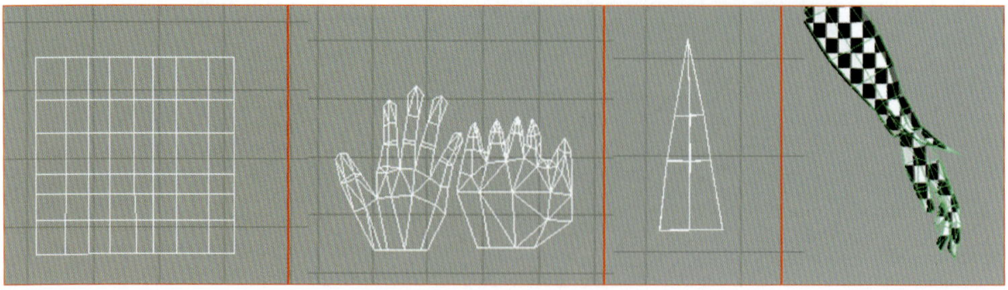

图 3-69　完成的前臂 UV

提 示

步骤 1）~ 4）的操作演示详见配套光盘“多媒体视频文件 \ 第 3 章 欧美网络游戏女角色的制作 \UV_002.avi”视频文件。

5）参考手臂UV的编辑方法，完成角色腿部UV的编辑。首先为腿部模型指定Planar Mapping映射方式，再沿着如图3-70标红处的边分离腿部和鞋子的UV。然后使用(Unfold Select UVs)工具将腿部UV展平，再使用UV Texture Editor中的(Rotate)和(Relax)工具对UVs进行旋转和放松等操作，接着把UV线拉直，如图3-71所示。同理，完成鞋子的UV编辑，再沿着如图3-72标红处所示的边剪切UV。编辑完成的鞋的UV如图3-73所示。

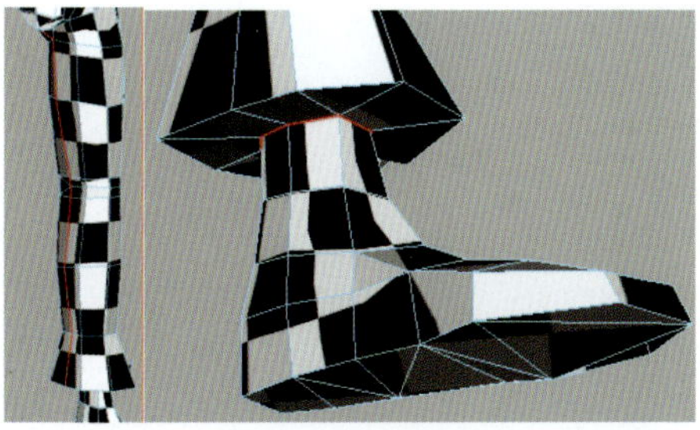

图3-70　剪切腿部和鞋子UV

图3-71　完成的腿部UV

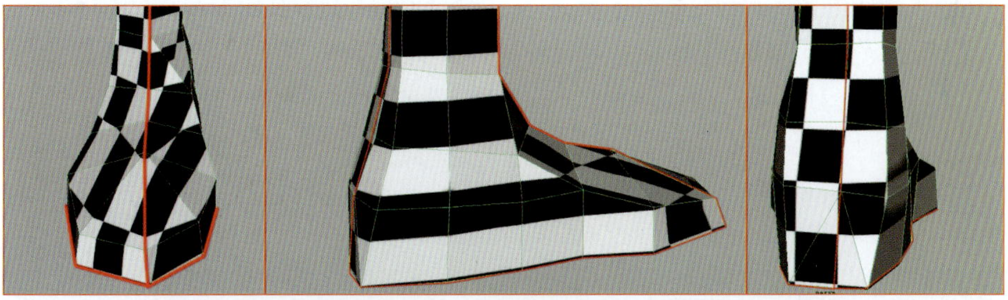

图3-72　剪切鞋的UV

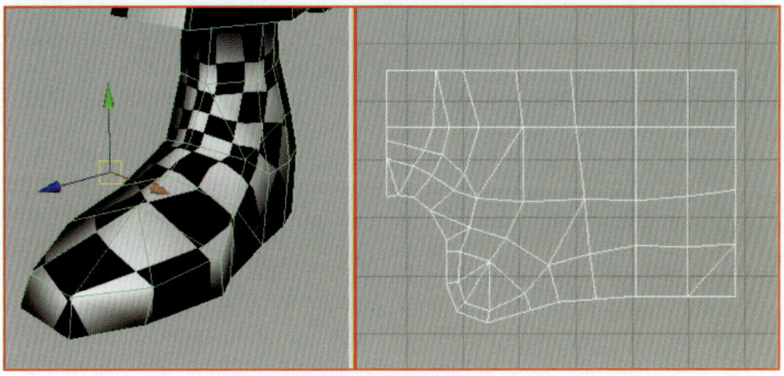

图3-73　完成的鞋的UV

提　示

步骤5）的操作演示详见配套光盘“多媒体视频文件\第3章 欧美网络游戏女角色的制作\UV_003.avi”视频文件。

6）从各个视图中观察棋盘格排布效果并修改，直至确认没有大的拉伸问题。至此，整个角色的UV坐标编辑就完成了，效果如图3-74所示。

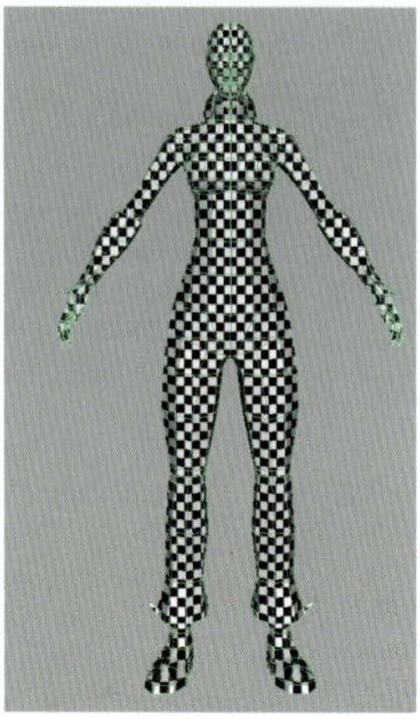

图 3−74　最终完成的角色 UV

3.2.6　制作角色装备和编辑装备 UV

女角色的装备制作包括头盔、手臂装备、腰部装备和腿部装备 4 部分内容。

1）制作头盔。头盔的模型是左右对称的，因此只要做好一半，再对称复制出另一半即可。方法：进入【Face】子物体模式，选中头部的面，如图 3−75 中 A 部分所示，然后选择“Edit Mesh | Duplicate Face”命令，对选择的面进行复制，如图 3−75 中 B 部分所示。接着按下键盘的【Insert】键，再把坐标轴移到复制面的中心，如图 3−75 中 C 部分所示。

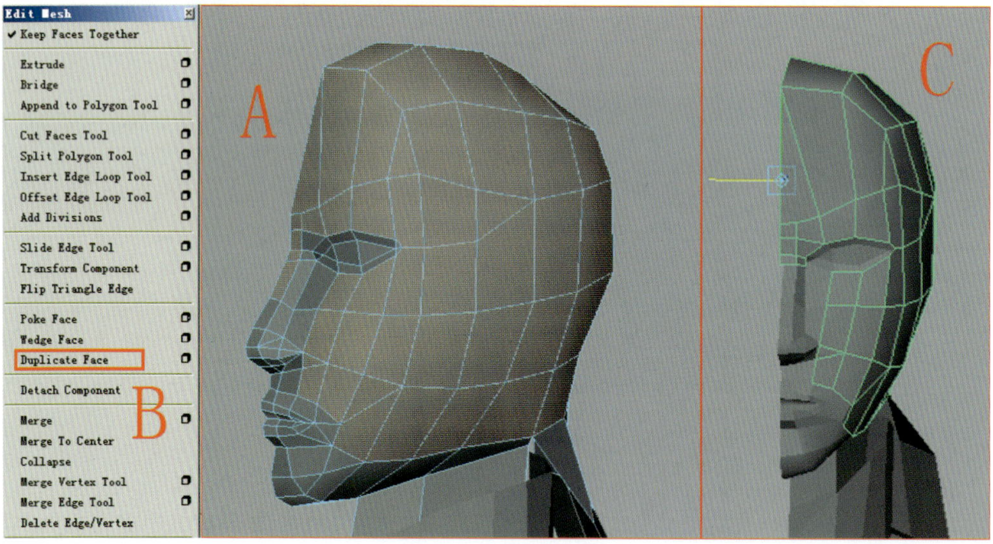

图 3−75　制作头盔

2）使用(Split Polygon Tool）工具在复制出来的面上添加边，如图 3−76 中 A 部分所示，细化头盔的造型。然后进入【Edge】子物体模式，选择头盔内侧的边，再单击(Extrude）按钮，挤出头盔的厚度，如图 3−76 中 B 部分所示。接着进入【Vertex】子物体模式，使用(Move Tool）调节头盔顶点使造型更合理，如图 3−77 中 A 部分所示。最后通过在模型上复制出来的面制作出头盔前、后和两侧的装备，再根据原画调整好造型即可，完成后的效果如图 3−77 中 B 部分所示。

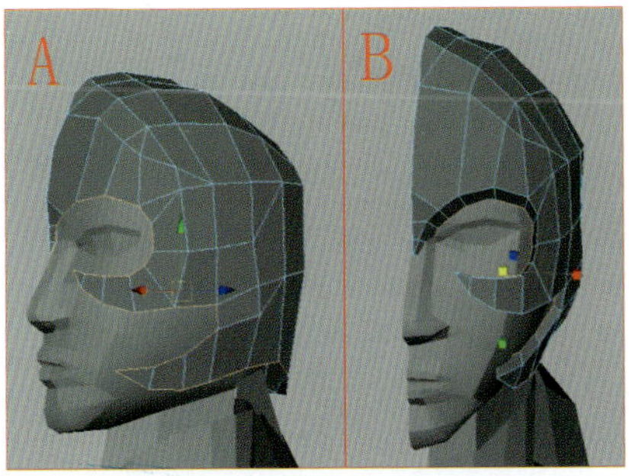

图 3−76　细化头盔的造型

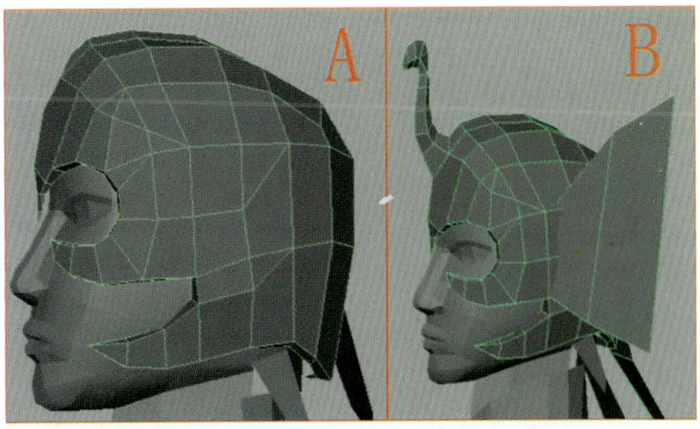

图 3−77　完成头盔造型的制作

提 示

步骤 1) ~ 2）的操作演示详见配套光盘“多媒体视频文件\第 3 章 欧美网络游戏女角色的制作\head_004.avi”视频文件。

3）制作手臂的装备。首先复制出手臂的面，再根据原画设定调整出肩部装备大体形状，如图 3−78 所示。然后使用 (Split Polygon Tool）在肩部装备模型上添加边，再进入【Vertex】子物体模式，调节肩部装备的顶点，从而刻画其造型细节，完成后的效果如图 3−79 所示。

图 3−78　制作肩部装备大型

图 3−79　肩部装备完成效果

提 示

步骤 3）的操作演示详见配套光盘“多媒体视频文件\第 3 章 欧美网络游戏女角色的制作\body_004.avi”视频文件。

4）参照肩部装备的制作思路，将腰部、腿部等身体其他部位的装备也制作出来，然后根据原画设定调整好位置即可。

提 示

步骤 4）的操作演示详见配套光盘“多媒体视频文件\第 3 章 欧美网络游戏女角色的制作\body_005.avi”视频文件。

5）制作头发。当完成整个身体及装备的模型后，结合原画设定继续调整模型布线。然后根据制作完成的头部造型制作出头发的模型。方法：按下键盘上的【4】键切换到线框显示模式，然后在【Vertex】子物体模式下，选择颈部后面的顶点，如图 3－80 中 A 部分所示，再向下拉出头发的造型，如图 3－80 中 B 部分所示。接着使用(Split Polygon Tool)在头发模型上添加边，细化头发造型，完成后的效果如图 3－80 中 C 部分所示。

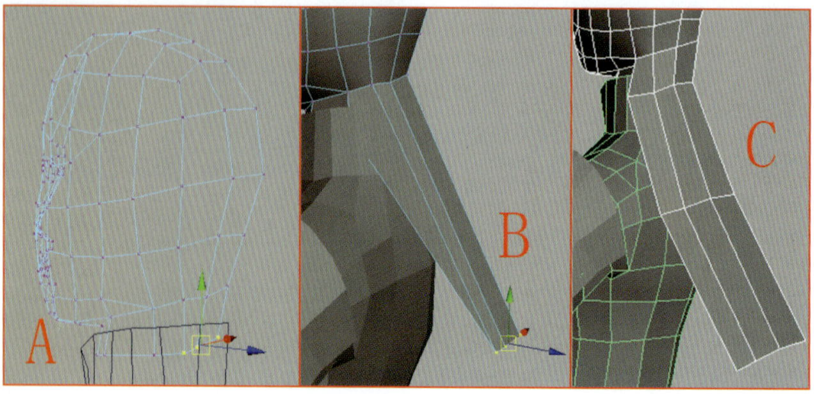

图 3－80　完成头发造型

提 示

步骤 5）的操作演示详见配套光盘“多媒体视频文件\第 3 章 欧美网络游戏女角色的制作\head_005.avi”视频文件。

6）结合原画设定，从整体上对模型进行细节调整。至此，女角色的模型就制作完成了。在【Front】视图和【Side】视图中观察模型效果，如图 3－81 所示。

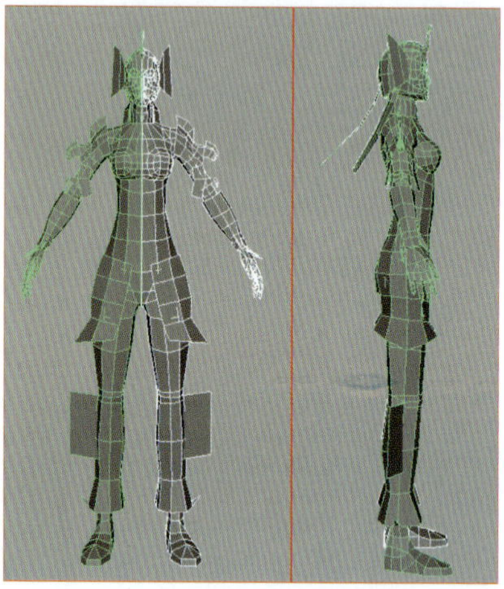
图 3－81　整体模型正面及侧面线框图效果

7）装备 UV 的编辑。装备模型都是使用面来创建的，因此可以利用(Unfold Selected UVs）工具自动展平 UV 的特点，快速有效地编辑装备的 UV。方法：首先使用 Layer 图层的管理面板隐藏头部和身体的模型，然后单击（Unfold Select Uvs）工具把装备的 UV 一一展平，再分别进行 UV 调节。调整完毕的头盔的 UV 如图 3－82 所示。手臂装备是左右对称的，所以调整好UV后，要把两边的UV叠加在一起，如图3-83所示，这样可以节省更多的UV空间，为后面绘制贴图纹理做好铺垫。最后将完成编辑的装备UV、头部UV、身体UV重新排列，充分利用0～9象限空间，调整完毕的整体UV效果如图3-84所示。

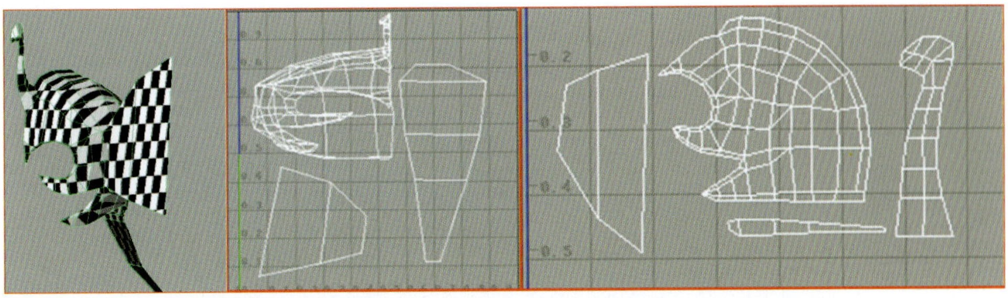

图3-82　头盔UV完成效果

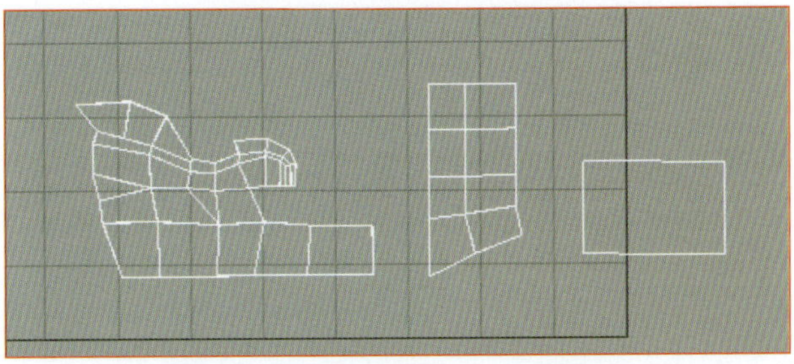

图3-83　手部装备UV完成效果

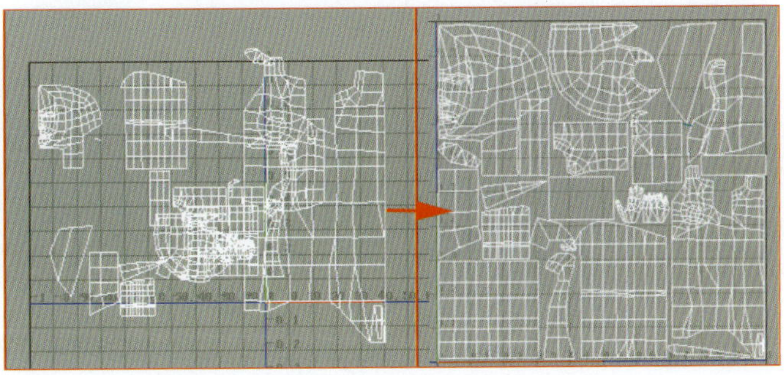

图3-84　完成角色UV的合理排列

提 示

步骤7）的操作演示详见配套光盘配套光盘“多媒体视频文件\第3章 欧美网络游戏女角色的制作\UV_004.avi”视频文件。

8）输出UV。完成UV的编辑后，还要把UV线框输出为2D纹理，以作为后面进行贴图绘制时的辅助参考线。方法：在UV Texture Editor中，选择右击而弹出的菜单中的【Edge】子对象，然后框选全部UV。接着执行菜单中的“Subdivs | UV Snapshot”命令，在弹出的“UV Snapshot”对话框中设置参数，如图3-85所示。完成后单击OK按钮，将文件输出。最后把文件保存为“贴图\第3章　欧美网络游戏女角色的制作\female_uv.tga”文件。注意保存时选择“32位/像素”选项，因为此格式的文件支持

后面需要用到的透明贴图。

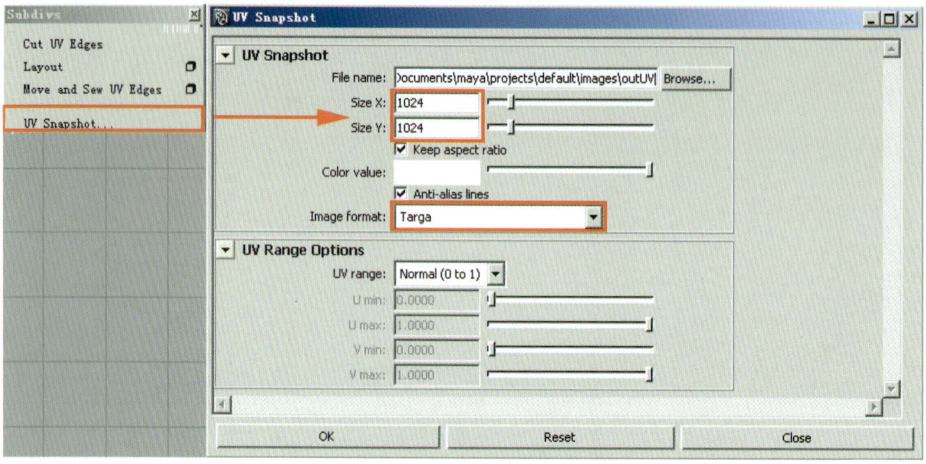

图 3−85　输出 UV 的参数设置

3.3　女角色贴图的绘制

角色贴图的绘制分为提取 U V 线框和绘制基础纹理 2 部分内容。

3.3.1　提取 UV 线框

1）在 Photoshop 中打开“贴图 \ 第 3 章　欧美网络游戏女角色的制作 \female_uv.tga”文件，如图 3−86 所示。

2）选择菜单中的“选择 | 色彩范围”命令，在弹出的对话框中设置参数，如图 3−87 中 A 部分所示。使用滴管点取图片文件中的黑色部分，如图 3−87 中 B 部分所示，单击“好”按钮，即可得到女角色 U V 线框的选区，如图 3−87 中 C 部分所示。

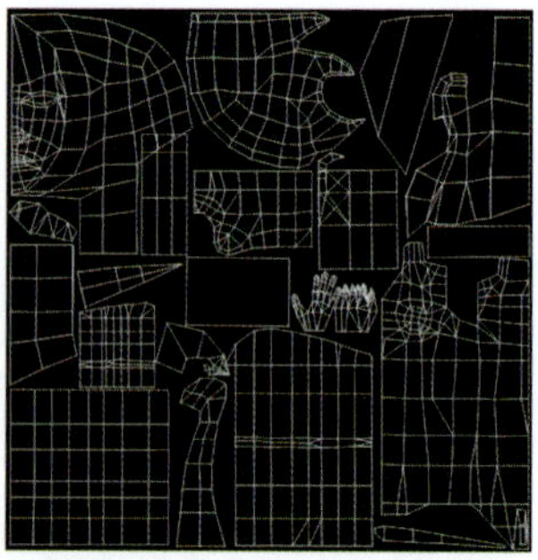

图 3−86　打开角色 UV 线框图

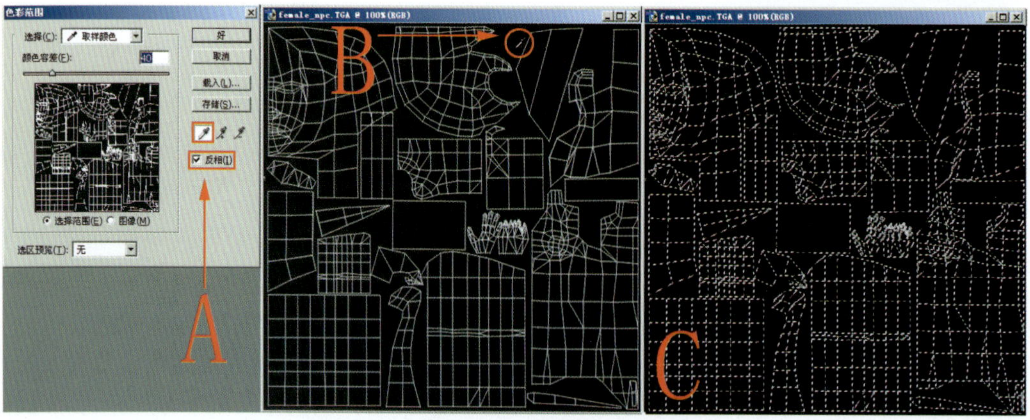

图 3−87　应用色彩范围提取线框的选区

3）单击“图层”面板下方的（创建新图层）按钮，新建“图层1”，如图3-88中A部分所示。保持前景色与背景色默认不变，按住键盘上的【Ctrl+Delete】组合键，用背景色填充选区，再单击选中背景图层，按住【Alt+Delete】组合键用前景色填充全部背景，效果如图3-88中B所示。最后将文件保存为“贴图\第3章　欧美网络游戏女角色的制作\female_uv.psd”。

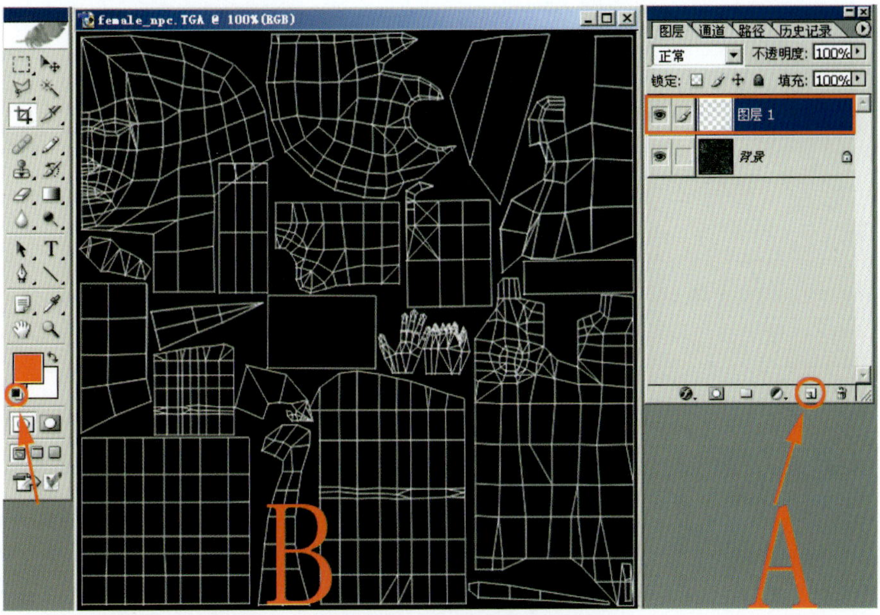

图3-88　成功提取线框

提　示

步骤1）~3）的操作演示详见配套光盘“多媒体视频文件\第3章 欧美网络游戏女角色的制作\draw_001.avi”视频文件。

3.3.2　绘制基础纹理

绘制基础纹理应先铺底色，然后画出明暗关系，接着平涂基础颜色，最后刻画材质细节。该过程包括头部贴图的绘制、身体贴图的绘制、装备贴图的绘制3部分内容。

1．头部贴图的绘制

1）在Photoshop中打开“贴图\第3章　欧美网络游戏女角色的制作\”目录下的female_UV.psd文件和原画设定图.jpg文件。然后利用工具箱中的（多边形套索）工具，沿UV线框边缘依次选择出不同的UV区域，接着在图层面板中为每块UV区域创建一个新的图层，再单击“前景色”按钮参照原画中的颜色选取基本色彩，如图3-89所示，最后按下【Alt+Delete】组合键，在UV区域中填充不同的底色，如图3-90所示。

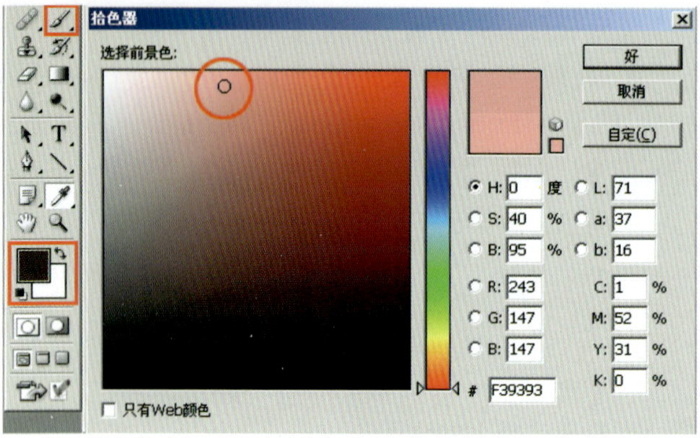

图 3-89　选取基本色彩

图 3-90　填充不同底色

提 示

步骤 1）的操作演示详见配套光盘“多媒体视频文件\第 3 章 欧美网络游戏女角色的制作\draw_001.avi”视频文件。

2）观察原画中的脸部皮肤材质，直接从中截取脸部分图片作为角色贴图绘制的基础材质。方法：利用 Photoshop 工具箱中的（多边形套索工具）选取原画中的脸部材质，如图 3-91 所示。利用（移动工具）把选取的材质拖到 UV 坐标定位线框图中作为基础材质，接着利用（画笔工具）从基础材质上吸取脸部颜色，对周围材质进行刻画。这样可以确保绘制出来的贴图与原画材质相差无几，如图 3-92 所示。

图 3-91　脸部材质

图 3-92　绘制脸部基本材质的效果

3）利用 Photoshop 中的（画笔工具）继续进行脸部五官贴图的绘制。在此过程中，尽量保持头顶和脸部侧面材质的一致性，以便有效避免脸部接缝部位出现皮肤颜色不匹配的情况。接下来使用（涂抹工具）、（减淡工具）和（画笔工具）进行绘制，处理五官与整体脸部的色彩关系，完成效果如图 3-93 所示。应用贴图后的模型效果如图 3-94 所示。

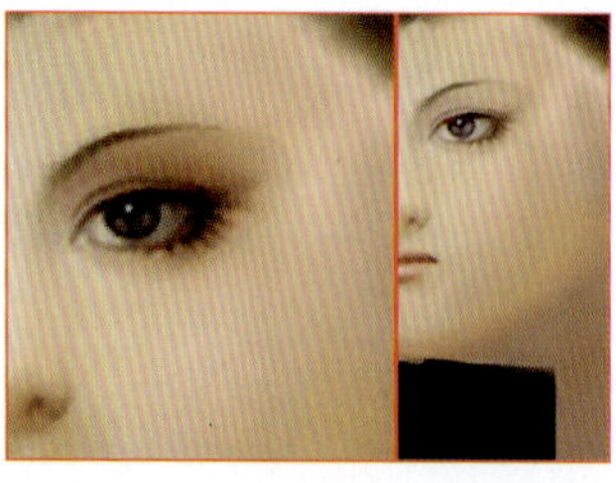

图 3-93　五官局部的绘制效果

图 3-94　应用脸部贴图的模型效果

4）绘制头发材质。方法：将（画笔工具）的笔刷大小调为1像素，然后按照底层颜色深表面颜色浅的原则，尽量采用原画中间的色彩进行绘制。接着在此基础上使用（加深工具）或者（减淡工具）为头发纹理添加高光和明暗变化，从而刻画出头发的细节，同时要注意头发材质表现风格与身体整体风格的协调，处理后的效果如图3－95所示。

提 示

步骤2）～4）的操作演示详见配套光盘“多媒体视频文件\第3章 欧美网络游戏女角色的制作\draw_002.avi”视频文件。

5）绘制头盔材质。方法：首先使用（画笔工具）绘制出头盔轮廓线，如图3－96所示。然后按【Ctrl+Shift+N】组合键新建一个调整图层，再使用（画笔工具）绘制头盔的明暗变化，如图3－97中A和B部分所示。接着新建一个调整图层绘制头盔的高光部分，如图3－97中C部分所示。最后用1像素的笔刷在头盔上绘制出划痕和破损效果，使头盔材质看起来更具有金属质感。划痕绘制效果如图3－98所示，破损绘制效果如图3－99所示。头盔材质完成效果如图3－100所示。

图3－95　头发绘制效果

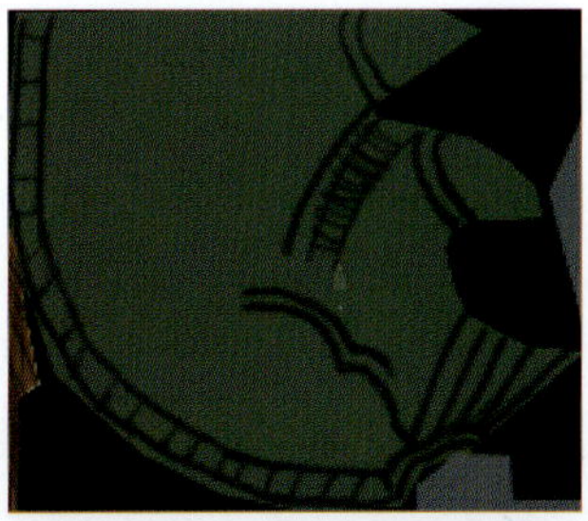

图3－96　头盔轮廓线框图

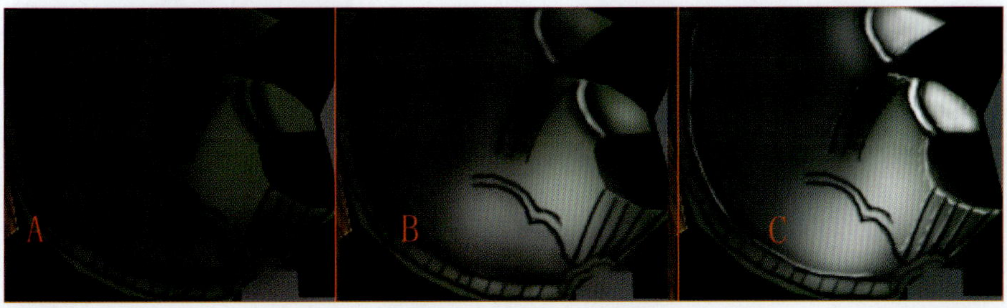

图3－97　头盔明暗绘制

图3－98　头盔纹理绘制

图 3-99　破损的效果

图 3-100　头盔材质完成效果

提 示

因为头盔的划痕、高光等效果是在独立的调整图层中完成的，因此可以使用降低图层透明度或者修改图层色相的方法来对纹理进行细微调节，这样做不会影响整体头盔纹理的绘制结果。

步骤 5）的操作演示详见配套光盘“多媒体视频文件 \ 第 3 章 欧美网络游戏女角色的制作 \draw_003.avi”视频文件。

2．身体贴图的绘制

1）绘制上身材质。在 Photoshop 中使用（多边形套索工具）从原画中截取身体的基本素材，如图 3-101 所示。然后将截取的素材与铺好底色的图层合并，再使用（画笔工具）用大块色调进行绘制，绘制时不必拘泥于小细节的刻画。绘制角色上身材质的时候应根据 UV 坐标的分布，处理好上身接缝部分的纹理绘制，绘制后的效果如图 3-102 所示。

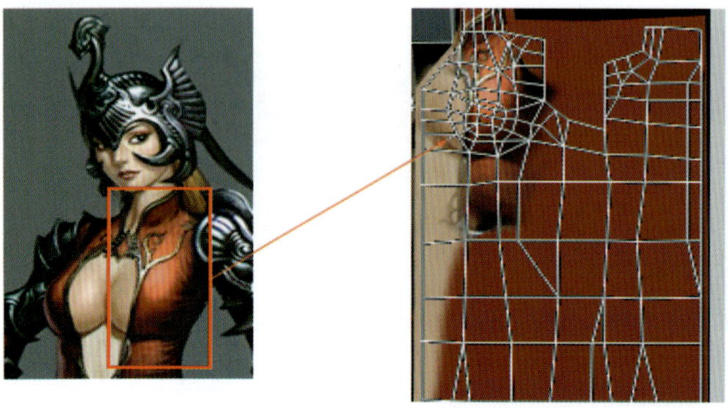

图 3-101　截取原画基本材质

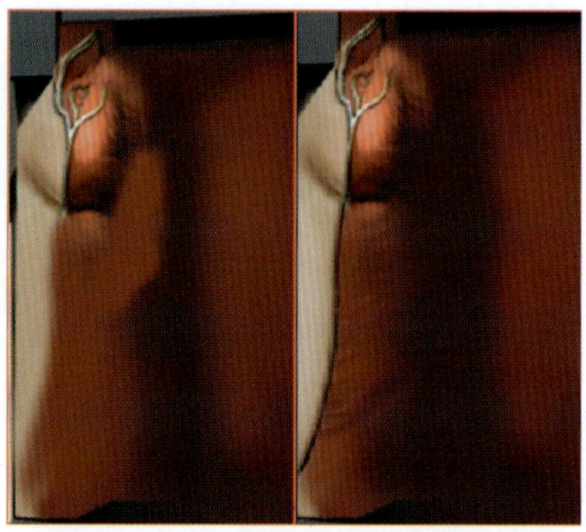

图 3-102　大块色调的效果

2）参照原画设定，使用（画笔工具）为上身材质添加明暗变化。具体绘制时应从整体出发，这样才能把握原画的基础色调。绘制后的效果如图 3-103 所示。

3）绘制下身材质。女角色下身的装备比较多，因此可参照头盔的绘制思路，多观察角色原画中的图案纹理，如果原画没有表现出背部贴图，就要凭借制作人员对角色原画的理解来绘制。方法：在Photoshop中利用（画笔工具）绘制出下身的轮廓，如图3–104所示。然后根据原画中的颜色绘制出不同的腿部颜色，如图3–105中A部分所示，再画出明暗关系和高光，如图3–105中B和C部分所示。接着为金属装备制作划痕和破损的效果，如图3–106所示。最后刻画细节，完成下身材质的绘制，效果如图3–107所示。

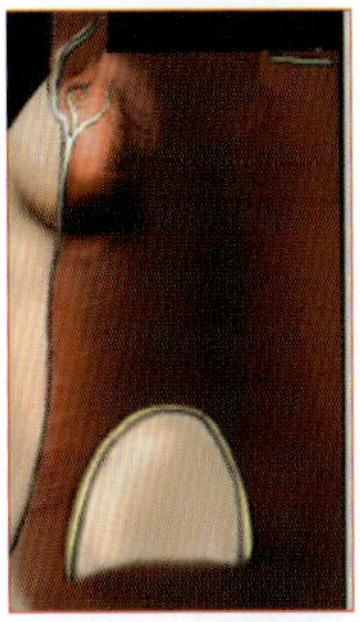

图3–103　上身材质效果

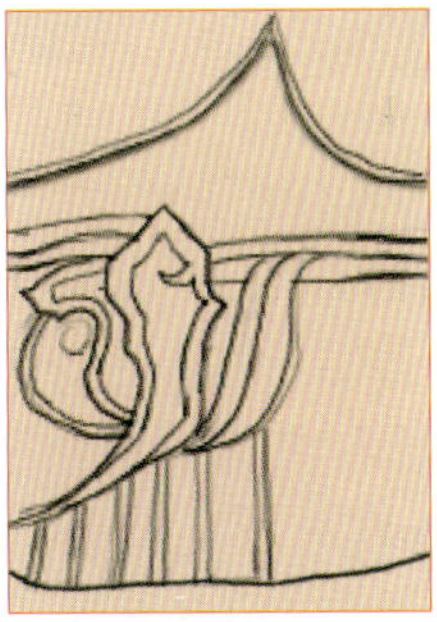

图3–104　下身模型赋予材质的效果

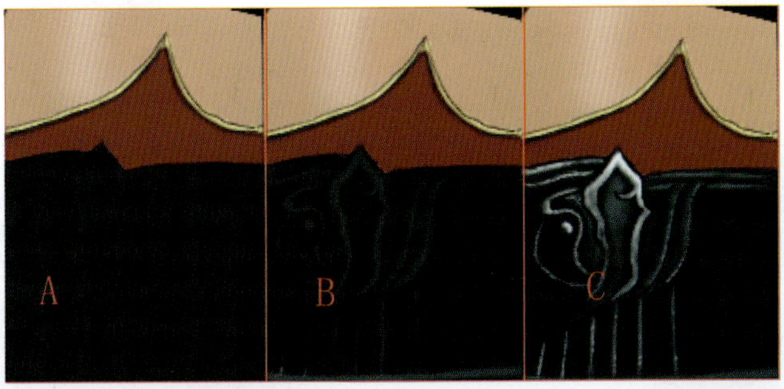

图3–105　绘制明暗和高光

图3–106　划痕和破损效果

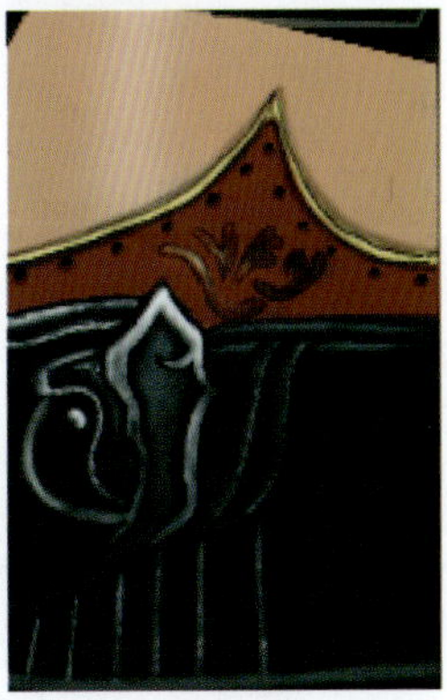

图3–107　完成的材质效果

提　示

步骤1）~3）的操作演示详见配套光盘“多媒体视频文件\第3章 欧美网络游戏女角色的制作\draw_004.avi”视频文件。

3. 装备贴图的绘制

1）参考身体材质与头部材质的绘制方法，绘制出身体装备的材质纹理。

提 示

步骤 1）的操作演示详见配套光盘“多媒体视频文件\第 3 章 欧美网络游戏女角色的制作\draw_005.avi”视频文件。

2）制作透明贴图。Maya 2010 支持透明贴图的显示模式，贴图 Alpha 通道中的黑色为透明显示，白色为不透明显示。制作透明贴图前首先根据对原画设定的分析，确定好需要制作透明通道的贴图部分，如图 3-108 所示。透明贴图的具体制作方法：在 Photoshop 中进入通道面板，删除原来的 Alpha 通道，然后新建 Alpha 通道，再用白色填充，如图 3-109 所示。接着进入图层面板，使用（多边形套索工具）把需要制作透明通道的贴图纹理框选出来，再用黑色填充，注意处理好黑色与白色相连的部分，边缘要尽量光滑，不要出现锯齿或渐变效果，如图 3-110 所示。然后进入 Maya 2010 的“Common Materials Attribute”面板，为护甲材质指定透明贴图，如图 3-111 中 A 部分所示，再单击下级“File Attribute”面板中的“Reload”按钮更新贴图，效果如图 3-111 中 B 部分所示。

图 3-108 要制作透明效果的装备

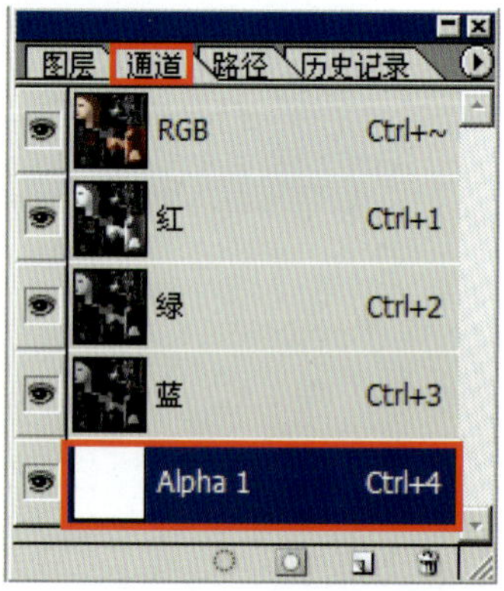

图 3-109 新建 Alpha 通道

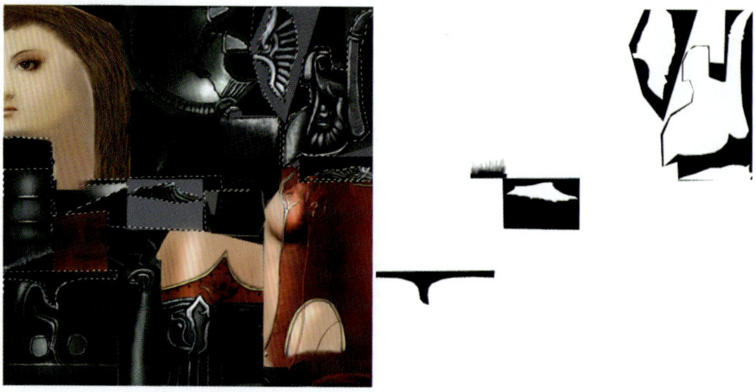

图 3-110 透明贴图制作

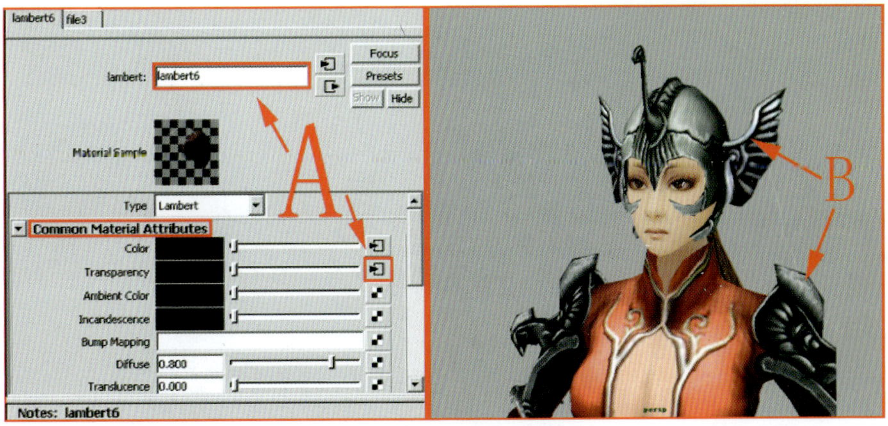

图 3-111　指定透明贴图

至此，整个 NPC 的模型和贴图就制作完成了。下面单击(Render Setting) 工具，设置渲染参数，如图 3-112 所示，然后单击(Render) 工具对角色进行渲染，并同原画设定进行比较。接着按照网络游戏的规范制作流程，对整个角色进行细节调整。调整完成后分别对【Side】、【Front】视图和【Persp】视图进行渲染，效果如图 3-113 所示。

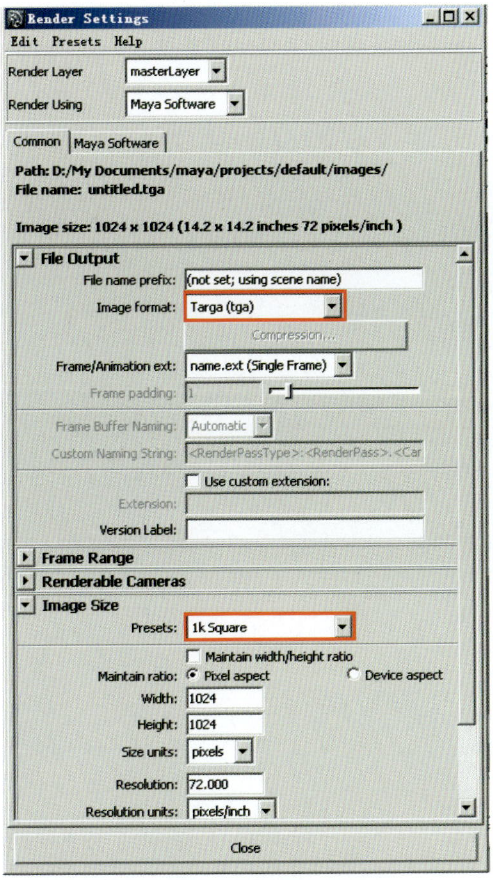

图 3-112　渲染参数设置

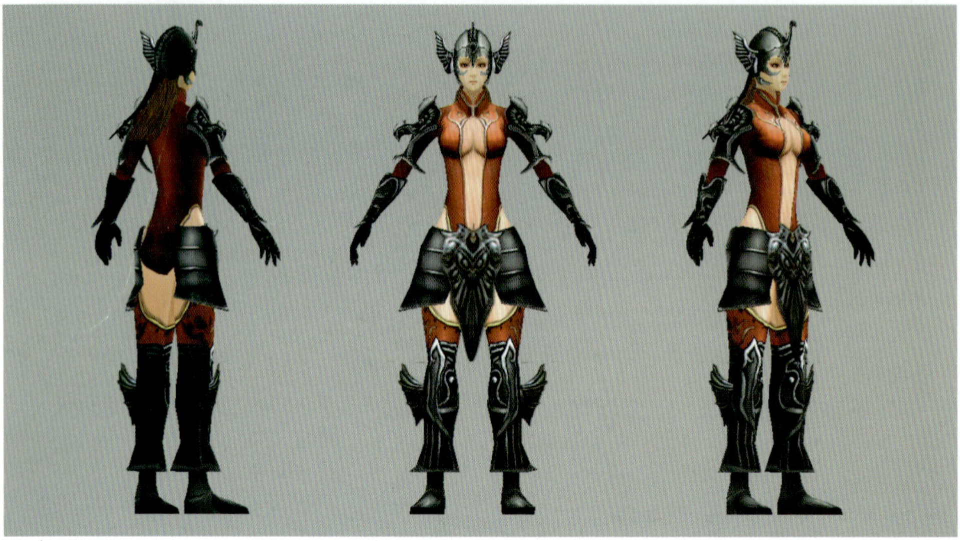

图 3–113　角色模型的最终渲染效果

课 后 练 习

运用本章所学知识制作一名女角色。制作时要突出其身体比例和造型特点，效果如图 3-114 所示，工程文件请参考配套光盘“课后练习 \ 第 3 章 \ 女角色.zip”文件。

图 3–114　女角色效果

第4章 四足动物NPC（熊）的制作

本章主要讲解游戏中最普遍的NPC——熊的设计和制作技巧。本例效果图及UV贴图如图4-1（a）所示。放置到编辑器中进行测试的最终效果如图4-1（b）所示。通过本章学习，应掌握游戏中动物角色的美术表现技巧并加深对游戏NPC角色的制作的理解。

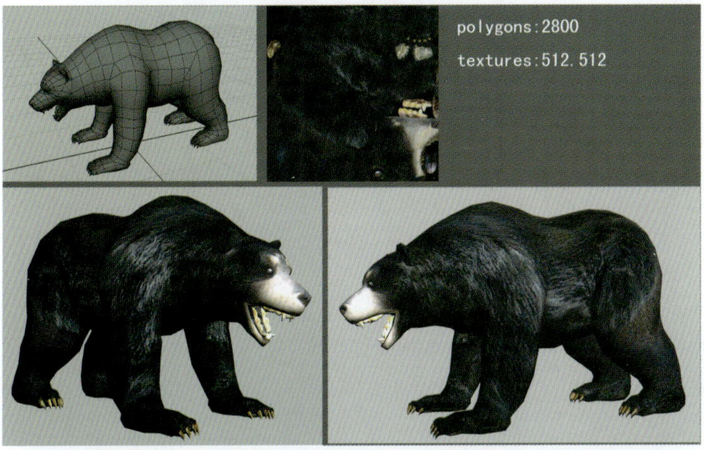

（a）熊的渲染效果图及UV贴图

（b）编辑器的最终测试效果

图4-1　四足动物角色

本节制作内容包括原画造型的设定分析、制作熊的基本形体、编辑熊的模型的UV、绘制熊的贴图材质4部分内容。

4.1　原画造型的设定分析

在制作游戏角色模型的时候，不管是制作动物还是怪物角色，在制作之前都要对其形体、造型以及所生活的环境等进行仔细分析，充分了解以后再给角色绘制基本的结构图，以便在以后的制作中能准确地把握其形体并合理利用贴图资源，更好地对角色细节进行刻画。

在设计动物原画时，要尽量多收集素材，参考一些优秀的图片资源，如不同地区、不同环境及优秀的动物造型等。图 4－2 所示为制作本例前收集的相关图片。

图4–2　黑熊参考图

根据参考图和游戏的整体风格，对要制作的NPC动物进行设计定位，首先确定动物基本比例结构，然后按照从整体到局部、由大体到细节的制作方式，进行整体的规划和设计，把握整体的制作效果。同时可以对一些细节部位进行单独绘制，如头部的结构及躯干部分的造型等。

本例中熊的比例结构及形态特征如下：

1）体长约130～160cm，肩高约60～70cm，体重约95～120kg，最重可达200kg。身体肥硕，四肢粗壮，前后肢皆具五趾，掌粗厚并且全部裸出，尾短，鼻骨长。

2）善爬树、孔武有力，然而敏捷性与速度比一般肉食动物差，走路时四肢贴地有些笨拙。生性凶猛，危险性颇高，攻击时采直立姿势，速度快。

4.2　制作熊的基本形体

对于一个游戏中的动物角色来说，深入刻画的身体结构与形体表现，可以直接影响后期的贴图及动画的制作品质，好的形体表现能够让角色充满生命力，从而更具感染力。

制作熊的基本形体包括制作熊的身体模型和制作熊的头部模型 2 部分内容。

4.2.1　制作熊的身体模型

身体模型分为躯干、尾巴和四肢 3 部分。

1．制作熊的躯干部分

1）进入Maya 2010的主界面，首先单击(Polygon Cube)按钮，然后在【Persp】视图创建一个立方体，如图4－3所示，然后修改长方体的位置坐标，如图4－4所示。

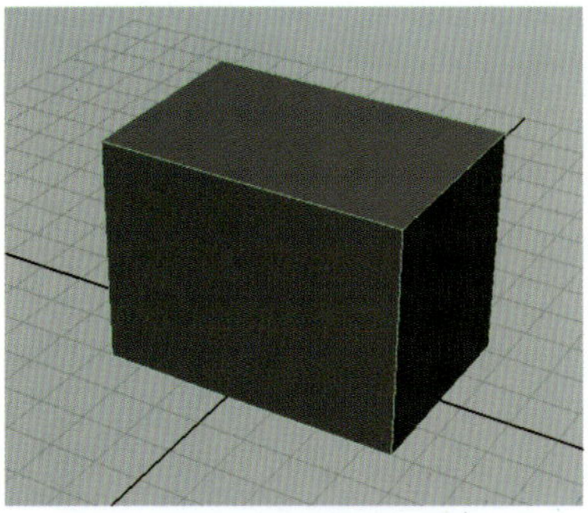

图4-3　建立一个立方体

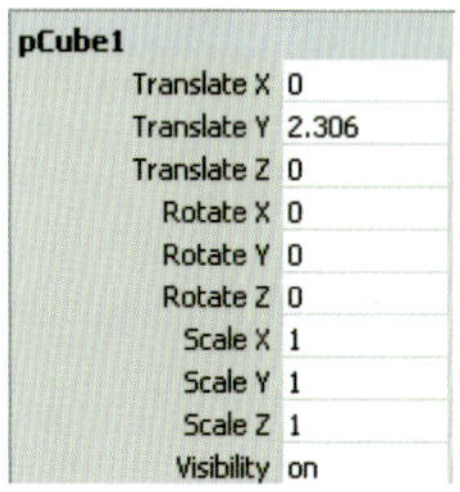

图4-4　参数调整

2）双击顶部工具栏中的(Smooth)按钮，在弹出的对话框中设置参数，如图4-5所示，然后单击“Apply”按钮，长方体显示效果如图4-6所示。由此得到熊的躯干的基础模型。

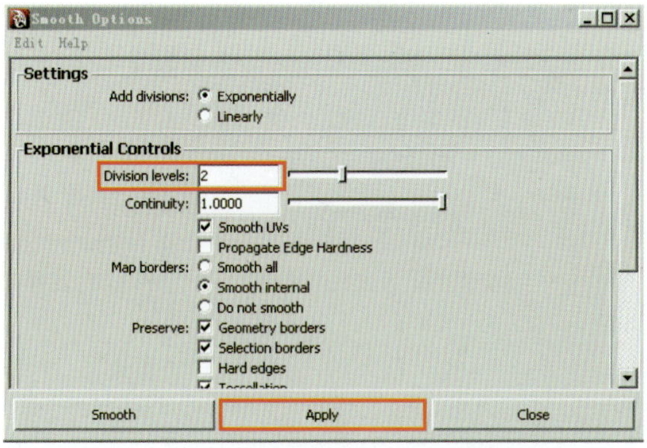

图4-5　设置Smooth工具的参数

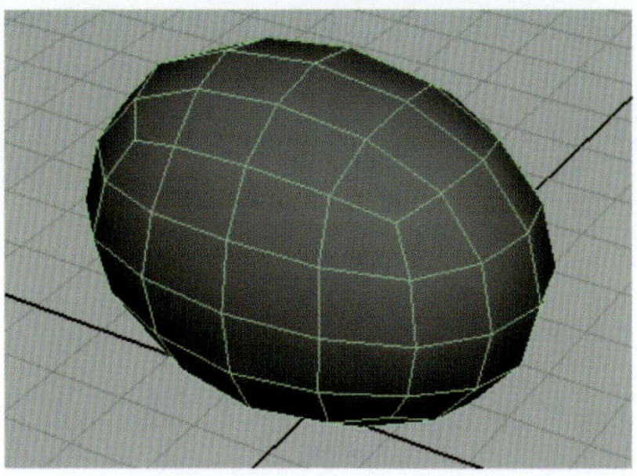

图4-6　执行Smooth 命令之后的效果

3）整体调整熊的身体造型。方法：首先选中身体模型，将【Polygon】切换到【Animation】状态，然后单击“Create Deformers | Lattice”命令右侧的方形按钮，在弹出的“Lattice

Options”对话框中设置参数，如图 4−7 所示，单击“Apply”按钮，此时在身体模型外得到一个“6 × 5 × 6”规格的线框，如图 4−8 所示。

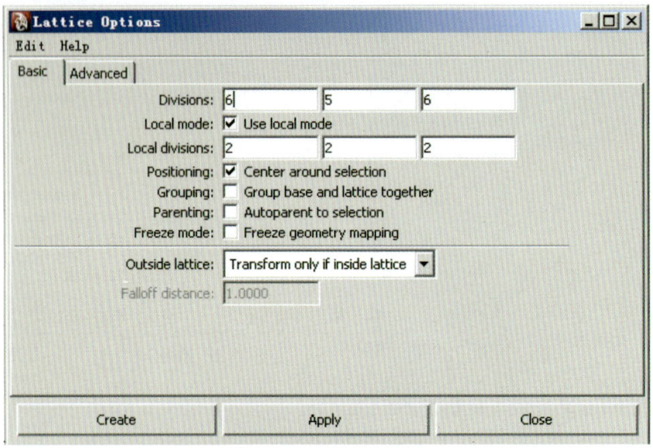

图 4−7　设置“Lattice Options”对话框参数

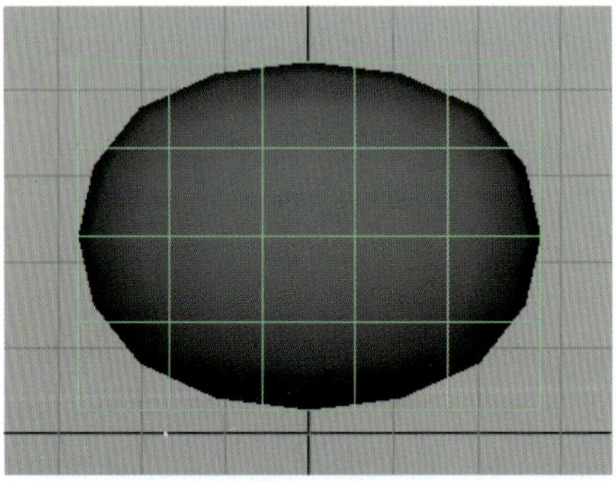

图 4−8　为身体模型添加“Lattice”变形器的效果

4）使用“Lattice”变形器调整熊的身体的大概造型，效果如图 4−9 所示。

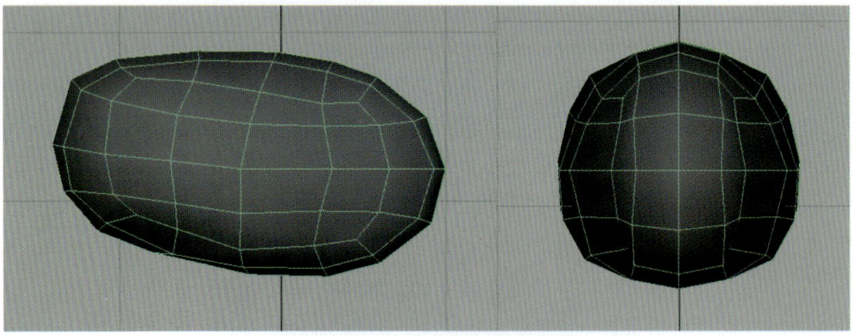

图 4−9　调整身体造型

5）在躯干模型上右击，在弹出菜单选择【Face】按钮，再松开鼠标右键，进入相应子物体模式。接着进入【Front】视图，选择躯干模型左侧的面，按下【Delete】键删除。接下来在模型上右击，进入【Object Mode】子物体模式。最后单击“Edit | Duplicate Special”命令右侧的方形按钮，在弹出的“Duplicate Special Options”对话框中设置参数，如图 4−10 所示，单击【Apply】按钮，复制出另一半参考模型。

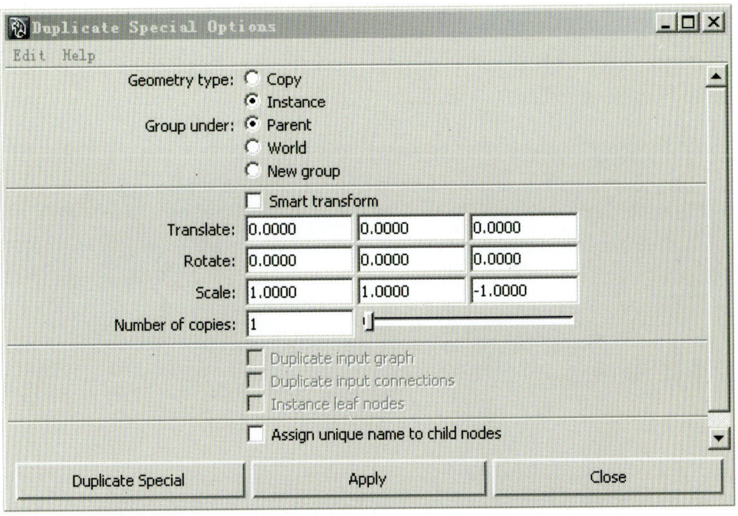

图4-10 设置“Duplicate Special Options”参数

提 示

在采用 Instance 方式复制参考模型后，只需调整一侧的模型，另一侧的参考模型则随之相应变化。这样可以节省制作时间，极大地提高制作效率。

6）深入调整熊的身体模型。方法：选中身体模型，右击然后进入【Vertex】子物体模式，双击左侧工具栏中的(Move Tool)按钮，调出其属性面板，再修改“Soft Selection”参数，如图4-11中A部分所示，以使调整模型的顶点时，结构线的变化不会太生硬。交错使用(Move Tool)、(Rotate Tool)和(Scale Tool)工具调整身体的模型，如图4-11中B部分所示。

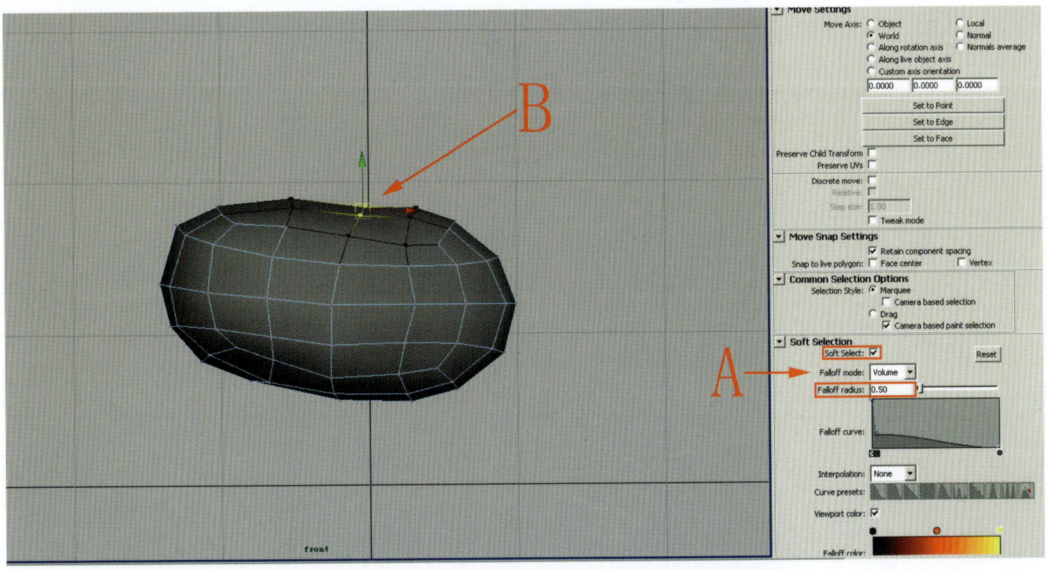

图4-11 利用“Soft Selection”模式调整模型顶点

7）为身体模型添加细节。方法：进入【Edge】子物体模式，单击工具栏中的(Insert Edge Loop Tool）按钮，然后在前腿部分的边上单击，为模型插入一圈边，如图 4-12 所示。同理，为身体其他部分添加边，如图 4-13 所示。

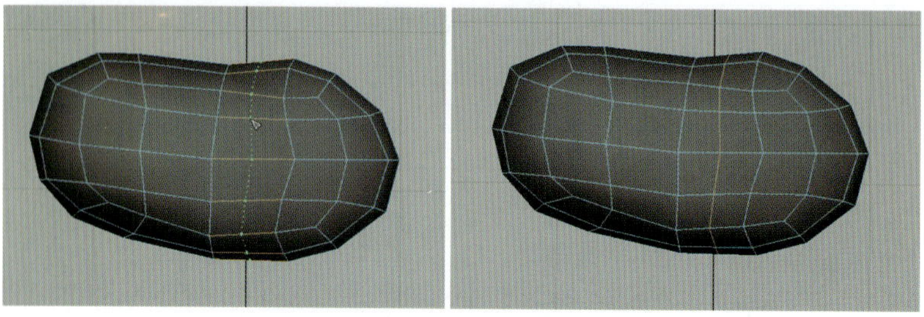

图 4-12　在前腿部位添加一圈边

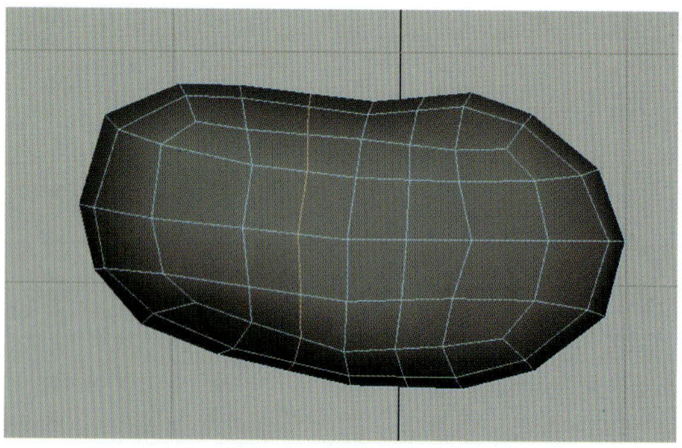

图 4-13　在身体上添加边

8）进入【Vertex】子物体模式，勾取“Soft Select”复选框，然后进入【Top】视图，使用(Move Tool)、(Rotate Tool）和(Scale Tool）工具调整身体结构，如图 4-14 所示。

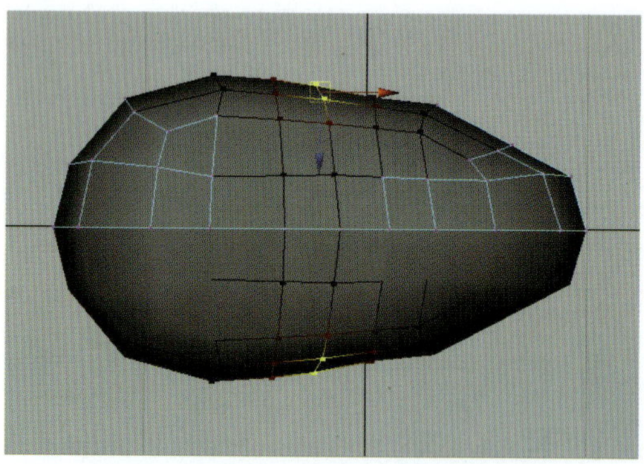

图 4-14　在【Top】视图中调整身体造型

提 示

步骤 1）~8）的操作演示详见配套光盘“多媒体视频文件\第 4 章　四足动物 NPC（熊）的制作\bear_001.avi”视频文件。

2．制作熊的尾巴部分

熊的尾巴比较小，制作方法也很简单。首先进入【Vertex】子物体模式，选择尾巴位置的点，使用(Extrude)工具挤出一个角，如图4-15所示。接着使用(Split Polygon Tools)工具在尾巴上添加边，交错使用(Move Tool)、(Rotate Tool)和(Scale Tool)工具调整出尾巴的造型，如图4-16所示。

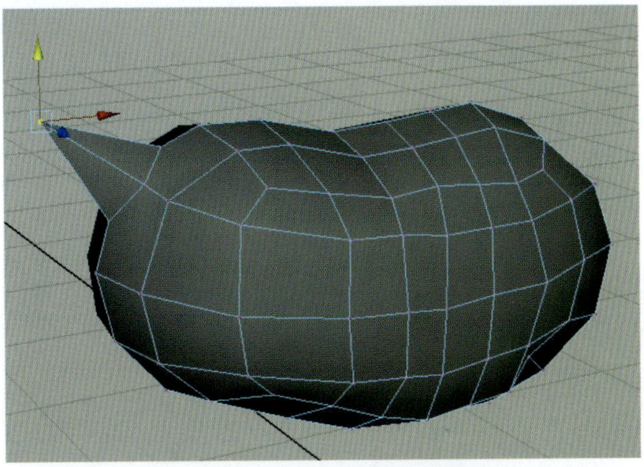

图4-15 挤出要做尾巴的角

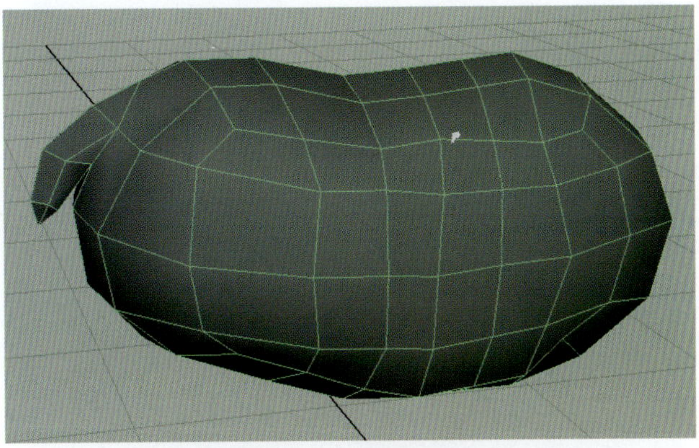

图4-16 尾巴的造型

提 示

"制作熊的尾巴部分"操作演示详见配套光盘"多媒体视频文件\第4章 四足动物NPC（熊）的制作\bear_002a.avi"视频文件。

3．制作熊的四肢造型

1）制作腿部大概造型。方法：首先进入【Face】子物体模式，选择需要拉出前腿的面，如图4-17中A部分所示，然后单击(Extrude)按钮后拉出面，再使用控制杆简单调整位置，如图4-17中B部分所示。接着选择底部的两个面，如图4-18中A部分所示，单击(Extrude)按钮再次拉出面，如图4-18中B部分所示，从而制作出前腿的大体形状。同理，拉出后腿的大体形状，如图4-19所示。

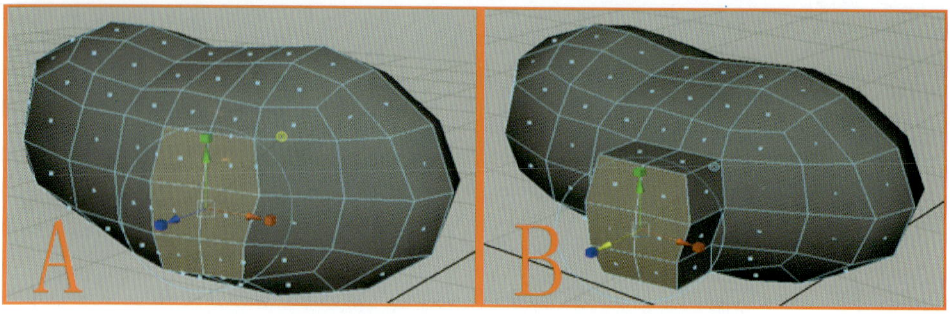

图 4-17　拉出腿部的面

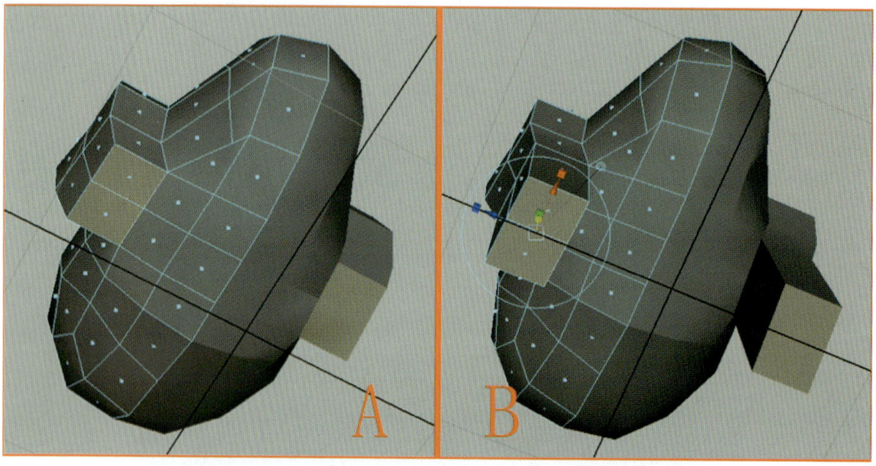

图 4-18　拉出腿部要做底部的面

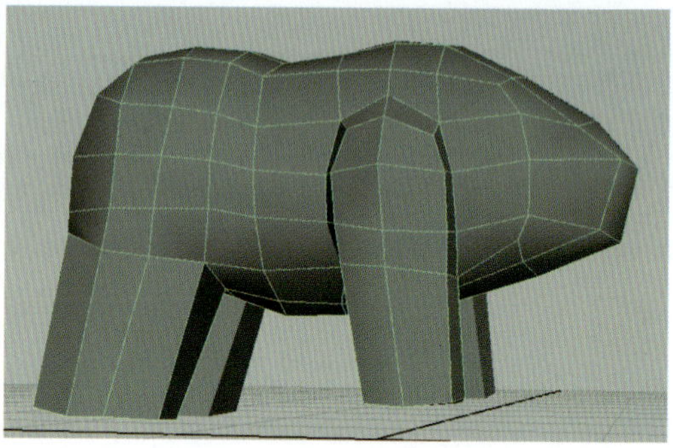

图 4-19　拉出后腿造型

提 示

步骤 1）的操作演示详见配套光盘“多媒体视频文件\第 4 章　四足动物 NPC（熊）的制作\bear_002b.avi”视频文件。

2）调整腿部的线条。方法：使用（Insert Edge Loop Tool）工具在挤出的腿部添加几圈边，然后使用(Move Tool)、(Rotate Tool）和(Scale Tool）工具调整边使腿部圆滑起来，如图 4-20 所示。

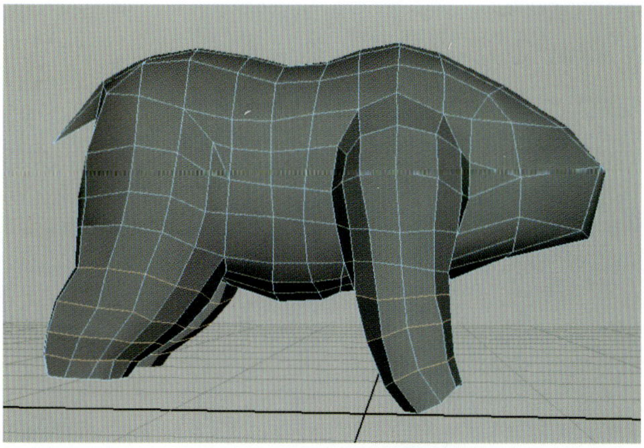

图 4-20　调整腿部线条

提 示

步骤 2）的操作演示详见配套光盘“多媒体视频文件 \ 第 4 章　四足动物 NPC（熊）的制作 \bear_003.avi”视频文件。

3）制作脚掌模型。方法：首先在【Face】子物体模式下，选择后腿底部的面，再单击（Extrude）按钮，然后将控制杆转换基础轴向后沿 *Y* 轴向下挤出一段脚部造型。接着使用(Move Tool)、(Rotate Tool) 和(Scale Tool) 工具调整熊的脚后跟造型，如图 4-21 所示。

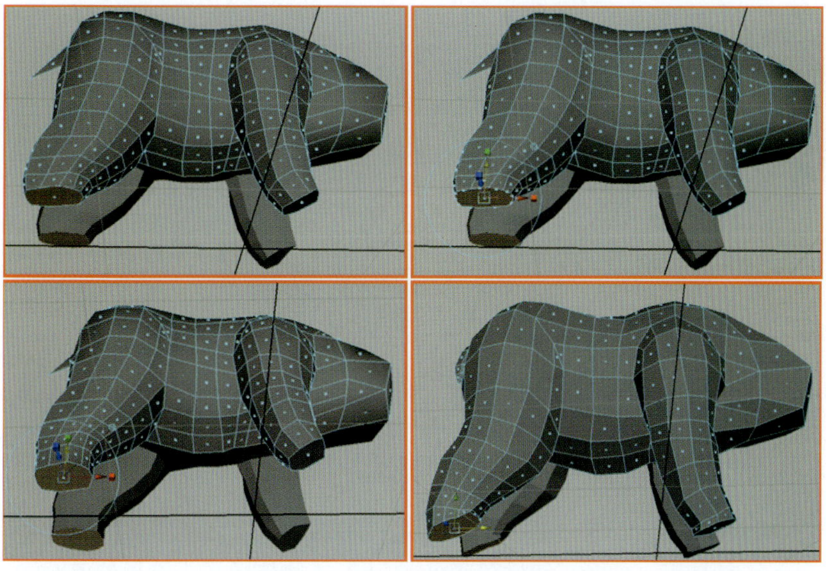

图 4-21　调整用做脚后跟的面

4）同理，使用（Extrude）工具将后腿脚掌的剩余部分挤压出来，再进入【Vertex】子物体模式，使用(Move Tool)、(Rotate Tool) 和(Scale Tool) 工具调整脚掌的造型，如图 4-22 所示。最后使用同样的方法制作出前脚掌的造型，如图 4-23 所示。

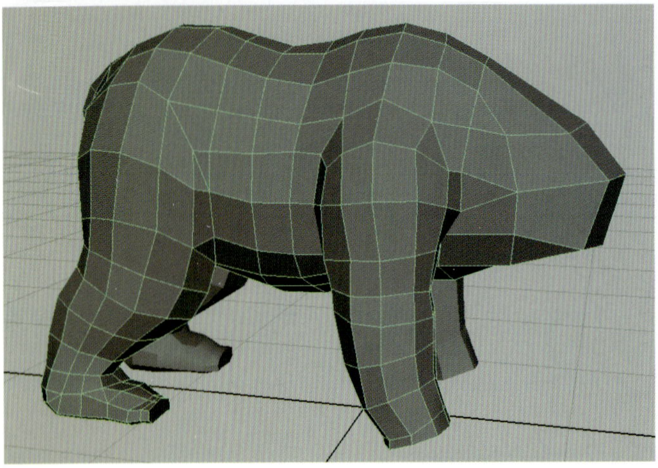

图 4-22 后脚掌的造型

图 4-23 前脚掌的造型

提 示

步骤 3）~4）的操作演示详见配套光盘“多媒体视频文件\第 4 章 四足动物 NPC（熊）的制作\bear_004.avi”视频文件。

5）制作熊的脚趾模型。方法：使用(Split Polygon Tools）工具在每个脚趾部位添加边，然后进入【Vertex】子物体模式，再使用(Move Tool)、(Rotate Tool）和(Scale Tool）工具调整出每个脚趾的造型，如图 4-24 所示，为制作脚趾甲做准备。

图 4-24 调整出脚趾位置和造型

6）制作熊的脚趾甲。方法：进入【Face】子物体模式，选择脚趾模型前端的面，使用(Extrude）工具挤出一段面，然后在【Vertex】子物体模式下选择最前面的顶点，使用(Merge Vextices）工具将其融合到一起。接着使用(Split Polygon Tools）工具在挤压出来的脚趾甲上添加一圈边，再使用(Move Tools）和(Scale Tools）工具调整脚趾尖的顶点，使其略微向下弯曲，最终效果如图 4-25 所示。同理，将剩余的趾甲制作出来，腿部完成效果如图 4-26 所示。

图 4-25　挤压出脚趾尖

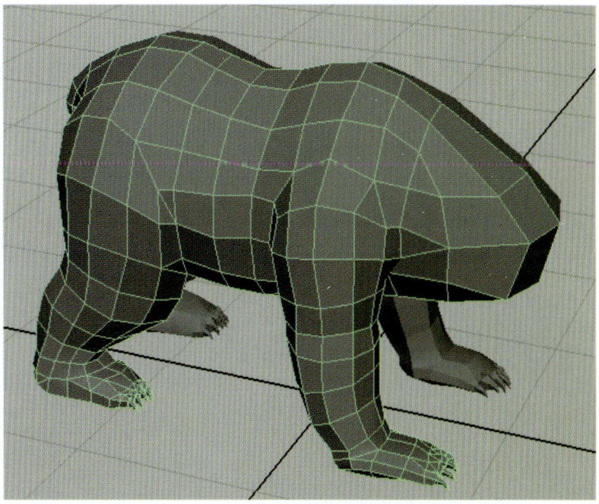

图 4-26　模型腿部最终效果

提 示

步骤 5）~6）的操作演示详见配套光盘“多媒体视频文件\第 4 章　四足动物 NPC（熊）的制作\bear_005.avi”视频文件。

4.2.2 制作熊的头部模型

1）制作熊的头部模型基础。方法：首先利用 Layer 图层管理面板将熊的身体模型隐藏。然后单击工具栏中的■(Polygon Cube) 按钮，在【Persp】视图中拉出一个立方体，如图 4-27 所示。

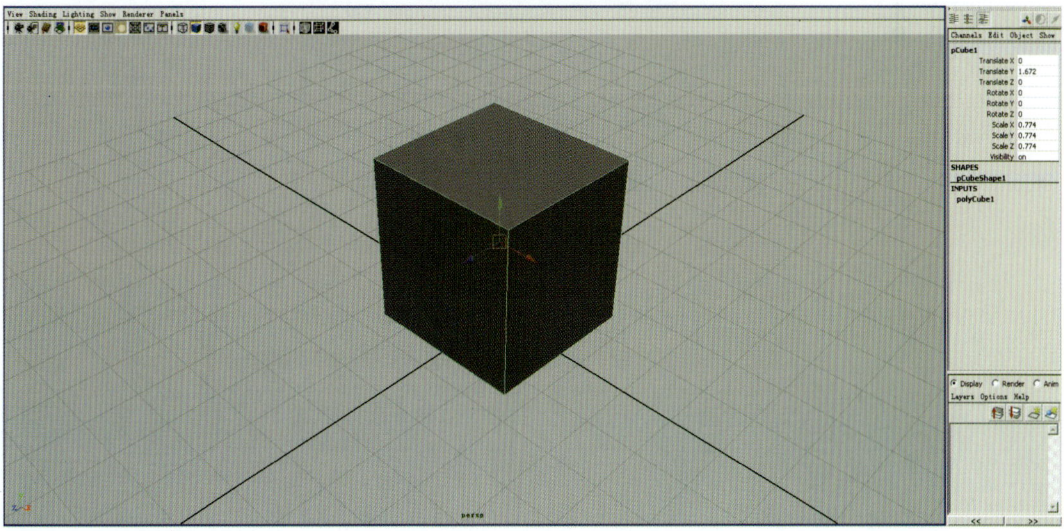

图 4-27　建立一个立方体

2）为立方体添加“Lattice”变形器。方法：首先单击顶部工具栏中的(Smooth）按钮，为立方体添加“光滑修改器”，从而得到制作头部的基础模型，效果如图4－28所示。然后选中头部模型，再将【Polygon】切换到【Animation】状态。接着单击“Create Deformers | Lattice”命令右侧的方形按钮，在弹出的“Lattice Options”对话框中设置参数，如图4－29所示，单击“Apply”按钮，从而在头部模型上添加一个“6 × 5 × 6”规格的线框，如图4－30所示。

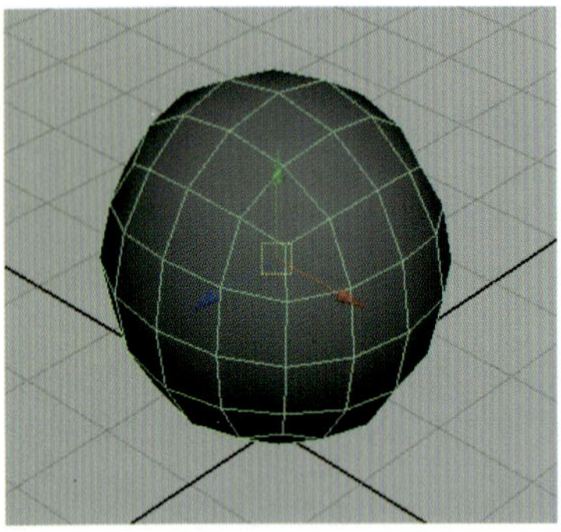

图4－28　Smooth之后的模型效果

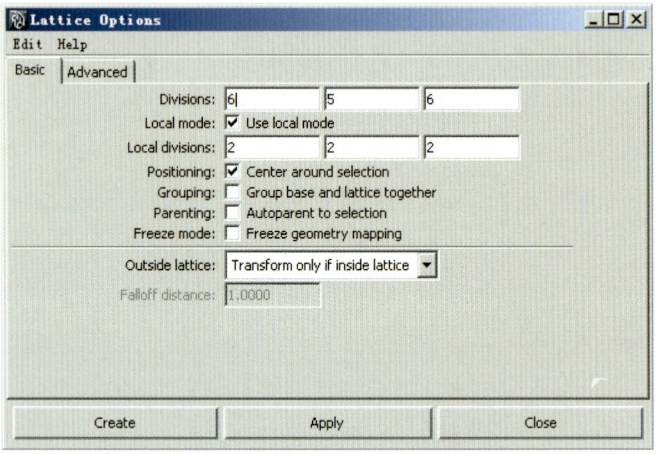

图4－29　设置“Lattice”变形器参数

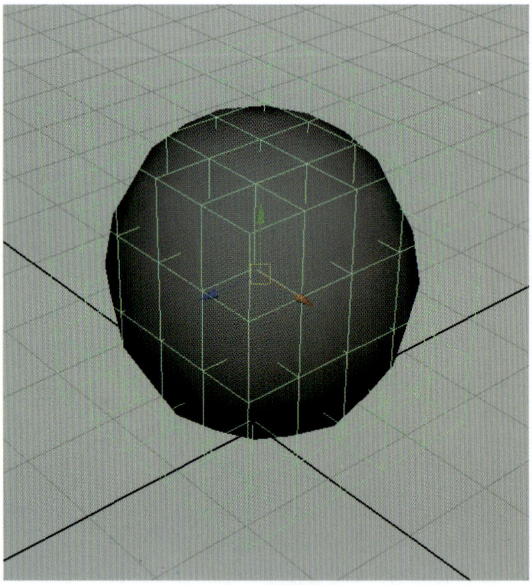

图4－30　为头部添加“Lattice”变形器的效果

3）使用“Lattice”变形器调整头部的大体形状。方法：右击变形器线框，然后在弹出的菜单中选择“Lattice Points”命令，激活变形器的顶点，使用(Move Tool)、(Rotate Tool）和(Scale Tool）工具分别在【Front】和【Side】视图中调节“Lattice”变形器的顶点，从而调整出熊的头部基本造型。如图4－31所示。

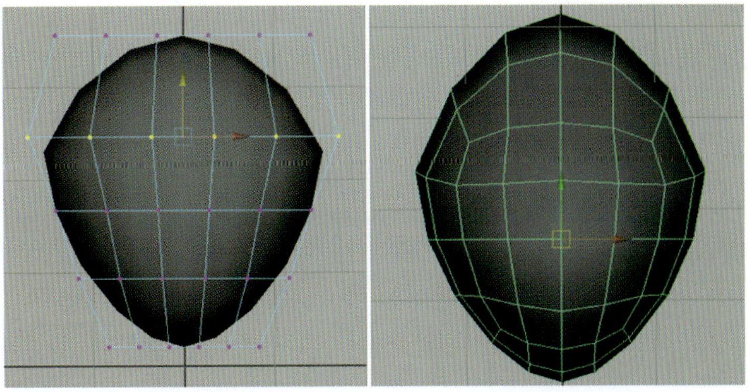

(a)

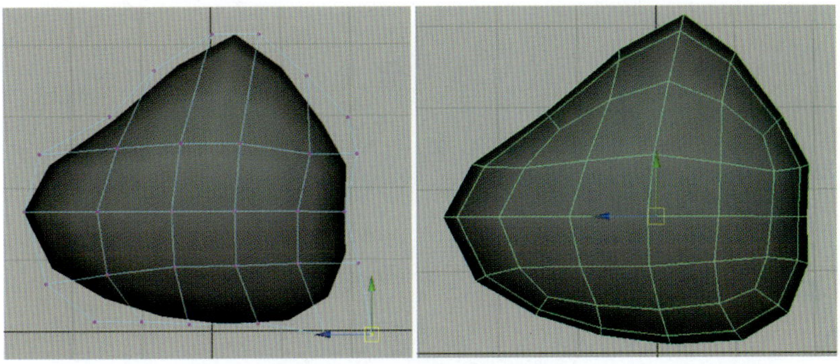

(b)

图 4-31　调节头部模型

4）回到【Polygon】状态，在【Front】视图进入【Face】子物体模式，然后选择头部模型左侧的面，按下【Delete】键进行删除，如图 4-32 所示。接着进入【Object Mode】子物体模式，单击“Edit | Duplicate Special”命令右侧的方形按钮，在弹出的“Duplicate Special Options”对话框中设置参数，如图 4-33 所示，单击【Apply】按钮，从而复制出另一半参考模型，效果如图 4-34 所示。

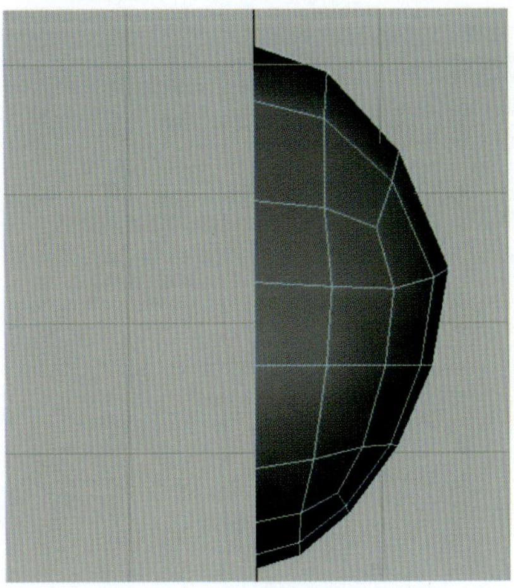

图 4-32　删除一半的模型

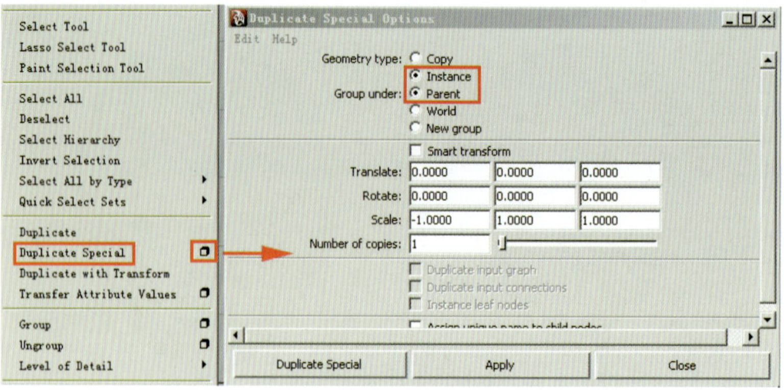

图 4-33 设置“Duplicate Special”参数

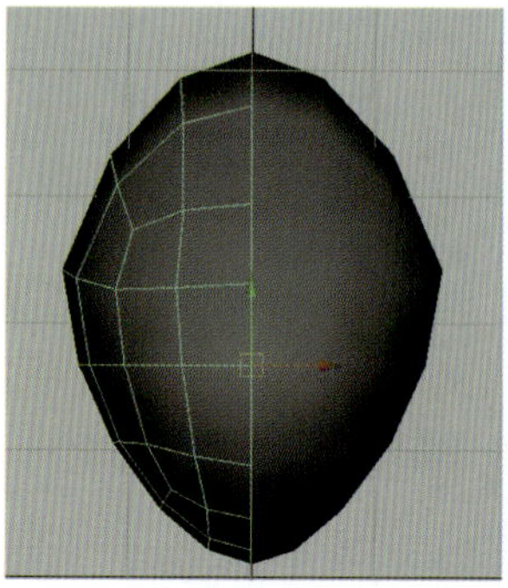
图 4-34 复制另一半参考模型

5）调整熊的头部造型。方法：首先选中头部模型，然后勾选“Soft Selection”复选框，如图 4-35 所示。接着使用(Move Tool)、(Rotate Tool) 和(Scale Tool) 工具调整头部造型，如图 4-36 所示。

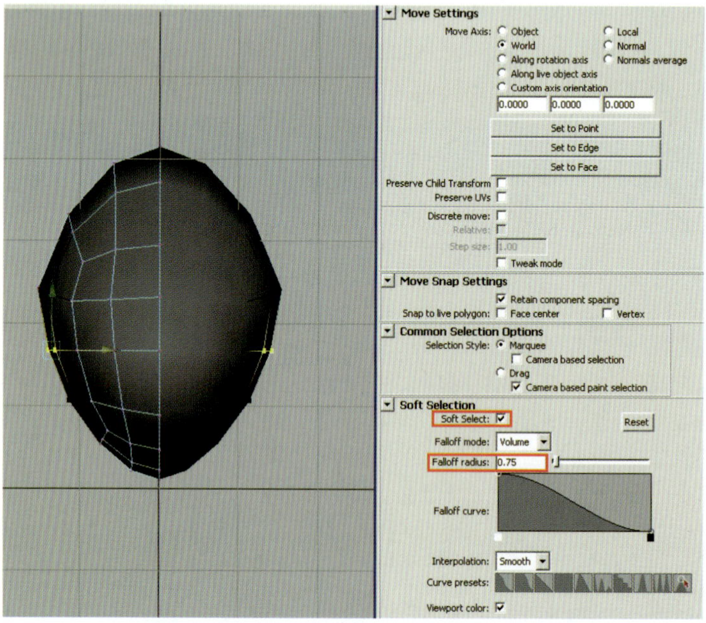

图 4-35 勾选“Soft Select”复选框并调整参数

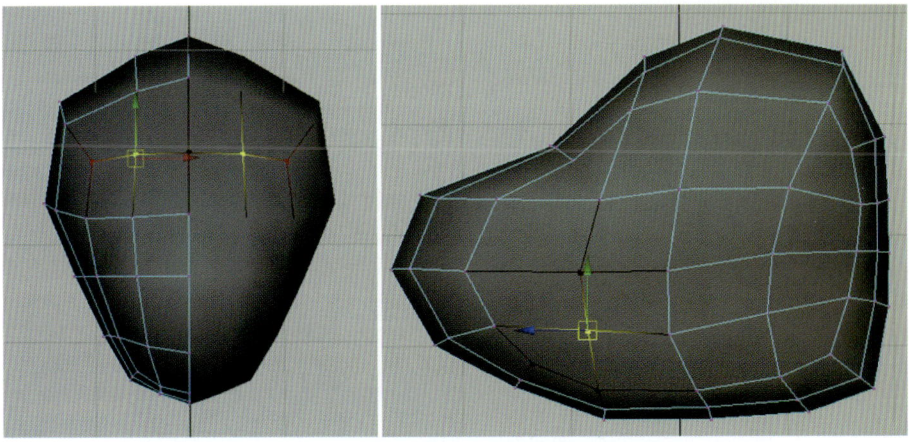

图4-36　使用“Soft Select”调整造型

6）深入刻画头部细节。方法：首先使用(Split Polygon Tools）工具在模型上添加边，然后在【Vertex】子物体模式下，使用(Move Tool)、(Rotate Tool）和(Scale Tool）工具调整出口腔的造型，如图4-37所示。

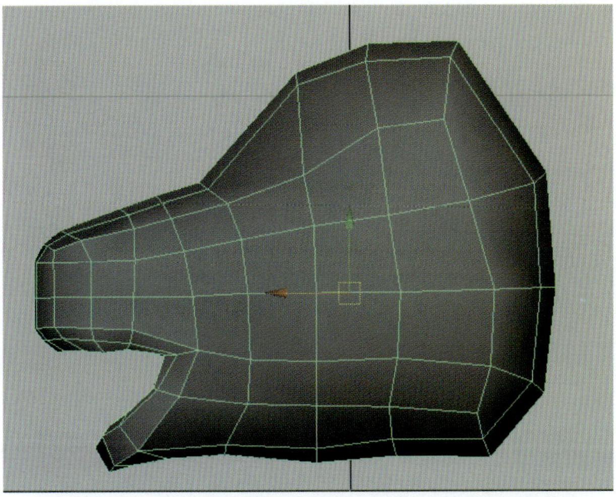

图4-37　口腔造型

提 示

步骤1）~6）的操作演示详见配套光盘“多媒体视频文件\第4章　四足动物NPC（熊）的制作\bear_006.avi”视频文件。

7）制作鼻孔。方法：在【Front】视图中使用(Split Polygon Tools）工具在鼻孔的位置添加边，然后使用(Move Tool)、(Rotate Tool）和(Scale Tool）工具进行调整，如图4-38所示。接着进入【Face】子物体模式，选择要挤压鼻孔的面，如图4-39所示，单击(Extrude）按钮。最后单击操纵杆转换挤出轴向后沿 X 轴向里挤出两段面，从而制作出鼻孔造型，效果如图4-40所示。

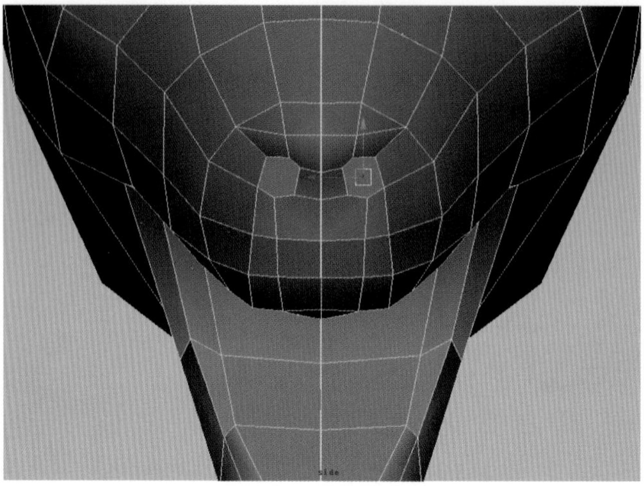

图 4−38　添加鼻子部位的调整线条

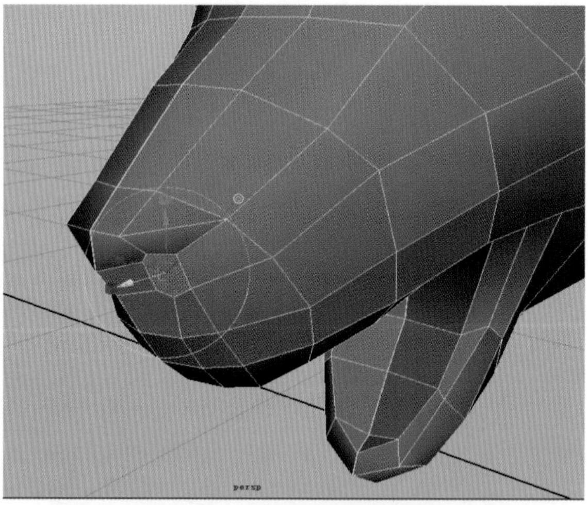

图 4−39　选择需要挤压的面

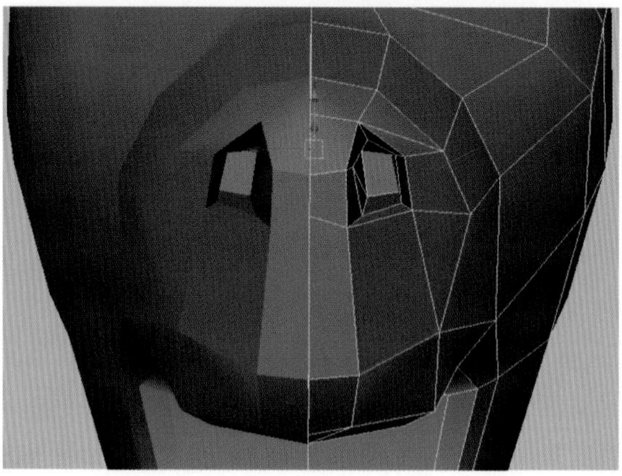

图 4−40　调整鼻孔之后的效果

提 示

步骤7）的操作演示详见配套光盘“多媒体视频文件\第4章　四足动物NPC（熊）的制作\bear_007.avi”视频文件。

8）制作眼睛造型。方法：首先在【Vertex】子物体模式下，使用(Move Tool）工具调整眼睛部分的线段，然后使用(Split Polygon Tools）工具在眼睛部位添加边，再使用(Move Tool）工具调整出眼睛造型，如图4-41所示。

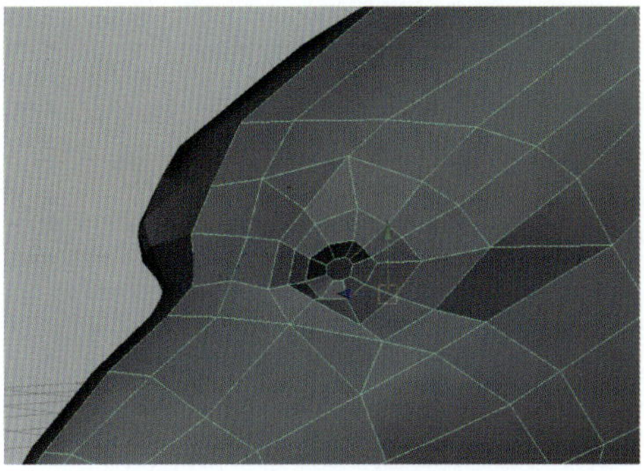

图4-41　制作眼睛形状

提 示

步骤8）的操作演示详见配套光盘“多媒体视频文件\第4章　四足动物NPC（熊）的制作\bear_008.avi”视频文件。

9）制作耳朵的造型。方法：首先使用(Split Polygon Tools）工具在需要制作出耳朵的部位添加边，然后在【Vertex】子物体模式下，使用(Move Tool)、(Rotate Tool）和(Scale Tool）工具调整耳根的基本形状，如图4-42所示。接着选择中间要挤出耳朵的面，使用(Extrude）工具，沿Y轴挤出耳朵基本造型，图4-43所示。最后使用((Split Polygon Tools）工具添加边，再进入【Vertex】子物体模式，使用(Move Tool）工具调整出耳朵造型，如图4-44所示。

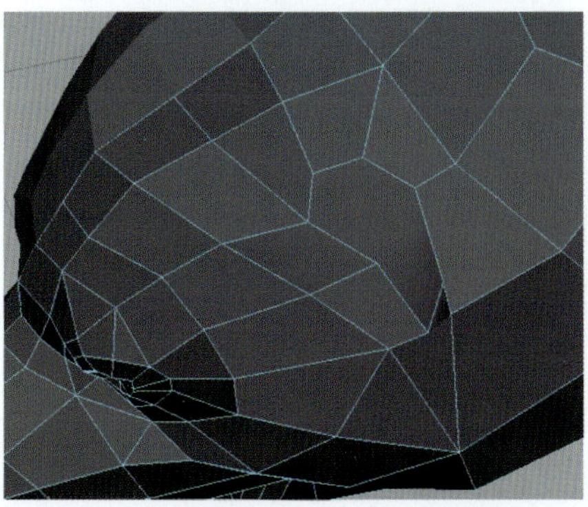

图4-42　调整耳朵的位置及形状

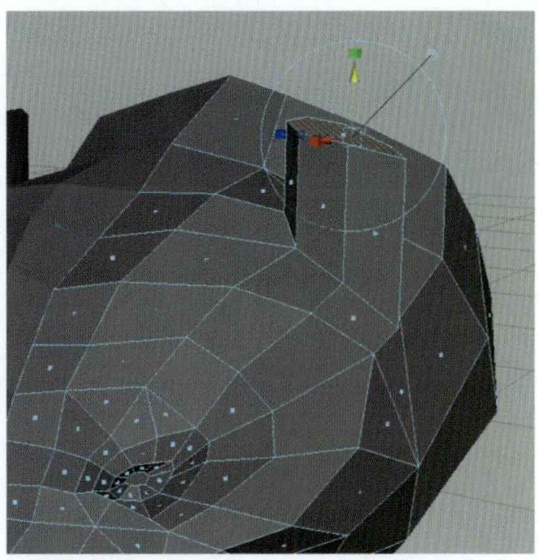

图4-43　挤压出面稍微压平顶部

图 4-44　耳朵最终调整图

提 示

步骤 9）的操作演示详见配套光盘“多媒体视频文件 \ 第 4 章　四足动物 NPC（熊）的制作 \bear_009.avi”视频文件。

10）连接身体模型与头部模型。首先选择熊的后脑勺所在面，按【Delete】键进行删除，如图 4-45 所示。然后把身体模型中要与头部连接的面也删除，再使用(Move Tool)工具调整连接面的轮廓，如图 4-46 所示。接着进入【Vertex】子物体模式，激活(Snap to Points) 工具，再使用(Move Tool) 工具选择头部模型的顶点依次对位到身体模型上，最后使用(Move Tool) 工具框选连接处的顶点，并调整模型结构，如图 4-47 所示。

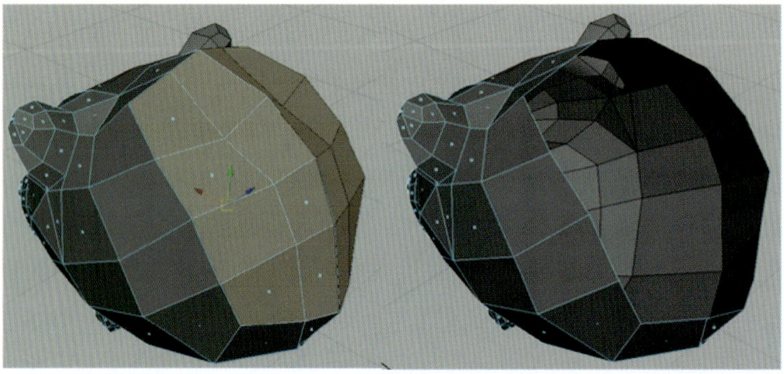

图 4-45　删除后脑勺所在面

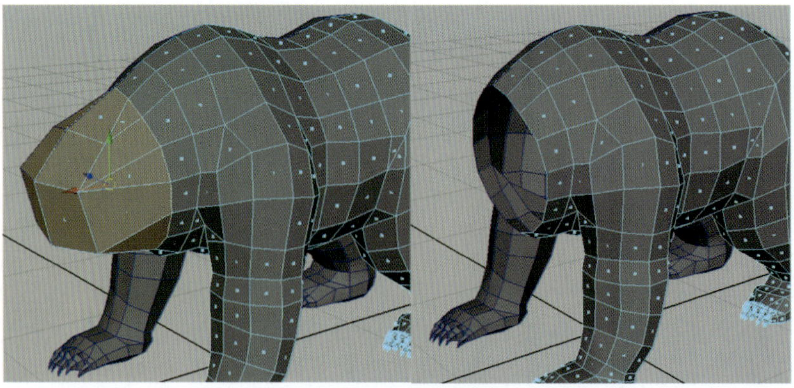

图 4-46　删除并调整身体连接处的面

图 4-47　连接头部跟身体的模型

11）使用(Combine）工具合并头部和身体的模型，合并后的效果如图 4-48 所示。然后在【Vertex】子物体模式下，框选头部和身体模型连接处的顶点，再单击(Merge Vertices）按钮将连接处的顶点融合，如图 4-49 所示。接着进入【Vertex】子物体模式，使用(Move Tool)、(Rotate Tool）和(Scale Tool）工具调整熊的整体造型，最终效果如图 4-50 所示。

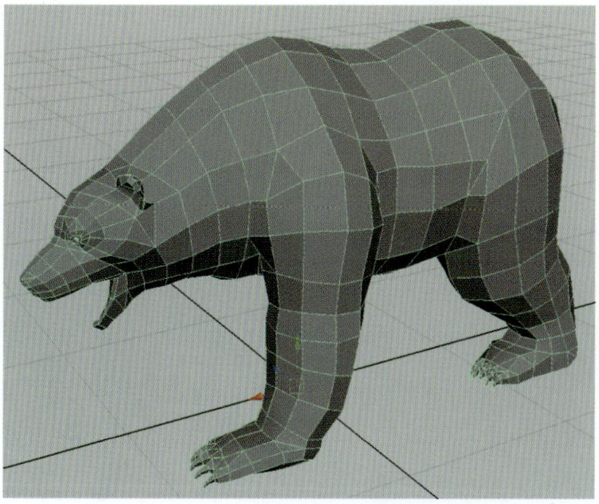

图 4-48　合并头部以及身体模型

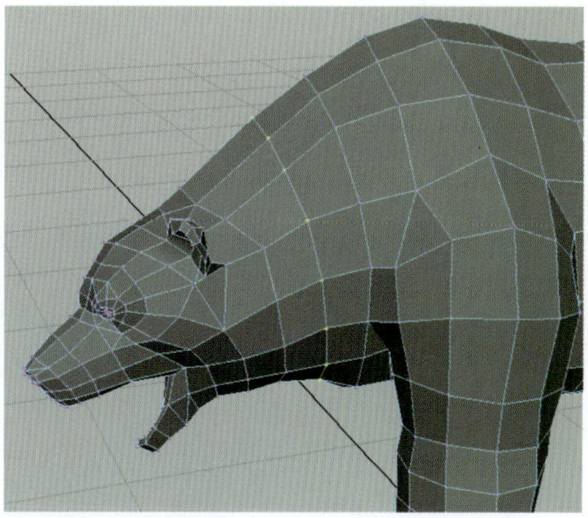

图 4-49　融合连接点

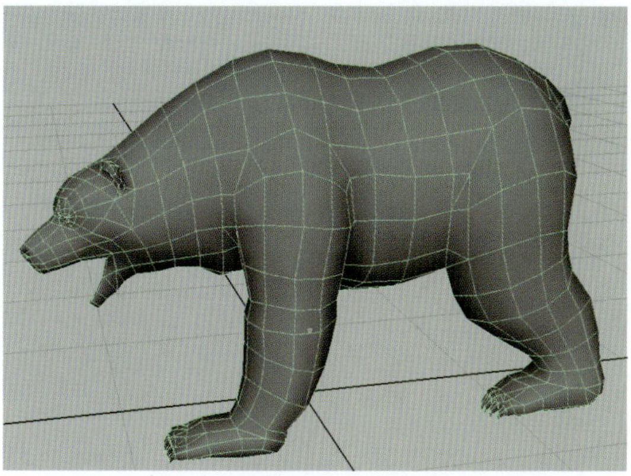

图 4-50　模型最终效果

4.3 编辑熊的模型的 UV

熊的模型结构比较简单，因此 U V 的编辑也比较简单。可以按照先整体指定平面映射方式，再局部调整 U V 的思路来进行编辑。

1）赋予文件检测纹理。首先打开 UV Texture Editor，将配套光盘“贴图 \ 第 4 章 四足动物 NPC（熊）的制作 \ 棋盘格.jpg”作为检测纹理，指定给熊的模型材质。然后单击“View | Shading | Hardware Texturing”命令，打开视窗的硬件纹理显示，如图 4–51 所示。再设置 Repeat UV 数值为（5，5），如图 4–52 所示。

图 4–51　给模型指定检测纹理

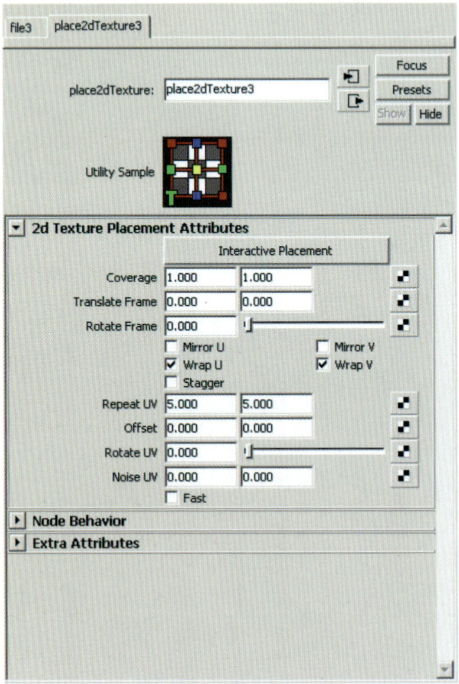

图 4–52　修改“Repeat UV”参数

2）为模型指定UV映射方式。方法：单击“Create UVs | Planar Mapping”命令右侧的方形按钮，在弹出的对话框中选择适合的轴向，如图4-53部分所示，然后单击“Apply”按钮，为模型指定平面映射方式。接着使用身体模型上出现的UV映射操控器与UV映射操作手柄来初步调节UV，调整时保证模型侧面的UV没有拉伸，调整后的效果如图4-54所示。

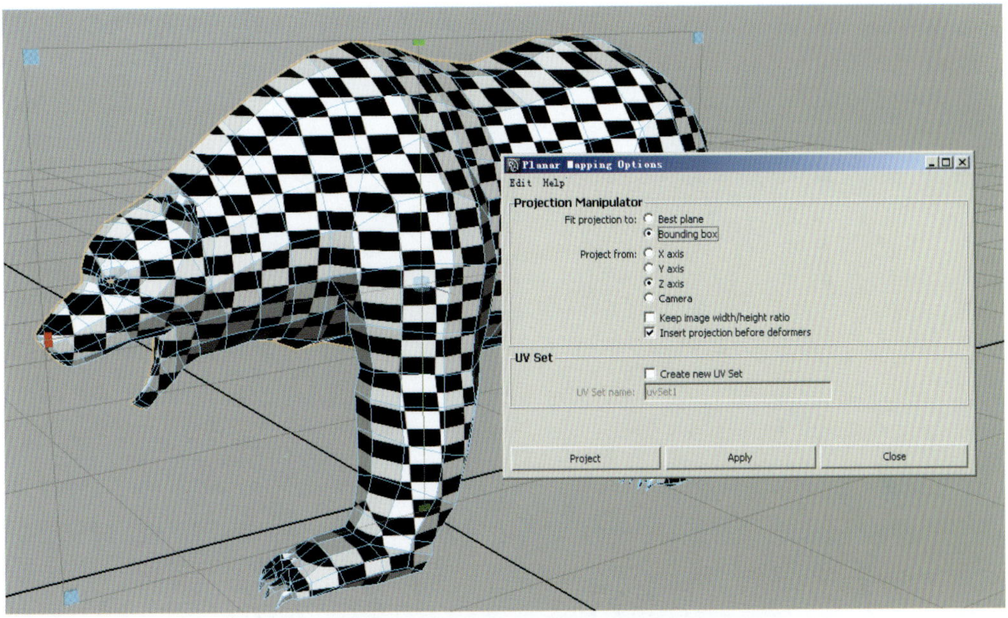

图4-53　指定平面UV映射方式

图4-54　调整后熊的侧面UV

3）分离头部的UV。打开UV Texture Editor，此时熊身体的UV分布如图4-55所示。为了方便后面的2D纹理绘制，需要把UV展开为一张平面。方法：在【Persp】视图中进入【Edge】子物体模式，选择模型头部需要打断的一条边，如图4-56所示，再单击

UV Texture Editor 中 (Separate Select UVs) 按钮，沿选中的边打断 UV，把模型的头部 UV 跟身体 UV 分开。接着右击，在弹出的菜单中选择【UV】命令，选中头部的一个 UV 坐标点，按下【Ctrl】键的同时右击，在弹出的菜单中选择【To Shelf】命令，从而选取整个头部模型的 UV，并将其移至一旁，如图 4－57 所示。

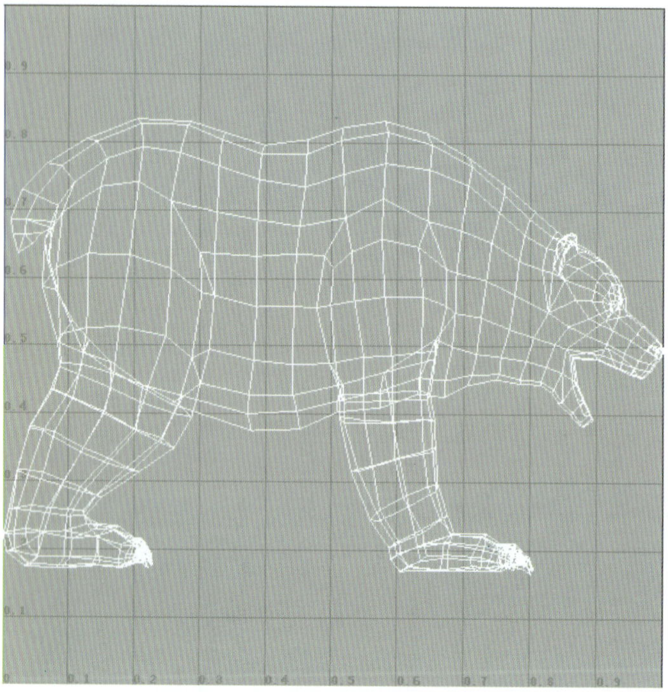

图 4－55　调节前熊的 UV 分布

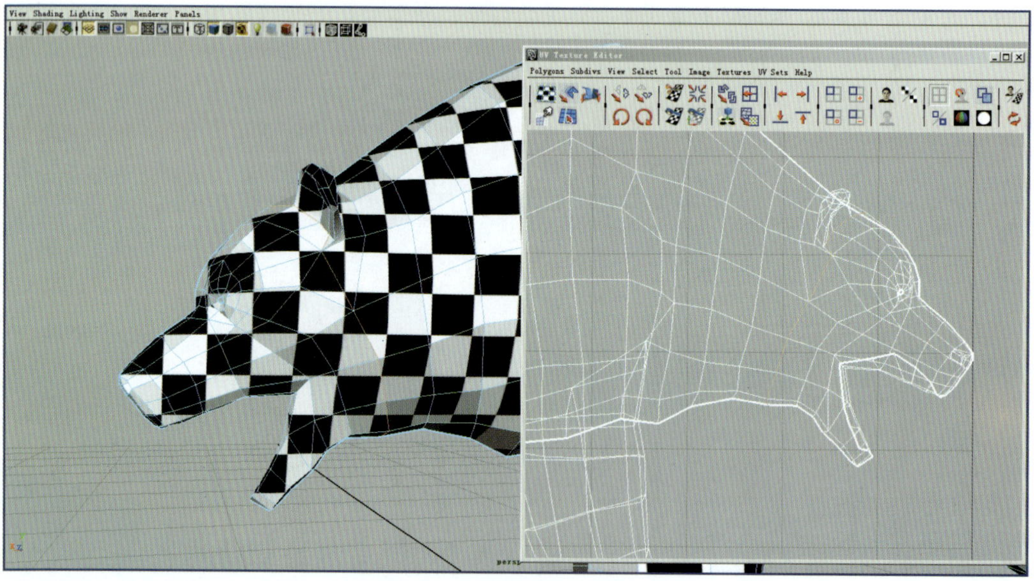

图 4－56　选择头部需要打断的边

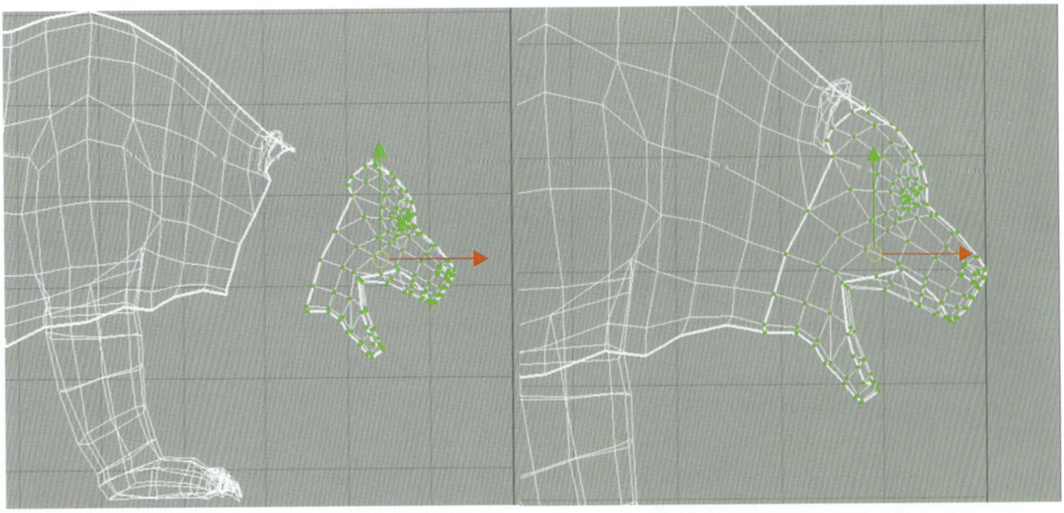

图 4–57　选取头部 UV 并将其移至一旁

4）分离腿部的 UV。同理，在【Persp】视图进入【Edge】模式，选中熊的前腿、后腿模型内侧需要打断的边，再使用 (Separate Select UVs) 工具将其打断。接着单击 (Show Border of Texture) 按钮显示 UV 边界，观察被打断的腿部 UV 边界，效果如图 4–58 所示。

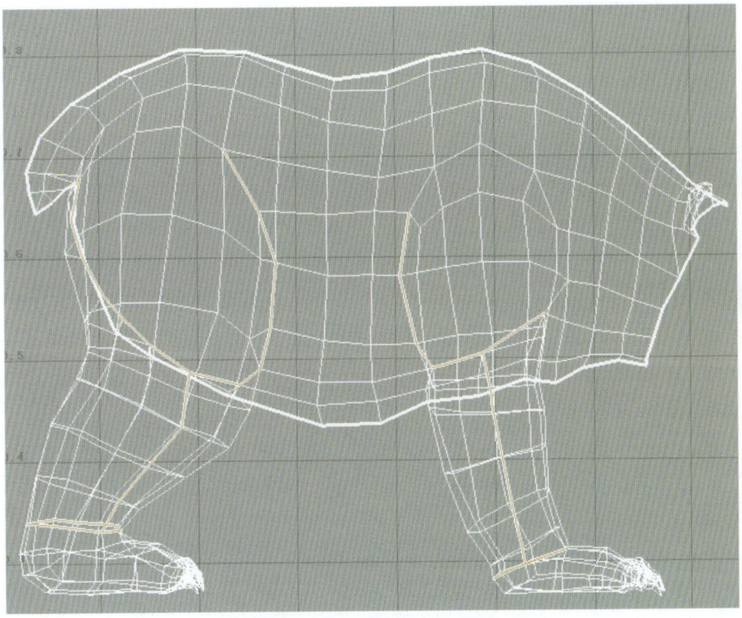

图 4–58　腿部 UV 边界

5）分离耳朵部位的 UV。方法：进入【Edge】子物体模式，选择耳朵根部一圈边，如图 4–59 中 A 部分所示，然后使用 (Separate Select UVs) 工具分离耳朵 UV，如图 4–59 中 B 部分所示。接着选择耳朵中间的一条边，如图 4–60 所示。再使用 (Separate Select UVs) 工具将其分离为前后两部分，如图 4–61 所示。

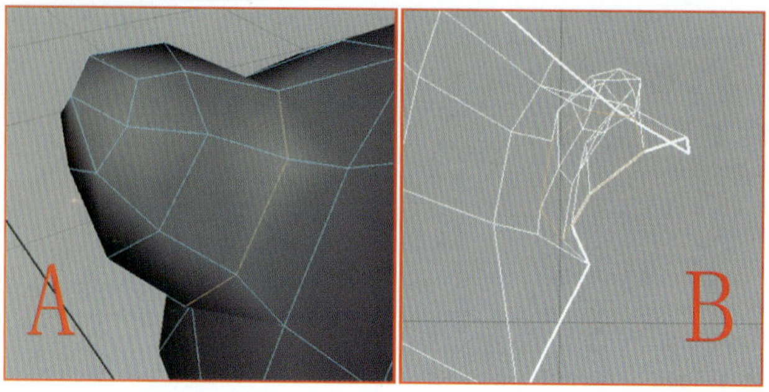

图 4-59　打断耳朵部位的 UV

图 4-60　打断耳朵中间的边

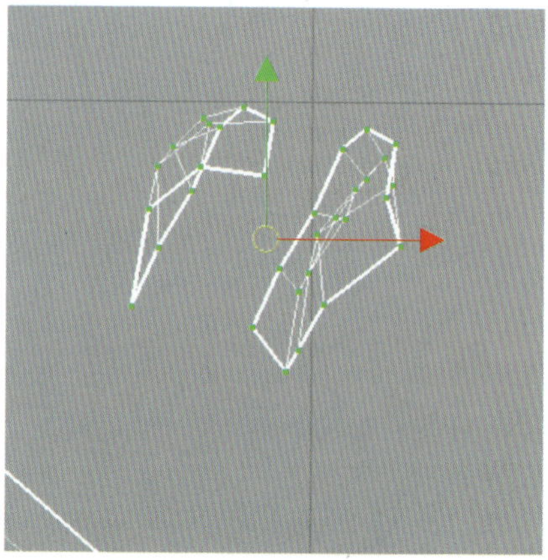

图 4-61　分离耳朵的 UV

提 示

步骤 1）~5）的操作演示详见配套光盘“多媒体视频文件\第 4 章　四足动物 NPC（熊）的制作\bear_010.avi”视频文件。

6）分离脚部的 UV。方法：进入【Face】子物体模式，选择熊掌掌心所在面，如图 4-62 所示，为其指定“Planar Mapping”平面映射方式，并选择沿 *Y* 轴进行映射，如图 4-63 所示。接着进入 UV Texture Editor，使用(Move Tool) 和(Scale Tool) 工具调整熊掌掌心的 UV，再摆放好位置，如图 4-64 所示。同理，在【Face】子物体模式下，把熊掌掌背的面也选中，再指定“Planar Mapping”平面映射方式，最后调整好 UV，再进行摆放，如图 4-65 所示。

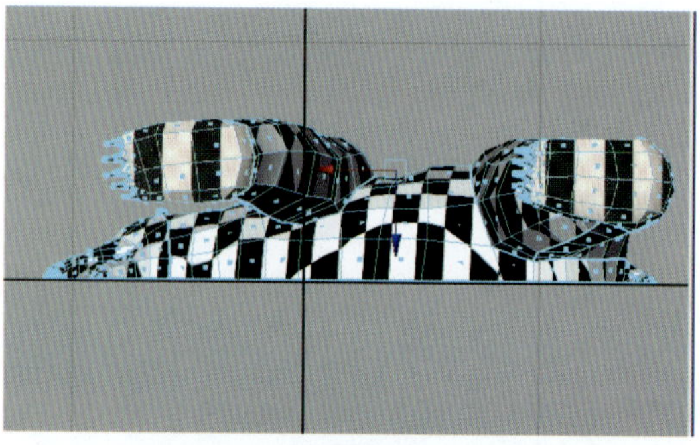

图 4-62　选择熊掌掌心所在面

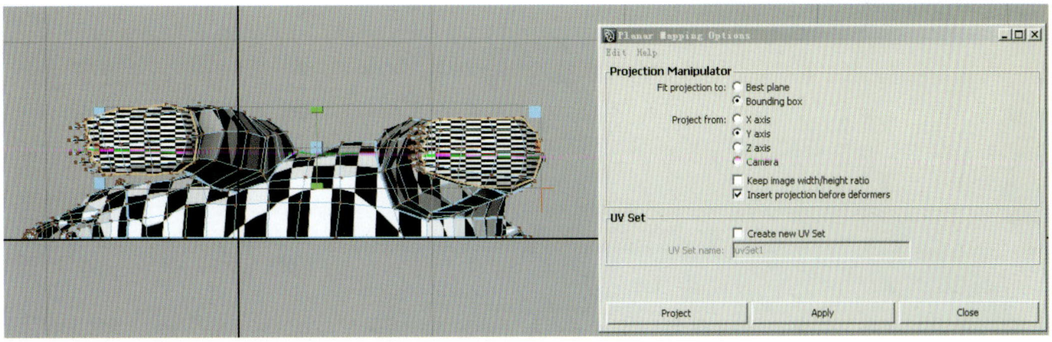

图 4-63　给掌心指定“Planar Mapping”映射方式

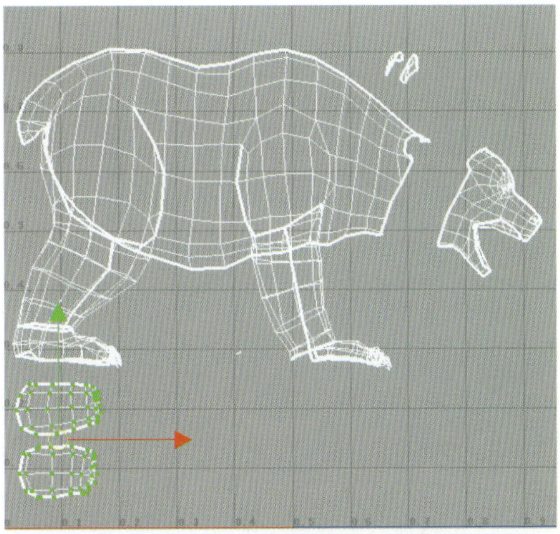

图 4-64　编辑熊掌掌心的 UV

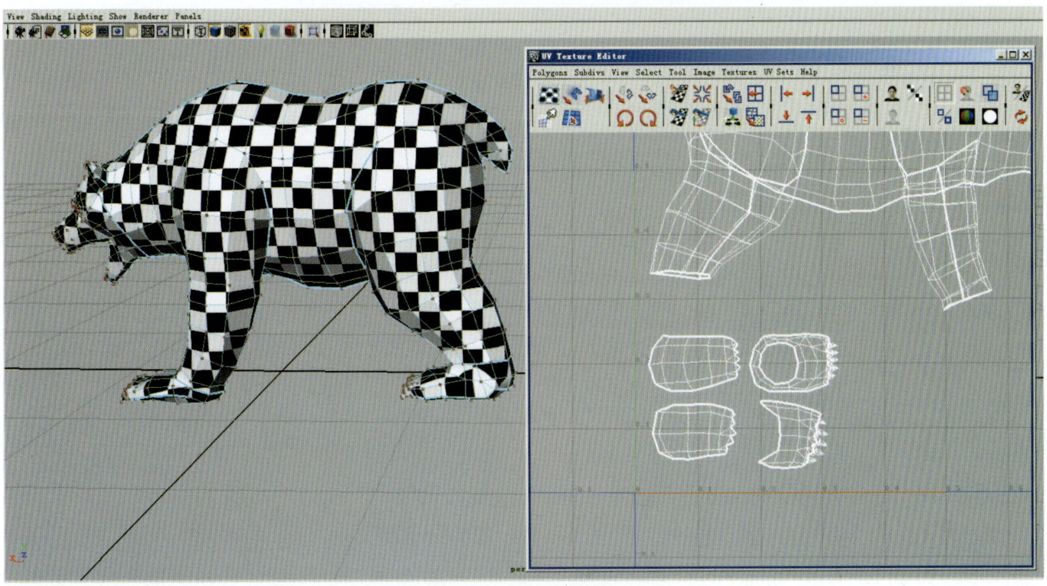

图 4-65　编辑熊掌掌背的 UV

提 示

选择模型的一部分面，再指定UV映射方式，被选择的面的UV会自动与整体UV分离。

步骤6）的操作演示详见配套光盘“多媒体视频文件\第4章　四足动物NPC（熊）的制作\bear_011.avi”视频文件。

7）使用(Move Tool)、(Rotate Tool)和(Scale Tool)工具调整熊的整体UV坐标，使其分布与模型的布线尽量匹配，以减少模型贴图纹理出现的拉伸。其中耳朵的UV比较简单，可以使用(Unfold Select UVs)工具自动展平，如图4-66所示。

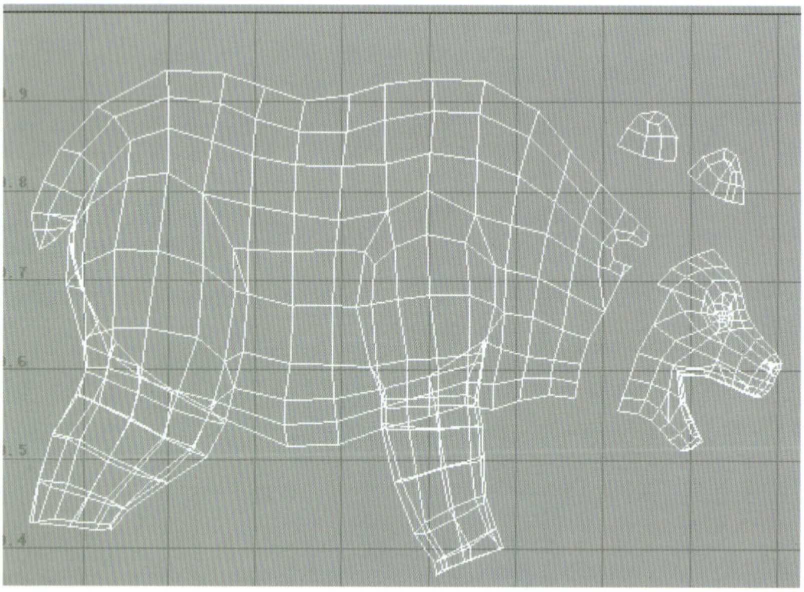

图4-66　整体调整UV并展开耳朵的UV

8）制作熊的牙齿。首先单击(Polygon Cube)按钮创建一个立方体，然后在【Persp】视图中使用(Scale Tool)工具调整立方体的造型，如图4-67所示，再使用(Split Polygon Tool)工具为立方体添加边。接着进入【Vertex】子物体模式，使用(Move Tool)调整模型的顶点，制作出一半的牙齿模型，如图4-68中A部分所示，再将制作好的牙齿模型对称复制，最后将两部分模型合并，从而制作出下牙造型，如图4-68中B部分所示。

9）按下【Ctrl+D】组合键复制牙模型，然后使用(Rotate Tool)工具沿X轴旋转180°，从而制作出上牙造型。接着进入【Vertex】子物体模式，使用(Move Tool)工具简单调整上牙的造型，使其看起来比下牙更尖利一些，如图4-69所示。最后使用(Move Tool)和(Rotate Tool)工具将制作好的牙齿放置到口腔中合适的位置，再使用(Combine)工具与口腔的模型合并，如图4-70所示。

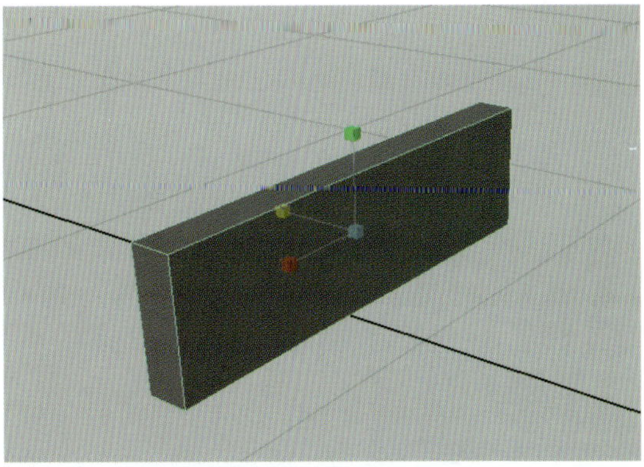

图 4-67　创建牙齿基础模型

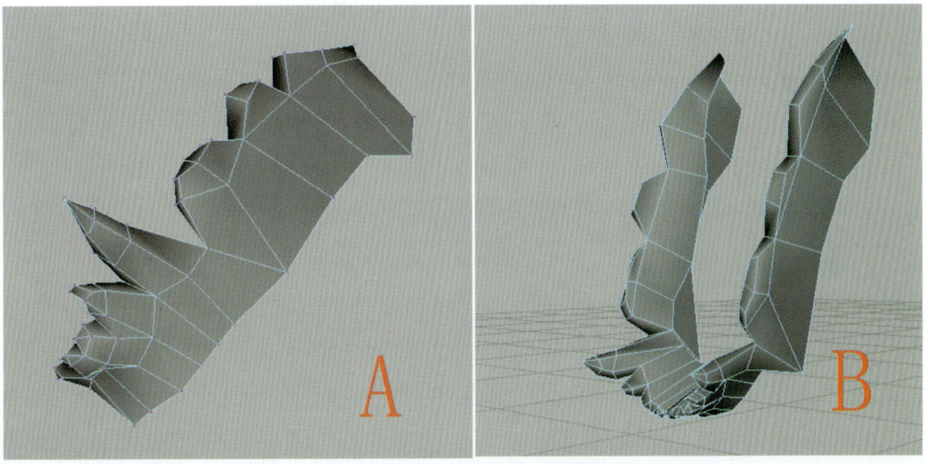

图 4-68　调整出下牙造型

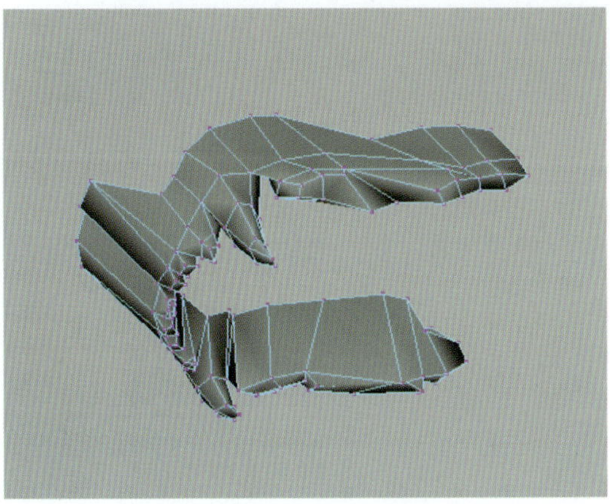

图 4-69　上牙的造型

图 4-70　匹配牙齿与口腔的位置

10）在【Face】子物体模式下，依次选中口腔与牙齿的面，再分别指定“Planar Mapping”平面映射方式。然后展开 UV，使用(Move Tool）和(Scale Tool）工具调整其位置和大小，如图 4-71 所示，接着利用(Move Tool)、(Rotate Tool）和(Scale Tool）工具整体调整模型的 UV，完成效果如图 4-72 所示。

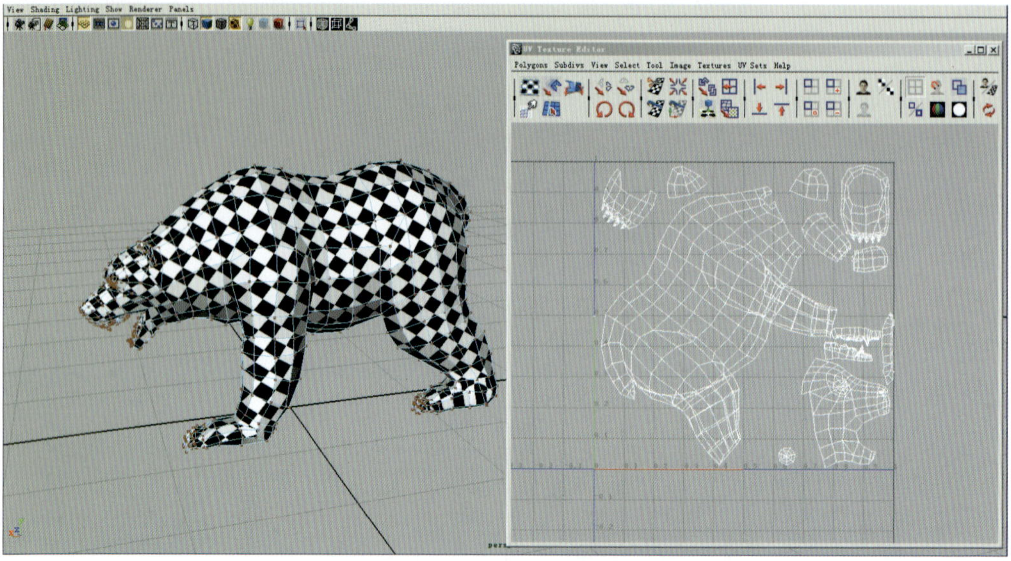

图 4–71　编辑完口腔与牙齿的 UV

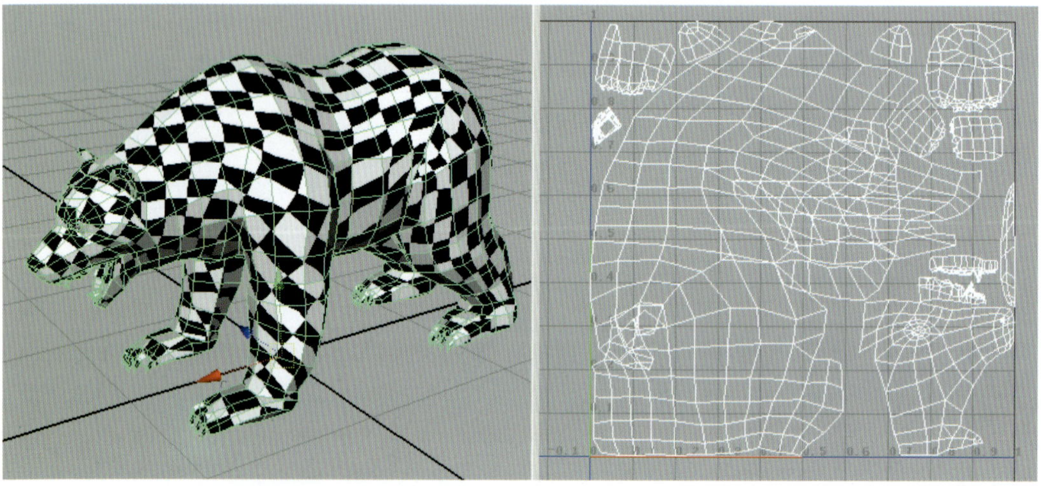

图 4–72　完成熊的整体 UV 的调整

提 示

步骤 10）的操作演示详见配套光盘“多媒体视频文件\第 4 章　四足动物 NPC（熊）的制作\bear_012.avi”视频文件。

11）输出熊的 UV。完成 UV 编辑后，还要把 UV 线框输出为 2D 纹理，作为后面进行贴图绘制的辅助参考线。方法：在 UV Texture Editor 中，【Edge】子对象模式，框选全部 UV。然后单击“Subdivs | UV Snapshot”命令，在弹出的“UV Snapshot”对话框中设置参数，如图 4–73 所示，单击 OK 按钮，将输出文件保存为“贴图\第 4 章　四足动物 NPC（熊）的制作\bear_uv.tga”文件，效果如图 4–74 所示。

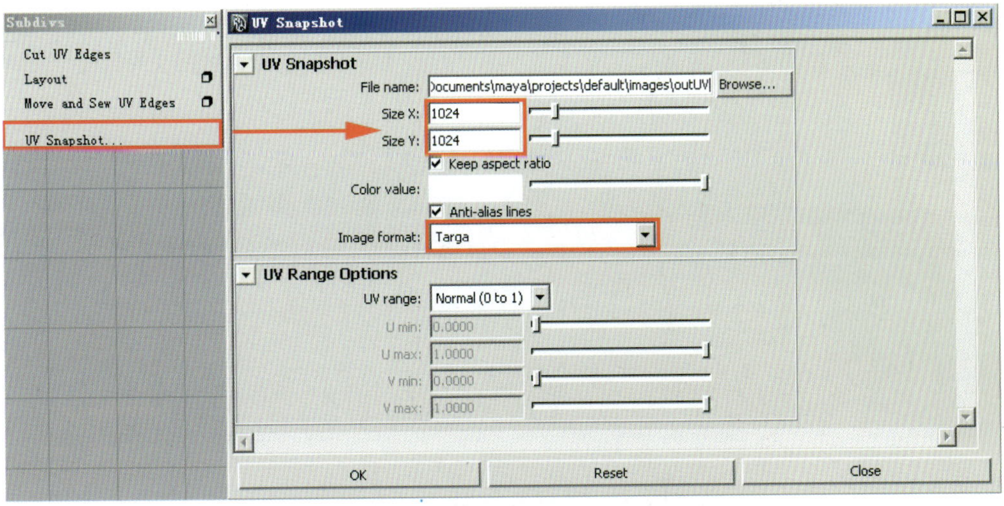

图4–73 设置“UV Snapshot”对话框参数

图4–74 输出的UV线框图

4.4 绘制熊的贴图材质

熊的贴图材质的绘制采用直接从原画截取基础材质进行绘制的方法，在此过程中注意掌握在Photoshop中处理纹理接缝的技巧。

1）在Photoshop中打开前面保存的bear_uv.TGA文件，选择菜单中的“选择|色彩范围”命令，在弹出的对话框中设置参数，如图4–75中A部分所示，接着点取图片文件中的黑色部分，如图4–75中B部分所示，单击“好”按钮，从而得到怪物UV线框的选区，如图4–75中C部分所示。

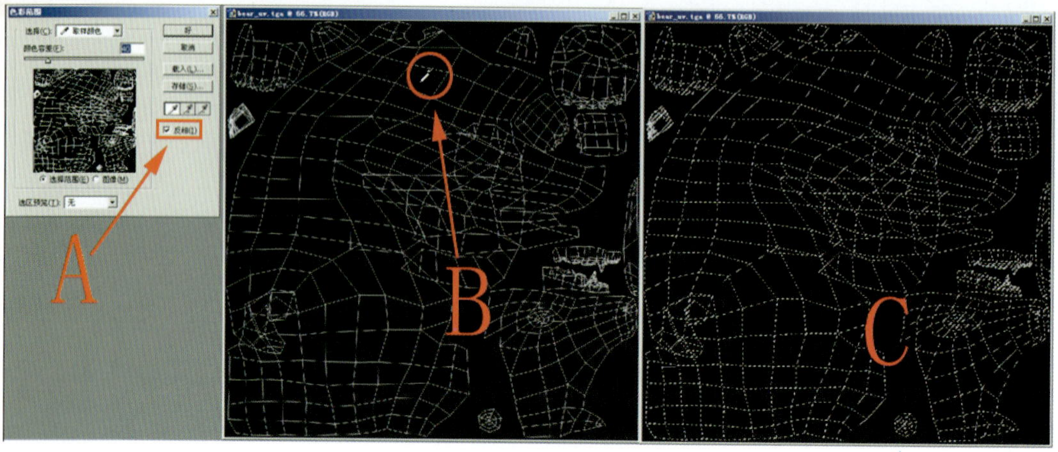

图 4-75　提取 UV 线框形成选区

2）单击图层面板下方的 (创建新图层）按钮，新建“图层 1”，保持前前景色与背景色默认不变，按键盘上的【Alt+Delete】组合键用前景色填充选区，再选中背景图层，按快捷键【Ctrl+D】取消选区。最后按【Ctrl+Delete】组合键用背景色黑色填充全部背景，从而提取出熊的 UV 线框，效果如图 4-76 所示。再将提取出线框的文件保存为“贴图 \ 第 4 章　四足动物 NPC（熊）的制作 \bear_uv.psd”文件。

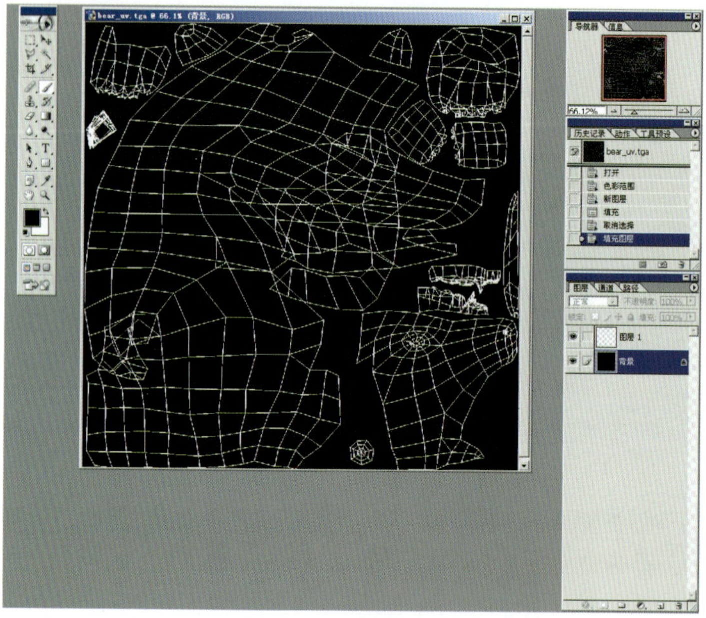

图 4-76　提取线框选区

3）在 Photoshop 中打开配套光盘“贴图 \ 第 4 章　四足动物 NPC（熊）的制作 \ 黑熊参考图.JPG”文件，然后使用 (多边形套索工具）在图中截选一块毛皮材质，再拖至 UV 线框文件中作为熊皮的基础材质。接着按下【Ctrl+T】组合键，使用“自由变换”命令根据 UV 走向对截图进行旋转和缩放操作，如图 4-77 所示。再按下【Ctrl+M】组合键，在弹出的“曲线”对话框中将材质的色彩整体调暗，如图 4-78 所示。最后使用 (画笔工具）

从基础材质上吸取颜色，把毛皮材质的纹理刻画得更加细致。绘制完成后，按下【Alt】键的同时单击毛皮材质并拖动，对其进行复制并调整位置如图4－79所示。

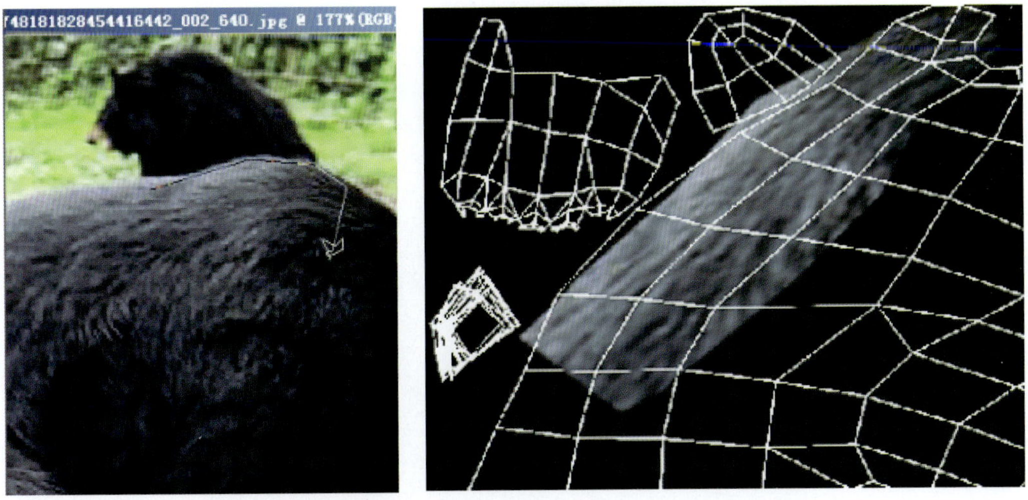

图4－77　将材质赋予模型UV

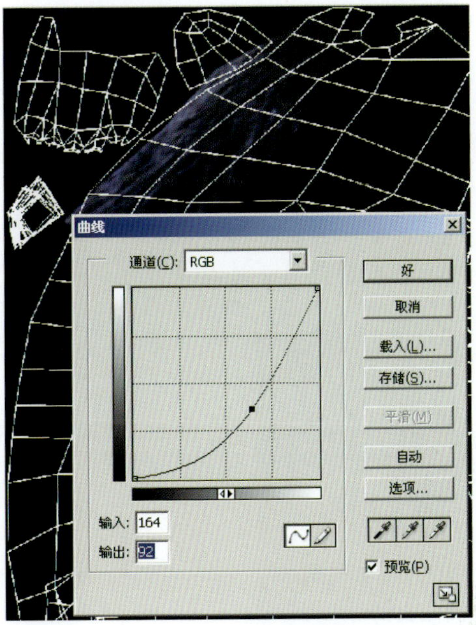

图4－78　调整材质明暗

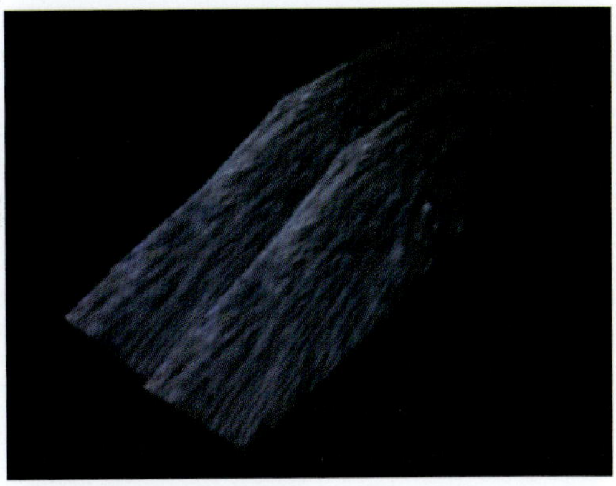

图4－79　复制出新的材质进行调节

4）同理，制作熊的其他毛皮材质，然后使用（移动工具）将其放置到适合的位置，再使用（减淡工具）调整局部的明暗变化。接着使用（画笔工具）刻画毛发的走向，再使用（橡皮擦工具）对各个毛皮材质接缝处的纹理做进一步修饰，最终处理后的毛皮效果如图4－80所示。

图 4-80　调整身体部分的材质

提 示

步骤 1）~4）的操作演示详见配套光盘“多媒体视频文件\第 4 章　四足动物 NPC（熊）的制作\bear_013.avi”视频文件。

5）使用 （画笔工具）刻画其他部分的材质纹理，效果如图 4-81 所示。

图 4-81　贴图纹理的最终效果

提 示

步骤5）的操作演示详见配套光盘“多媒体视频文件\第4章 四足动物NPC熊的制作\bear_014.avi”视频文件。

5）将绘制好的贴图纹理指定给熊的模型，单击(Render Setting)工具设置渲染尺寸，接着单击(Render)工具对黑熊进行渲染，最后在【Front】视图、【Side】视图和【Persp】视图中观察模型的渲染效果，如图4-82所示。

图4-82 在不同视图中的渲染效果

课后练习

运用本章所学知识制作一只蜥蜴。制作时请注意蜥蜴的造型特点以及皮肤材质的纹理细节，效果如图4-83所示。工程文件请参考配套光盘“课后练习\第4章\蜥蜴.zip”文件。

图4-83 蜥蜴效果图

第5章 人形怪物(Boss)的制作

怪物NPC和男女主角是游戏中不可缺少的组成部分，但一款游戏真正能够打动玩家、带给玩家无限享受的却是玩家经历无数失败，闯过层层关卡，最终打败的终极反派角色——Boss级NPC的那一刻。由此可见，游戏中的Boss是一款游戏真正的精髓部分。

本章将重点讲解游戏开发中更高级的NPC角色——次世代游戏Boss的制作流程和技巧。本例中Boss的制作效果及UV展开图如图5-1所示。放置到编辑器中进行测试的最终效果如图5-2所示。通过本章的学习，读者应掌握次世代游戏中高级角色的制作技巧和表现手法，了解其制作规范和流程。

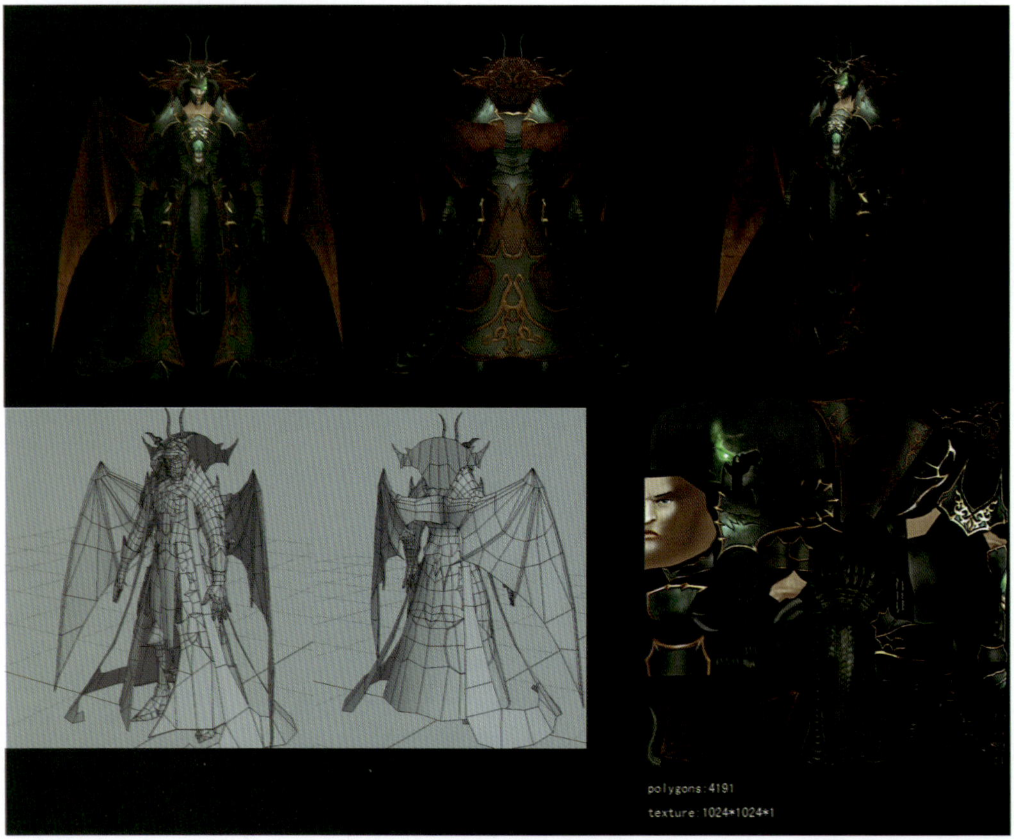

图5-1　Boss效果图及UV展开图

图 5–2　编辑器中的最终效果

本实例制作分为Boss角色原画分析、Boss模型的创建、Boss的UV编辑及调整、Boss贴图的绘制4部分。

5.1　Boss角色原画分析

在创建Boss模型之前，要仔细分析原画设定中角色形体、服饰及性格等因素特征，充分了解角色的设计构思，再给角色划分出基本的结构图，以便在制作时能够准确地把握角色形体，更好地表现细节特征。

本例中Boss角色为某关卡的终极人型Boss，也就是在过关时最后需要打倒的敌人头目，其原画设定如图5–3所示。从体型来看，可以发现其不擅长力量型近身攻击方式。华丽的铠甲和装饰表现出他在游戏设定中的等级很高；夸张的头饰、宽大的披风则说明这是一个高智慧、擅长法术的角色。Boss全身多处披挂金属护甲以及披风，这些装备装饰性很强，能比较好地衬托出Boss的性格特点与形象特征。这些需要通过建模来表现，在后面绘制贴图时也要突出这个重点。

本例Boss角色的标准设定文案如下：

- 背景：此角色是一款写实风格游戏的人型Boss，形象特征充分显示出Boss的神秘与强大，属于游戏中高等级、高智慧的关卡Boss。
- 特征：神秘、邪恶、有很强的法术控制能力。
- 技能：此Boss角色擅长魔法类的攻击手段，具有华丽的魔法装备、高超的魔法技能。

图 5-3　Boss 角色原画

5.2　Boss 模型的创建

Boss 的模型创建内容分为 Boss 模型制作分析、创建 Boss 头部模型、创建 Boss 上半身模型、创建 Boss 腿部模型、创建 Boss 手臂模型、创建 Boss 手和脚的模型、创建 Boss 的装备模型 7 部分。

5.2.1　Boss 模型制作分析

在创建模型之前，要根据原画来确定建模思路，原画结构分析图如图 5－4 所示。在此把 Boss 模型分成头部、身体、手脚和装备 4 个部分来创建。

头部：本例 Boss 头部模型制作的重点是金属头盔，需要重点表现。

身体：Boss 身体属正常人体，而且护甲部分不多，因此可以直接创建整个身体。创建身体时可以考虑首先挤出大腿，再单独创建手臂，最后将之与身体结合到一起。其中手和脚也是单独创建的，不过为了节省制作时间，可以用类似的手脚模型修改，进行简单创建。

装备：Boss 全身的装备很多，如手臂、腿部、肩部、围裙和披风等处均有装备，但其模型结构比较简单，可以多使用面片来创建模型。

图 5-4　Boss 原画结构分析图

5.2.2　创建 Boss 头部模型

在游戏制作过程中，大部分角色、场景和道具等模型都是以 Polygon 建模（即多边形制作）方法为主进行创建的。因为这样可以保证游戏程序能够比较方便和快捷地读取所有模型的数据，并转换为游戏中的参数。

结合前面制作欧美女性角色的规范流程，本例也使用多边形（Polygon）建模的方法来创建 Boss 模型。这里读者除了可以进一步巩固多边形（Polygon）建模的相关知识外，还可以更深入地学习游戏中人型 Boss 的制作要点和技巧。

在完成 Boss 的基本结构分析之后，接下来进入 Boss 头部模型的制作阶段，按照从整体到局部的制作方法来制作 Boss 的头部。详细步骤如下：

1）进入 Maya 2010 的主界面，首先单击工具栏中的(Polygon Cube) 按钮，在透视图中拉出一个立方体，如图 5-5 中 A 部分所示，然后修改立方体的坐标，如图 5-5 中 B 部分所示。

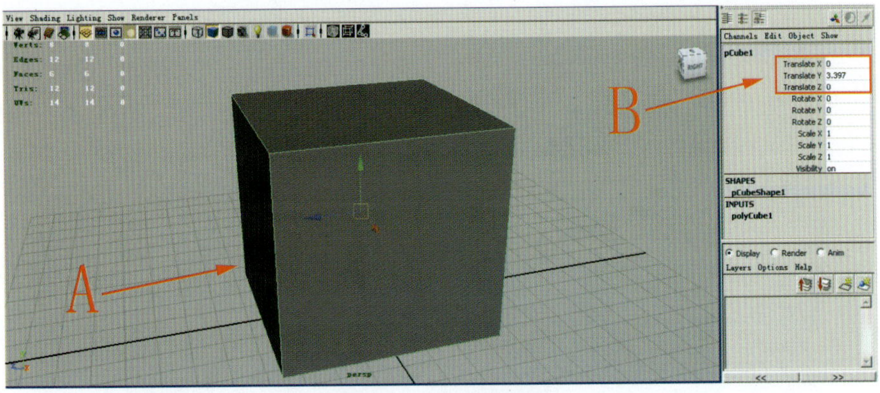

图 5-5　创建立方体

2）双击顶部工具栏中的(Smooth) 按钮，然后在弹出的属性对话框中设置参数，如图 5-6（a）所示，单击“Apply”按钮，此时立方体显示效果如图 5-6（b）所示，这样就

得到了Boss头部的基础模型。接着按下键盘上的空格键切换到【Front】视图，再使用(Move Tool)和(Scale Tool)工具调整头部的造型，如图5-6（c）所示。

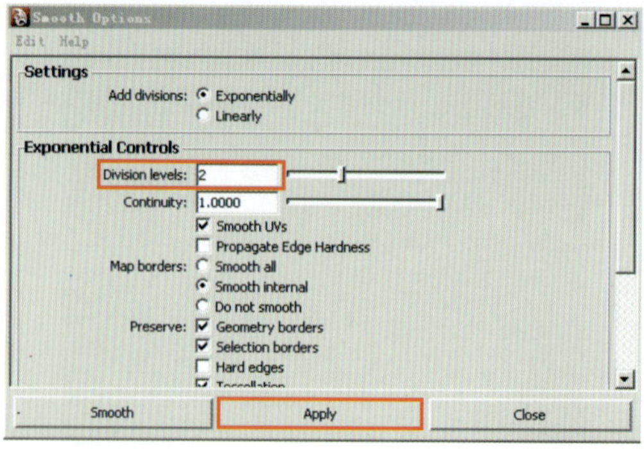

（a）

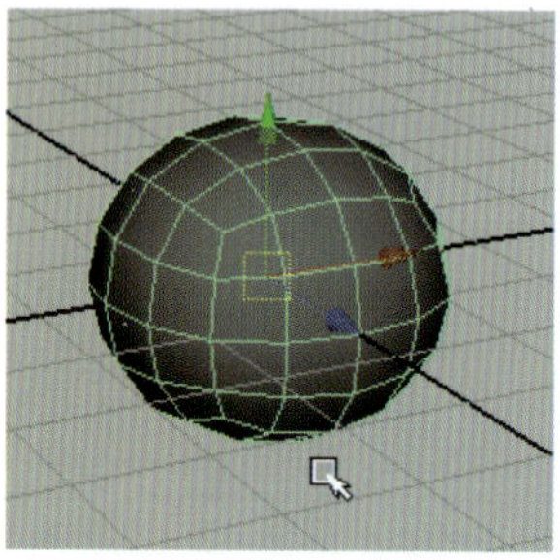

（b）

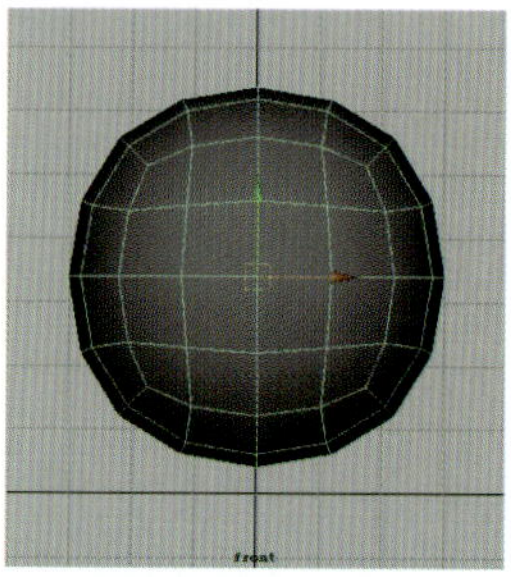

（c）

图5-6　Smooth参数设置及效果调整

3）在头部模型上右击，在弹出菜单中，将光标移动到【Face】按钮后松开鼠标右键，进入【Face】子物体模式，如图5-7所示。然后在【Front】视图中，选择头部模型左侧的面，再按下【delete】键进行删除，如图5-8所示。接着在模型上右击，在弹出菜单中，将光标移动到【Object Mode】按钮后松开鼠标右键，进入【Object Mode】子物体模式。最后单击“Edit | Duplicate Special”右侧的方形按钮，在弹出的“Duplicate Special Options”对话框中如图5-9中A部分所示设置参数，单击Apply按钮，从而复制出另一半参考模型，效果如图5-9中B部分所示。

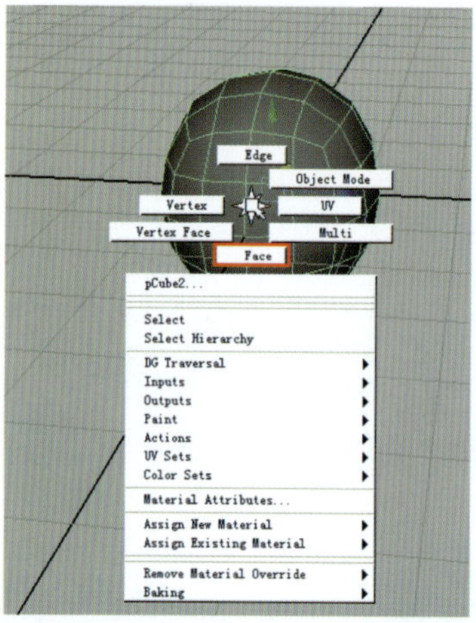

图5-7　切换到【Face】子物体模式

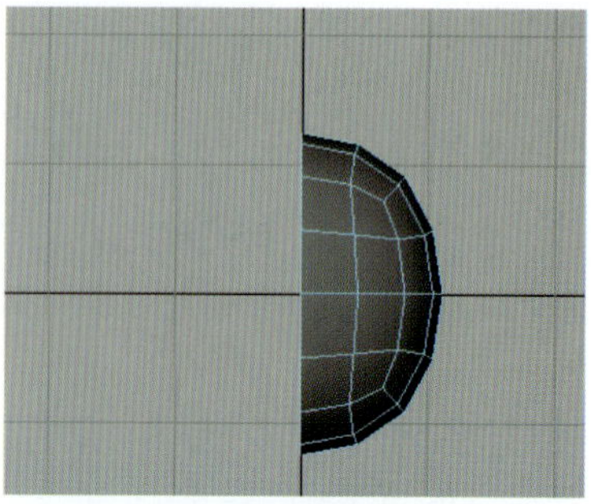

图5-8　删除一侧的模型

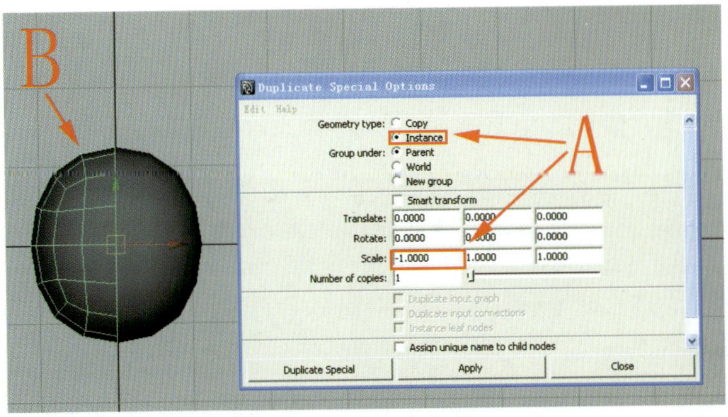

图 5-9　复制一侧的模型

4）单击工具栏中的(Split PolyGon Tools）按钮，在Boss头部模型需要制作出眼睛的位置添加边。然后进入【Vertex】子物体模式，使用(Move Tool）工具调整顶点的位置，如图5-10中A部分所示。同理，在嘴巴和鼻子的部位也添加边，再进入【Vertex】子物体模式调整出嘴巴和鼻子的基本造型，如图5-10中B和C部分所示。

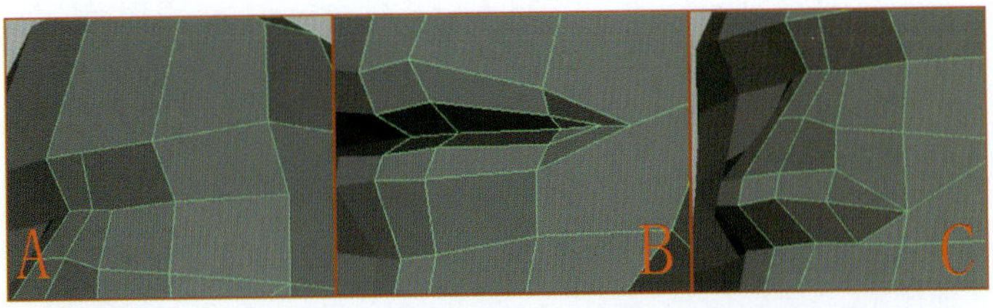

图 5-10　分别添加并调整眼睛、嘴巴、鼻子部位的线条

5）调整头部的大体形状。方法：首先参照原画，在【Vertex】子物体模式下，使用(Move Tool）工具大致调整头部造型，确定头部五官的基本比例和形态，如图5-11所示。

提 示

步骤1）~5）的操作演示详见配套光盘“多媒体视频文件\第5章 人形怪物（Boss）的制作\Boss_001.avi”视频文件。

6）调整眼睛的轮廓造型。方法：首先使用(Split PolyGon Tools）工具在眼睛部位添加边，然后切换到【Vertex】子物体模式，使用(Move Tool）工具调整出眼睛的轮廓造型，接着进入【Face】子物体模式，删除中间的面，效果如图5-12所示。

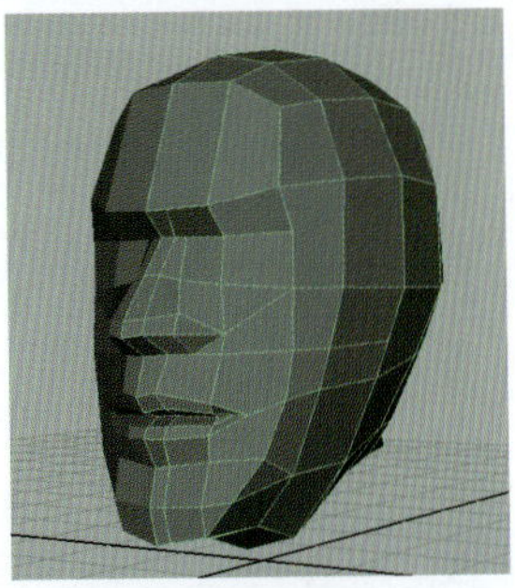
图 5-11　调整头部大体造型

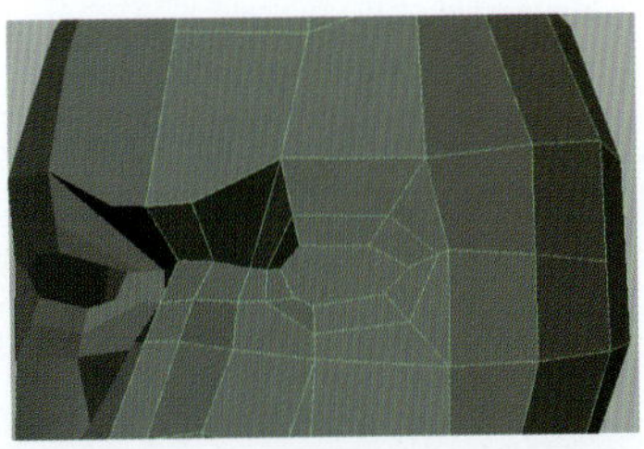
图 5-12　调整眼睛的基本造型

7）制作鼻子的造型。方法：进入【Persp】视图，使用(Split PolyGon Tools）工具在模型的眼睛部位添加边，然后切换到【Vertex】子物体模式，使用(Move Tool）工具细微调整鼻子的造型，接着进入【Face】子物体模式，删除鼻孔部位的面，如图5-13所示。

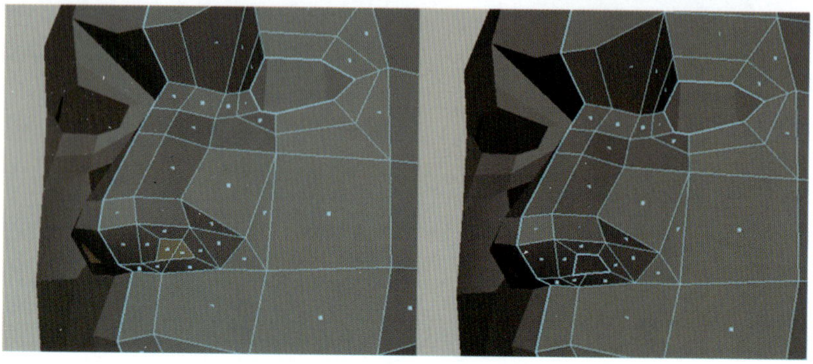

图5-13　制作鼻子的造型

8）制作嘴巴及下巴的造型。方法：在【Persp】视图中使用(Split PolyGon Tools）工具为嘴部模型添加边，然后切换到【Vertex】子物体模式下，使用(Move Tool）工具调整嘴巴的轮廓造型，接着调整出下巴的造型，如图5-14所示。

9）调整头盔的基础造型。方法：使用(Split PolyGon Tools）工具在头部模型上添加边，然后在【Vertex】子物体模式下调整出头盔的基本轮廓，接着进入【Face】子物体模式，选择用来制作头盔的面，再使用(Extract）工具将选择的面与头部模型进行分离，作为制作头盔的基础模型。最后使用(Scale Tool）工具将头盔模型进行缩放，效果如图5-15所示。

图5-14　调整出嘴巴及下巴造型

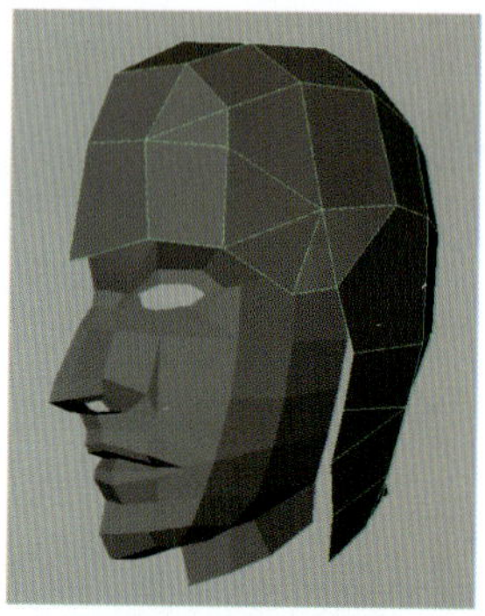

图5-15　调整头盔的基础造型

提 示

步骤6）~9）的操作演示详见配套光盘“多媒体视频文件\第5章 人形怪物（Boss）的制作\Boss_002.avi”视频文件。

10）进一步调整头盔的造型，过程如图5-16所示。

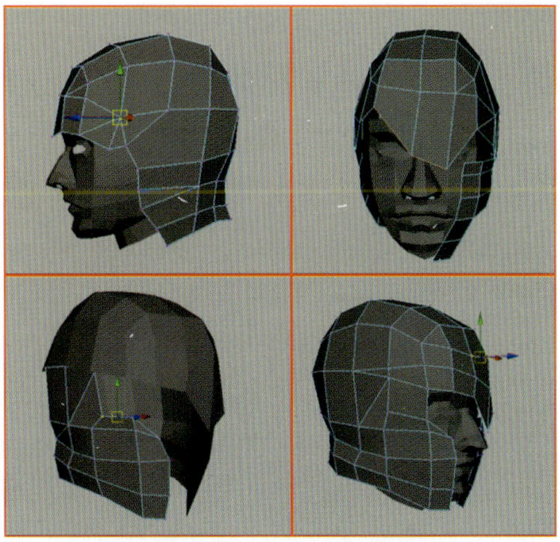

图 5-16　调整头盔造型

11）完成尖角的制作。使用(Split PolyGon Tools）工具在头盔模型上添加边，再删除一个用于挤出尖角的面，然后删除面的一圈边，如图 5－17 中 A 部分所示，再使用(Extrude）工具挤出尖角的基本造型。接着使用“Duplicate Special”菜单命令对称复制出尖角的参考模型，如图 5–17 中 B 部分所示。最后使用(Split PolyGon Tools）工具在尖角上添加边，再进入【Vertex】子物体模式，使用(Move Tool）工具调整好尖角造型，如图 5–17 中 C 部分所示。

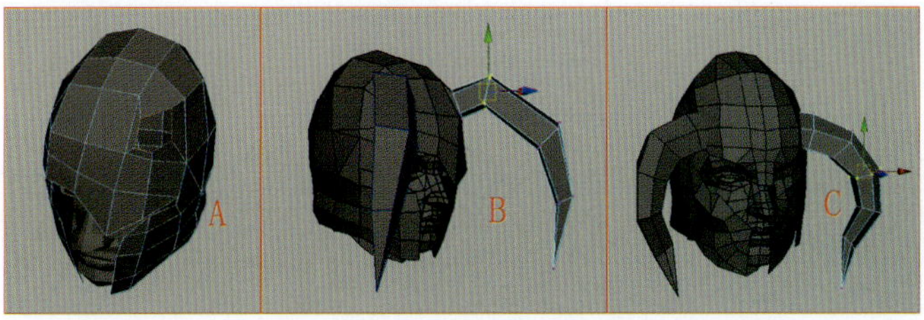

图 5–17　制作头盔造型

12）复制顶部尖角的造型。方法：进入【Face】子物体模式，选择制作好的一个尖角，然后按下【Ctrl+D】组合键进行复制，如图 5–18 中 A 部分所示，接着使用(Move Tool)、(Rotate Tool）和(Scale Tool）工具调整好复制的尖角的位置和大小，再使用“Duplicate Special”菜单命令对称复制顶部尖角的造型，效果如图 5–18 中 B 部分所示。

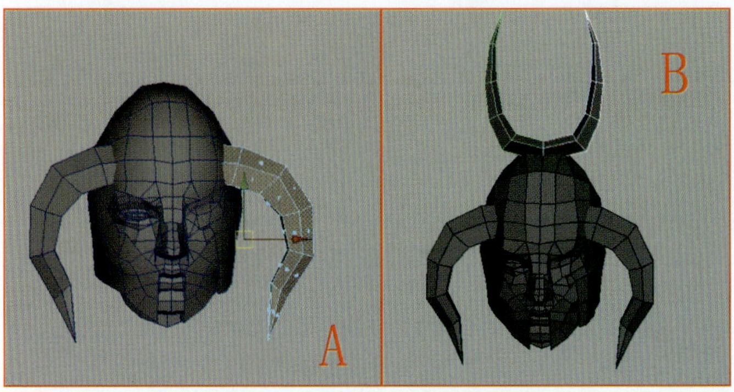

图 5–18　制作头盔顶部造型

13）制作头部其他装备的造型。进入【Face】子物体模式，选择一个面，单击(Duplicate Faces）按钮对其进行复制，如图 5-19 中 A 部分所示。然后进入【Edge】子物体模式，使用(Extrude）工具挤出边，再进入【Vertex】子物体模式，使用(Move Tool）工具调整出装备的基本造型，如图 5-19 中 B 和 C 部分所示。接着使用(Split PolyGon Tools）工具在装备上添加边，最后使用(Move Tool）工具进行调整，使造型更接近原画，如图 5-20 所示。

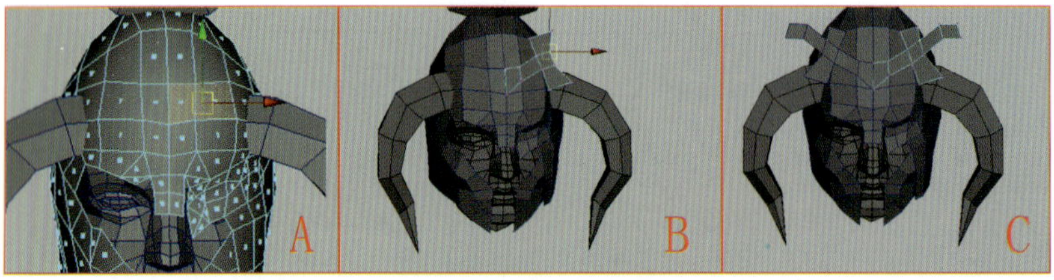

图 5-19　制作头部其他装备的基本造型

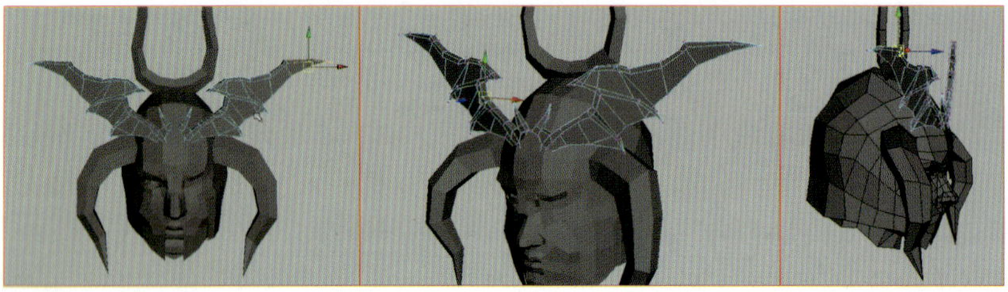

图 5-20　完成头部装备造型的制作

提 示

步骤 10）~ 13）的操作演示详见配套光盘“多媒体视频文件\第 5 章 人形怪物（Boss）的制作\Boss_003.avi”视频文件。

5.2.3　创建 Boss 上半身模型

1）首先利用 Layer 面板隐藏制作好的 Boss 头部模型。然后单击工具栏中的(Polygon Cube）按钮，在【Persp】视图中拉出一个立方体，如图 5-21 中 A 部分所示，接着修改立方体的坐标，将 X，Z 方向的坐标归零，如图 5-21 中 B 部分所示。

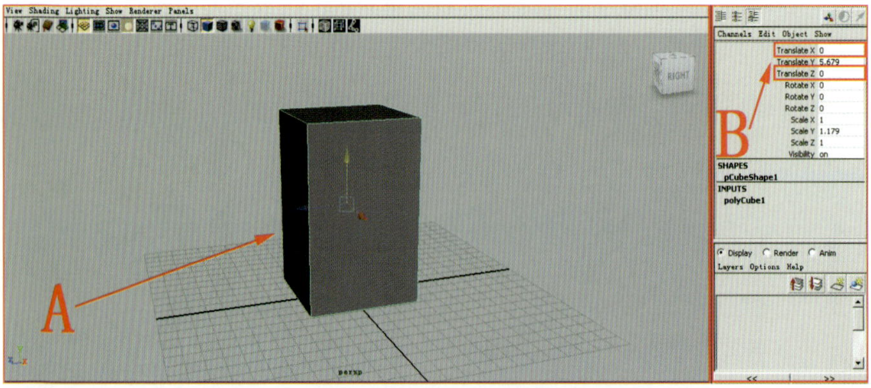

图 5-21　创建身体模型并将模型坐标归零

2）为身体添加“Lattice”变形器。方法：首先单击顶部工具栏中的(Smooth）按钮，此时立方体显示效果如图5-22所示，这样就得到了创建身体的基础模型。选中该模型，将【Polygon】切换到【Animation】状态，再单击“Create Deformers | Lattice”命令右侧的方形按钮，在弹出的“Lattice Options”对话框中设置参数，如图5-23（a）所示，单击“Apply”按钮。此时发现身体模型外会出现一个“6 × 5 × 6”规格的线框，如图5-23（b）所示效果。

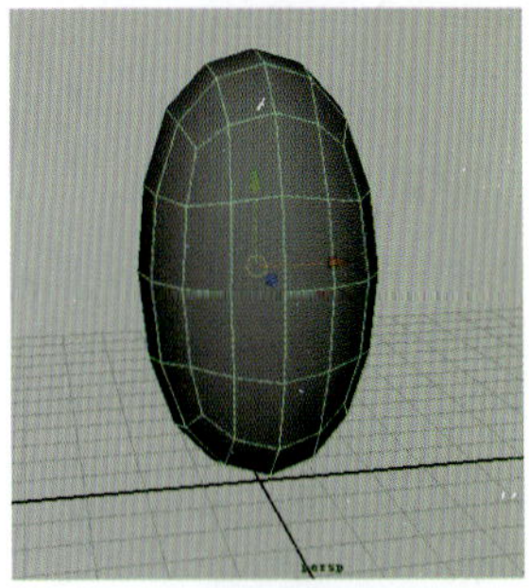

图5-22 为立方体添加“Smooth”后的效果

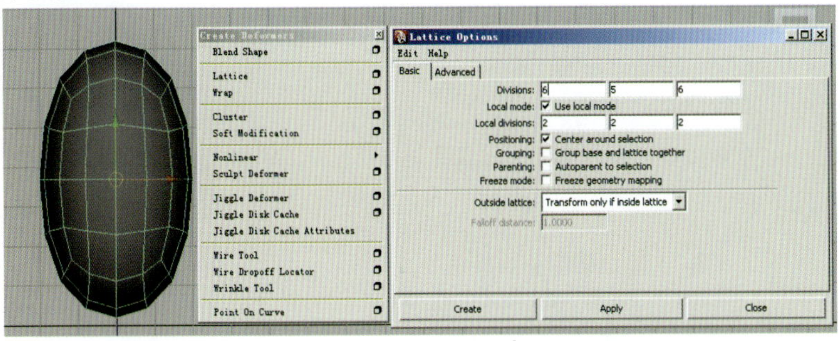

（a）

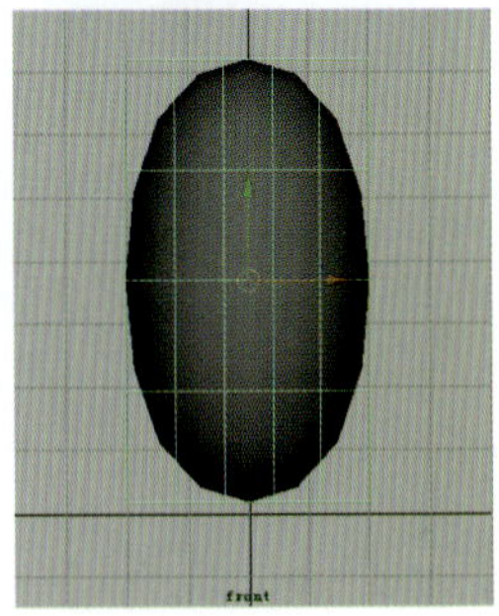

（b）

图5-23 “Lattice”变形器参数设置及效果

3）使用“Lattice”变形器调整身体大体形状。方法：右击变形器线框，在弹出的菜单中选择“Lattice Points”命令，如图5-24中A部分所示，从而激活变形器的顶点，如图5-24中B部分所示。接着分别在【Front】视图和【Side】视图中调节“Lattice”变形器的顶点，制作出Boss身体的基本造型，如图5-25所示。

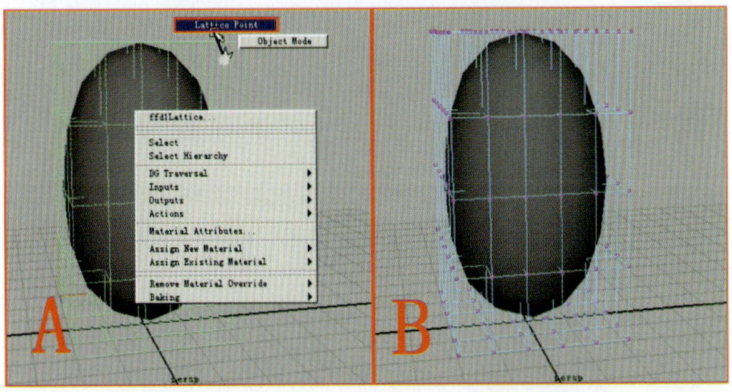

图5-24 激活“Lattice”变形器顶点

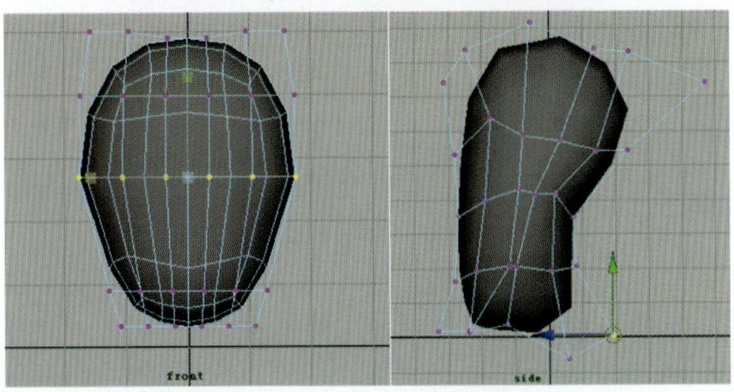

图5-25 调节身体造型

4）回到【Polygon】状态，然后在【Front】视图中进入【Face】子物体模式，再选择身体模型左侧的面，按【Delete】键进行删除，如图 5–26（a）所示。接着进入【Object Mode】子物体模式，单击“Edit | Duplicate Special”命令右侧的方形按钮，在弹出的“Duplicate Special Options”对话框中如图 5–26（b）所示设置参数，单击 Apply 按钮，从而复制出另一半参考模型，效果如图 5–27 所示。

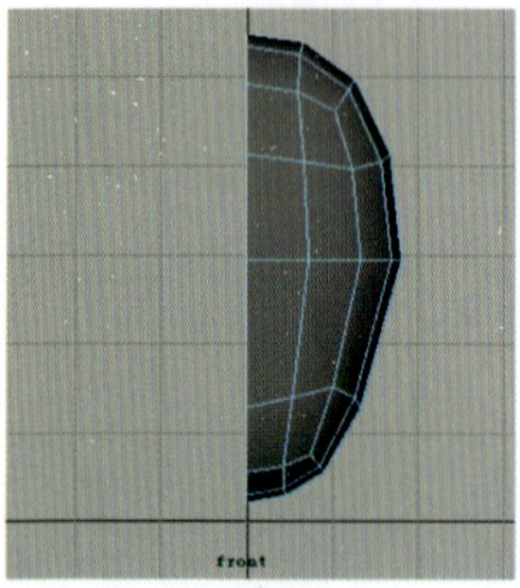

（a）

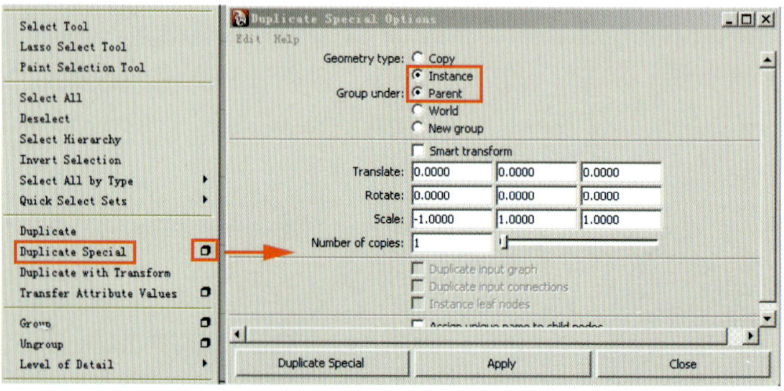

（b）

图 5–26　镜像复制及参数

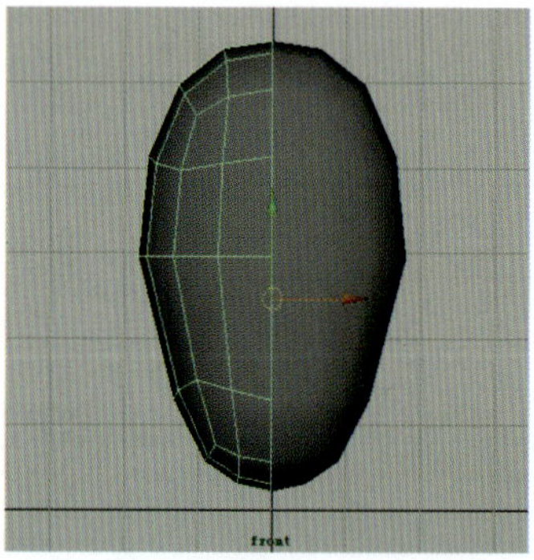

图 5–27　复制另一半参考模型

5）深入调整身体模型。方法：选中身体模型，进入【Vertex】子物体模式，然后双击左侧工具栏中的（Move Tool）工具按钮，调出该工具的属性面板，再修改“Soft Selection”参数如图 5–28 所示。接着参照原画，使用（Move Tool）、（Rotate Tool）和（Scale Tool）工具调整身体的模型，如图 5–29 所示。

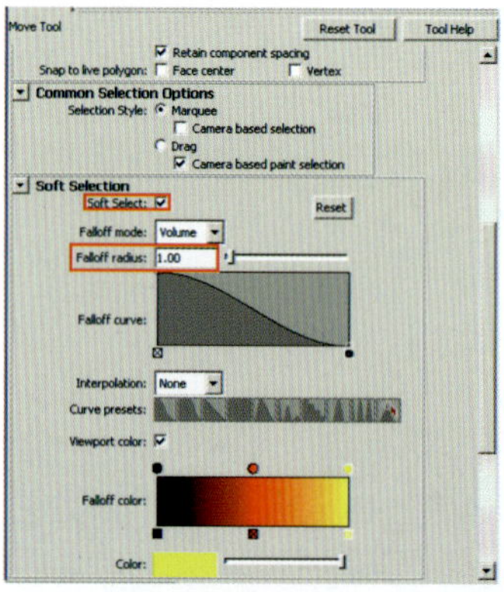

图 5–28　设置“Soft Selection”模式参数

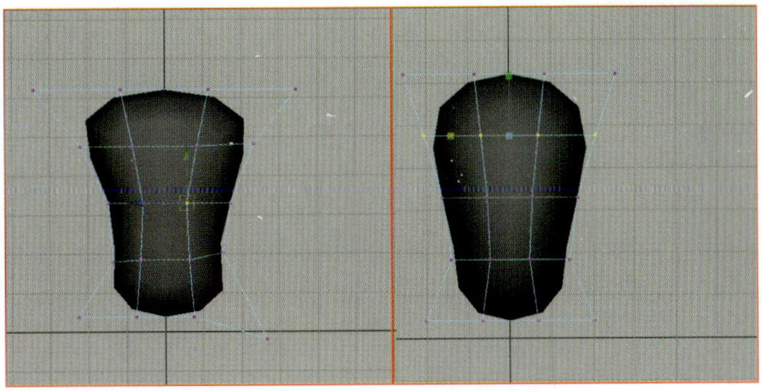

图 5-29　调整上半身的基本造型

6）为身体模型添加细节。方法：进入【Edge】子物体模式，单击“Edit Mesh｜Insert Edge Loop Tool”命令，然后在如图 5-30 中 A 部分所示的边上单击，为模型插入一圈边，效果如图 5-30 中 B 部分所示。

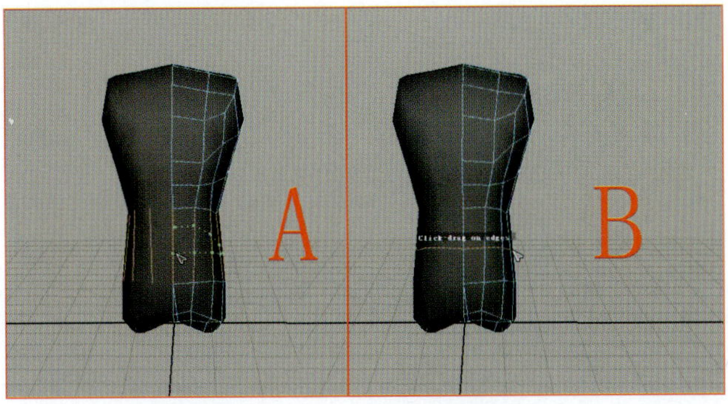

图 5-30　添加腰部的边

7）进入【Vertex】子物体模式，勾取“Soft Select”复选框。然后进入【Side】视图，使用(Move Tool) 工具调整身体的结构，初步调整出肩部、腰部的基本造型，如图 5-31 所示。

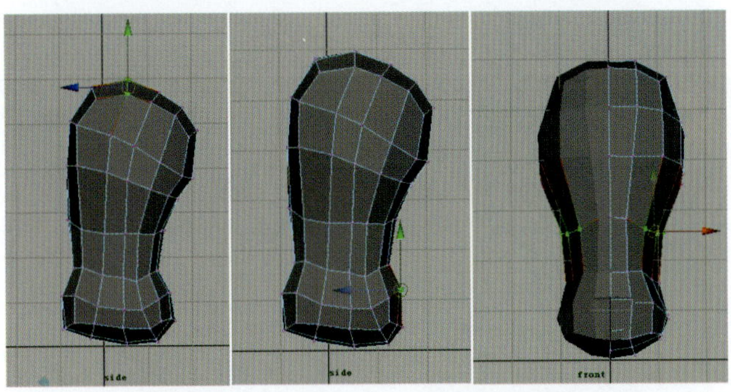

图 5-31　调整肩部、腰部的基本造型

8）在【Persp】视图进入【Edge】子物体模式，然后选择模型底部的面进行删除，如图 5-32 所示。接着继续使用(Split PolyGon Tools) 工具在模型底部添加边，并切换到【Vertex】子物体模式，使用(Move Tool) 工具调整造型，完成效果如图 5-33 所示。

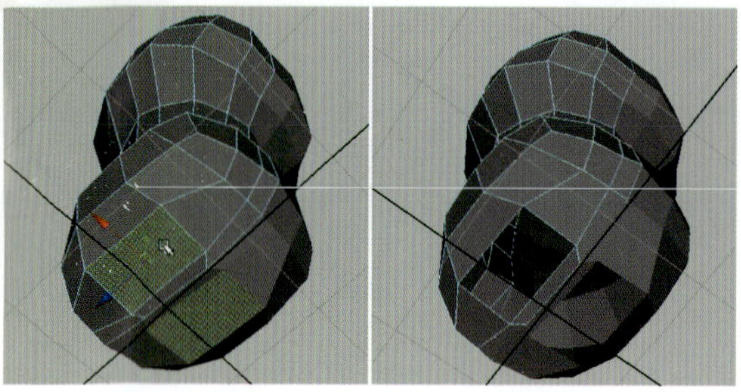

图 5-32　删除模型底部的面

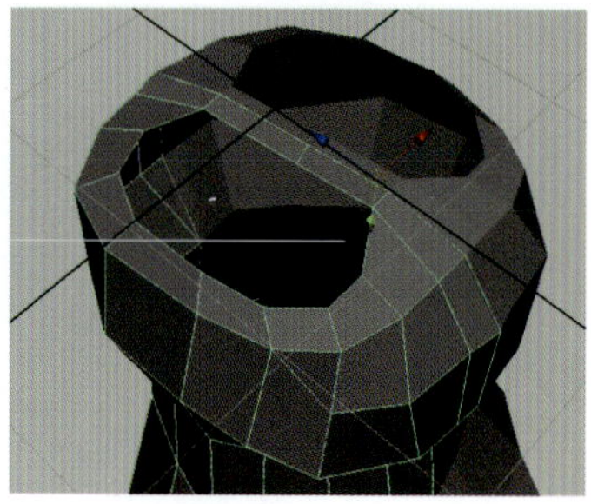

图 5-33　调整模型底部结构的最终效果

9）再次调整身体结构，如图 5-34 所示。然后进入【Face】子物体模式，选中身体与颈部的连接面，按下【Delete】键进行删除，如图 5-35 所示。接着使用 (Split PolyGon Tools）工具在连接处添加边，再用 (Move Tool）工具进行调整，删除多余的顶点和边，如图 5-36 所示。

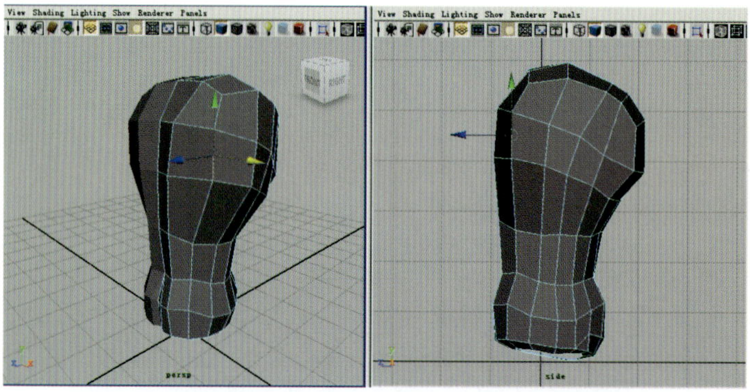

图 5-34　再次调整模型结构

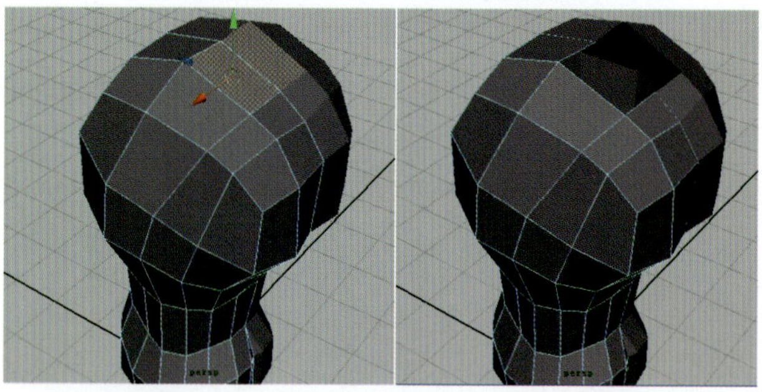

图 5-35　删除身体与颈部连接处的面

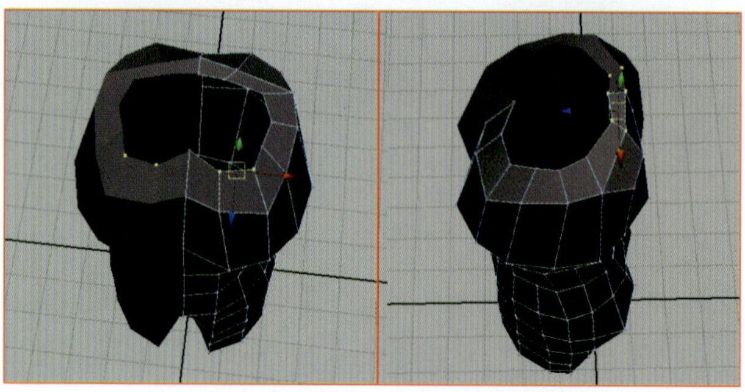

图 5-36　调整身体与颈部的连接部分

提 示

步骤1）~9）的操作演示详见配套光盘“多媒体视频文件\第5章 人形怪物（Boss）的制作\Boss_004.avi”视频文件。

5.2.4 创建Boss腿部模型

1）调整身体与腿部连接处的造型。由于腿部是从身体直接挤出的，因此在制作之前，要使用(Move Tool)工具仔细调整连接处的顶点，以便后面创建腿部模型，效果如图5-37所示。

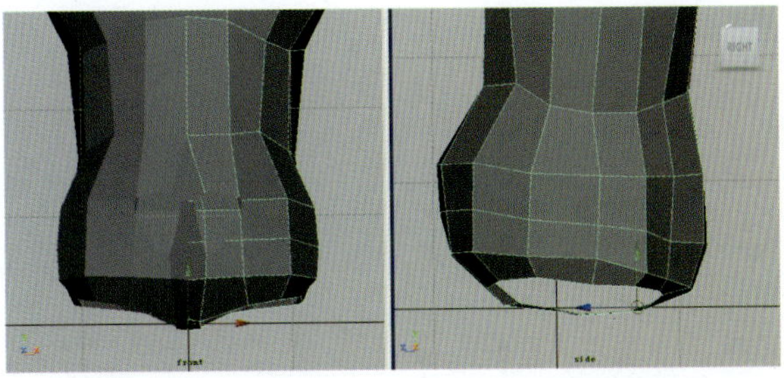

图5-37 调整身体与腿部连接处的顶点

2）挤出腿部造型。方法：在【Persp】视图中进入【Edge】子物体模式，选择身体底部的一圈边，如图5-38中A部分所示。然后单击顶部工具栏中的(Extrude)按钮，再单击工具杆转换挤出轴向后，切换到【Front】视图沿Y轴向下挤出一段腿部造型，如图5-38中B部分所示。接着进入【Vertex】子物体模式，使用(Move Tool)工具以不同视角调整腿部造型，要特别注意对身体衔接处的造型的调整，完成效果如图5-39所示。

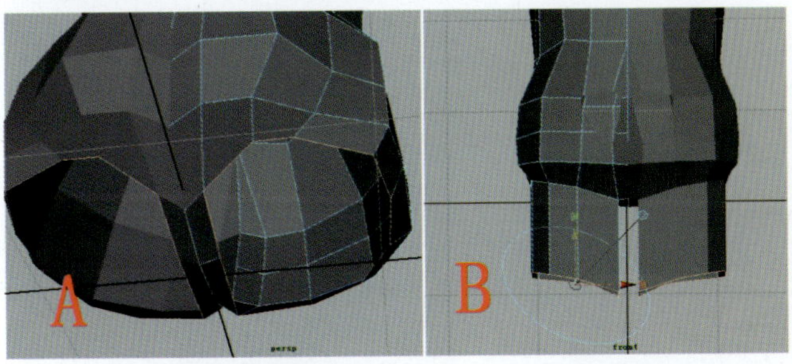

图5-38 挤出一段腿部造型

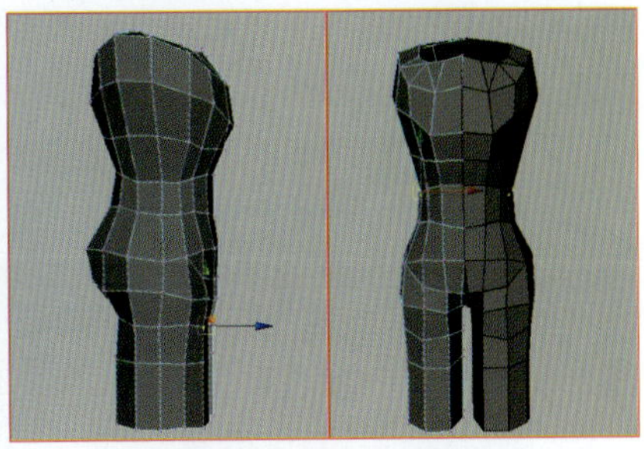

图5-39 调整挤出的腿部造型

3）继续挤出腿部造型，然后进入【Vertex】子物体模式，使用(Move Tool)工具对其进行调整，如图5-40所示。

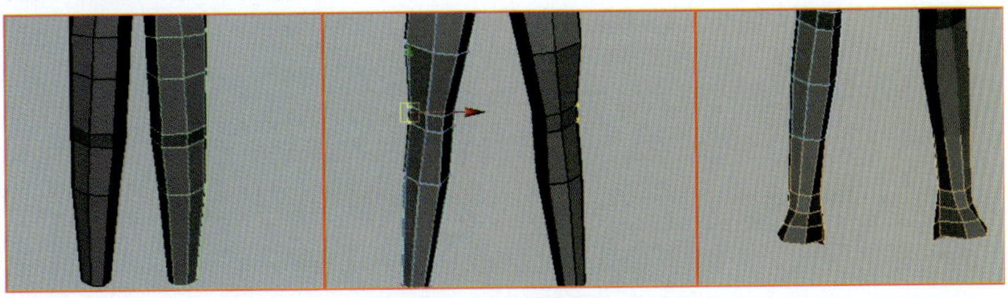

图5-40 完善腿部造型

提 示

步骤 1）~3）的操作演示详见配套光盘“多媒体视频文件\第 5 章 人形怪物（Boss）的制作\Boss_005.avi”视频文件。

5.2.5 创建 Boss 手臂模型

1）在【Persp】视图进入【Vertex】子物体模式，选中身体侧面的一个顶点，如图 5-41 中 A 部分所示。然后单击“Edit Mesh | Chamfer Vertex”命令，如图 5-41 中 B 部分所示，再将被选择的顶点进行细分，如图 5-41 中 C 部分所示。

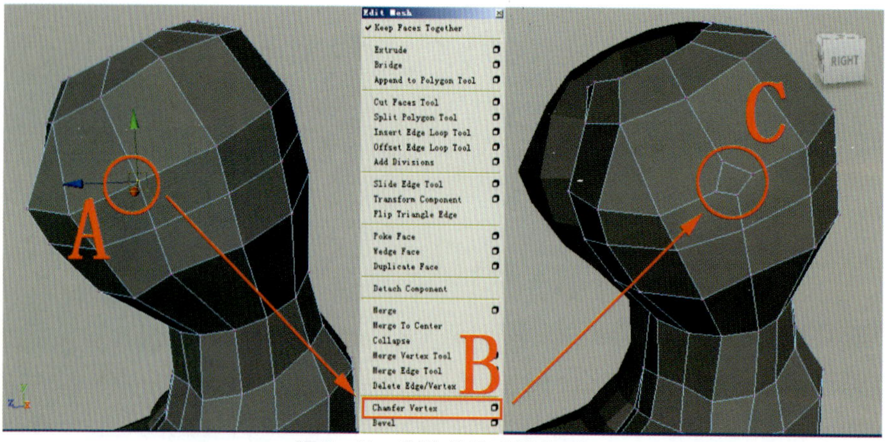

图 5-41　制作挤出手臂的面

2）进入【Face】子物体模式，使用(Scale Tool）工具将细化出来的面适当放大，如图 5-42（a)中 A 部分所示，然后按【Delete】键，将其删除，如图 5-42（a）中 B 部分所示。使用(Split PolyGon Tools）工具在连接面处添加边，然后使用(Move Tool）工具进行调整，删除多余的顶点和边，如图 5-42（b）所示。

(a)　　(b)

图 5-42　删除手臂部分的面并调整其顶点

3）挤出手臂的造型。参考前面挤出腿部的方法，在【Persp】视图中进入【Edge】子物体模式，然后选择身体侧面的一圈边，如图 5-43 中 A 部分所示，再切换到【Front】视图，单击顶部工具栏中的(Extrude）按钮沿 *X* 轴向外挤出一段手臂，如图 5-43 中 B 部分所示。接着进入【Vertex】子物体模式，使用(Move Tool）工具以不同视角调整手臂造型，特别是与身体衔接处造型的调整。完成效果如图 5-44 所示。

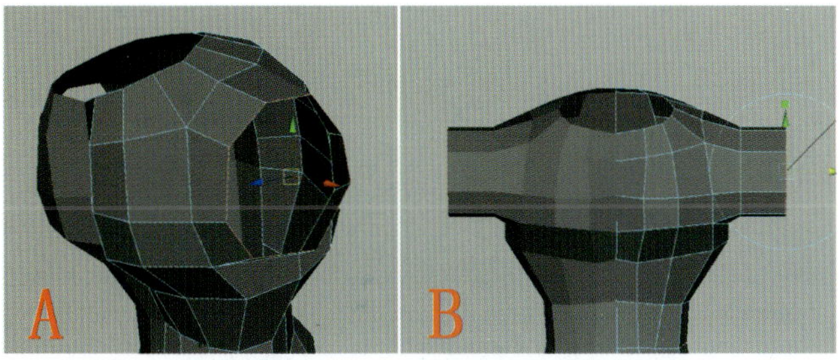

图5-43 挤出一段手臂

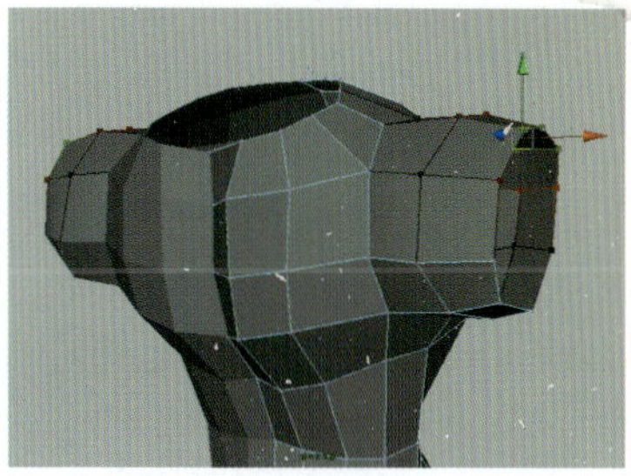

图5-44 调整挤出的手臂造型

提 示

步骤1）~3）的操作演示详见配套光盘“多媒体视频文件\第5章 人形怪物（Boss）的制作\Boss_005.avi”视频文件。

4）使用(Extrude)工具继续挤出手臂造型，然后使用(Split PolyGon Tools)在手臂上添加边，如图5-45所示。接着进入【Vertex】子物体模式，使用(Move Tool)工具调整手臂部分的顶点，如图5-46所示。

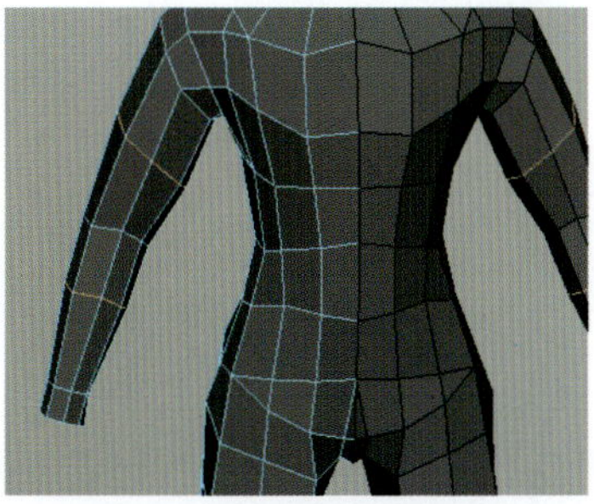

图5-45 调整手臂造型

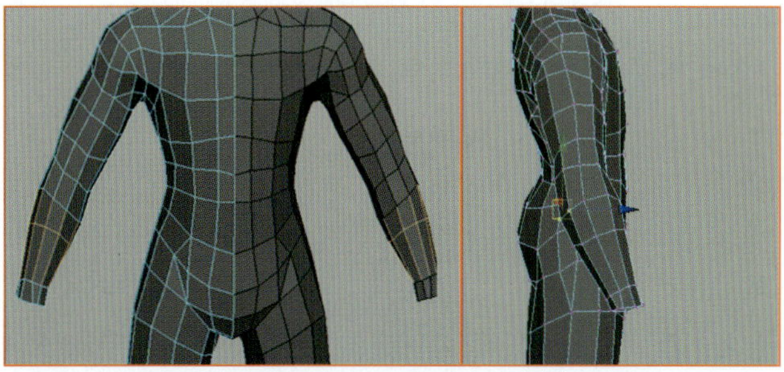

图5-46 调整手臂部分的顶点

5）调整身体的整体结构。调整全身的顶点，这时需要多观察原画，抓住形体特征，尽可能把这些特征表现出来，使身体的整体结构更加合理。完成效果如图5-47所示。

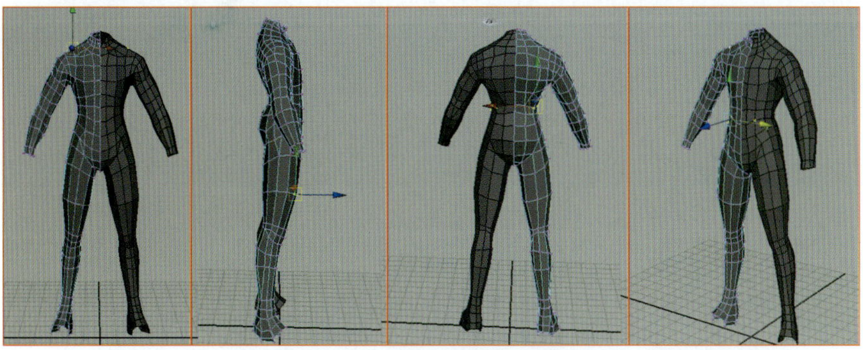

图5-47 调整身体的整体造型

提 示

步骤4）~5）的操作演示详见配套光盘“多媒体视频文件\第5章 人形怪物（Boss）的制作\Boss_006.avi”视频文件。

6）连接头部和身体的模型。显示隐藏的头部模型，如图 5−48 所示。然后使用(Move Tool）和(Scale Tool）工具调整头部模型的大小和位置，接着激活(Snap to points）工具将颈部连接处的顶点基本对位，最后进入【Vertex】子物体模式调整模型，完成效果如图 5−49 所示。

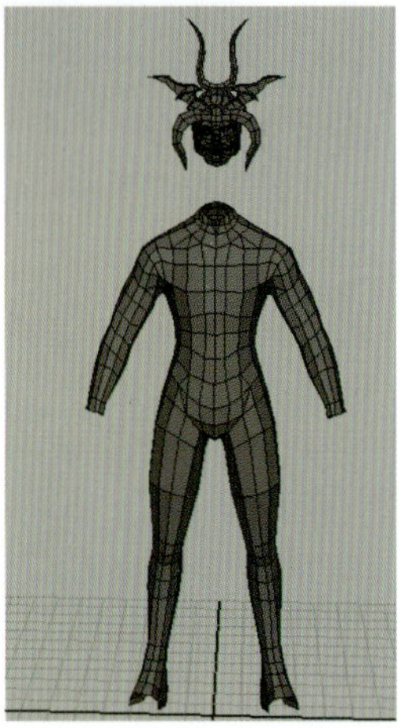

图 5−48　显示出头部模型

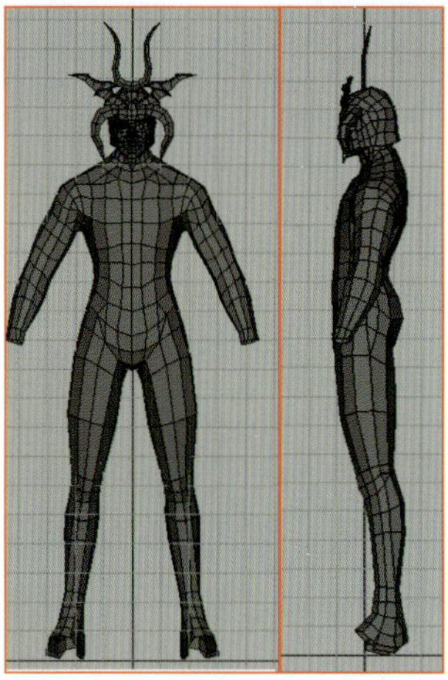

图 5−49　将头部与身体匹配并对齐

5.2.6　创建 Boss 手和脚的模型

本例中 Boss 角色制作的重点体现在 3 大模块：头部、手、胸部，这 3 部分最能体现角色的造型特点。

1）在【Persp】视图创建立方体，然后使用(Split PolyGon Tools）工具在立方体上添加边，再使用(Move Tool）工具调整出手掌的基本造型，如图 5−50 中 A 部分所示。接着在【Face】子物体模式下，单击(Extrude）按钮挤出手指，再使用(Split PolyGon Tools）工具添加细节，并调整手指的造型，如图 5−50 中 B 部分所示。再接着使用(Extract）工具将手指与手掌分离，再按下【Ctrl+D】组合键，将调整好造型的手指复制，如图 5−50 中 C 部分所示。最后将调整好的全部手指与手掌对位，并使用(Combine）工具与(Merge Vertices）工具将手指与手掌合并到一起，如图 5−50 中 D 部分所示。

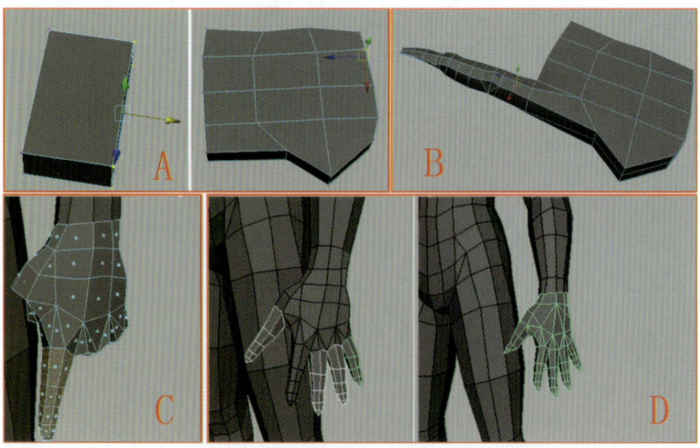

图 5−50　制作手部的造型

2）根据手臂的造型，使用(Move Tool)和(Rotate Tool)工具继续调整手部的形状，完成效果如图5－51中A部分所示。此时手臂和手部的整体效果如图5－51中B部分所示。

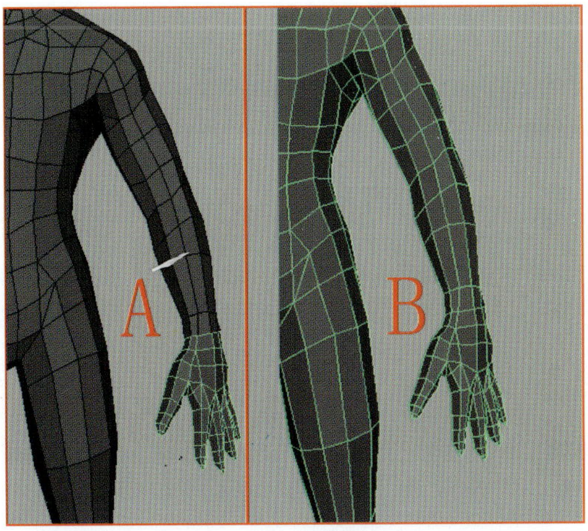

图5-51　手部造型

3）参考手部的制作方法，制作Boss的鞋的造型，效果如图5－52所示。

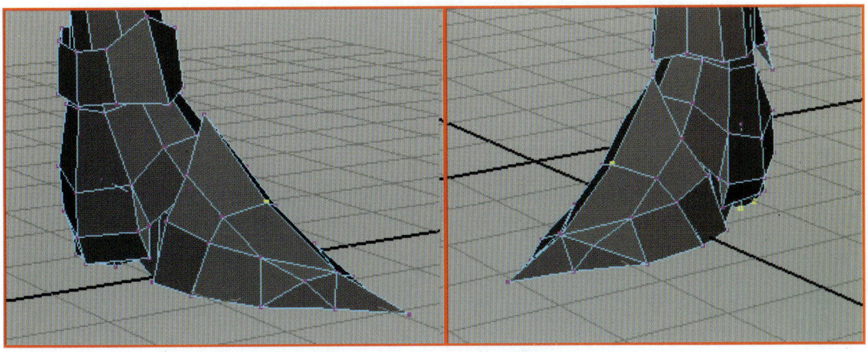

图5-52　制作鞋的造型

提 示

步骤1）～3）的操作演示详见配套光盘“多媒体视频文件\第5章 人形怪物（Boss）的制作\Boss_007.avi”视频文件。

5.2.7 创建Boss的装备模型

1）进入【Face】子物体模式，选择胸部前后的面，然后单击(Duplicate Face Tool)按钮复制选择的面，如图5－53（a）所示，再使用(Split PolyGon Tools)工具在身体装备上添加边。接着进入【Edge】子物体模式选中边，再使用（Extrude）工具挤出翅膀的基础造型，如图5－53（b）所示。最后进入【Vertex】子物体模式，使用（Move Tool）工具调节顶点，从而制作出Boss翅膀的大体形状，如图5－53（c）所示。

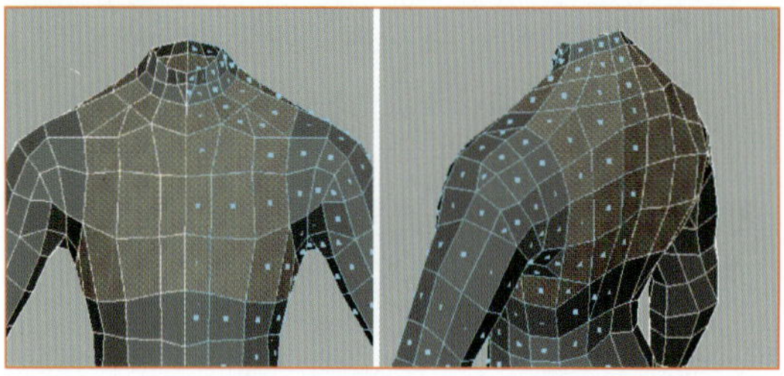

(a)

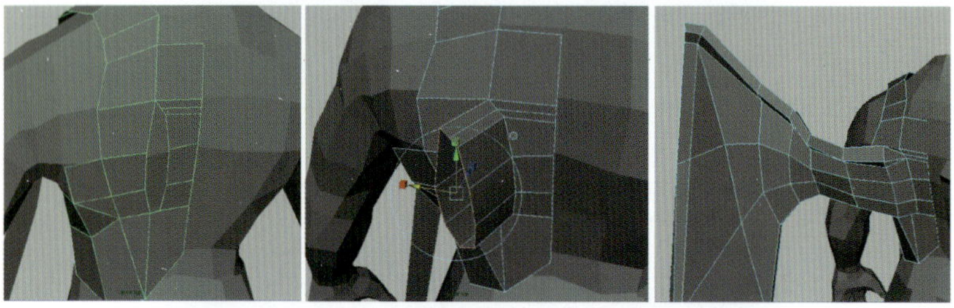

(b)

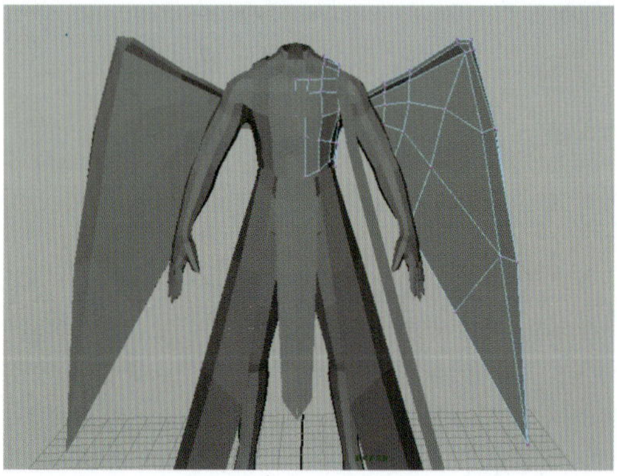

(c)

图 5-35　制作并调整翅膀大体造型

2）选择翅膀侧面的边，再单击 (Extrude) 按钮挤出翅膀侧面骨骼的造型，如图 5-54 所示。然后使用 (Split PolyGon Tools) 工具添加翅膀前面的边，作为翅膀前面的骨骼造型，如图 5-55 所示。接着进入【Vertex】子物体模式，使用 (Move Tool) 工具在各个视图调整翅膀的造型，如图 5-56 所示。最终翅膀的造型如图 5-57 所示。

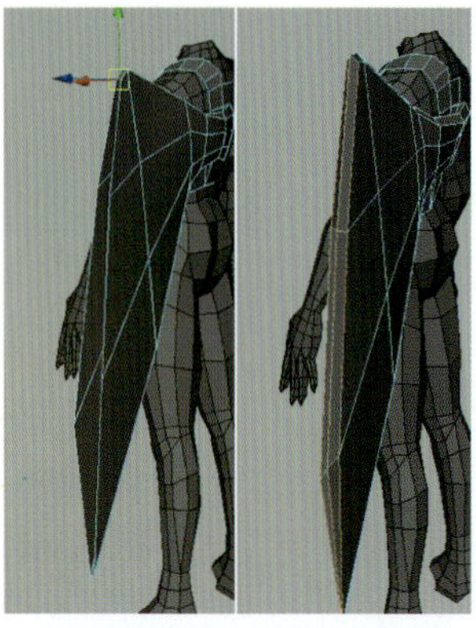

图 5-54　挤出翅膀侧面骨骼的造型

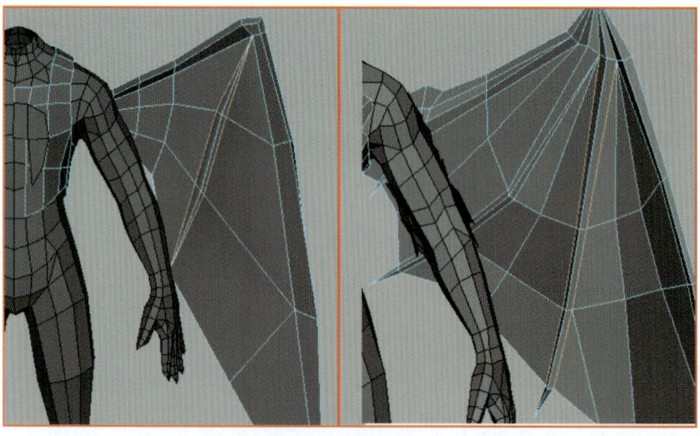

图 5-55　制作翅膀前面骨骼造型

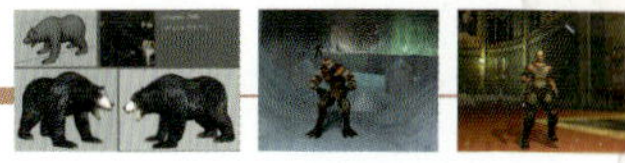

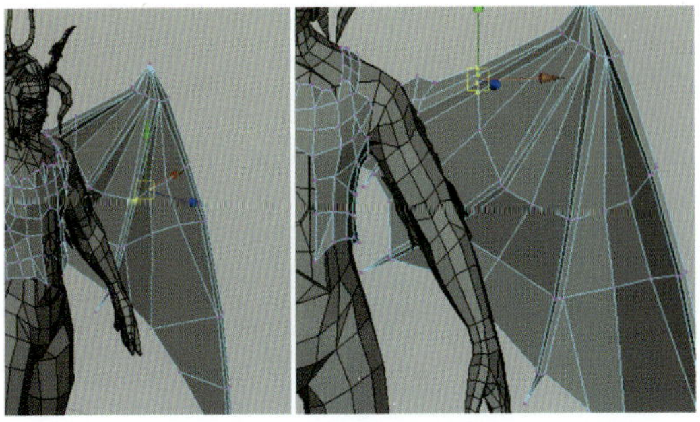

图 5–56　调整翅膀的造型

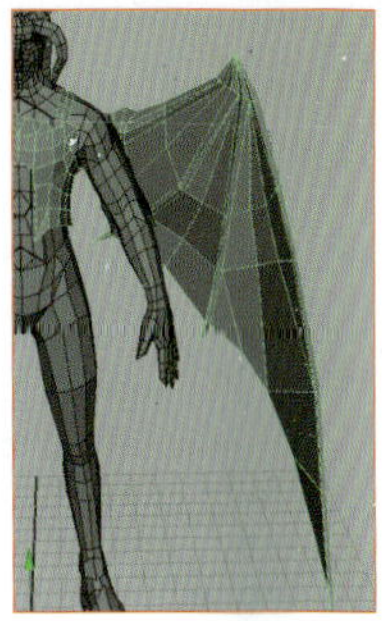

图 5–57　完成翅膀造型

提 示

步骤 1）~2）的操作演示详见配套光盘“多媒体视频文件\第 5 章 人形怪物（Boss）的制作\Boss_008.avi”视频文件。

3）制作手臂部分的装备。方法：在【Face】子物体模式下，选择手臂的面，再单击(Duplicate Face Tool）按钮复制选择的面，作为肩部装备的基础模型，如图 5–58 所示。然后利用(Split PolyGon Tools）工具在肩部装备处添加边，接着进入【Vertex】子物体模式，对照原画，利用(Move Tool）工具制作出肩部装备的造型，如图 5–59 所示。

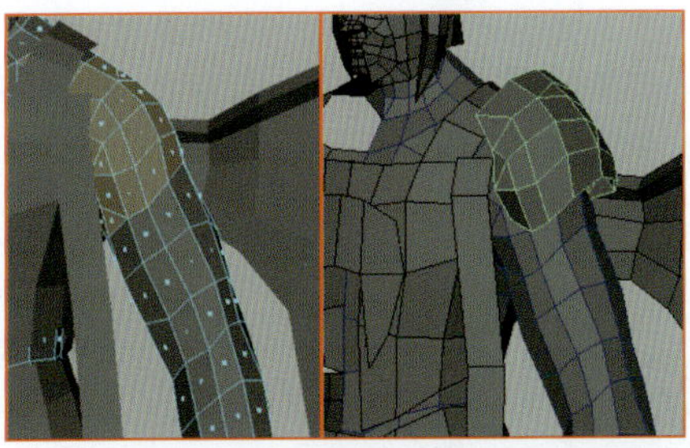

图 5–58　复制手臂所在面

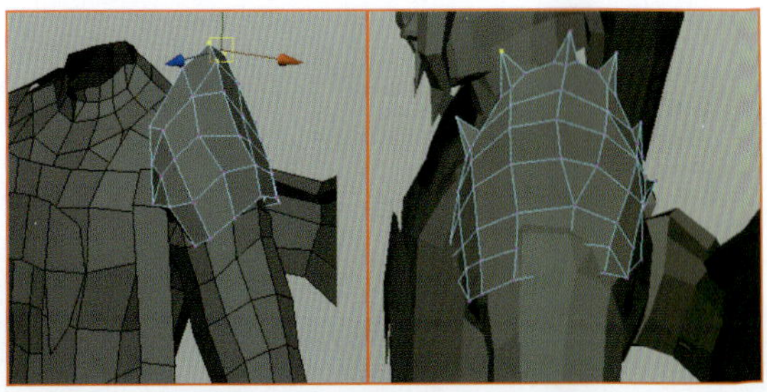

图 5–59　制作肩部装备造型

4）使用(Split PolyGon Tools）工具在肩部装备的位置添加边。然后进入【Vertex】子物体模式，使用(Move Tool）工具调整造型，再删除多余的面。接着选择图 5–60 中 A 部分所示的边，单击(Extrude）按钮挤出面，如图 5–60 中 B 部分所示，再进入【Vertex】子物体模式，使用（Collapse）工具把挤出面最前边的顶点进行塌陷与合并，如图 5–60 中 C 部分所示。最后调整肩部装备的顶点，使装备造型更加合理，如图 5–61 所示。最终的效果如图 5–62 所示。

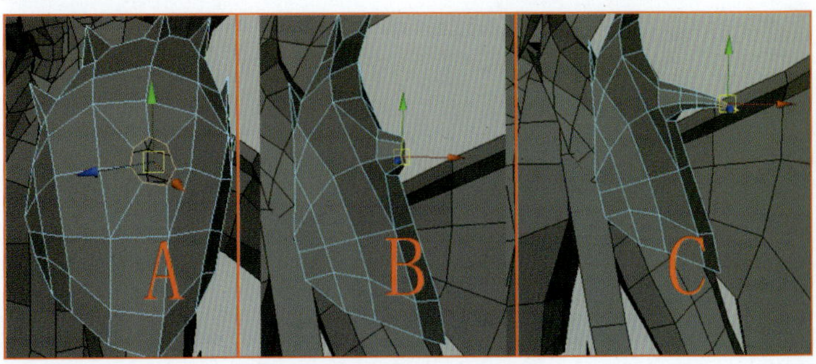

图 5–60　完善装备造型

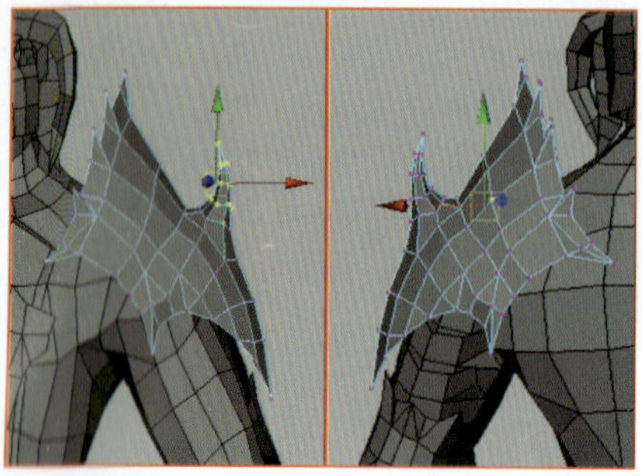

图 5-61　调整装备造型

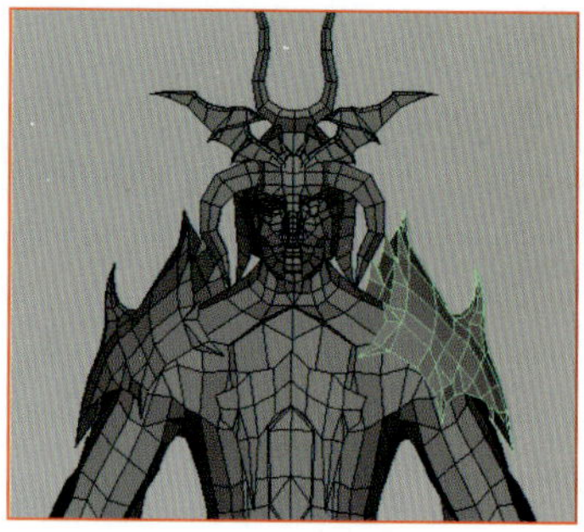

图 5-62　肩部装备的最终造型

5）参照肩部装备的制作方法，制作出胸部、肘部和膝部的装备，如图 5-63 所示。

图 5-63　胸部、肘部和膝部的装备

6）制作大腿装备和手腕装备。方法：首先选择腿部侧面的面，如图 5-64 中 A 部分所示，再复制选择的面，如图 5-64 中 B 部分所示。然后使用(Split PolyGon Tools）工具在大腿装备上添加边，再进入【Vertex】子物体模式，使用(Move Tool）工具进一步刻画细节，效果如图 5-65 所示。同理，制作出手腕装备，最终造型如图 5-66 所示。

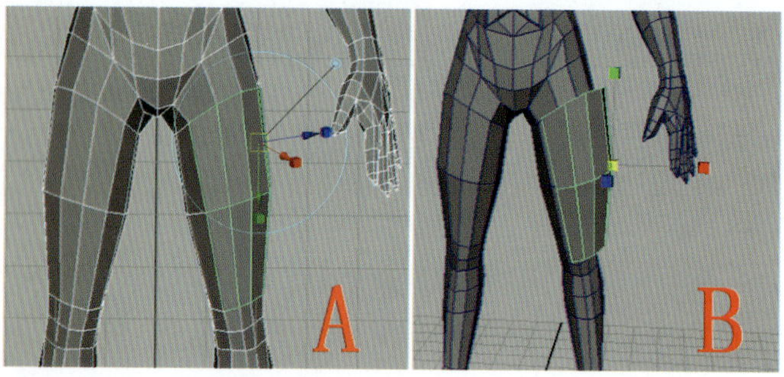

图 5-64　复制出大腿装备

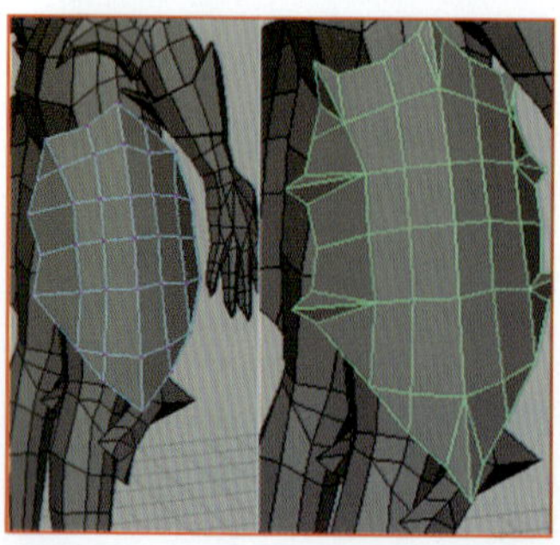

图 5-65　进一步刻画装备细节

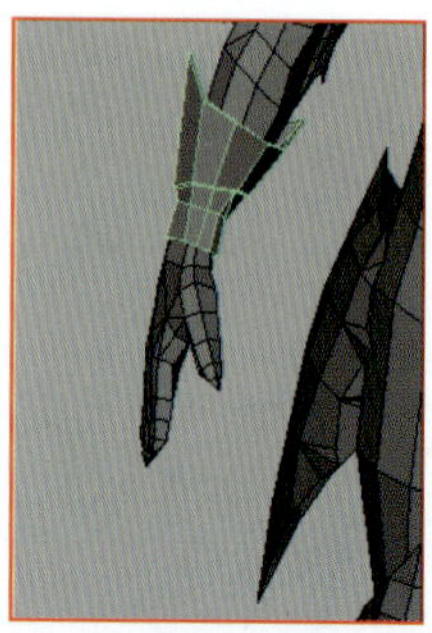

图 5-66　手腕装备最终造型

7）制作Boss的披风。方法：首先隐藏制作好的装备，再选择身体的面，然后单击(Duplicate Face Tool）按钮复制选择的面，如图5－67中A部分所示，再进入【Vertex】子物体模式，选择披风底部的顶点，如图5－67中B部分所示。接着将选中的顶点向下拖动，如图5－67中C部分所示，再使用(Split PolyGon Tools）工具在披风上添加边。最后使用（Move Tool）工具调节顶点，制作出披风的造型，如图5－68所示。

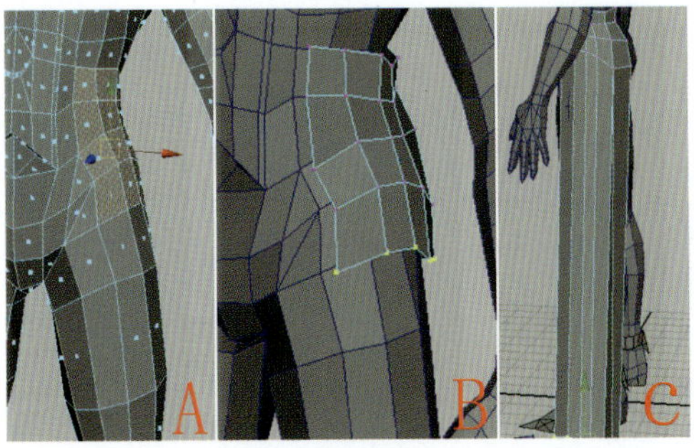

图5－67　制作披风大体形态

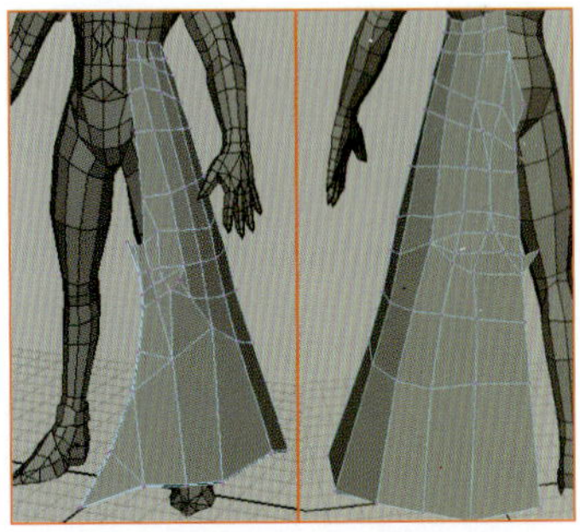
图5－68　制作披风的造型

8）制作披风的细节造型。方法：使用(Split PolyGon Tools）工具在披风上添加边，然后使用(Move Tool）工具向内拉出披风的立体造型，如图5－69所示。接着使用“Duplicate Special”菜单命令对称复制出另一边披风，最终效果如图5－70所示。

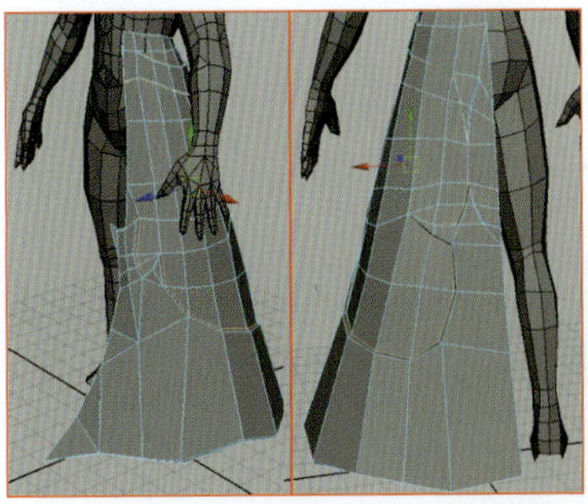
图5－69　制作披风立体造型

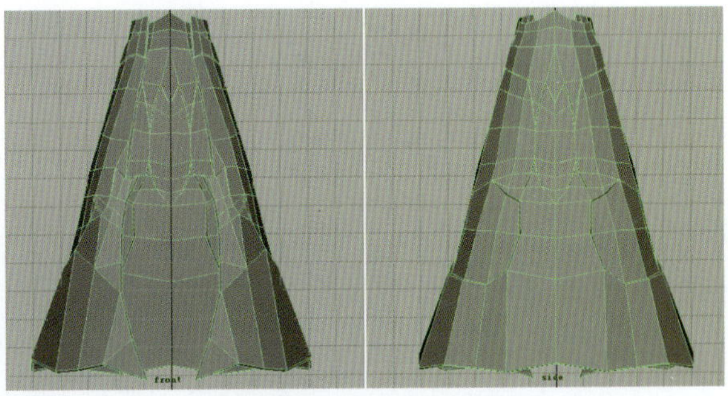
图5－70　披风最终造型

9）刻画身体装备的细节。方法：使用(Split PolyGon Tools）工具添加边，如图5－71中A部分所示。然后使用(Move Tool）工具向内拉出装备上的立体造型，如图5－71中B部分所示。最终完成效果如图5－72所示。

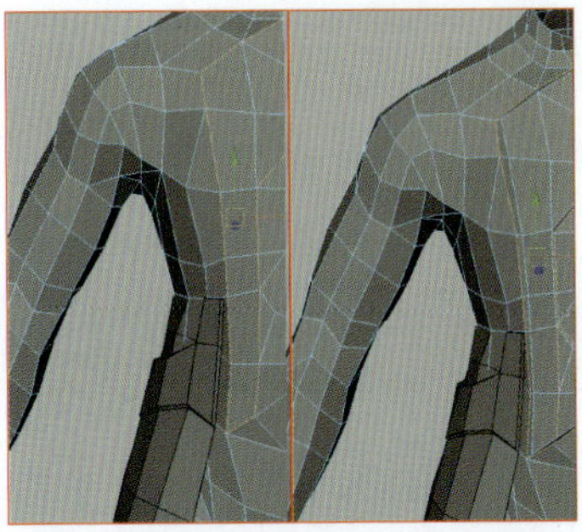
图5－71　刻画身体装备的细节

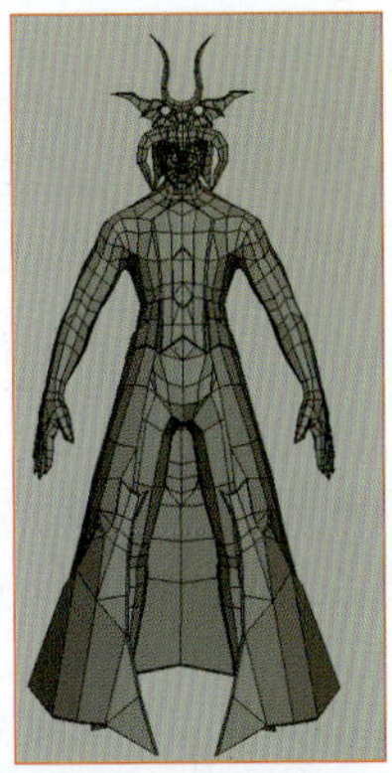
图5－72　最终完成效果

10）制作角色侧面的装备。方法：在【Face】子物体模式下，选择披风的面，然后单击(Duplicate Face Tool)按钮复制选择的面，如图5-73中A部分所示。接着进入【Edge】子物体模式选择两段边，再使用(Extrude)工具向上挤出装备造型，如图5-73中B部分所示。最后使用(Split PolyGon Tools)工具在装备上添加边，再进入【Vertex】子物体模式，使用(Move Tool)工具调整装备的造型，如图5-73中C部分所示。

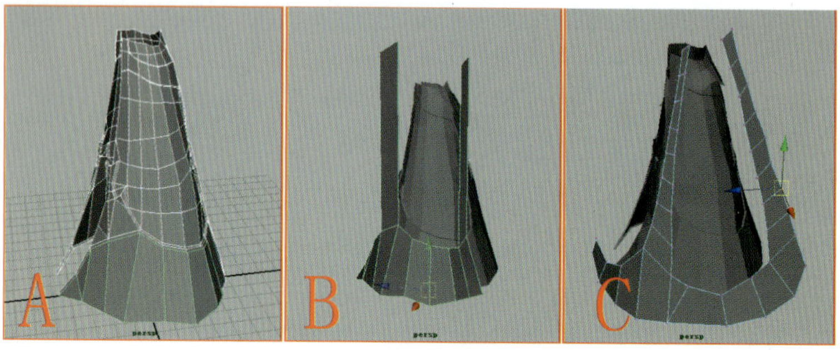

图5-73　侧面装备的制作

提 示

步骤3）~10）的操作演示详见配套光盘“多媒体视频文件\第5章 人形怪物（Boss）的制作\Boss_009.avi”视频文件。

11）同理，制作其他小装备。完成Boss模型的最终制作，效果如图5-74所示。

图5-74　Boss模型完成效果

5.3　Boss的UV编辑及调整

Boss的UV编辑分为头部的UV编辑、身体的UV编辑和装备的UV编辑3部分来进行。

5.3.1 头部的 UV 编辑

1）赋予文件检测纹理。首先执行菜单中的“Window | Render Editors | Hypershade”，如图 5–75 中 A 部分所示，打开 Hypershade（超材质编辑器）对话窗口。然后双击窗口左侧 Create All Nodes 工具条中的 Lambert 材质球，建立一个新的 Lambert 材质，如图 5–75 中 B 部分所示。接着右击新建的材质，在弹出的菜单中选择“Assign Material To Selection”命令，如图 5–76 所示，将材质赋予 Boss 模型。

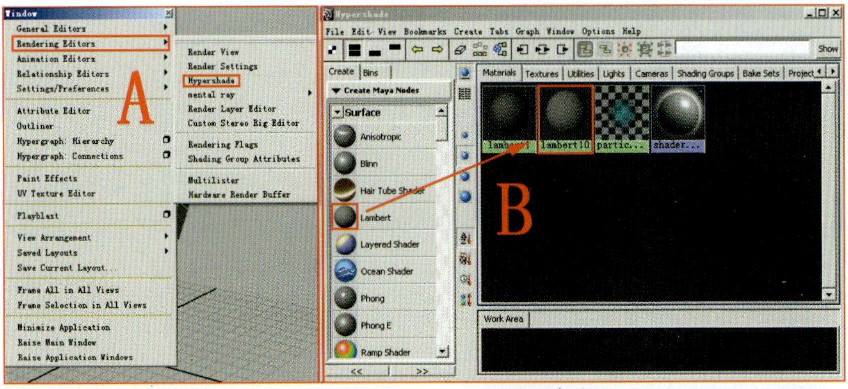

图 5–75 打开 Hypershade 并新建材质

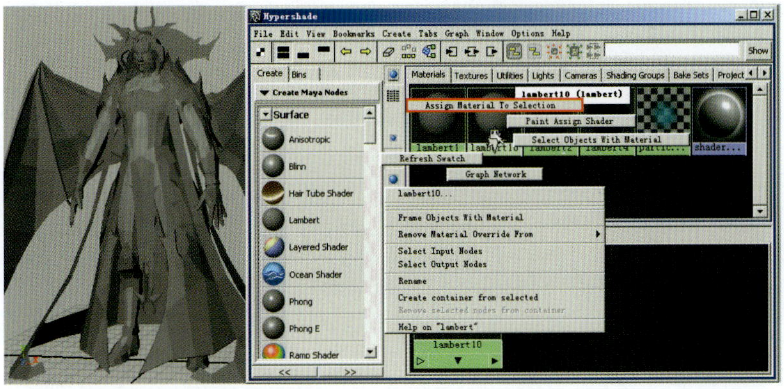

图 5–76 把材质指定给模型

2）双击新建的材质球，打开其属性编辑器。然后单击 Common Material Attributes 面板中 Color 后边的 按钮，如图 5–77 中 A 部分所示。在弹出的 Create Render Node 窗口的【2D Textures】选项组中选择【File】按钮，如图 5–77 中 B 部分所示。

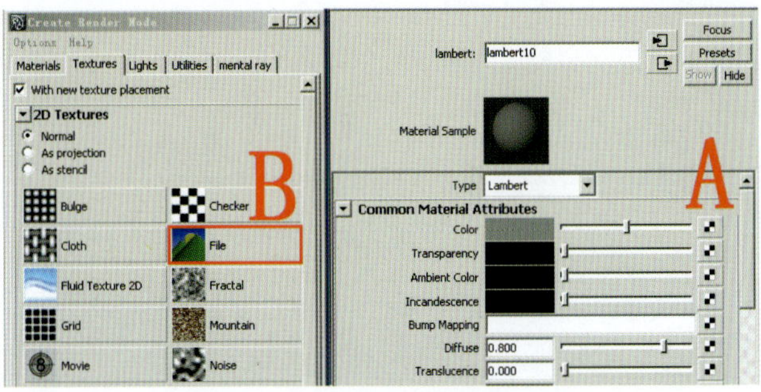

图 5–77 为材质指定颜色纹理

3）在 Hypershade 窗口的工作区中双击刚才生成文件的纹理节点，打开其属性编辑器，如图 5−78 中 A 部分所示。然后单击【Image Name】后边的 (Open File) 按钮，如图 5−78 中 B 部分所示。接着在弹出的【Open 文件贴图】窗口找到用于测试的纹理——棋盘格.jpg（该贴图为配套光盘“贴图\第 5 章 人形怪物（Boss）的制作\棋盘格.jpg”），单击【Open】按钮确认指定。

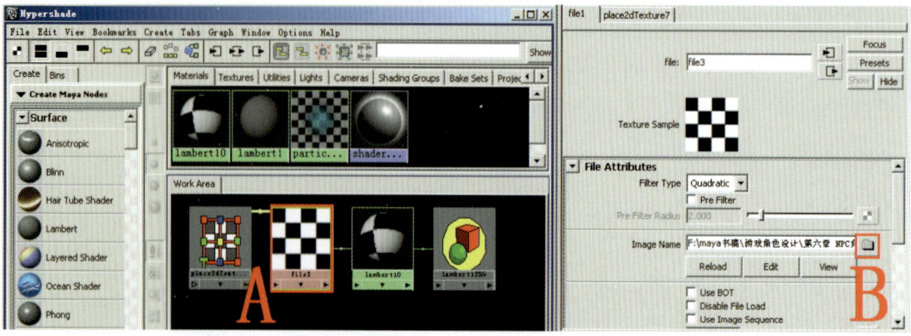

图 5−78 为模型赋予检测纹理

4）在 Hypershade 窗口中双击 place2dTexture3 打开其属性编辑器窗口，然后设置 Repeat UV 数值为（4，4），如图 5−79 所示。

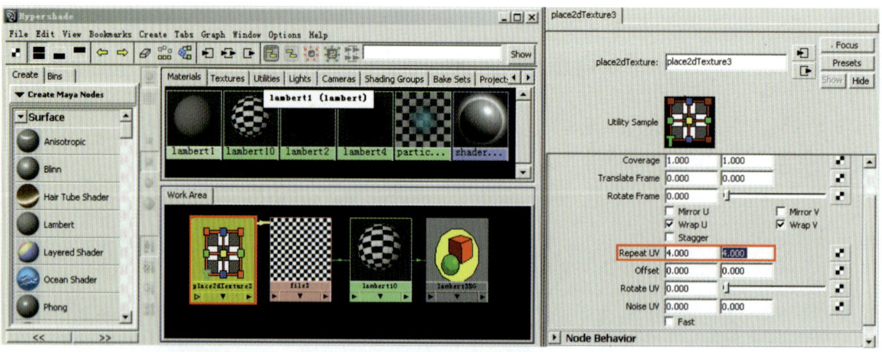

图 5−79 设置棋盘格纹理的 UV 重复数

5）编辑头部模型的 UV。方法：选择 Boss 头部模型，单击“Create UVs | Planar Mapping”命令右侧的方形按钮，如图 5−80 中 A 部分所示。然后在弹出的对话框中选择轴向，如图 5−80 中 B 部分所示，单击“Apply”按钮，从而得到如图 5−80 中 C 部分所示的效果。

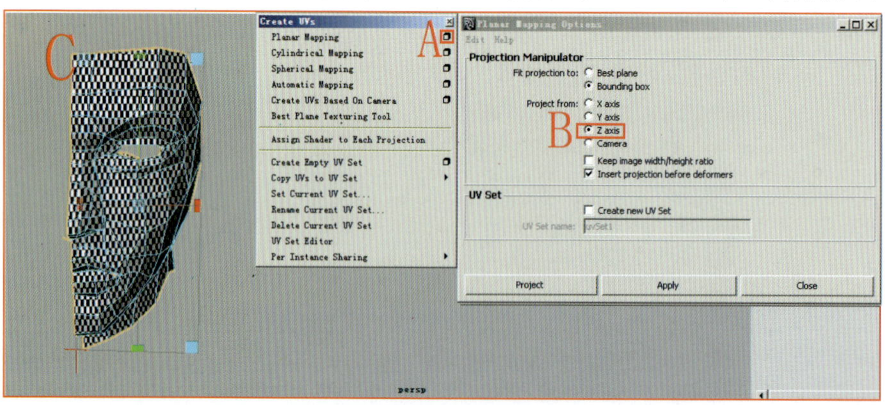

图 5−80 给头部模型指定平面映射方式

6）打开 UV Texture Editor，查看Boss头部的UV分布，如图5-81所示。然后在【Persp】视图进入【Edge】子物体模式，选中头部侧面的一条边，如图5-82中标红处所示，再单击UV Texture Editor中（Cut UV Edges）按钮，沿选中的边剪切UV，把头部UV分成前后两部分。接着选择鼠标右键菜单中的【UV】命令，选中前面头部的一个UV坐标点，如图5-83中A部分所示，再在按下【Ctrl】键的同时右击，在弹出的菜单中选择【To Shell】命令，从而选取前面头部的全部UV，如图5-83中B部分所示。最后把选中的UV摆放到一边，如图5-83中C部分所示。

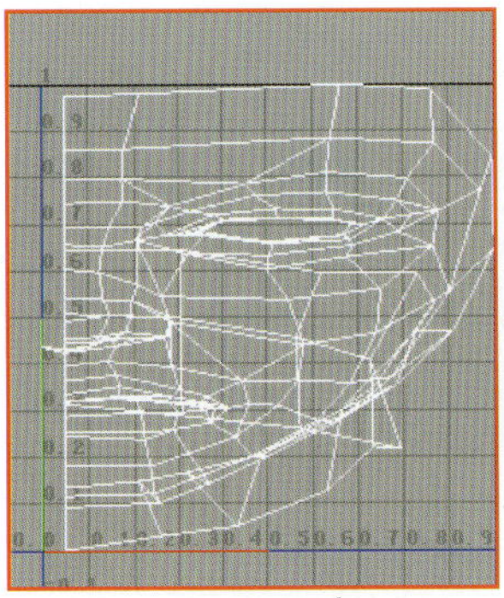
图5-81　调节前的UV坐标

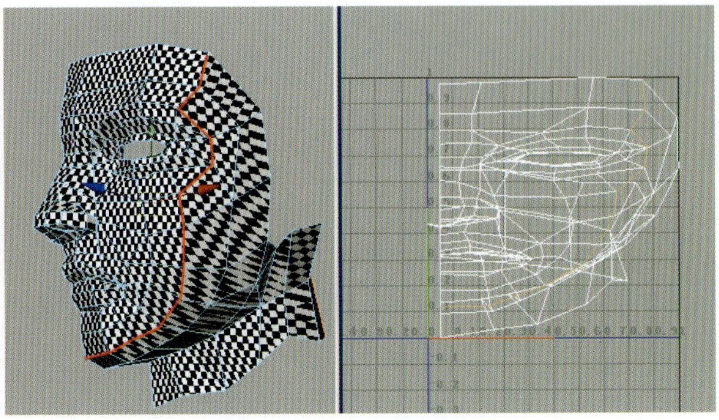
图5-82　剪切头部UV

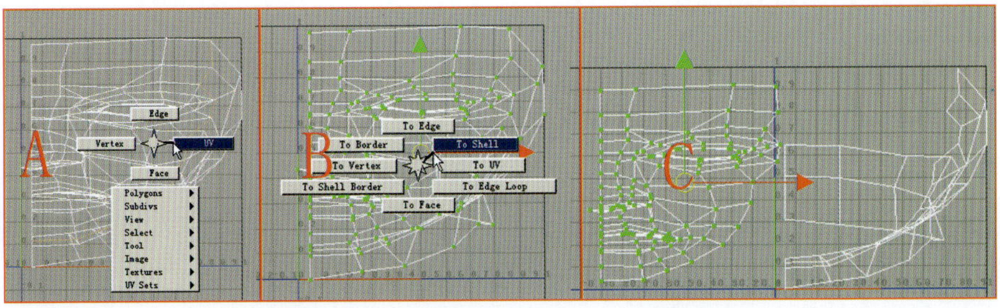

图5-83　将头部UV分为前、后两部分

7）调整头部UV。方法：首先选择头部的UV，再单击（Unfold Selected UVs）工具把UV自动展平，然后使用（Scale Tool）和（Move Tool）工具把鼻子一侧的UV拉直，再调整棋盘格拉伸较大处的UV，如图5-84中A部分所示。接着进入【Edge】子物体模式，选择头部前、后接缝处的两条边，如图5-84中B部分所示。再单击（Move and Sew UV Edge）按钮，将前、后头部的UV缝合到一起，如图5-84中C部分所示。最后使用UV Texture Editor中的（Rotate Tool）工具和（Relax Tool）工具对编辑好的UV进行旋转、放松等辅助操作，使棋盘格纹理达到最佳显示效果，如图5-85所示。

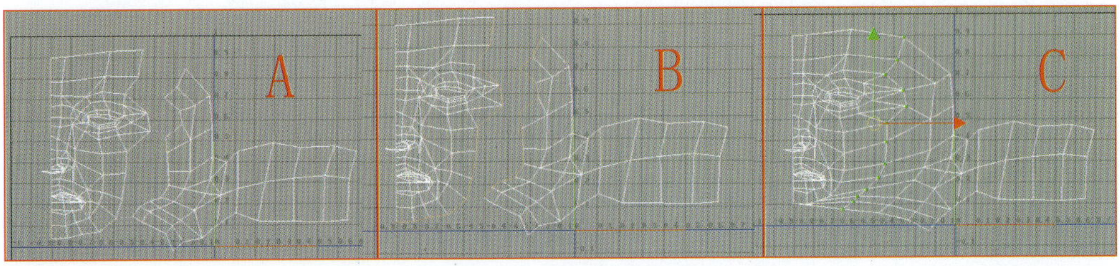

图5-84　调整头的UV

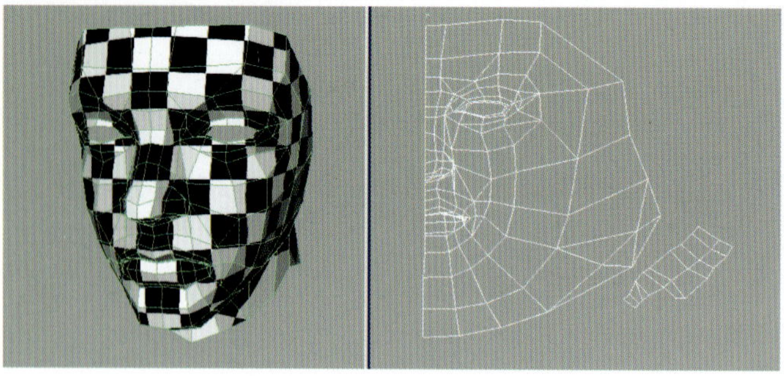

图 5-85　完成头部的 UV

提 示

编辑 UV 是为了使模型的每一个顶点元素都能够准确地映射到 2D 纹理上。因此在调整时要多对照模型的布线，观察棋盘格显示是否整齐，如果看到多余的废点或者不规则的布线，可以随时进行编辑和修改。

步骤 1）~7）的操作演示详见配套光盘“多媒体视频文件\第 5 章 人形怪物（Boss）的制作\Boss_010.avi”视频文件。

5.3.2 身体的 UV 编辑

1）分离 Boss 身体、腿和手的 UV。参照头部 UV 的编辑方法，首先为身体模型指定“Planar Mapping”映射方式，然后在【Edge】子物体模式下，分别选择如图 5-86 标红处所示的边，再依次单击 (Cut UV Edges) 按钮进行分离。接着在【UV】子对象模式下，使用 (Scale Tool) 和 (Move Tool) 工具调整躯干、手臂、腿部的 UV，效果如图 5-87 所示。

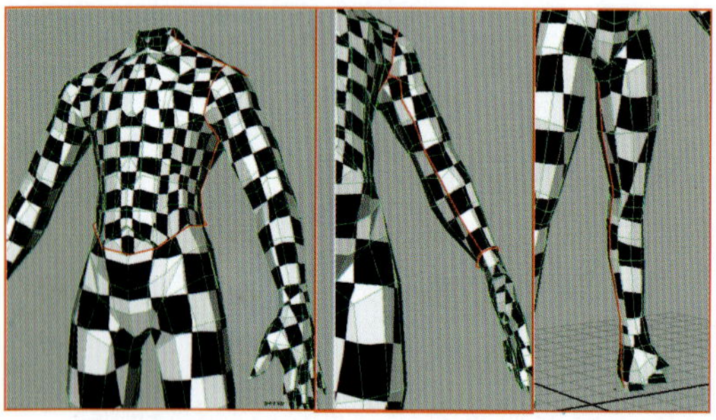

图 5-86　分离身体、手臂和腿部的 UV

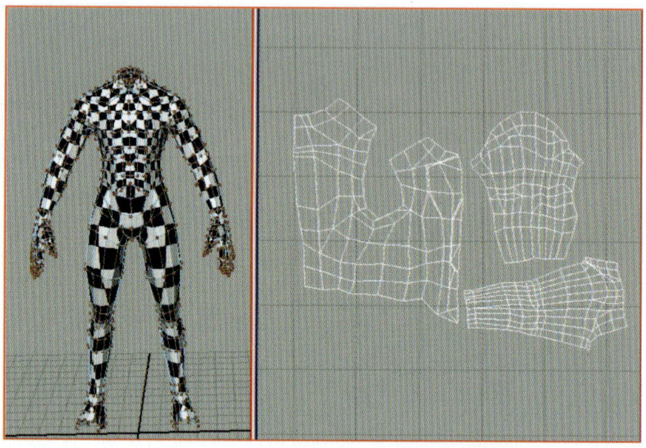

图 5-87　完成身体 UV 的编辑

2）编辑手部的 UV。方法：首先为手部模型指定“Planar Mapping”映射方式，如图 5-88 所示，再进入【Edge】子物体模式，选择手部侧面的一圈边，如图 5-89 标红处所示。然后单击 (Cut UV Edges) 按钮沿着选中的边剪切 UV，将手掌的 UV 分成前、后两部分，如图 5-90 中 A 部分所示，再单击 (Show Border) 按钮显示 UV 的边界（方便观察）。

接着选中手部前面的UV，单击(Flip)按钮反转UV，再使用(Move Tool)工具、(Rotate Tool)工具移动和旋转UV位置，如图5-90中B部分所示。最后使用(Move and Sew UV Edge)工具将相对的UV边界缝合，如图5-91中A部分所示，并完成手部UV的调整，效果如图5-91中B部分所示。

3）清除历史操作记录，保存之前的编辑工作。

图5-88　为手部指定平面UV映射方式

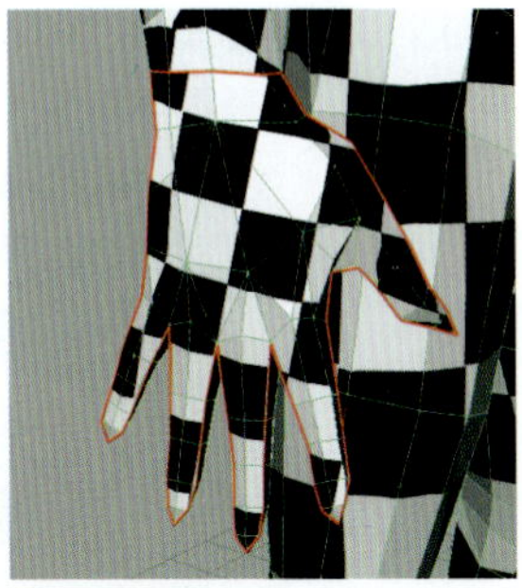

图5-89　选中侧面所有的边

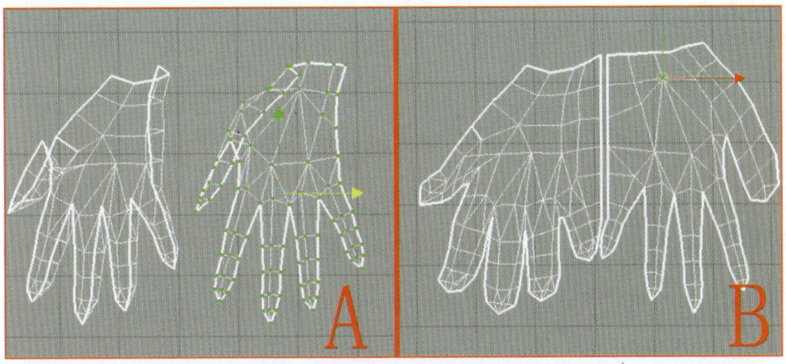

图5-90　合理摆放剪切的手部UV

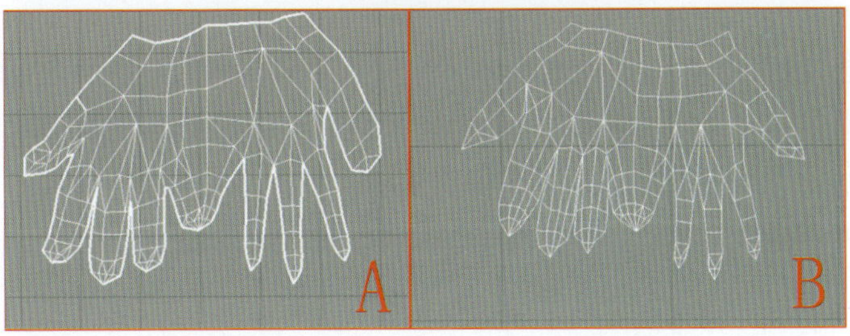

图5-91　缝合并完成手部UV的调整

提　示

步骤1）~3）的操作演示详见配套光盘“多媒体视频文件\第5章 人形怪物（Boss）的制作\Boss_011.avi”视频文件。

5.3.3　装备的UV编辑

Boss的装备比较多，但结构多为平面造型，因此主要通过指定“Planar Mapping”UV映射方式来进行编辑。

1）编辑头盔的UV。方法：首先给头盔模型指定“Planar Mapping”映射方式，再选中头盔中间的一条边，如图5-92中A部分所示，单击(Cut UV Edges）按钮，将头盔UV沿选中的边分离，再单击(Unfold Selected UVs）按钮把头盔UV自动展平。接着使用(Move Tool）工具手动完成UV的调节，如图5-92中B部分所示。同理，打断头盔尖角的UV，如图5-93中A部分所示。再使用(Unfold Selected UVs）工具和(Move Tool）工具完成尖角UV的调节，如图5-93中B部分所示。

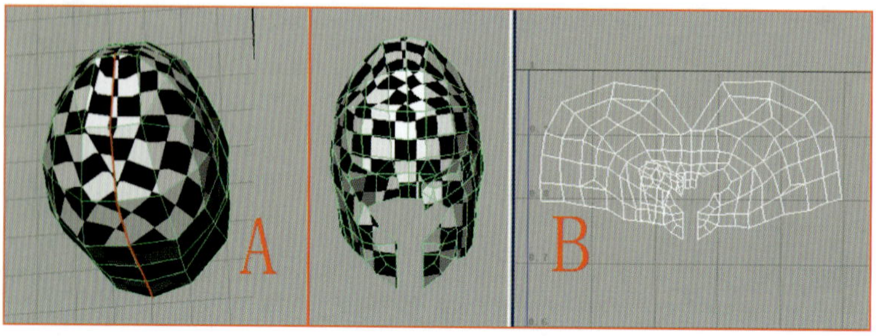

图5-92　头盔UV展开

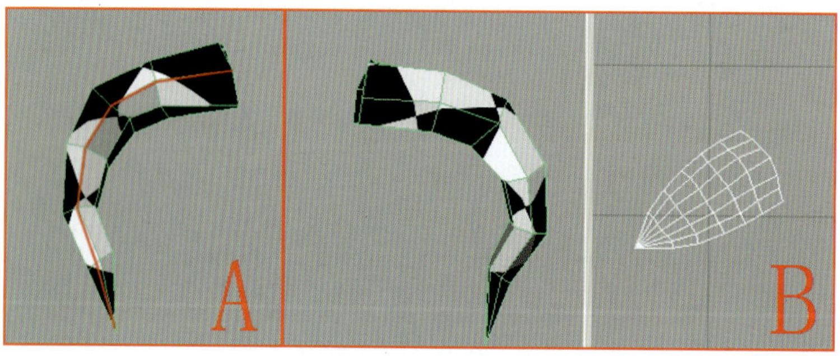

图5-93　头盔角UV展开

2）编辑其他装备的UV。其他装备基本是平面结构的模型，因此在编辑UV时，只要直接指定平面映射方式，再使用(Unfold Selected UVs）工具和(Move Tool）工具完成UV的调节即可。调整好的小装备UV编辑效果如图5-94～图5-101所示。最后把Boss模型的所有UV使用(Move Tool)、(Rotate Tool）和(Scale Tool）工具重新摆放到0～9象限空间里，如图5-102所示。

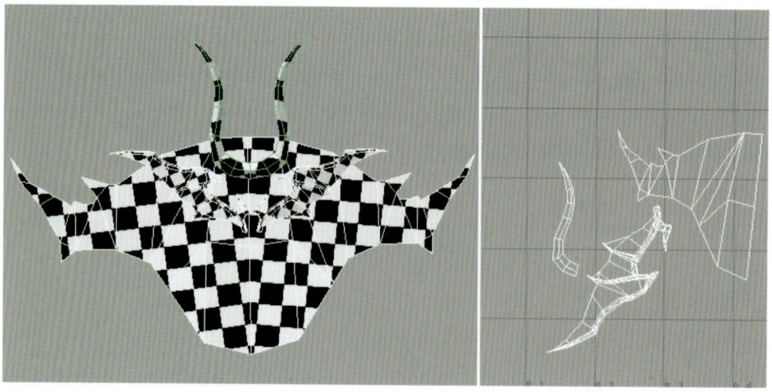

图5-94　完成头部其他装备的UV编辑

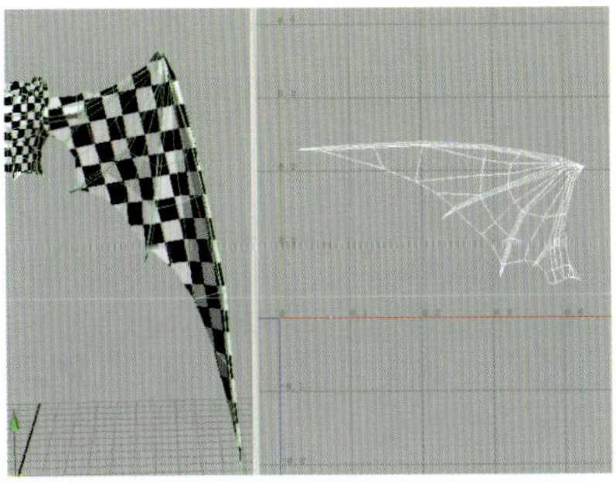

图 5-95　完成翅膀的 UV 编辑

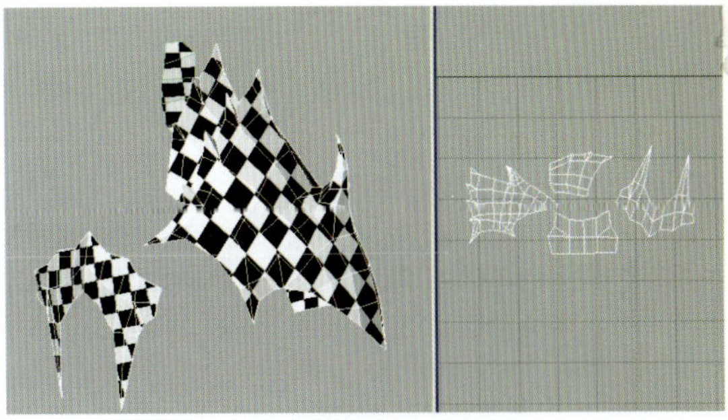

图 5-96　完成胸部和肩部装备的 UV 编辑

图 5-97　完成手臂装备的 UV 编辑

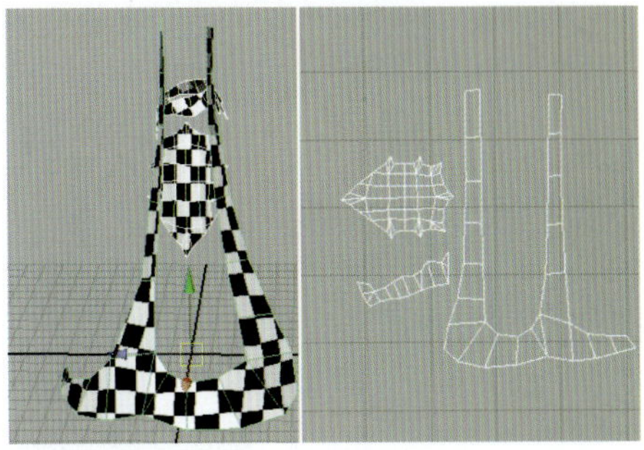

图 5-98　完成侧面装备的 UV 编辑

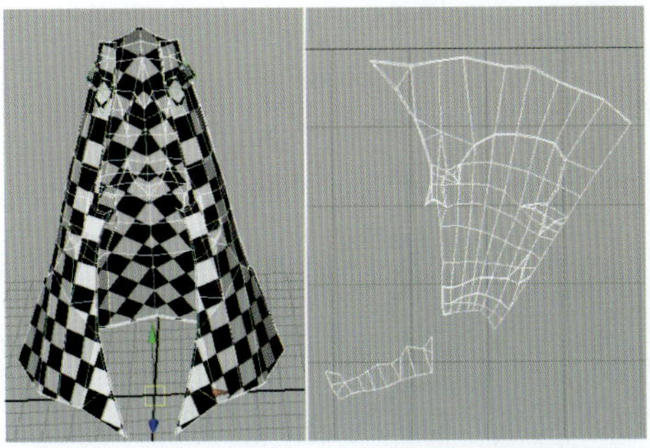

图 5-99　完成披风的 UV 编辑

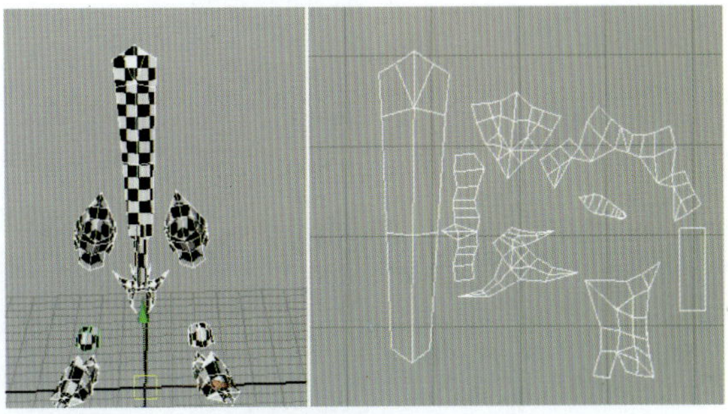

图 5-100　完成腿部装备的 UV 编辑

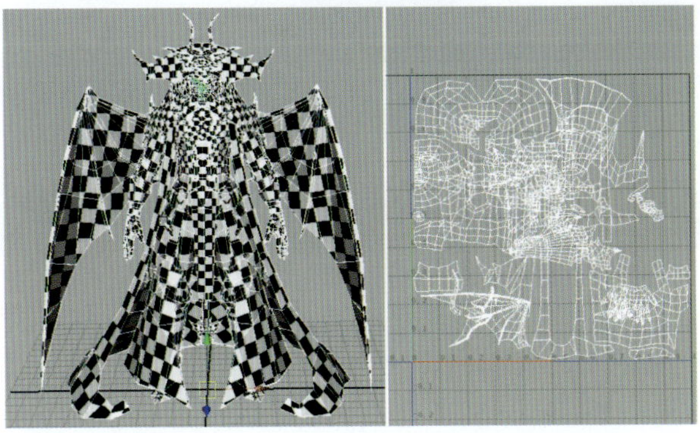

图 5-101　完成 Boss 模型的整体 UV 编辑

图 5-102　完成 UV 的排列和摆放

提 示

步骤 1）~2）的操作演示详见配套光盘“多媒体视频文件\第 5 章 人形怪物（Boss）的制作\Boss_012.avi”视频文件。

3）输出编辑完成的 UV 线框。方法：进入【Edge】子物体模式，选择全部 UV，然后选择“Subdivs | UV Snapshot”命令，在弹出的对话框中设置参数，如图 5-103 所示。接着单击 OK 按钮，将 Boss 的 UV 线框输出为“贴图\第 5 章 人形怪物（Boss）的制作\boss_uv.tga”文件”，如图 5-104 所示。

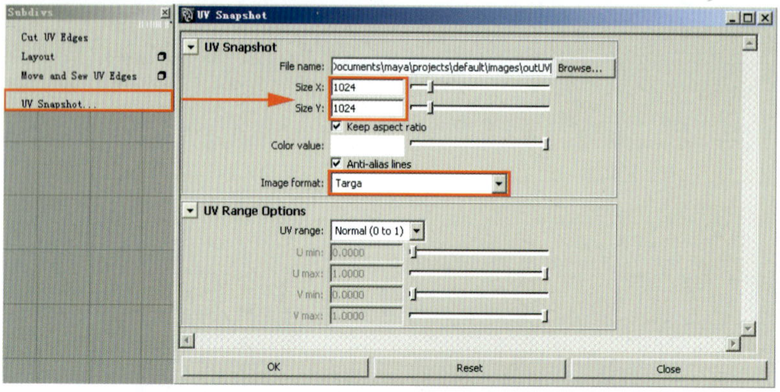

图 5-103　UV 输出参数设置

图 5-104　Boss 的 UV 线框图

5.4　Boss 贴图的绘制

Boss 贴图绘制主要包括提取 UV 线框、绘制基础纹理和刻画细节纹理 3 部分内容。

5.4.1　提取 UV 线框

1）在 Photoshop 中打开“贴图\第 5 章 人形怪物（Boss）的制作\boss_UV.tga”文件，然后执行菜单中的“选择 | 色彩范围”命令，在弹出的对话框中设置参数，如图 5-105 中 A 部分所示，接着点取图片文件中的黑色部分，如图 5-105 中 B 部分所示，再单击“好”按钮，从而得到 Boss 的 UV 线框的选区，如图 5-106 所示。

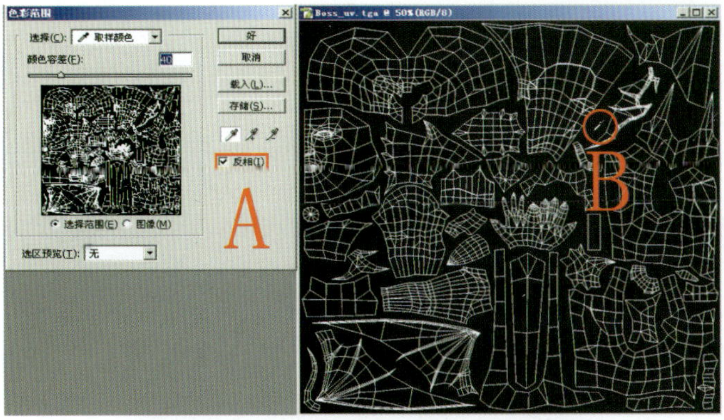

图 5-105　应用色彩范围提取线框的选区

图 5-106　线框选区

2）单击图层面板下方的 (创建新图层）按钮，新建“图层 1”，然后使用白色在新图层中填充线框选区。再选中背景层，按【Ctrl+D】组合键取消选区。接着使用黑色填充背景图层，从而得到一个黑色背景，此时白色的 UV 线框就被成功提取出来，如图 5-107 所示。最后把线框图层文件保存为“贴图\第 5 章 人形怪物（Boss）的制作\boss_UV.psd”文件。

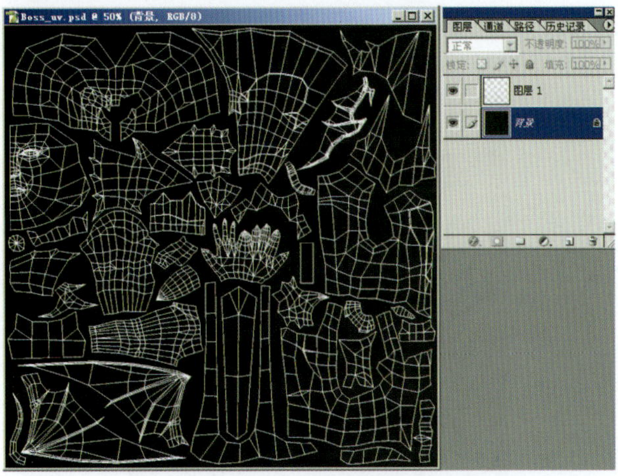

图 5-107　成功提取线框

提 示

"提取 UV 线框"操作演示详见配套光盘"多媒体视频文件\第 5 章 人形怪物（Boss）的制作\Draw_001.avi"视频文件。

5.4.2 绘制基础纹理

1）在 Photoshop 中打开配套光盘中的"贴图\第 5 章 人形怪物（Boss）的制作\原画设定.jpg"文件，先降低线框图层的透明度，方便后面的绘制工作，如图 5-108 中 A 部分所示，然后创建"图层 2"，再使用 (多边形套索）工具沿 UV 线框的形状选出头盔部分的 UV，创建出头盔的 UV 选区。接着使用 (画笔工具)，按下【Alt】键的同时，在"原画设定.jpg"文件上单击，吸取头盔部分的颜色，再按下【Alt+Delete】组合键将颜色填充到新建图层中，如图 5-108 中 B 部分所示，最后使用 (画笔工具）绘制出头盔的明暗关系。

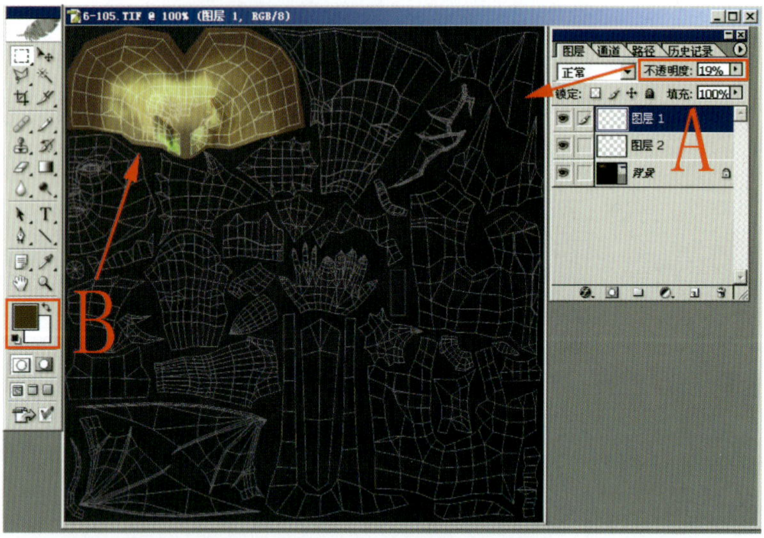

图 5-108 绘制头盔的基础纹理

2）同理，继续新建图层，然后使用 (画笔工具）从原画上吸取颜色，为每块 UV 填充不同的底色，绘制出基本明暗关系，如图 5-109 所示。

图 5-109 为各部分材质填充底色

提 示

步骤1）~2）的操作演示详见配套光盘“多媒体视频文件\第5章 人形怪物（Boss）的制作\Draw_002.avi”视频文件。

5.4.3 刻画细节纹理

1）使用（画笔工具）在不同底色的图层上画出基础纹理，如图5-110中A部分所示。然后使用（多边形套索工具）直接从原画中截取局部画面作为绘制纹理的材质基础，如图5-110中B部分所示。

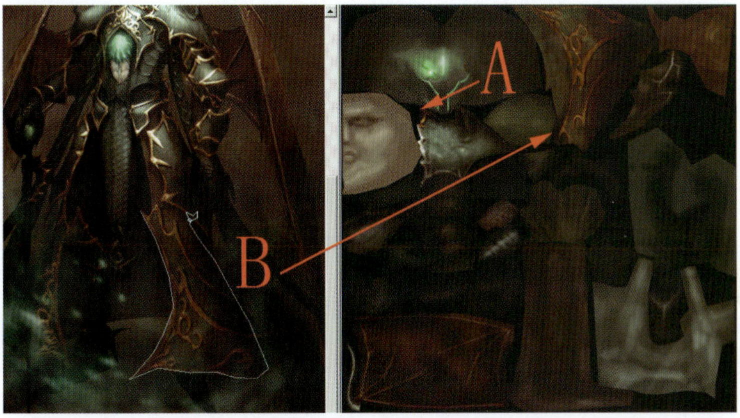

图5-110　绘制Boss的基础纹理

2）同理，根据原画设定，重点绘制Boss的金属盔甲和装备的纹理，如图5-111所示。最终刻画出贴图的全部纹理细节，如图5-112所示。保存贴图文件。

图5-111　绘制盔甲和装备材质纹理

图5-112　Boss贴图纹理的最终效果

提 示

步骤1）~2）的操作演示详见配套光盘“多媒体视频文件\第5章 人形怪物（Boss）的制作\Draw_003.avi、Draw_004.avi”视频文件。

3）至此，整个Boss角色的模型和贴图的制作就全部完成了。下面单击（Render Setting）工具，设置渲染尺寸，如图5-113所示，然后单击（Render）工具对角色进行渲染，并同原画设计进行比较。接着按照网络游戏的规范制作流程，对整个角色进行细节调整。调整完成后分别在【Front】、【Side】和【Persp】视图对其进行渲染，效果如图 5-114 所示。

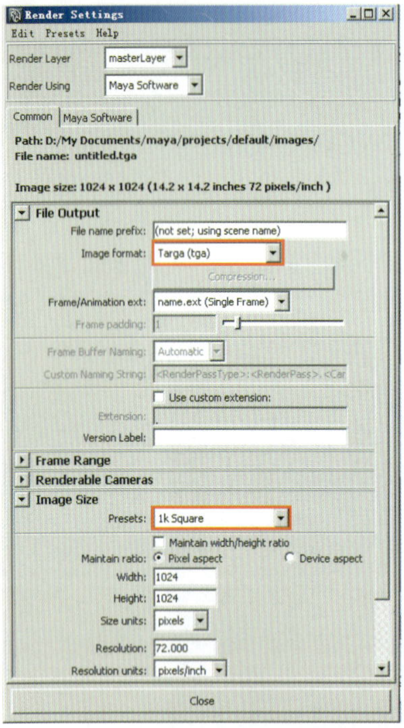

图 5-113　渲染参数设置

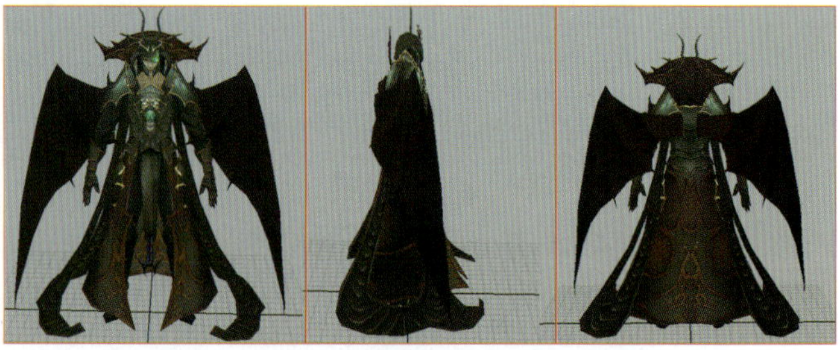

图 5-114　Boss 模型的最终渲染效果

课 后 练 习

运用本章所学的知识制作一个 Boss 角色。制作时注意突出表现 Boss 的造型和皮肤的纹理细节，效果如图 5-115 所示，工程文件请参考配套光盘"课后练习 \ 第 5 章 \Boss.zip"文件。

图 5-115　Boss 效果图

第6章 欧美网络游戏男角色的制作

本章主要讲解游戏中最富有表现力的部分——男性换装角色的设计和制作技巧，本例效果图及UV展开图如图6-1所示。角色放置到编辑器中进行测试的最终效果如图6-2（a）及图6-2（b）所示。通过本章的学习，应掌握游戏中男性换装角色的制作方法和表现技巧，加深对游戏换装角色制作的理解。

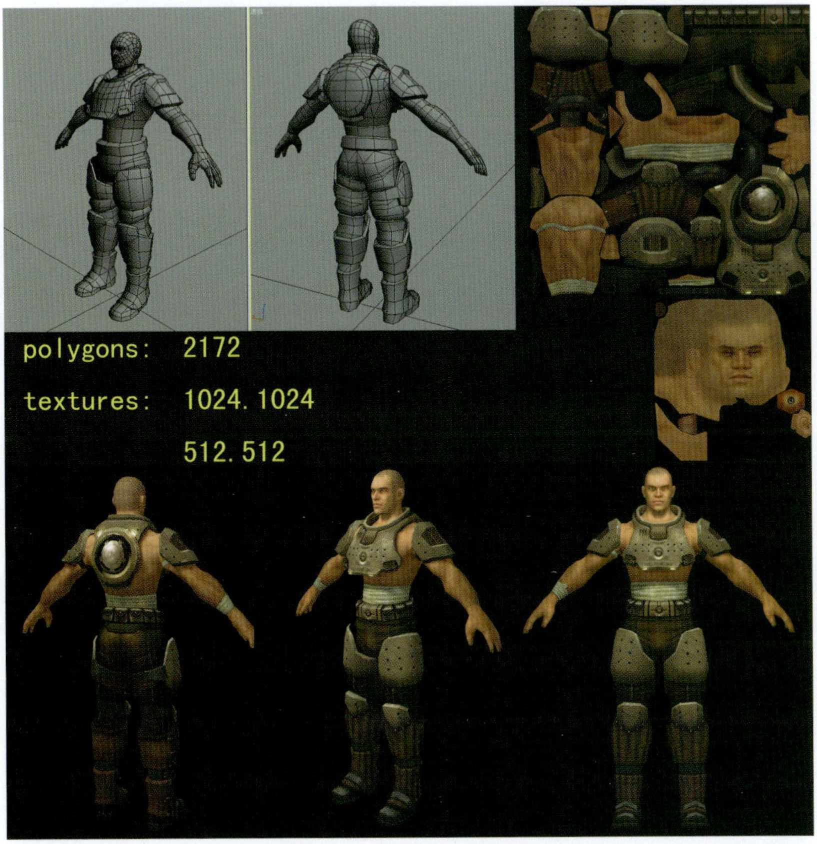

图6-1 效果及UV展开图

(a)

(b)

图 6–2 放置到编辑器中进行测试的最终效果

本例分为原画造型的设定分析、制作男性角色、角色的换装赏析 3 部分。

6.1 原画造型的设定分析

不管是男性角色还是女性角色，在制作模型之前都要对其形体、服饰、性格等进行仔细分析。然后在充分了解的基础之上给角色划分出基本的结构图，以便在制作时更好地把握形体，并合理利用资源对角色细节进行刻画。

在人物原画的设计中，在重点把握基本形体的结构的同时，还要注意对整个人物的内在性格的刻画。制作时应尽量多收集素材，参考一些优秀的游戏原画的设定，如不同时代的、不同民族的服饰变化及优秀的 CG 插图等。

在游戏的原画设定中，需要对角色的身高比例，形象特征，服饰变化等作简要标注。有时候甚至要根据角色的装备和等级的不同来设定不同的服饰。

本例男性角色的标准设定文案如下：

- 背景：此角色表现是一个古代少数民族的英雄战士。生活在皇城里面的一个普通战士，有桀骜不驯的性格，喜欢群居的生活，敢于挑战自我。
- 特征：沉着，稳重，有强壮的体魄。服饰的设计非常具有古式欧美战士的造型特点。
- 技能：除了擅长使用刀剑及枪械类的武器，还擅于使用具物理攻击性的武器。

本例的原画设定如图 6－3 所示。

图6–3　男角色原画

6.2　制作男性角色

本例男性角色的制作分为头部模型制作分析、制作男角色头部模型、制作男角色身体模型、编辑男角色的 UV、绘制男角色贴图 5 部分。

6.2.1　模型制作分析

在充分分析男性角色的原画设定和网络游戏换装系统的规范需求后，需要根据原画中设定的男角色身体结构，确定模型制作的思路。

首先该模型是运用多边形（Polygon）建模方式来完成，这是制作游戏模型的主要方法。接着采用从局部到整体的制作思路，依次制作出男角色的头部、身体和装备的模型。最后，为了便于明确制作思路，准确定位模型，还可以制作出模型分线图来辅助建模工作，如图 6–4 所示。

图 6–4　模型制作的分线图

6.2.2 制作男角色头部模型

制作中可参考头部的骨骼结构图，如图6–5所示，以便准确地把握男角色头部结构造型。

下面进入头部的模型制作过程，详细步骤如下：

1）进入Maya 2010的主界面，单击【Persp】在透视图中创建一个长、宽、高均为10的标准立方体，并设置其分段数均为1，如图6–6所示。然后在右侧修改菜单栏设置立方体的坐标为（0，0，0），如图6–7所示。接着给立方体指定灰色材质，如图6–8所示。

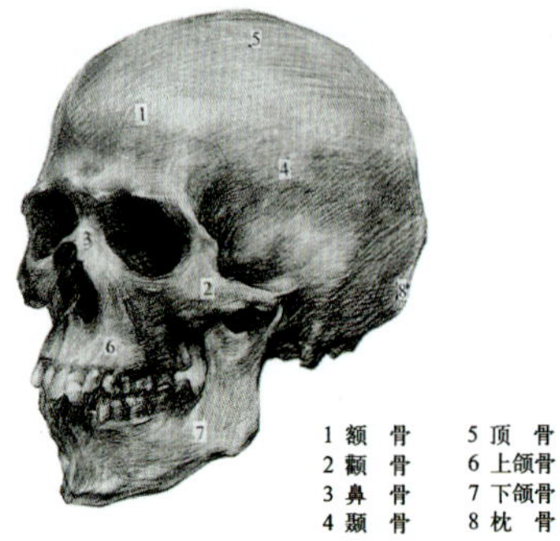

图6–5 头部的骨骼结构

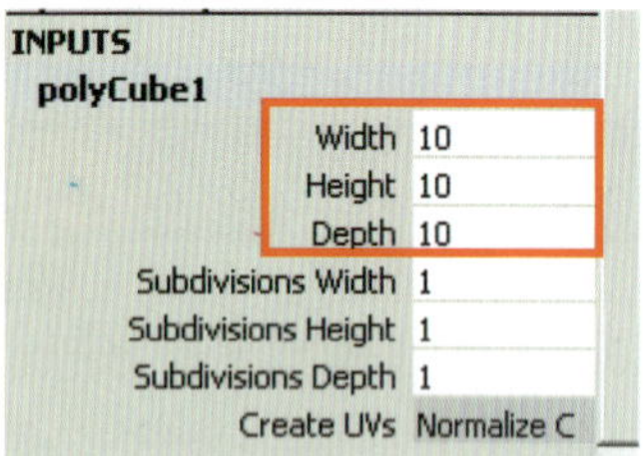

图6–6 立方体参数设置

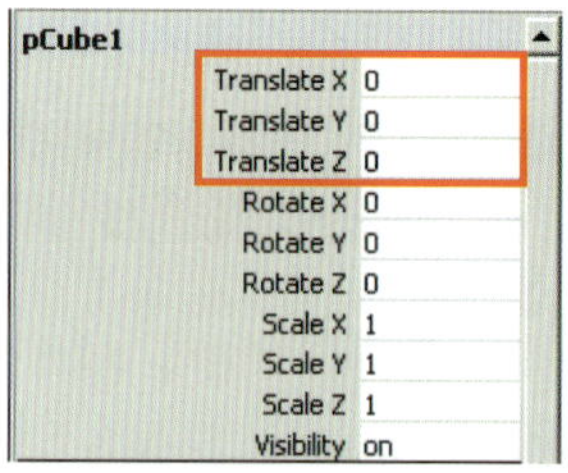

图 6–7 将坐标归零

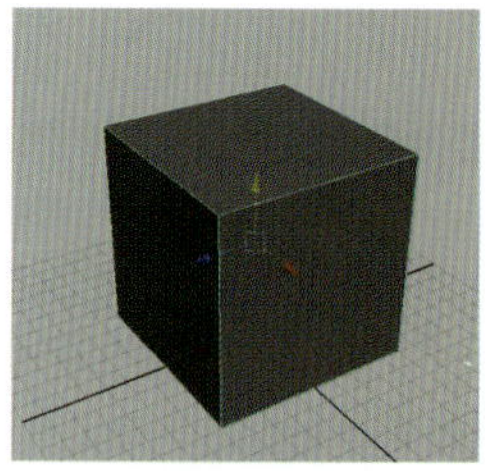

图 6–8 指定灰色材质

提 示

将模型坐标归零，是为了便于以后的编辑。

2）选择视图中的立方体，选择“Mesh | Smooth”命令，如图6–9所示设置参数，为立方体添加平滑效果。

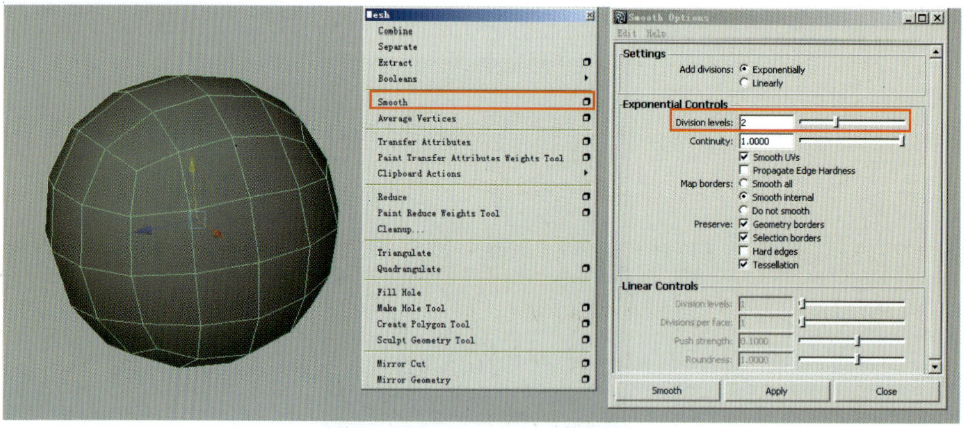

图6–9 添加“平滑”后的效果

3）进入 Maya 2010 的动画模块。选中身体模型，将【Polygon】切换到【Animation】状态，单击“Create Deformers | Lattice”命令右侧的方形按钮，为平滑后的多边形物体添加一个 Lattice 修改器，如图 6–10（a）所示。对 lattice 进行参数设置，如图 6–10（b）所示。

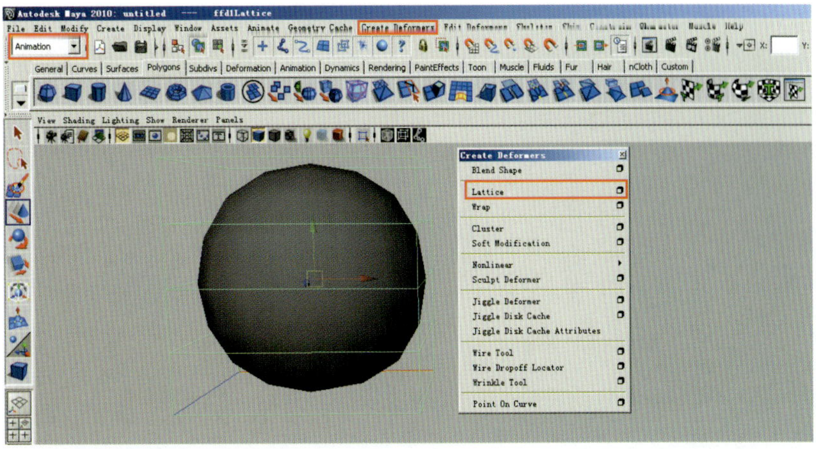

(a)

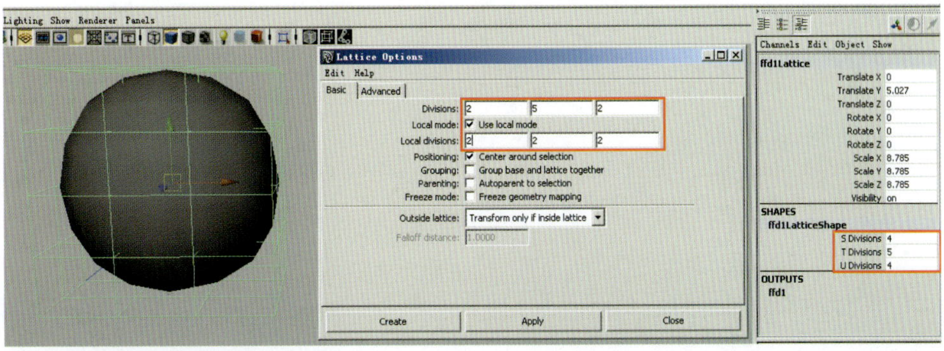

(b)

图 6–10　Lattice 修改器及其参数设置

4）使用 Lattice 变形器调整身体大概造型。在【Front】视图中调节 Lattice 变形器的顶点，制作出男性角色头部的基本造型，效果如图 6–11 所示。

5）进入【Side】视图，再次创建一个 Lattice 变形器，然后进入其“控制点”层级，通过调整控制点的位置来调整头部侧面的造型，效果如图 6–12 所示。

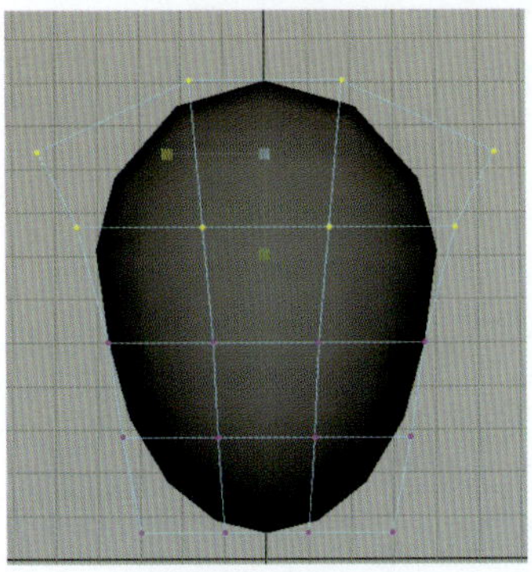

图 6–10　正面编辑 Lattice 变形器的效果

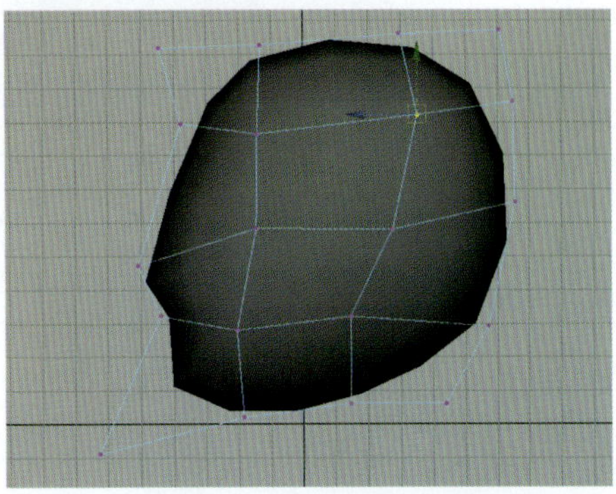

图 6–11　侧面的基本造型

6）回到【Polygon】状态，在【Front】视图中进入【Face】子物体模式，选择头部模型左侧的面，如图6−12所示，按下【Delete】键删除，如图6−13所示。然后进入【Object Mode】子物体模式，单击“Edit | Duplicate Special”命令右侧的方形按钮，在弹出的对话框中设置镜像参数，如图6−14所示，单击“Apply”按钮，复制出另一半参考模型，如图6−15所示。

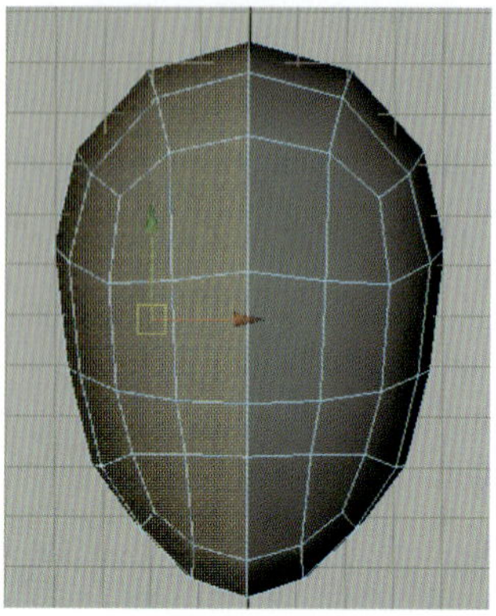

图6−12　选择头部左侧的面

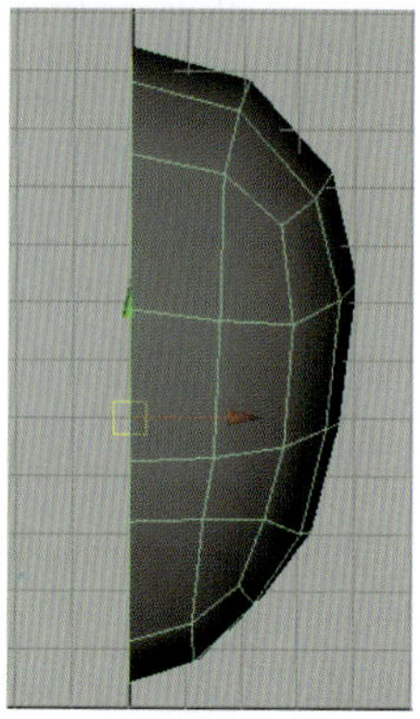

图6−13　删除头部左侧的多边形

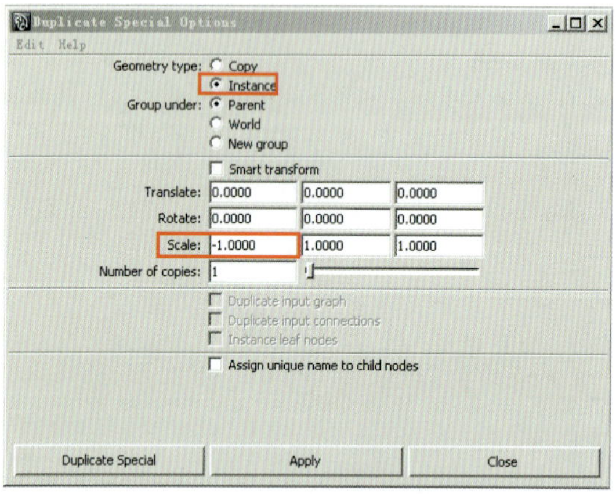

图6−14　设置镜像参数

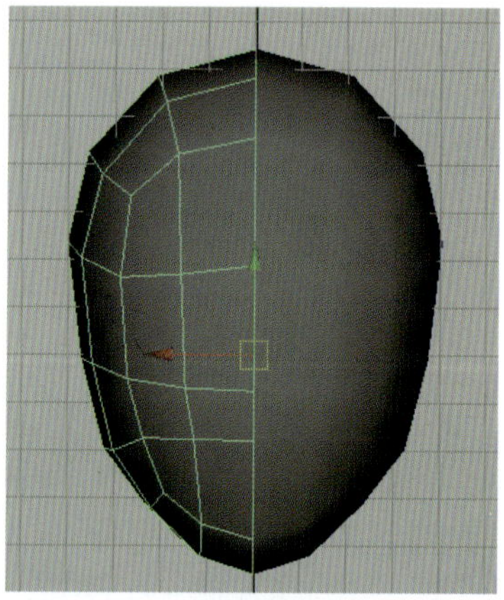

图6−15　镜像复制后的效果

7）进入【Vertex】子物体模式，勾选“Soft Select”复选框，然后根据头部的结构变化，对男角色的头部进行细节编辑，结果如图6−16所示。

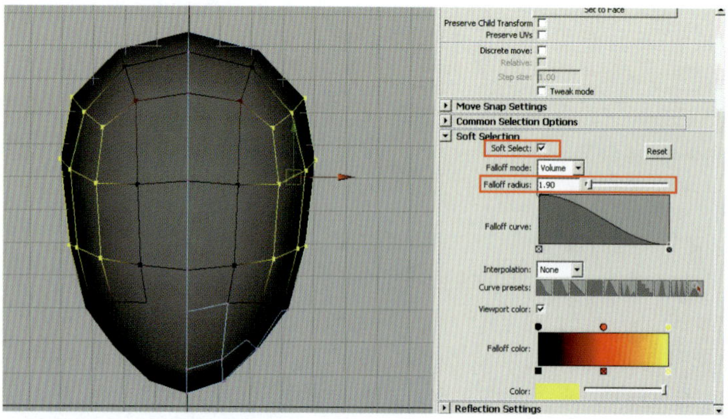

图6−16　对头部进行细节编辑

8）为头部模型添加细节。方法：进入【Edge】子物体模式，使用(Split Polygon Tool)工具在模型嘴部及鼻子部分添加边，如图6-17中A部分所示。然后进入【Vertex】子物体模式，使用(Move Tool)工具调整嘴部及鼻子部分侧面的基本造型，如图6-17中B部分所示。

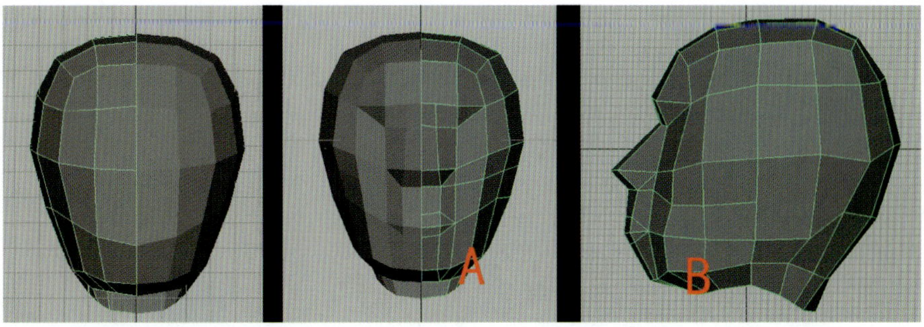

图6-17 添加嘴和鼻子部分的细节

提 示

嘴和鼻子是头部制作的关键点，需要仔细刻画。注意根据脸部肌肉结构走向，从侧面和正面对嘴部及鼻子模型增加线段，制作出细节内容。

9）调整出大体的头部模型后，根据头部骨骼的造型变化及三庭五眼的位置，增加眼部细节。方法：使用(Split Polygon Tool)工具在眼睛部位添加边，再进入【Face】子物体模式，选择眼睛中间的面，然后按下【Delete】键删除，如图6-18所示。

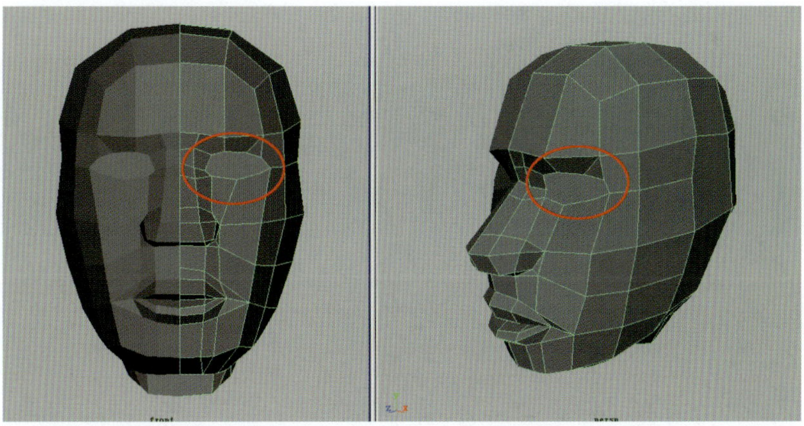

图6-18 刻画眼睛部位基本造型

提 示

步骤1）~9）的操作演示详见配套光盘“多媒体视频文件\第6章 欧美网络游戏男角色的制作\c_07_head001.avi”视频文件。

10）在【Vertex】子物体模式下，分别进入【Front】视图和【Side】视图调整头部造型，使其外形尽可能符合原画设定。然后使用(Split Polygon Tool)工具在嘴部、鼻子、眼睛部位添加边，再进入【Vertex】子物体模式，使用(Move Tool) 工具调整其外形结构，使面部线段纵向比例基本符合三庭五眼的比例，为后面添加面部细节做准备，如图 6-19 所示。

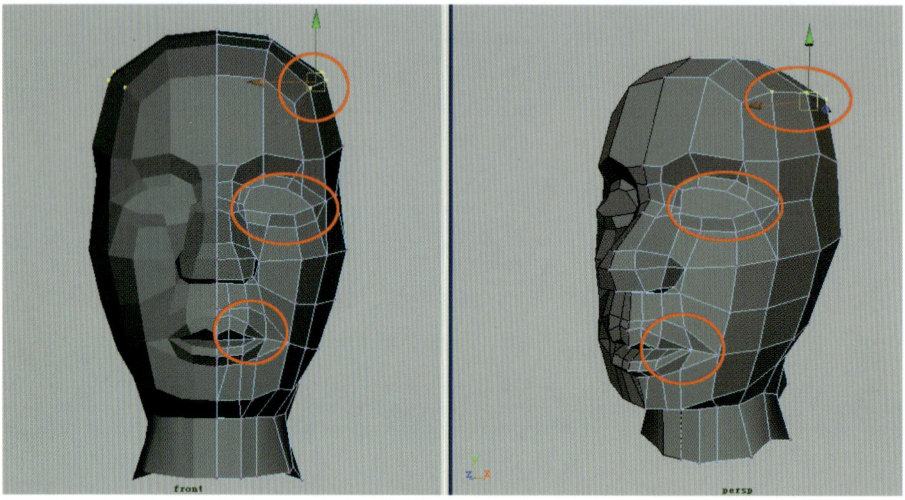

图 6-19　调整面部造型效果

11）确定五官（眼，耳，口，鼻等）的位置。方法：在【Persp】视图中使用(Split PolyGon Tools）工具在眼、耳、口、鼻等部位添加边，然后进入【Vertex】子物体模式，使用(Move Tool）工具调整其结构造型，使比例和位置更加清晰准确，效果如图 6-20 所示。

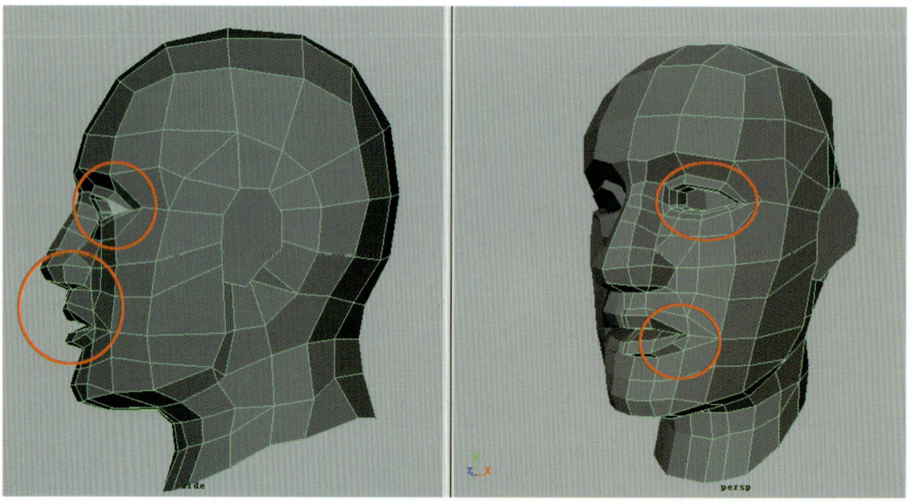

图 6-20　调整头部细节造型

提 示

可以借鉴一些美术或解剖方面的资料来深入掌握头部的基本结构，也可以参照一些优秀的游戏角色造型来提高理解力。

12）调整眼部侧面（鼻根、脸部、眉弓 3 个部位的交叉点）造型。方法：使用(Split

Polygon Tool）工具在眼角、鼻孔、嘴角等处添加边，再进入【Vertex】子物体模式，使用(Move Tool）工具调整五官外形结构，效果分别如图 6−21、6−22、6−23 所示。

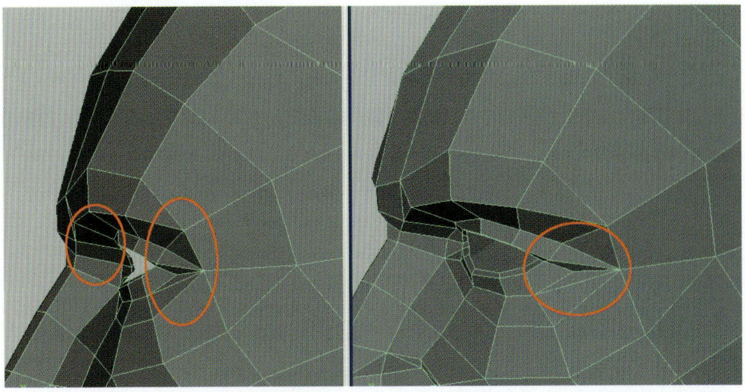

图 6−21　眼部细节效果

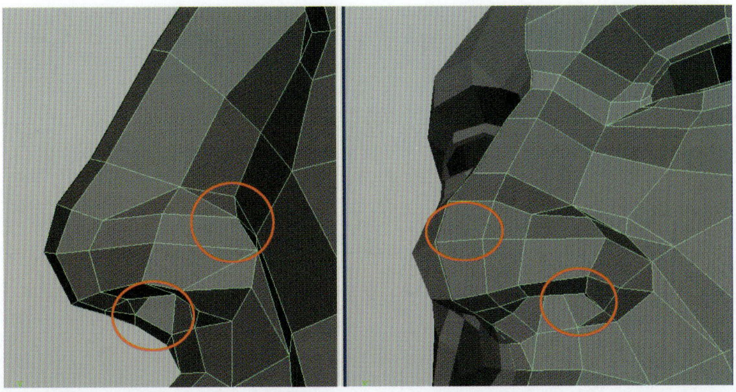

图 6−22　鼻子部位细节效果

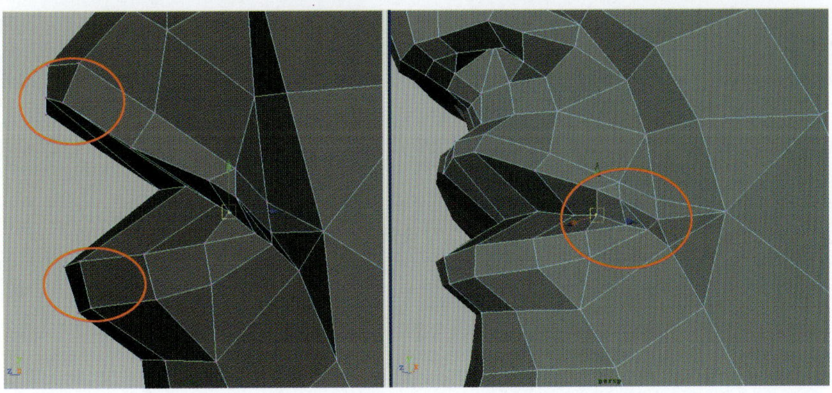

图 6−23　嘴角部位细节效果

13）对眼球部位进行模型结构的制作。在网络游戏制作过程中，要根据游戏的规范确定眼睛的细节刻画，如图 6−24 所示。至于耳朵部位的细节也要根据游戏角色的特点确定细节部位的细化程度，如图 6−25 所示。

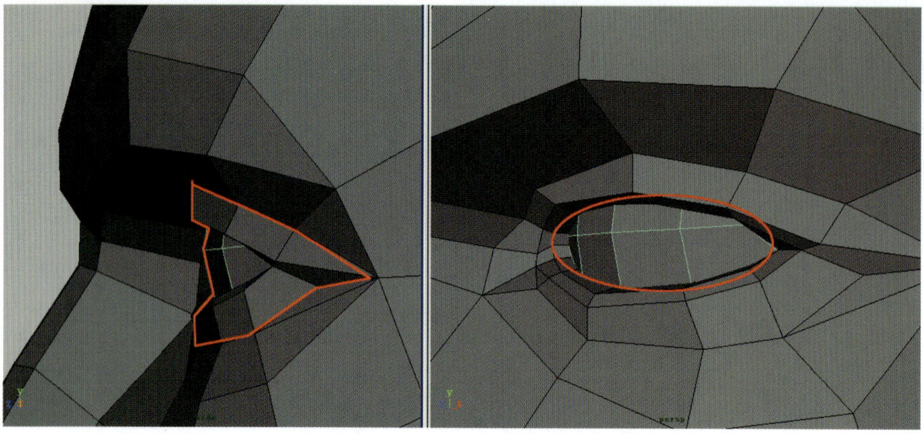

图 6–24　眼睛细节调整效果

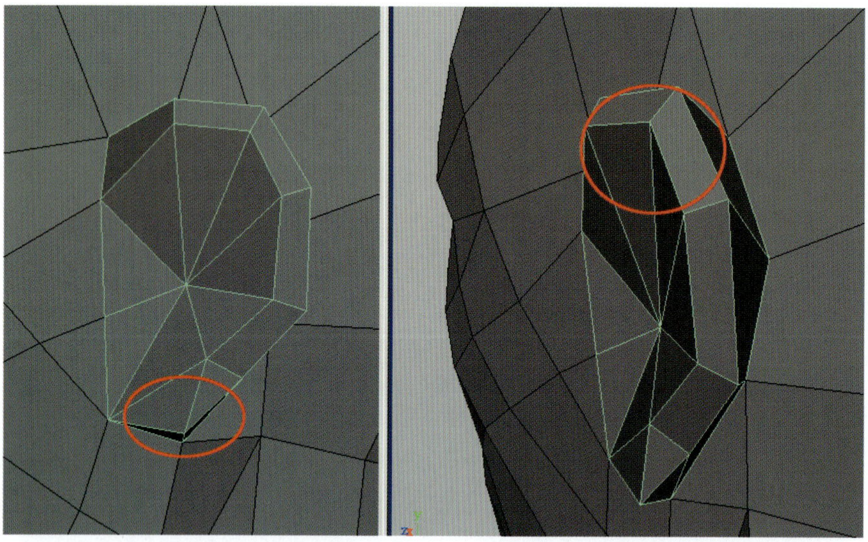

图 6–25　耳朵细节调整效果

提 示

步骤 10）~13）的操作演示详见配套光盘“多媒体视频文件 \ 第 6 章 欧美网络游戏男角色的制作 \c_07_head002.avi”视频文件。

14）整体观察和细微调整头部模型。至此，头部模型的创建基本完成了。这时要在各个视图中细致观察模型的结构，尽可能使模型的布线均匀合理，最终完成的头部模型效果如图 6–26 所示。将男性角色头部模型进行细化，效果如图 6–27 所示。

最终文件保存为“MAYA 文件 \ 第 6 章 欧美网络游戏男角色的制作 \ c_solder01.mb”文件。

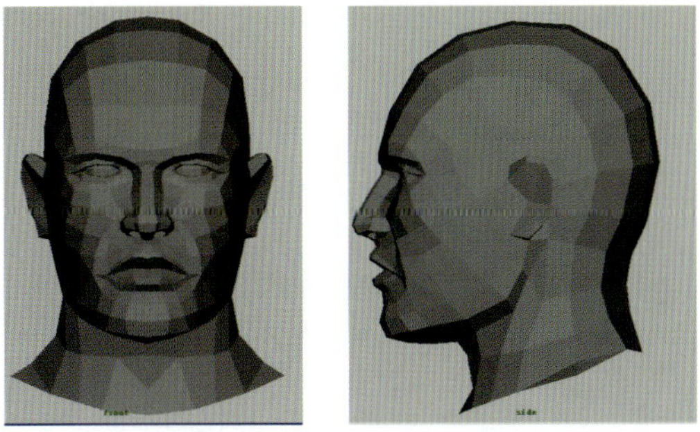

图 6-26　头部模型的整体效果

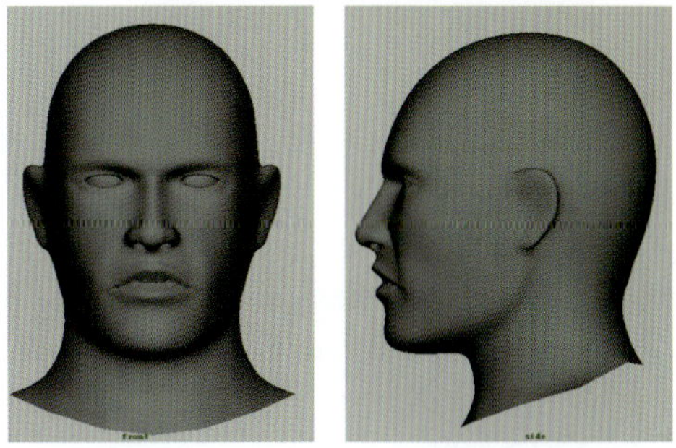

图 6-27　头部模型的细分效果

6.2.3　制作男角色身体模型

1．制作男角色上半身模型

1）利用 Layer 面板将制作好的男角色头部模型隐藏。然后单击工具栏中的 (Polygon Cube) 按钮，在【Persp】视图中创建一个立方体，如图 6-28 中 A 部分所示，接着修改立方体的坐标，将之归零，如图 6-28 中 B 部分所示。

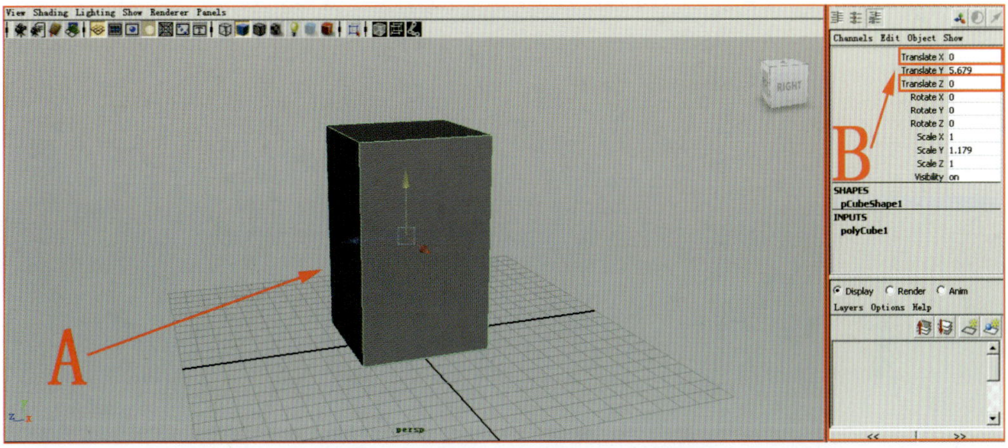

图 6-28　创建立方体并将其坐标归零

2）为立方体添加“Lattice”变形器。方法：首先单击顶部工具栏中的 (Smooth) 按钮，立方体显示效果如图 6-29 所示，得到创建身体的基础模型。然后选中该模型，将【Polygon】切换到【Animation】状态，再单击“Create Deformers | Lattice”命令右侧的方形按钮，在弹出的“Lattice Options”对话框中设置参数，如图 6-30（a）所示。最后单击“Apply”按钮，发现身体模型外出现一个“6 × 5 × 6”规格的线框，如图 6-30（b）所示效果。

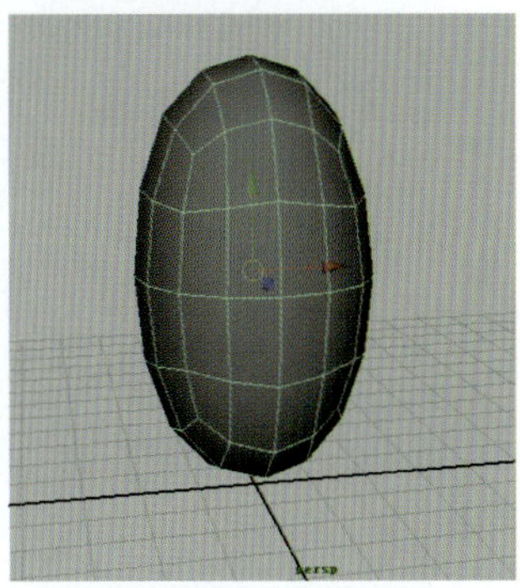

图 6-29　为立方体添加“Smooth”后的效果

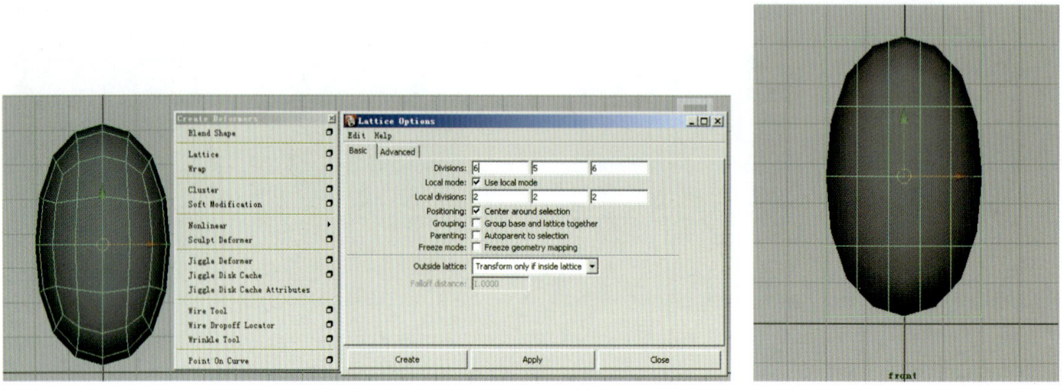

(a) (b)

图 6−30 “Lattice”变形器参数设置及效果

4）使用“Lattice”变形器调整身体大概造型。方法：右击变形器线框，然后在弹出的菜单中选择“Lattice Points”命令，如图 6−31 中 A 部分所示，激活变形器的顶点，如图 6−31 中 B 部分所示。接着分别在【Front】视图和【Side】视图中调节“Lattice”变形器的顶点，制作出怪物身体的基本造型，如图 6－32 所示。

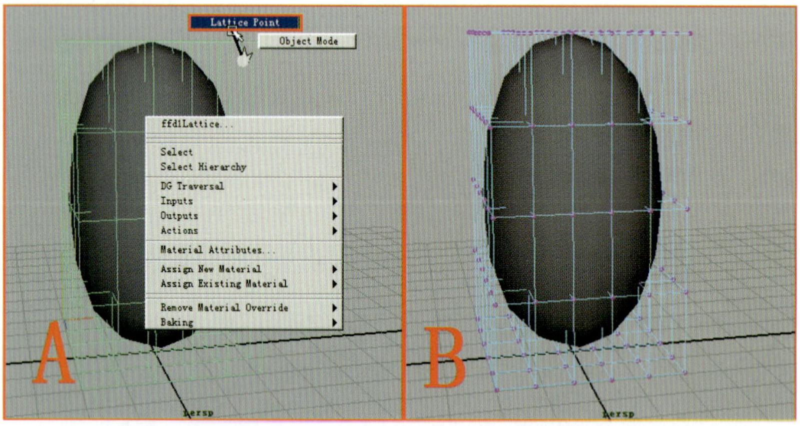

图 6−31 激活“Lattice”变形器顶点

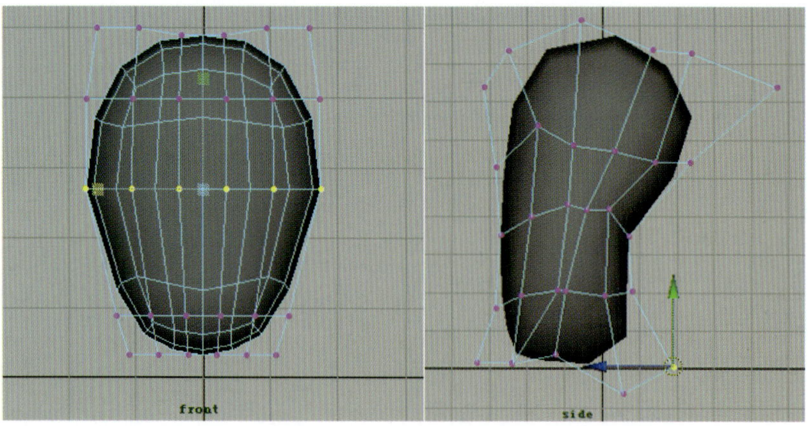

图 6−32 调整身体造型

5）回到【Polygon】状态，然后在【Front】视图进入【Face】子物体模式，选择身体模型左侧的面，再按下【Delete】键删除，如图6-33所示。接着进入【Object Mode】子物体模式，单击“Edit | Duplicate Special”命令右侧的方形按钮，在弹出的“Duplicate Special Options”对话框中如图6-34所示设置参数，复制出另一半参考模型，效果如图6-35所示。

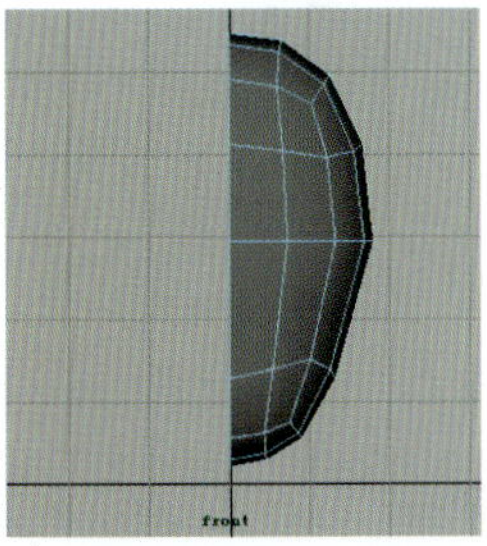

图6-33　删除一半的身体模型

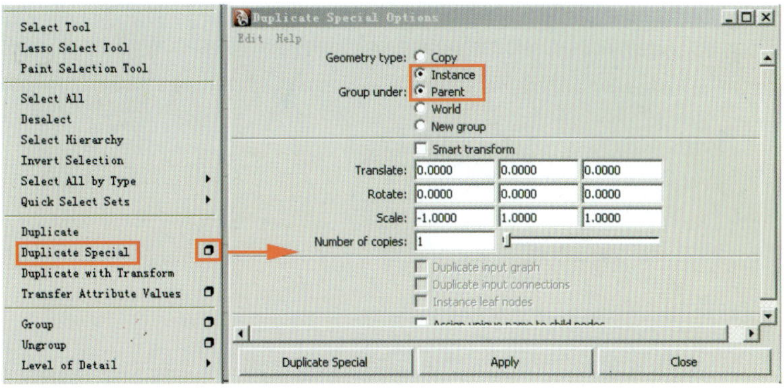

图6-34　设置“Duplicate Special”的参数

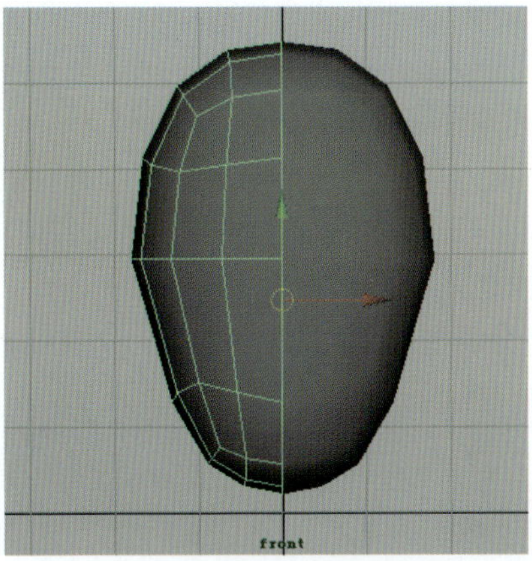

图6-35　复制另一半参考模型

6）深入调整身体模型。方法：首先选中身体模型，然后进入【Vertex】子物体模式，双击左侧工具栏中的(Move Tool)工具按钮，调出该工具的属性面板，修改“Soft Selection”参数如图6-36所示。然后参照原画，使用(Move Tool)、(Rotate Tool)、(Scale Tool)工具调整身体的模型，如图6-37所示。

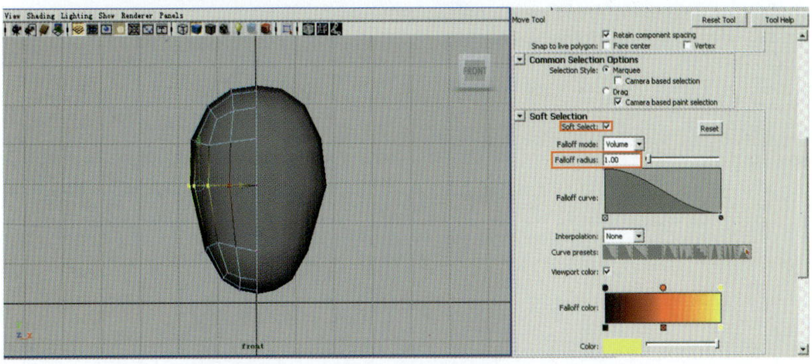

图6-36　设置“Soft Selection”参数

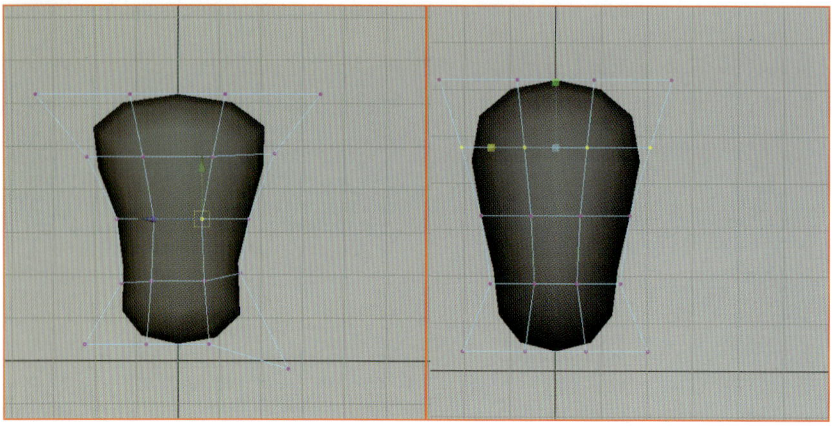

图 6-37　调整出上半身的基本造型

7）为身体模型添加细节。方法：进入【Edge】子物体模式，选择“Edit Mesh | Insert Edge Loop Tool”命令，然后在如图 6-38 中 A 部分所示的边上单击，为模型插入一圈边，接着在【Vertex】子物体模式下，使用(Move Tool）工具适当调整身体侧面的顶点，使模型的布线更符合身体的结构特点，如图 6-38 中 B 部分所示。

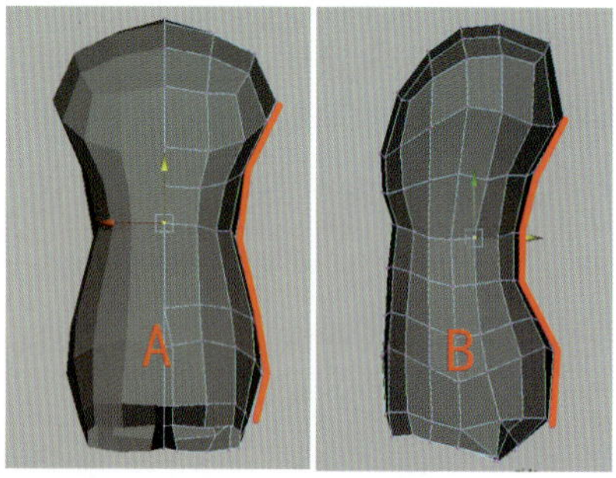

图 6-38　添加腰部的边

8）进入【Vertex】子物体模式，勾选“Soft Select”复选框，然后在【Side】视图中使用(Move Tool）工具调整身体的结构，接着选中用于制作肩部和腰部的顶点，选择“Edit Mesh | Chamfer Vertex”命令并设置参数，结果如图 6-39 所示。

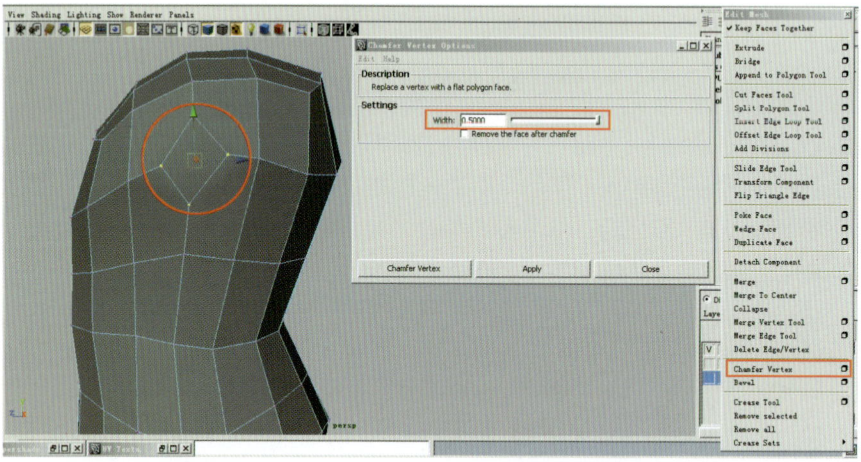

图 6-39　调整肩部和腰部的基本造型

9）使用(Split PolyGon Tools）工具在肩部模型添加线段，如图 6-40 中 A 部分所示，再切换到【Vertex】子物体模式，使用(Move Tool）工具调整造型，效果如图 6-40 中 B 部分所示。然后进入【Face】子物体模式，选择中间的面进行删除，如图 6-41 所示。

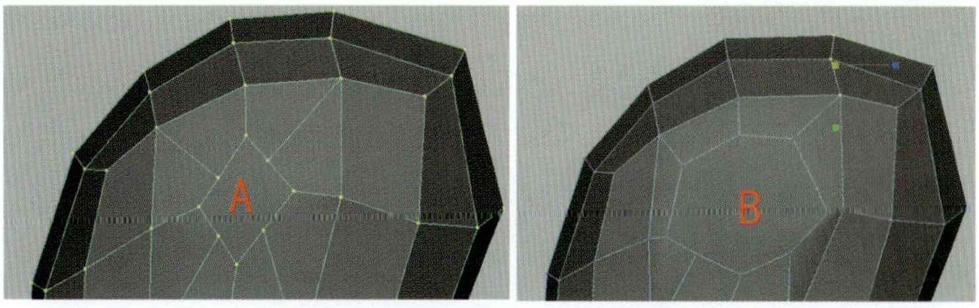

图 6-40　刻画模型肩部的面

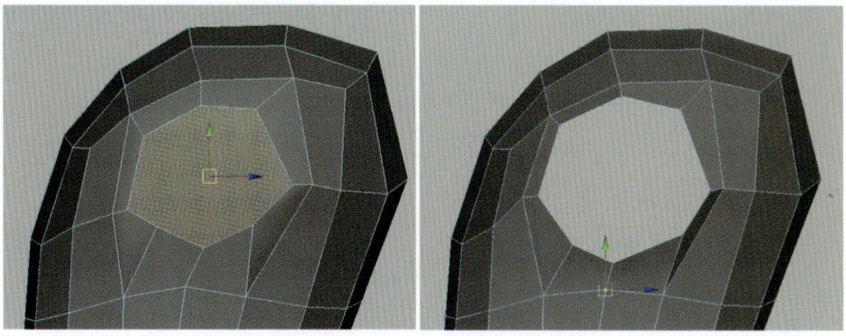

图 6-41　调整肩部结构的效果

10）使用(Move Tool) 工具调整肩部及手臂造型，然后进入【Edge】子物体模式，选中身体与手臂连接处的一圈边，如图 6-42 中 A 部分所示。接着使用(Extrude) 工具挤出一段手臂，如图 6-42 中 B 部分所示。

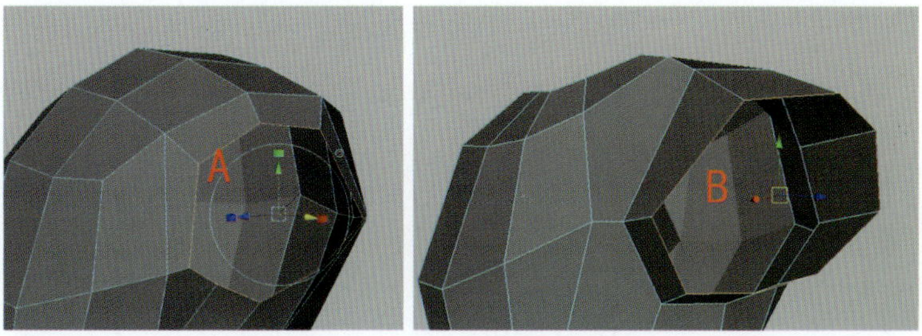

图 6-42　挤出手臂基本结构

11）使用(Extrude) 工具继续挤出手臂，如图 6-43 所示。然后使用(Move Tool) 工具简单调整手臂造型，接着使用(Extrude) 工具挤出肘部及前臂部分的基本造型，再进入【Vertex】子物体模式，使用(Move Tool) 工具调整手臂造型，如图 6-44 所示。

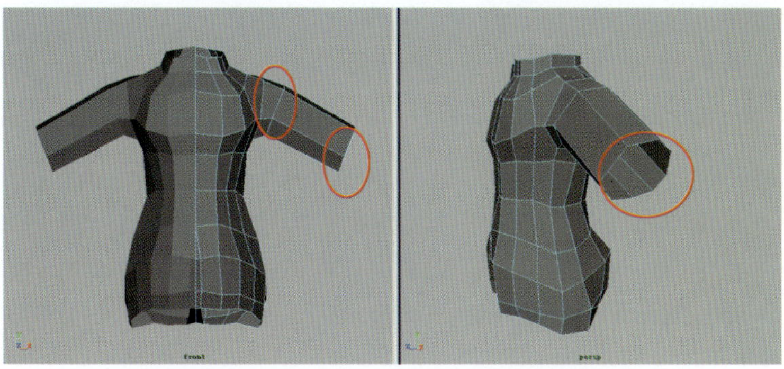

图 6-43　挤出上臂造型

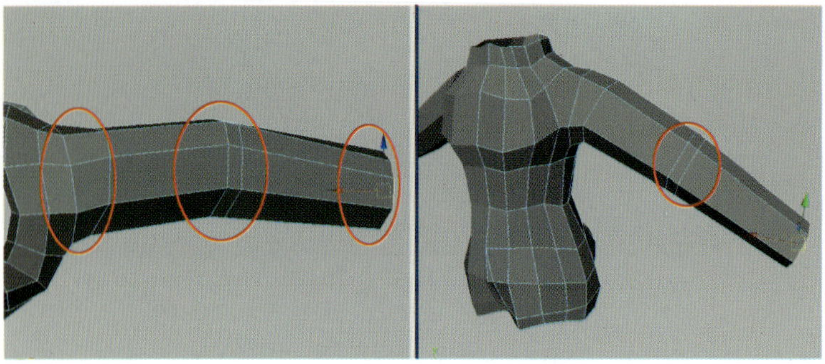

图 6-44　调整肘部及前臂造型

12）制作手掌模型。方法：进入【Edge】子物体模式，选中前臂部分的一圈边，再使用(Extrude）工具继续挤出一段手臂，然后进入【Vertex】子物体模式，(Move Tool）工具调整出手掌的基本造型，如图 6-45 所示。同理，使用(Extrude）工具挤出手指部分，再使用(Move Tool）工具调整出手指部分的基本造型，如图 6-46 所示。

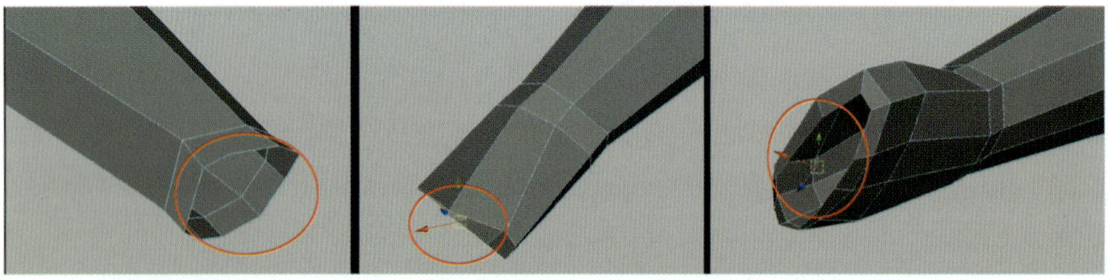

图 6-45　制作手掌部分模型

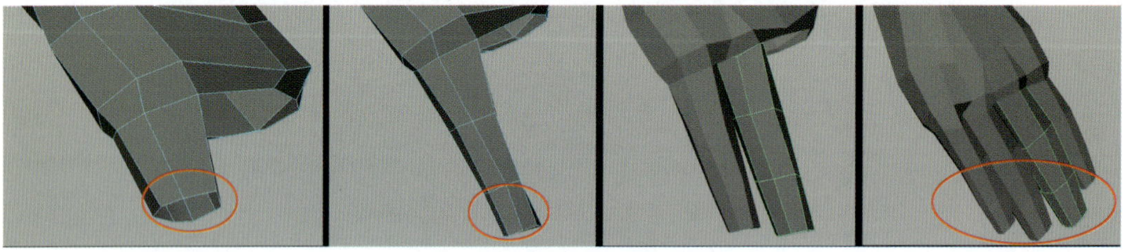

图 6 46　制作手指的模型

提 示

步骤 1）~12）的操作演示详见配套光盘“多媒体视频文件\第 6 章 欧美网络游戏男角色的制作\c_07_body001.avi”视频文件。

2. 制作男角色腿部模型

1）调整身体与腿部连接处的造型。由于腿部是从身体直接挤出的，因此在制作之前，要仔细调整连接处的顶点，这样有利于后面腿部模型的创建。观察角色原画的造型特点，在【Vertex】子物体模式下，使用(Move Tool）工具仔细调节连接处的顶点，如图 6-47 中 A 和 B 部分所示，然后使用(Extrude）工具继续挤出一段大腿造型，如图 6-47 中 C 部分所示。

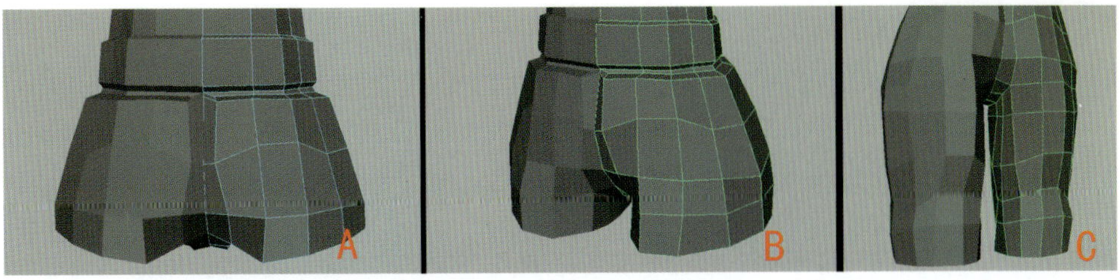

图 6-47 调整大腿根部的造型

2）挤出腿部造型。方法：在【Persp】视图中进入【Edge】子物体模式，选择身体底部的一圈边，如图 6-48 中 A 部分所示，然后单击(Extrude）按钮，沿 Y 轴向下挤出一段腿部造型，如图 6-48 中 B 部分所示。接下来进入【Vertex】子物体模式，使用(Move Tool）工具以不同视角调整腿部造型，效果如图 6-49 中 A 部分所示，最后使用(Extrude）工具继续挤出小腿与脚掌的造型，如图 6-49 中 B 部分所示。

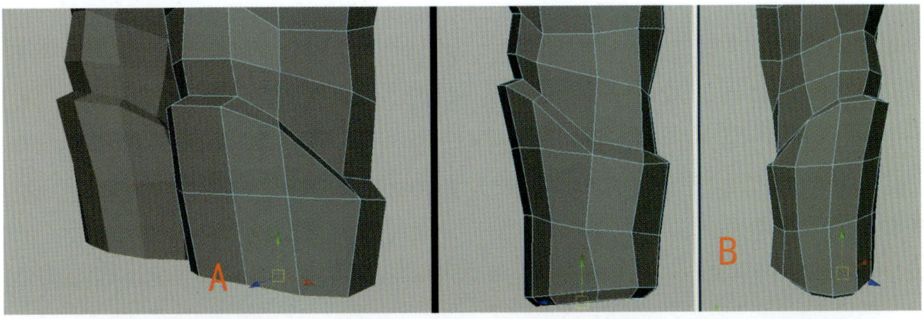

图 6-48 挤出腿部造型

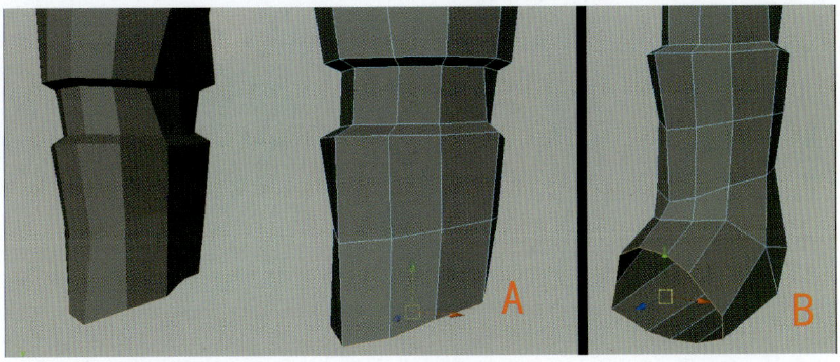

图 6-49 调整腿部造型

3）根据原画设定的造型特点，结合装备造型的结构变化，继续挤出脚部造型。然后进入【Vertex】子物体模式，使用(Move Tool）工具调整脚部造型，效果如图 6-50 所示。

提 示

步骤 1）~3）的操作演示详见配套光盘“多媒体视频文件\第 6 章 欧美网络游戏男角色的制作\c_07_body002.avi”视频文件。

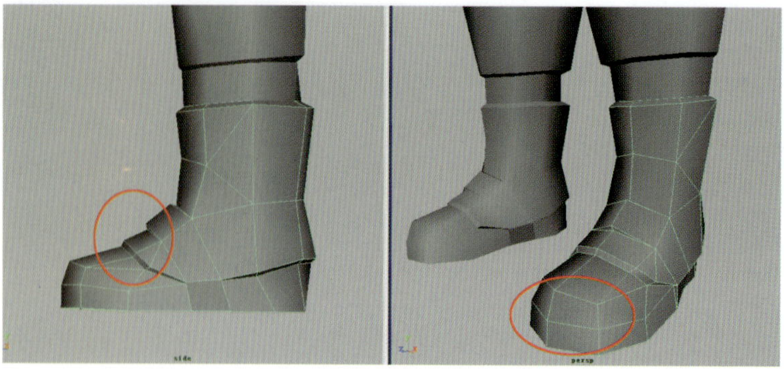

图 6-50　制作出脚部造型

3. 制作男角色的身体装备

男角色身体的装备先通过在身体模型的基础上复制面，再独立制作装备。这样，装备与身体能够较好匹配。

1）进入【Face】子物体模式，选择胸部的面，单击(Duplicate Face Tool) 按钮对其进行复制，如图 6-51 中 A 部分所示，然后使用(Extrude) 工具在复制面的基础上挤出身体装备的基本造型，如图 6-51 中 B 部分所示。接着进入【Vertex】子物体模式，使用(Move Tool) 工具调整装备的大体造型，结合肩部模型的结构调节胸部装备造型，效果如图 6-52 所示。

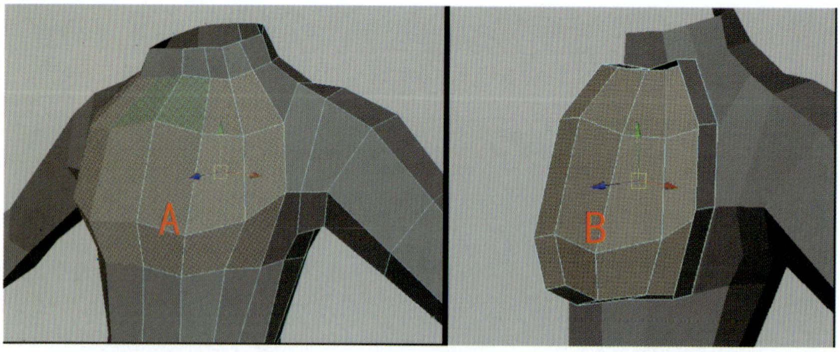

图 6-51　制作身体装备造型

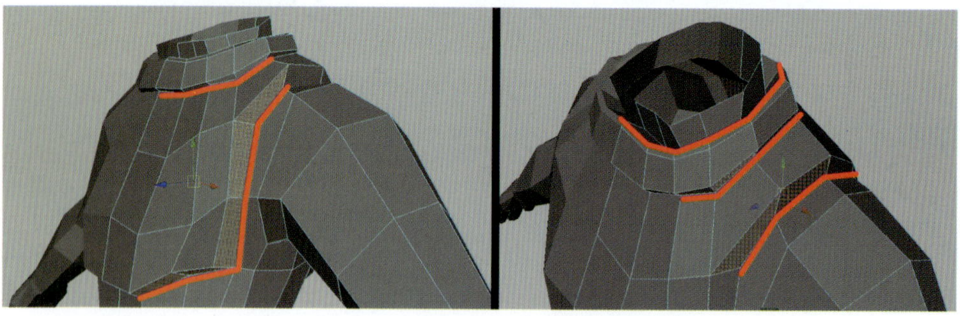

图 6-52　调整身体装备模型细节

2）选择背部的面，如图 6-53 中 A 部分所示，单击(Extrude) 按钮挤出背部装备的基本造型，如图 6-53 中 B 部分所示。然后使用(Split PolyGon Tools) 工具在肩部添加边，如图6–54中A部分所示，再进入【Vertex】子物体模式，使用(Move Tool)工具调整装备的造型。最终效果如图6–54中B部分所示。

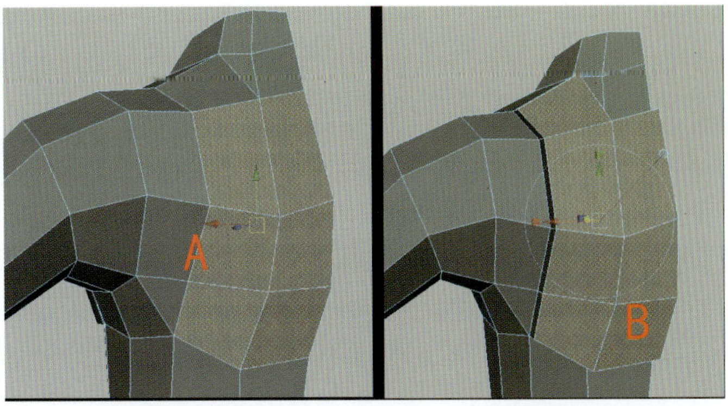

图6–53 挤出身体背面装备的造型

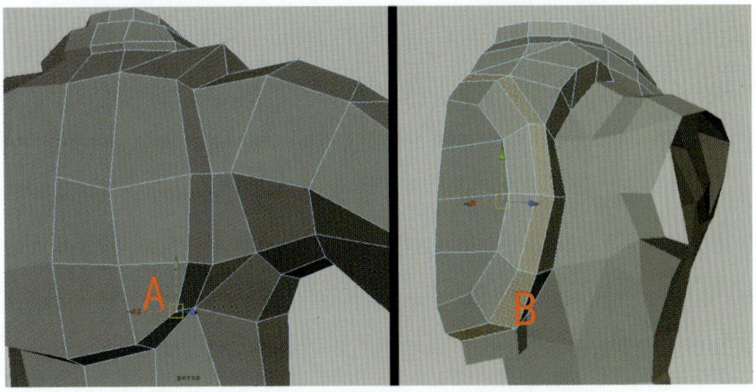

图6–54 调整身体装备的细节造型

3）制作手臂的装备。方法：在【Face】子物体模式下，选择手臂的面，如图6–55中A部分所示，使用(Extrude)工具挤出肩部装备的基础模型，如图6–55中B部分所示。然后利用(Split Polygon Tools)工具在肩部装备上添加边，如图6–56中A部分所示。再选择面，如图6–56中B部分所示。接着使用(Extrude)工具挤出装备的细节造型，如图6–56中C部分所示。再次使用(Split PolyGon Tools)工具在肩部装备添加边，如图6–57中A部分所示，再进入【Vertex】子物体模式，使用(Move Tool)工具调整造型，如图6–57中B部分所示。

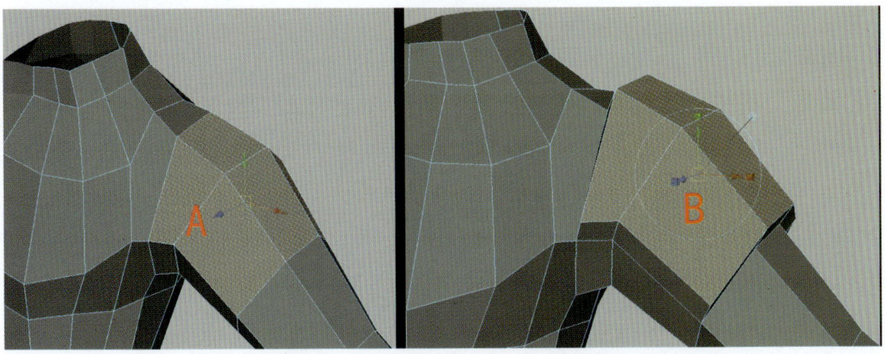

图6–55 复制装备手臂一圈面

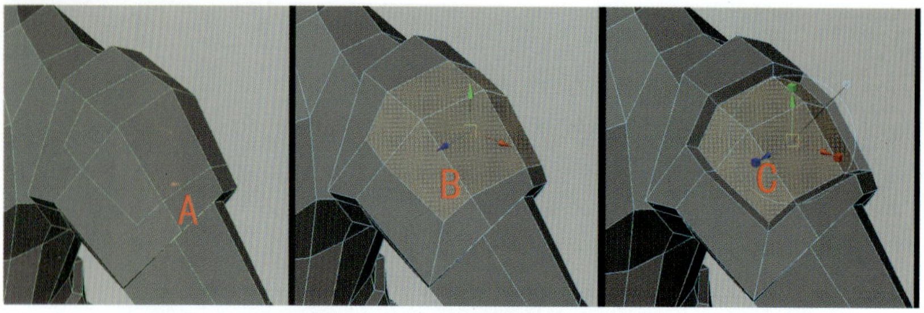

图 6–56　调整肩部装备细节造型

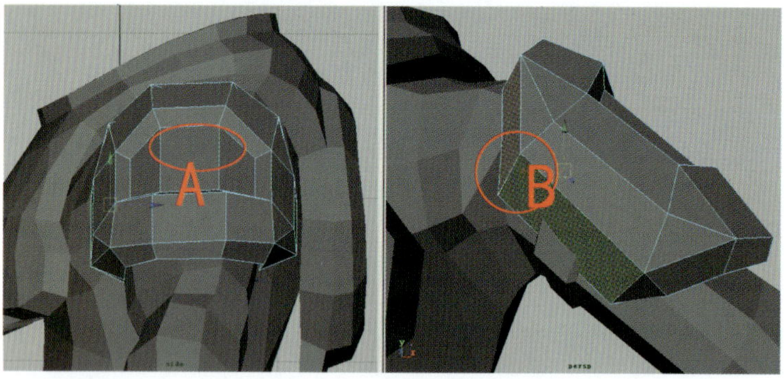

图 6–57　肩部装备造型最终效果

4）制作大腿装备。方法：首先进入【Face】子物体模式，选择腿部侧面的面，如图 6–58 中 A 部分所示，单击(Extrude) 按钮挤出选择的面，如图 6–58 中 B 部分所示。然后使用(Split Polygon Tools) 工具在大腿装备上添加边，再进入【Vertex】子物体模式，使用(Move Tool) 工具调整细节，效果如图 6–58 中 C 部分所示。根据原画中的装备造型，对拉伸出来的面进行细节调整，最终效果如图 6–59 所示。

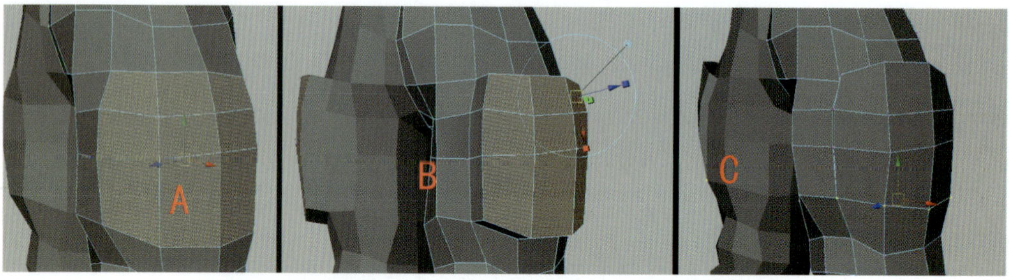

图 6–58　复制出大腿装备

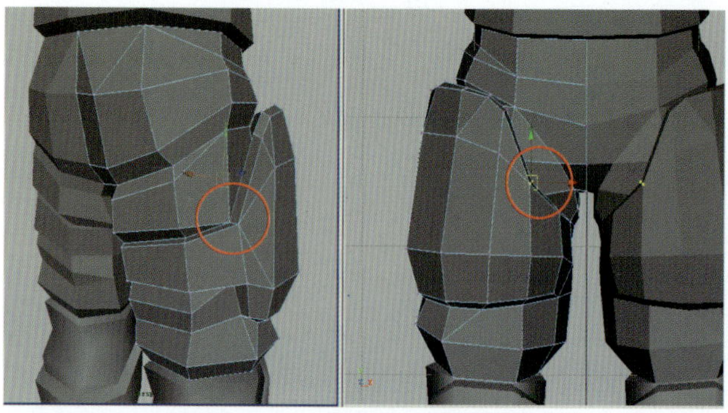

图 6–59　调整腿部装备细节

4）制作小腿装备。方法：首先进入【Face】子物体模式，选择小腿部分的面，如图6-60中A部分所示，单击(Extrude)按钮挤出面，如图6-60中B部分所示，然后进入【Vertex】子物体模式，使用(Move Tool)工具调整装备造型，如图6-60中C部分所示。接着使用(Split Polygon Tools)工具在小腿装备上添加边，再进入【Vertex】子物体模式，使用(Move Tool)工具调节顶点，制作出小腿装备的最终造型，如图6-61所示。

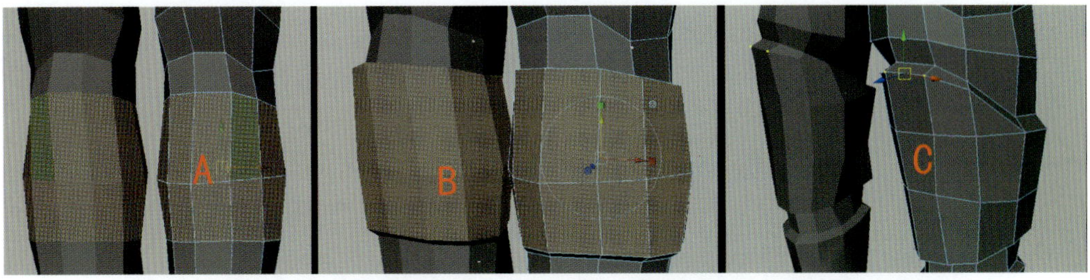

图6-60 制作腿部装备大体形态

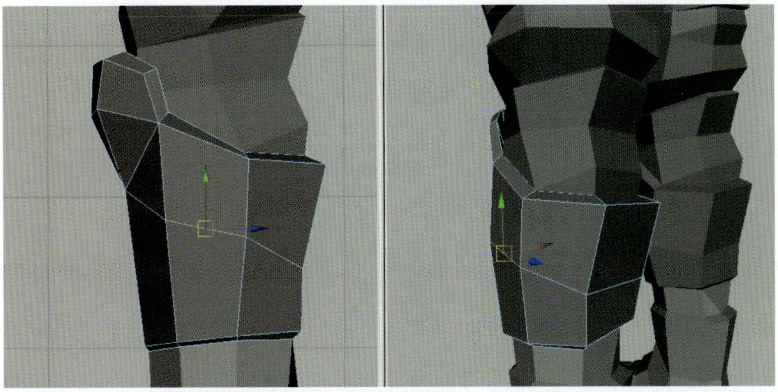

图6-61 调整小腿装备的细节造型

5）刻画胸部装备的细节。注意形体与原画设定保持一致。方法：使用(Split Polygon Tools)工具在胸部装备上添加边，如图6-62中A部分所示。然后使用(Move Tool)工具向内拉出胸部装备的立体造型，如图6-62中B部分所示。最终完成效果如图6-62中C部分所示。

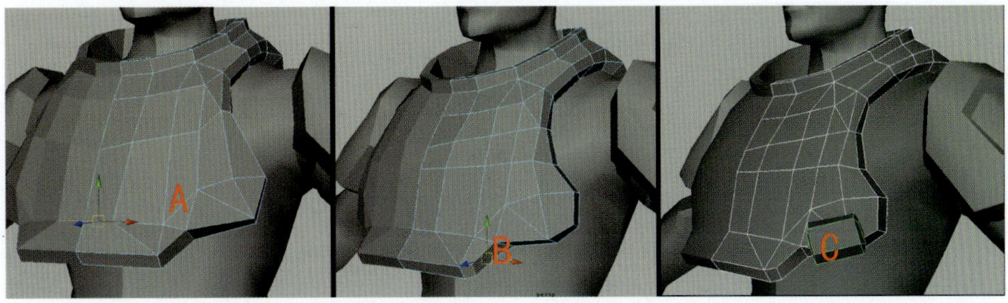

图6-62 细节刻画胸部装备的模型效果

提 示

步骤1）~5）的操作演示详见配套光盘“多媒体视频文件\第6章 欧美网络游戏男角色的制作\c_07_body003.avi”视频文件。

第6章 欧美网络游戏男角色的制作

6）制作角色其他部位的小装备。仔细核对原画与模型，使之在结构保持一致。这样就完成整体男性角色模型的制作，效果如图 6-63 所示。把文件命名为“c_solder01.mb”，保存到“MAYA 文件 \ 第 6 章 欧美网络游戏男角色的制作 \”目录中。

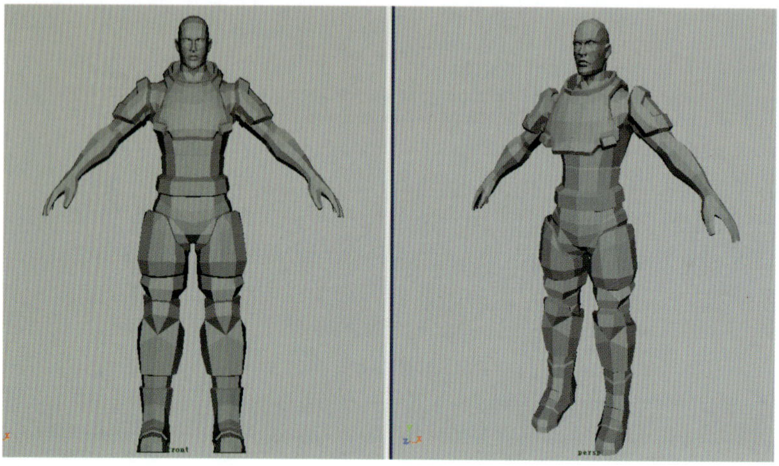

图 6-63 男性角色模型整体效果

6.2.4 编辑男角色的 UV

在男角色的 UV 编辑分为头部的 UV 编辑、身体及装备的 UV 编辑两部分来进行。

1. 头部的 UV 编辑

1）赋予文件检测纹理。首先选择“Window | Render Editor | Hypershade”命令，如图 6-64 中 A 部分所示，打开 Hypershade（超材质编辑器）对话窗口。然后双击窗口左侧 Create All Nodes 工具条中的 Lambert 材质球，建立一个新的 Lambert 材质，如图 6-64 中 B 部分所示，接着右击新建的材质，在弹出的菜单中选择“Assign Material To Selection”命令，如图 6-65 所示，将材质赋予男角色模型。

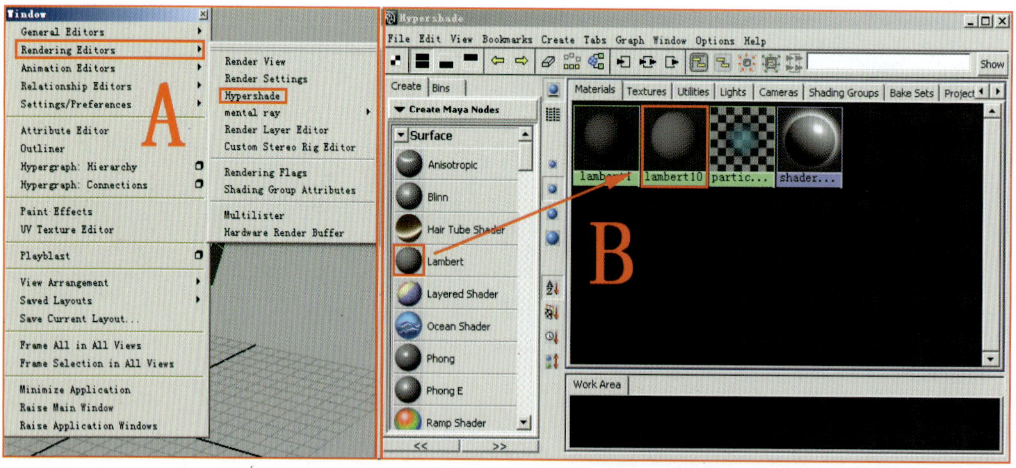

图 6-64 打开 Hypershade 窗口并新建材质

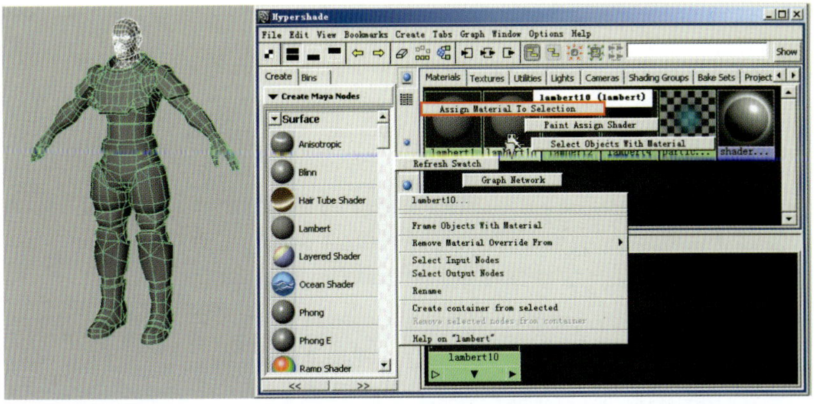

图6–65　把材质指定给模型

2）双击新建的材质球，打开其属性编辑器，然后在Common Material Attributes栏中Color后边的按钮上单击，如图6–66中A部分所示。在弹出的Create Render Node窗口的【2D Textures】选项组中选择【File】按钮，如图6–66中B部分所示。

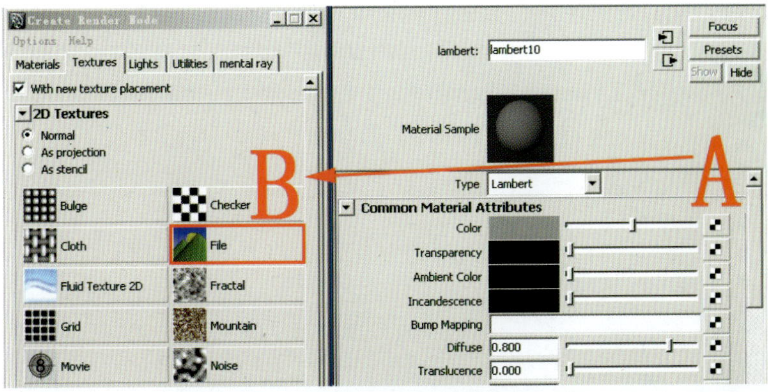

图6–66　为材质指定颜色纹理

3）在Hypershade窗口的工作区中双击刚才生成文件的纹理节点，打开其属性编辑器，如图6–67中A部分所示，单击【Image Name】后面的(Open file)按钮，如图6–67中B部分所示，然后打开【Open文件贴图】窗口找到用于测试的纹理——棋盘格.jpg，单击“Open”按钮确认操作。

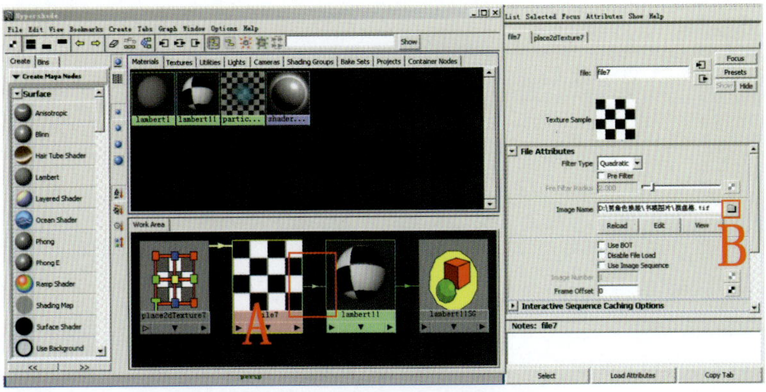

图6–67　为模型赋予检测纹理

4）在 Hypershade 窗口中双击 place2dTexture3 打开其属性编辑器窗口，设置 Repeat UV 数值为（4，4），如图 6-68 所示。

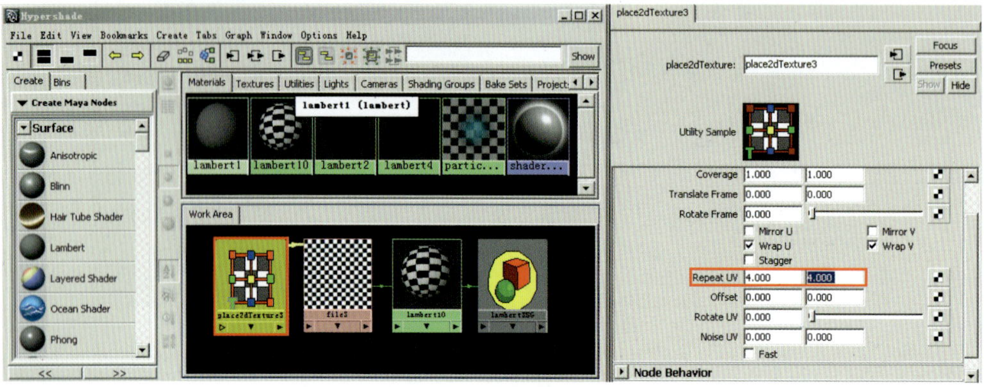

图 6-68　设置棋盘格纹理的 UV 重复数

5）编辑头部模型的 UV。方法：选择男性头部模型，单击“Create UVs | Planar Mapping”命令右侧的方形按钮，如图 6-69 中 A 部分所示，在弹出的对话框中选择轴向，如图 6-69 中 B 部分所示，然后单击“Apply”按钮，得到如图 6-69 中 C 部分所示的效果。

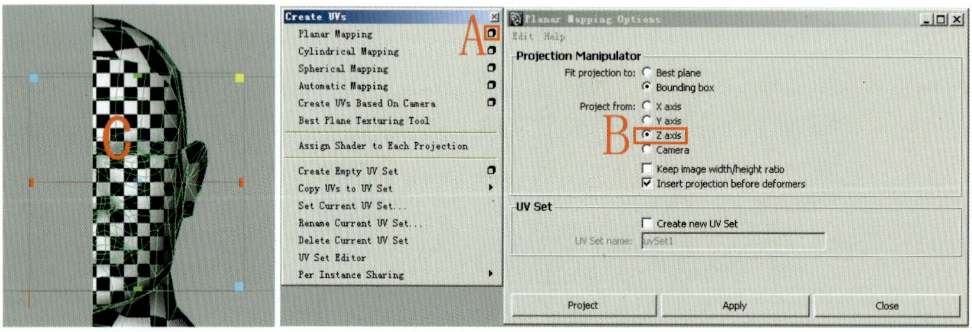

图 6-69　给头部模型指定平面映射方式

6）打开 UV Texture Editor，查看男角色头部 UV 分布情况，如图 6-70 所示。然后在【Persp】视图进入【Edge】子物体模式，选择头部侧面一条边，如图 6-71 标红处所示，单击（Cut UV Edges）按钮，沿选中的边剪切 UV，把头部 UV 分成前、后两部分，如图 6-71 所示。

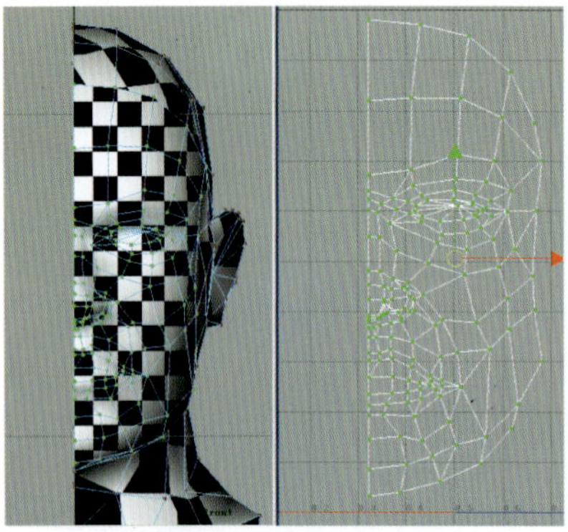

图 6-70　头部的 UV 分布

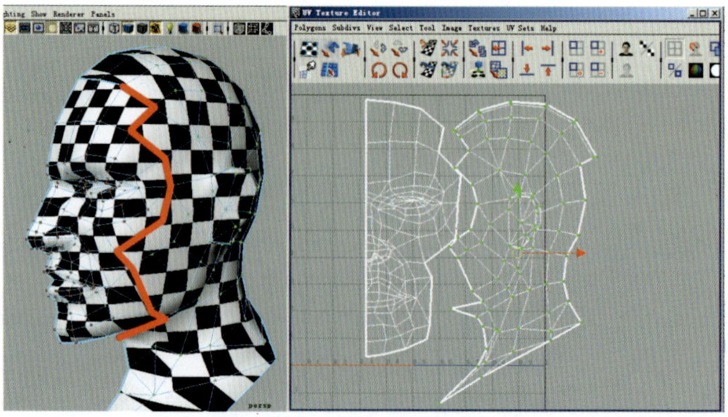

图 6-71　分离头部的 UV

7）调整头部UV。方法：首先选择头部的UV，单击(Unfold Selected UVs)工具把UV自动展平，然后使用(Scale Tool)、(Move Tool)工具把鼻子一侧的UV拉直，再调整棋盘格贴图拉伸较大处的UV，如图6-72中A部分所示。接着进入【Edge】子物体模式，选择头部前、后接缝处的两条边，如图6-72中B部分所示，单击(Move and Sew UV Edge)按钮将前、后头部的UV缝合到一起，如图6-72中C部分所示。最后，同时使用(Rotate)工具、(Relax)工具对编辑好的UVs进行旋转、放松等辅助操作，使棋盘格纹理达到最佳显示效果，如图6-73所示。

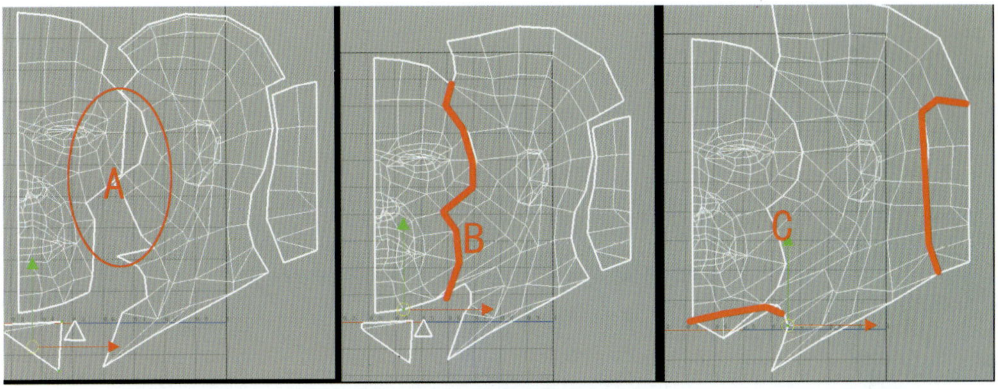

图6-72　调整头部的UV

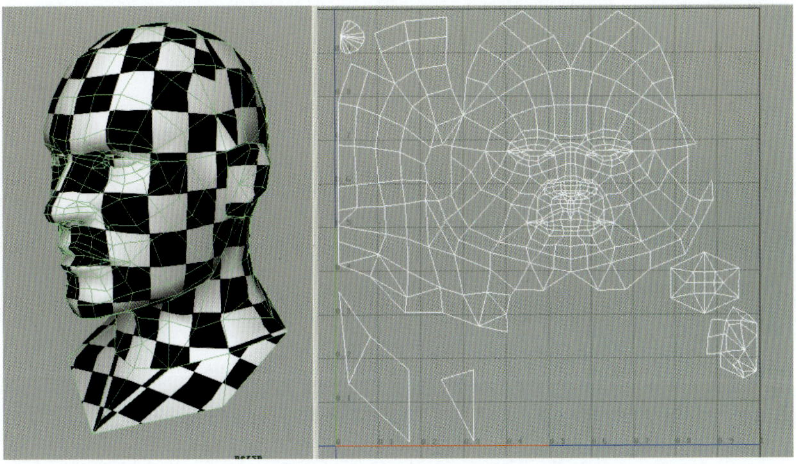

图6-73　完成的头部UV

提　示

步骤1）~7）的操作演示详见配套光盘"多媒体视频文件\第6章 欧美网络游戏男角色的制作\c_07_head_uv.avi"视频文件。

2. 身体及装备的UV编辑

1）参照头部UV的编辑方法，为身体模型部分的装备指定"Planar Mapping"映射方式，如图6-74所示。然后在【Edge】子物体模式下，分别选择如图6-75标红处所示的边，依次单击(Cut UV Edges)按钮进行分离。接着在【UV】子对象模式下，使用(Scale

Tool)、(Move Tool) 工具调整躯干的 UV，效果如图 6-76 所示。运用前面掌握的 UV 编辑技巧对分解的 UV 进行合理编辑，最终效果如图 6-77 所示。

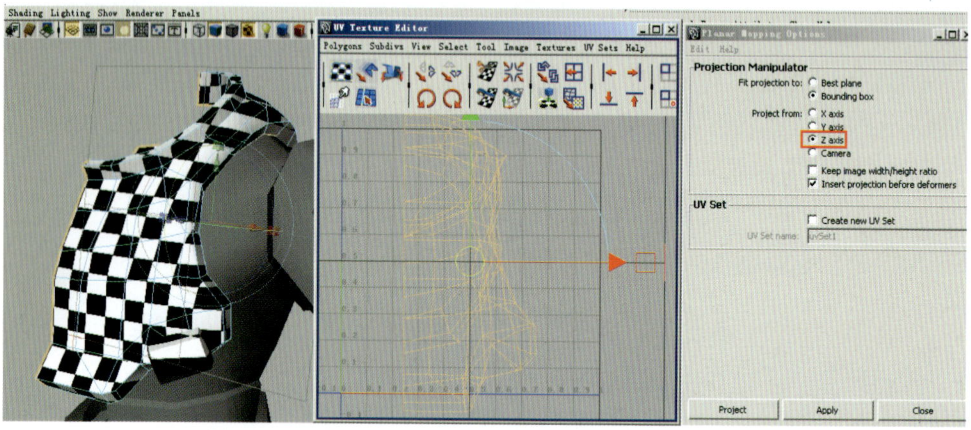

图 6-74 给身体装备指定映射方式

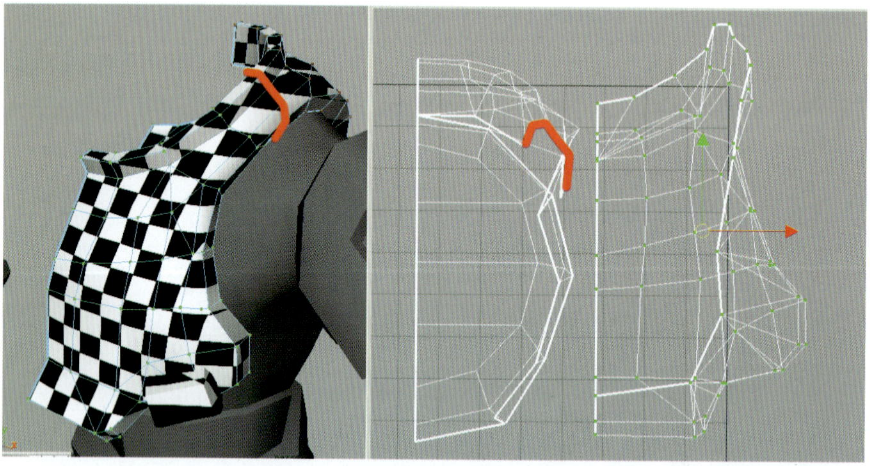

图 6-75 分离身体装备 UV 效果

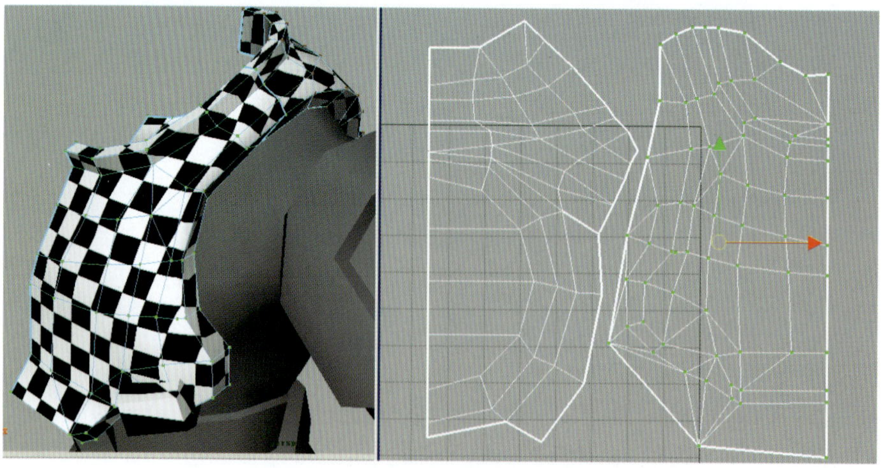

图 6-76 调整身体装备 UV 效果

图 6-77　编辑完成的身体装备效果

2）编辑腰部的 UV。方法：首先为腰部模型指定“Planar Mapping”映射方式，如图 6-78 所示。进入【Edge】子物体模式，选择手部侧面的一圈边，然后单击(Cut UV Edges)按钮沿着选中的边剪切 UV，将腰部的 UV 分成前、后两部分，如图 6-79 中 A 部分所示。单击(Show Border)按钮显示 UV 的边界（方便观察），接着选中手部前面的 UV，单击(Flip)按钮反转 UV，再使用(Move Tool)工具、(Rotate Tool)工具移动和旋转 UV，如图 6-79 中 B 部分所示。最后使用(Move and Sew UV Edge)工具将相对的 UV 边界缝合，并使用(Move Tool)工具来完成手部 UV 的调整，效果如图 6-80 所示。

图 6-78　为腰部指定平面 UV 映射方式

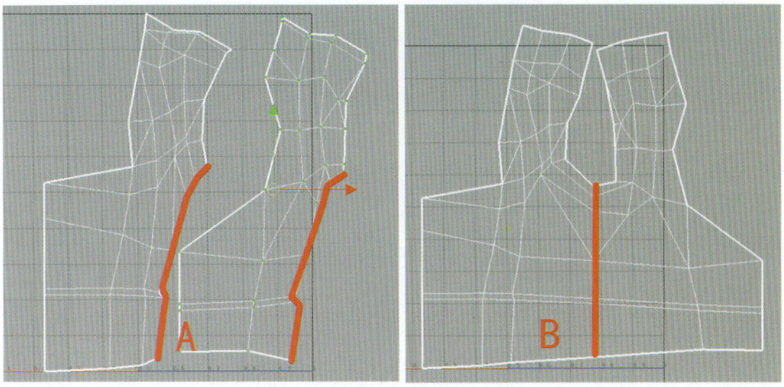

图 6-79　调整腰部 UV 效果

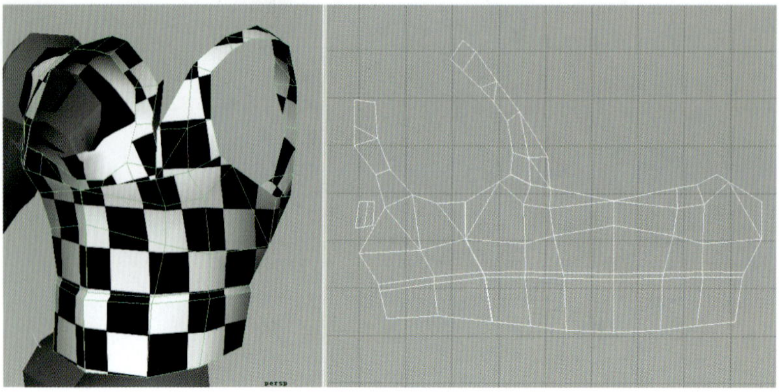

图 6-80　缝合并完成腰部 UV 的调整

3）肩部装备及手臂 UV 的编辑。参照前面制作身体及装备等的 UV 编辑技巧，完成肩部装备及手臂的 UV 编辑。肩部装备 UV 编辑效果如图 6-81 所示，调整完成效果如图 6-82 所示。

图 6-81　肩部装备 UV 编辑效果

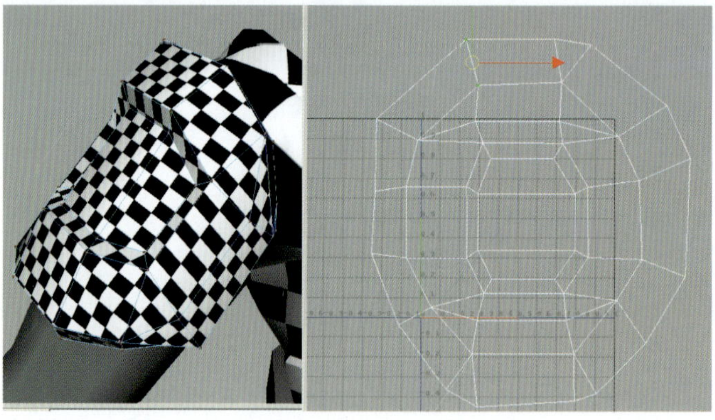

图 6-82　肩部装备最终 UV 效果

4）手臂 UV 的编辑分为上臂和前臂两部分。根据手臂造型的特点，为其指定“Planar Mapping”映射方式，如图 6-83 所示。结合前面制作身体及装备等的 UV 编辑技巧，继续完成手臂部分的 UV 编辑。手臂装备 UV 效果如图 6-84 所示。

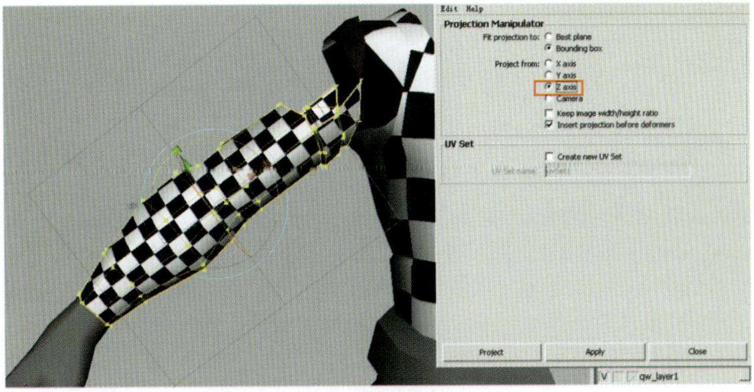

图 6-83　手臂指定平面映射方式

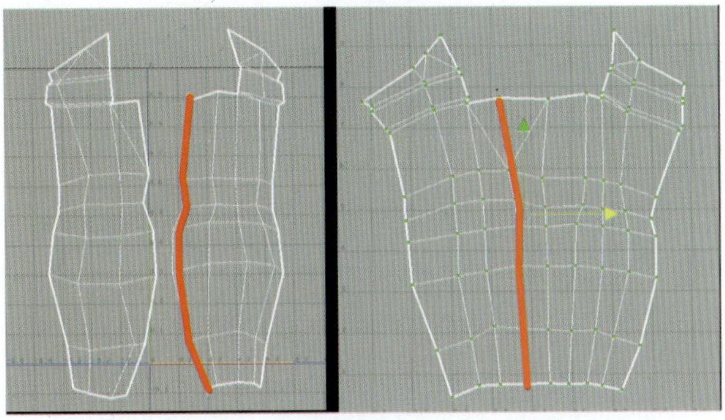

图 6-84　手臂装备 UV 完成效果

5）编辑手部的 UV。方法：首先为手部模型指定“Planar Mapping”映射方式，如图 6-85 所示。进入【Edge】子物体模式，选择手部侧面的一圈边，如图 6-86 标红处所示，然后单击(Cut UV Edges) 按钮沿着选中的边剪切 UV，将手掌的 UV 分成前、后两部分，如图 6-87 中 A 部分所示。再单击(Show Border) 按钮显示 UV 的边界（方便观察），接着选中手部前面的 UV，单击(Flip) 按钮反转 UV，再使用(Move Tool) 工具、(Rotate Tool) 工具移动和旋转 UV 位置，如图 6-87 中 B 部分所示。最后使用(Move and Sew UV Edge) 工具将相对的 UV 边界缝合，再使用(Move Tool) 工具来完成手部 UV 的调整，效果如图 6-88 所示。

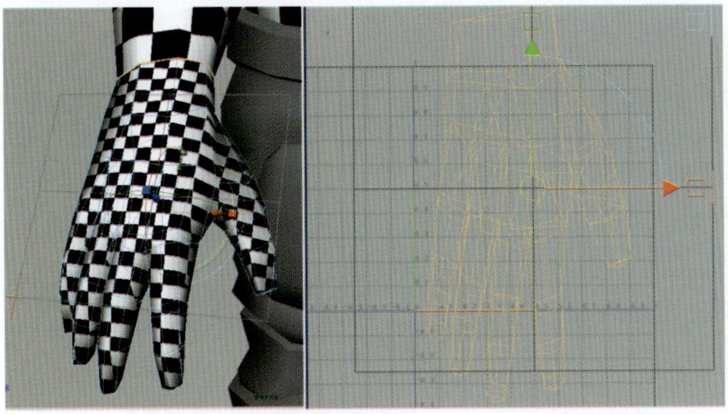

图 6-85　为手部指定平面 UV 映射方式

图 6-86　选中侧面所有的边

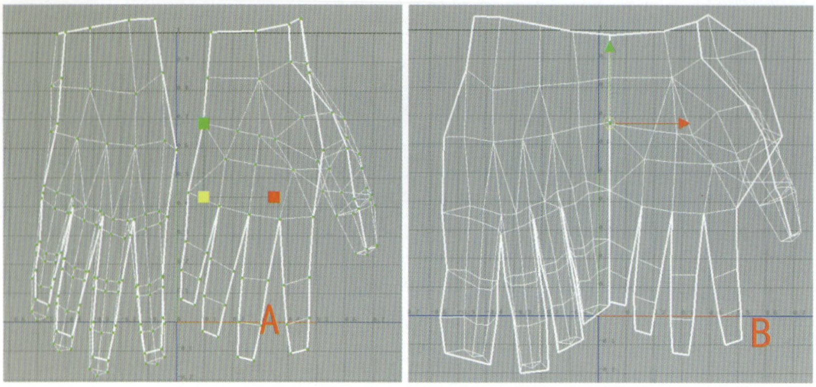

图 6-87　合理摆放被剪切的手部 UV

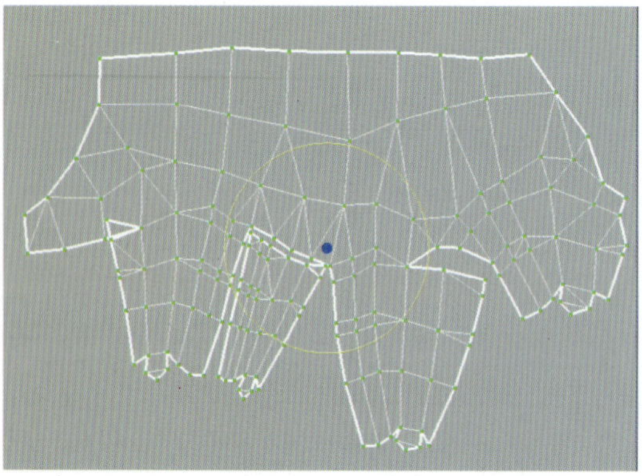

图 6-88　缝合并完成手部 UV 的调整

提 示

步骤 1）~5）的操作演示详见配套光盘“多媒体视频文件\第 6 章 欧美网络游戏男角色的制作\c_07_body_uv01.avi”视频文件。

6）腿部及装备 UV 的编辑。根据腿部造型的特点，给腿部装备模型指定“Planar Mapping”映射方式，如图 6-89 所示。结合身体及装备等的 UV 编辑技巧，完成腿部及装备的 UV 编辑。腿部装备 UV 调整完成效果如图 6-90 所示。

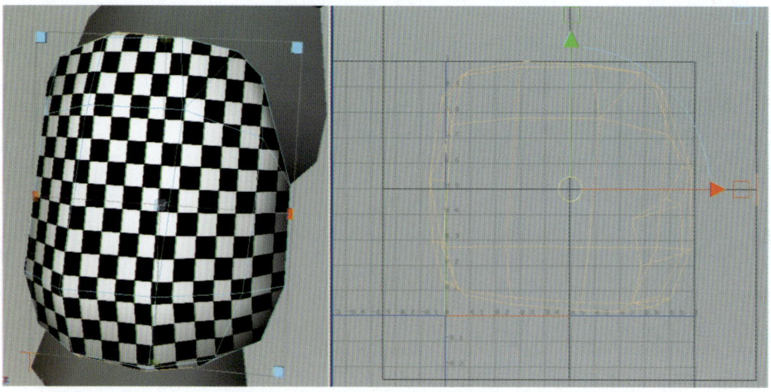

图 6-89　腿部装备 UV 编辑效果

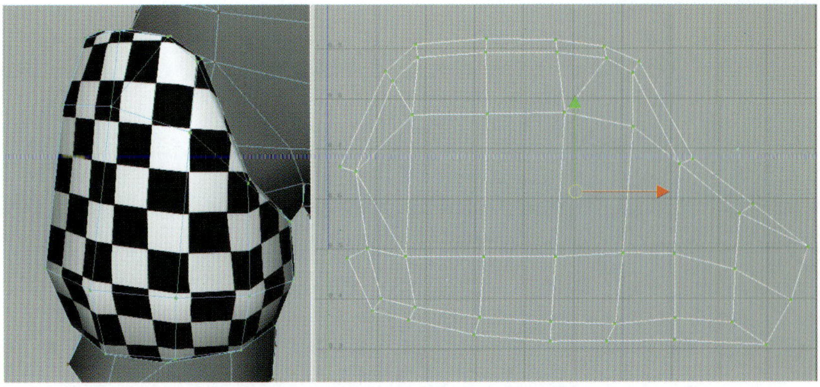

图 6-90　腿部装备 UV 完成效果

7）脚部 UV 的编辑。根据脚部造型特点，给脚部装备模型指定“Planar Mapping”映射方式，如图 6-91 所示，完成脚部的 UV 编辑。尽量根据脚部的造型进行合理调节，效果如图 6-92 所示。

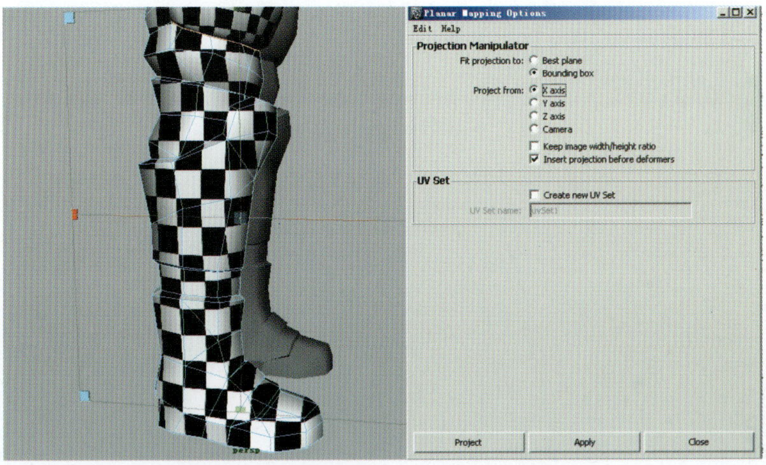

图 6-91　为脚部装备指定平面映射方式

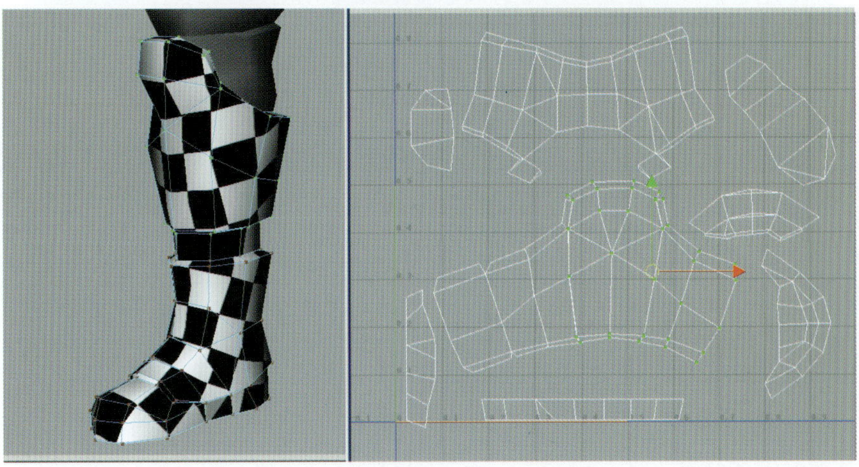

图 6-92　脚部装备 UV 完成效果

提 示

步骤6）~8）的操作演示详见配套光盘“多媒体视频文件\第6章 欧美网络游戏男角色的制作\c_07_body_uv02.avi”视频文件。

8） 观察整个角色的棋盘格的排布变化，处理各个模块的黑白格子的比例分布，如图6−93所示。最后对整个UV进行合理安排，根据游戏的规范要求将编辑的UV排放在第一象限里面，如图6−94所示。至此，便完成对整个男角色的UV编辑。

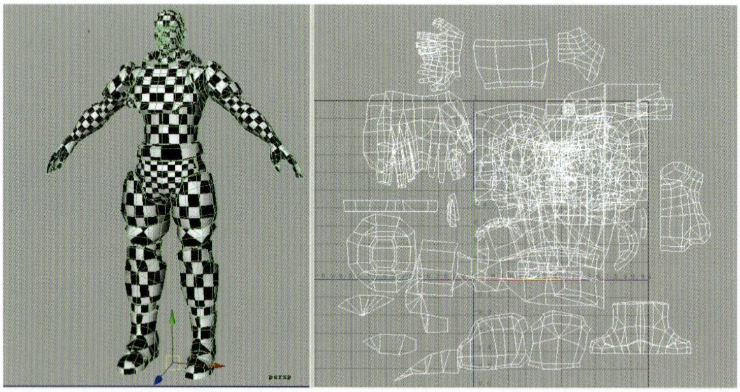

图6−93 完成男角色整体UV的编辑

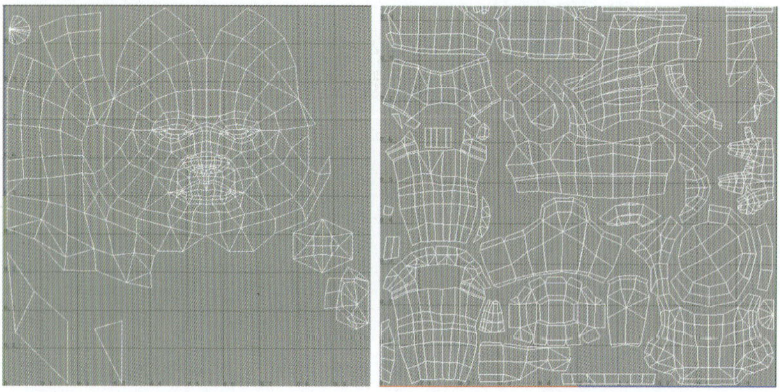

图6−94 完成UV的排列和摆放

提 示

步骤8）的操作演示详见配套光盘“多媒体视频文件\第6章 欧美网络游戏男角色的制作\c_07_body_uv03.avi”视频文件。

6.2.5 绘制男角色贴图

男角色贴图绘制包括头部贴图的绘制、身体贴图的绘制2部分。

1．头部贴图的绘制

头部贴图的绘制主要包括提取UV线框、绘制基础纹理、刻画材质细节几部分内容。

1）输出头部UV线框。方法：进入【Edge】子物体模式，选择全部UV，再选择“Subdivs | UV Snapshot”命令，在弹出的对话框中设置参数，如图6–95所示。最后将男角色的UV线框输出为“贴图\第6章 欧美网络游戏男角色的制作\c_07_head.tga”文件”。如图6–96所示。

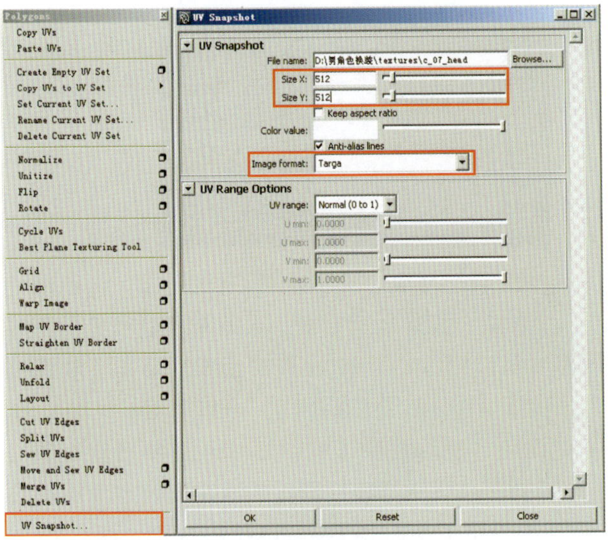

图6–95 头部UV线框参数设置

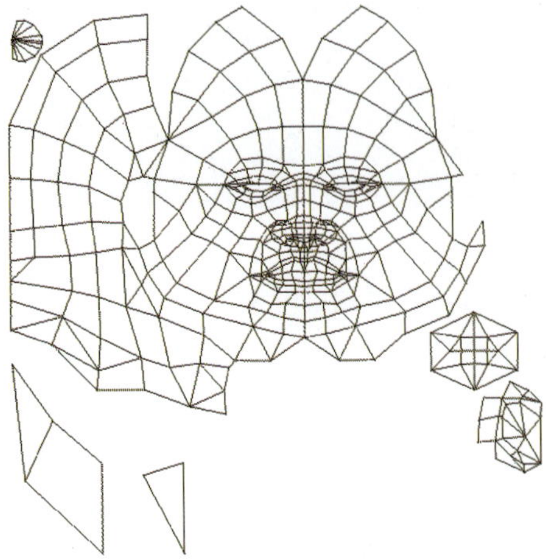

图6–96 输出男角色的UV线框图

2）提取UV线框。在Photoshop中打开配套光盘“贴图\第6章 网络游戏男角色的制作\ c_07_head.tga”文件，选择菜单中的“选择|色彩范围”命令，如图6–97中A部分所示设置对话框参数，然后使用滴管点取文件中的黑色，如图6–97中B部分所示，再单击“好”按钮，使男角色头部的UV线框形成选区，如图6–98所示。接下来在图层面板创建新图层，再使用白色在新图层中填充线框选区，用黑色填充背景图层，白色的UV线框就被成功提取出来，如图6–99所示。再把线框图层文件保存为“贴图\第6章 欧美网络游戏男角色的制作\ c_07_head.psd”文件。

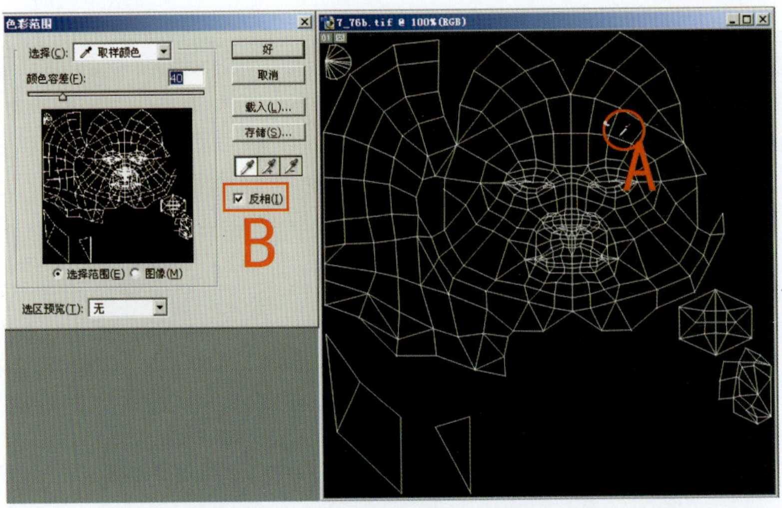

图6–97 应用色彩范围提取线框的选区

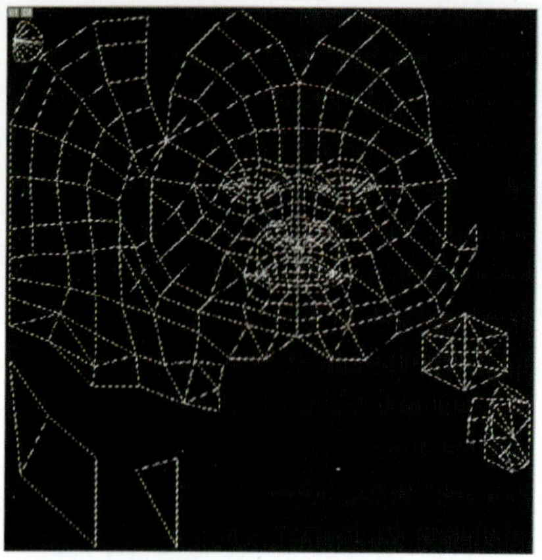

图6-98　线框选区

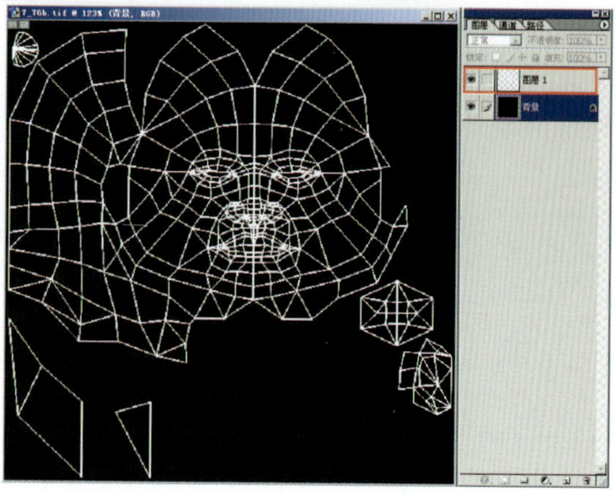

图6-99　成功提取线框

3）绘制基础纹理。方法：打开配套光盘中的“贴图\第6章　欧美网络游戏男角色的制作\男角色原画.jpg”文件，创建一个新图层，然后使用（多边形套索）工具沿UV线框的形状选出头部的UV，使其形成选区。按下【Alt】键的同时单击（画笔）工具，在“男角色原画.jpg”文件上单击，吸取头部的颜色，然后按下【Alt+Delete】组合键将颜色填充到新建图层中，如图6-100中A部分所示。最后降低线框图层的透明度，方便后面的绘制工作，再使用（画笔）工具绘制出头部的明暗关系，如图6-100中B部分所示。

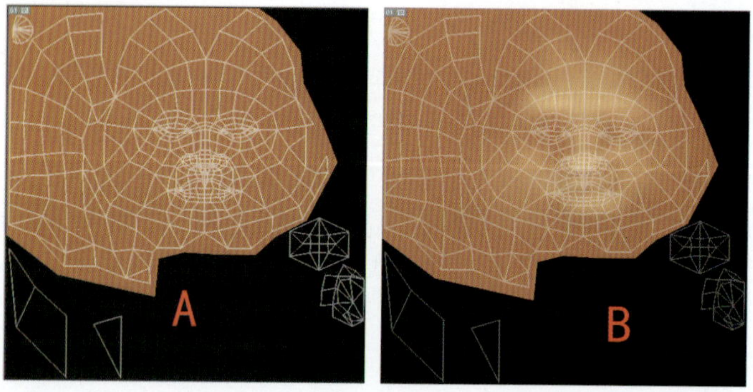

图6-100　绘制头部的基础材质

4）继续新建图层，然后使用（画笔）工具从原画上吸取颜色，为每块UV填充不同底色，绘制出基本明暗关系。在头部材质绘制过程中，尽量采用与原画材质保持一致的纹理色彩，可以适当截取角色原画的部分纹理作为脸部的基础材质，如图6-101所示。

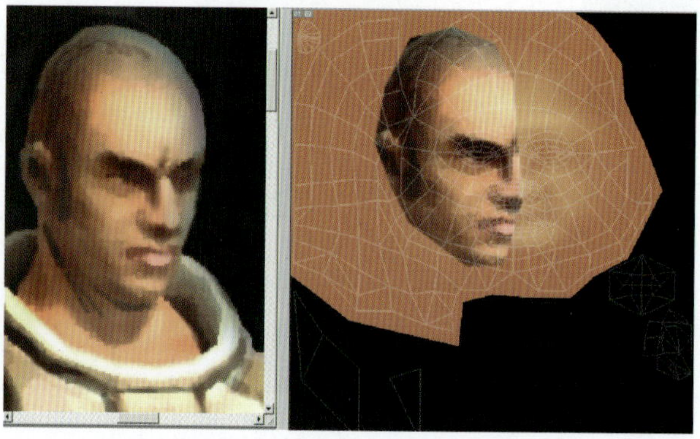

图6-101　从原画中截取基础材质

5）使用（画笔）工具不断从原画中吸取颜色，如图6–102中A部分所示，绘制头部的基础纹理，如图6–102中B部分所示。然后将绘制的材质指定给完成的模型。再回到Maya 2010中观察赋予材质后的模型效果，如图6–103所示。

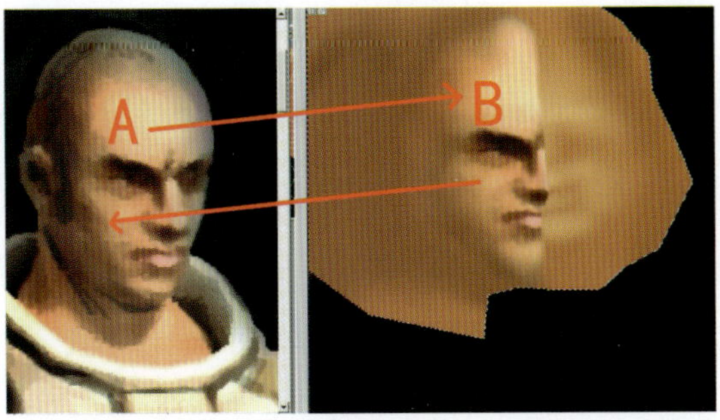

图6–102　绘制男角色头部的基础纹理

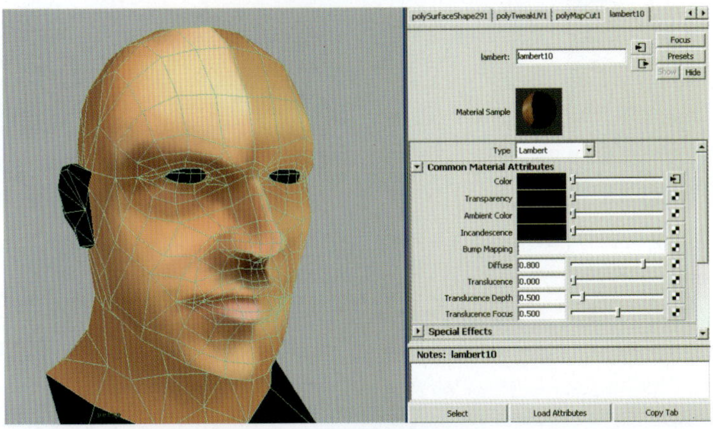

图6–103　模型材质效果

6）同上，根据原画设定图重点绘制对男角色头部右边的材质，注意保持与左边材质的连贯性，如图6–104（a）所示。然后对五官部位的材质进行精细刻画，尽量与原画设定的形象保持一致。再切换到Maya 2010中观察材质显示效果，如图6–104（b）所示。之后，为了更好地表现皮肤材质的真实性，可以将一张现成皮肤的纹理材质与绘制的材质进行合成，效果如图6–105所示，模型的材质效果如图6–106所示。

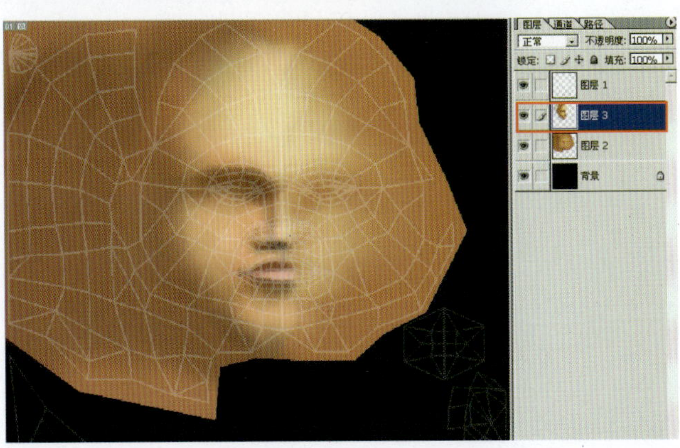

（a）

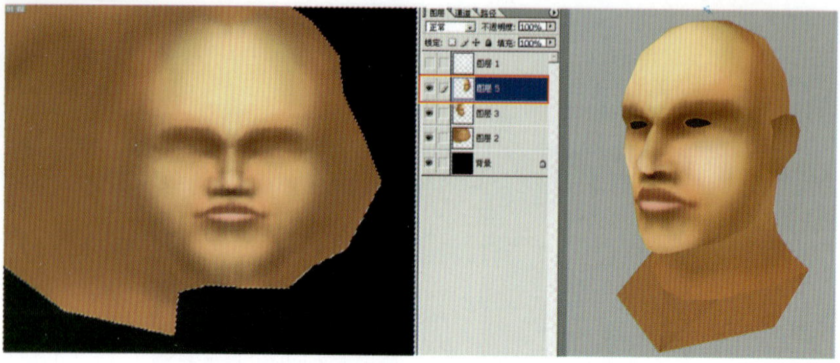

(b)

图 6−104　头部材质的细节效果及绘制

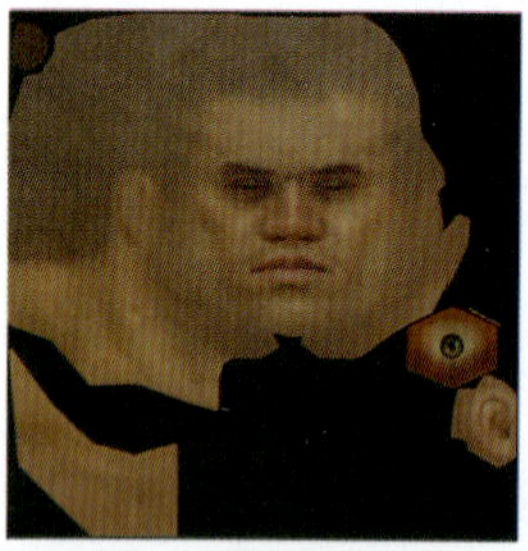

图 6−105　头部最终纹理效果

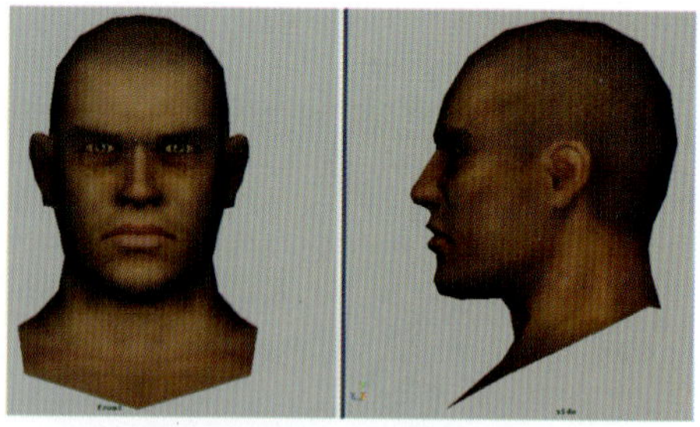

图 6−106　模型最终材质显示效果

提　示

步骤 1）~6）的操作演示详见配套光盘“多媒体视频文件 \ 第 6 章　欧美网络游戏男角色的制作 \c_07_head_t.avi”视频文件。

2．身体贴图的绘制

男角色身体贴图绘制也主要包括提取 UV 线框、绘制基础纹理、刻画材质细节几部分内容。

1）输出身体的 UV 线框。方法同头部 UV 线框的输出，效果如图 6−107 所示。最后将男角色的身体 UV 线框输出为“贴图 \ 第 6 章　欧美网络游戏男角色的制作 \c_07_ body.tga”文件，如图 6−108 所示。

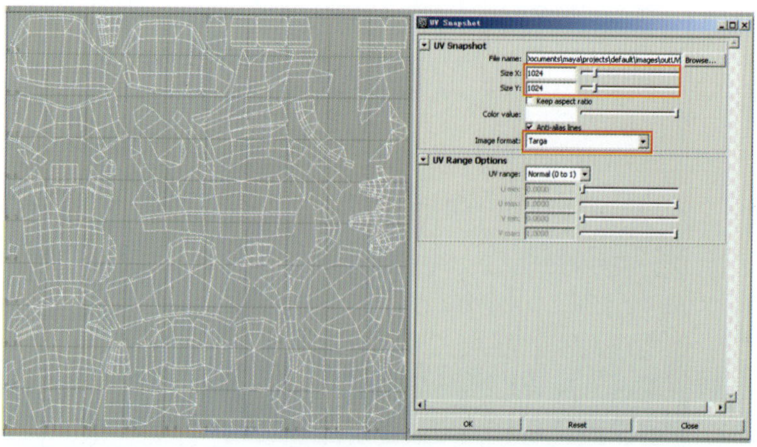

图 6−107　输出男角色身体 UV 的参数设置

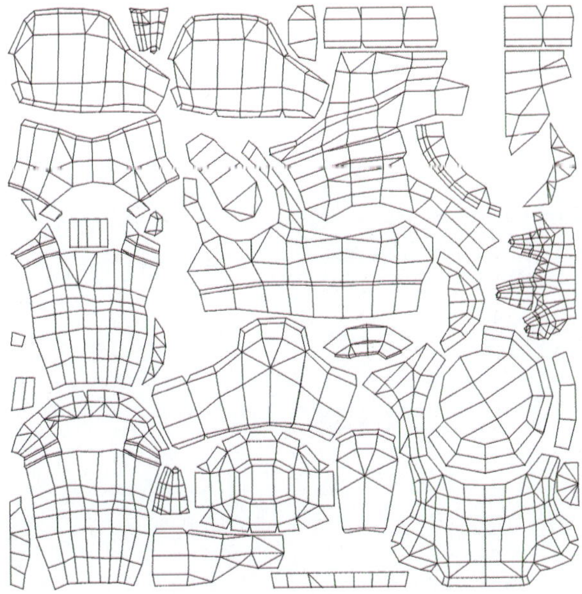

图 6-108　身体的 UV 线框图

2）提取 UV 线框。在 Photoshop 中打开“贴图 \ 第 6 章　欧美网络游戏男角色的制作 \ c_07_body.tga”文件，选择文件菜单中的“选择 | 色彩范围”命令，如图 6-109 中 A 部分所示设置对话框参数，然后使用滴管点取文件中的黑色，如图 6-109 中 B 部分所示，再单击【好】按钮，使男角色的 UV 线框形成选区，如图 6-110 所示。在图层面板创建新图层，使用白色在新图层中填充线框选区，再使用黑色填充背景图层，白色的 U V 线框就被成功提取出来，如图 6-111 所示。把线框图层文件保存为“贴图 \ 第 6 章　欧美网络游戏男角色的制作 \ c_07_body.psd”文件。

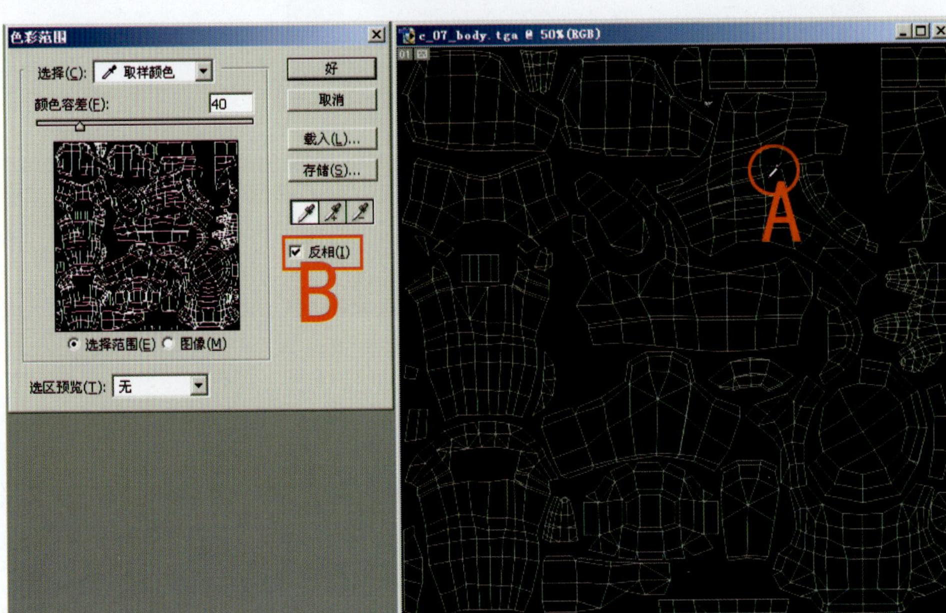

图 6-109　应用色彩范围提取线框的选区

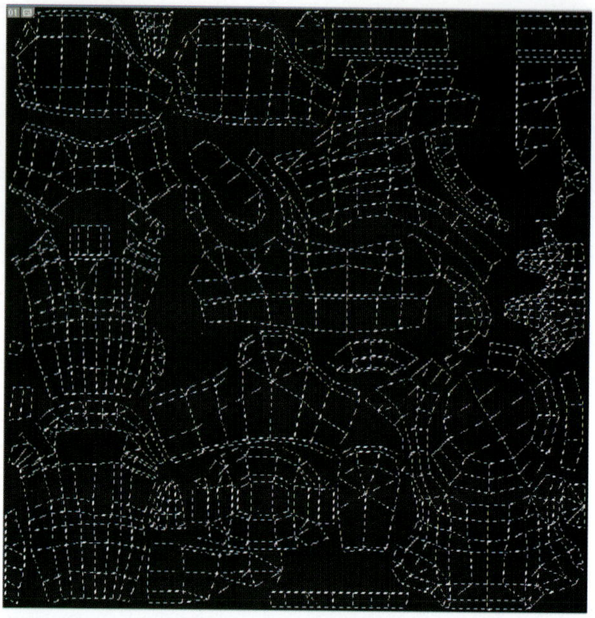

图 6-110　线框选区

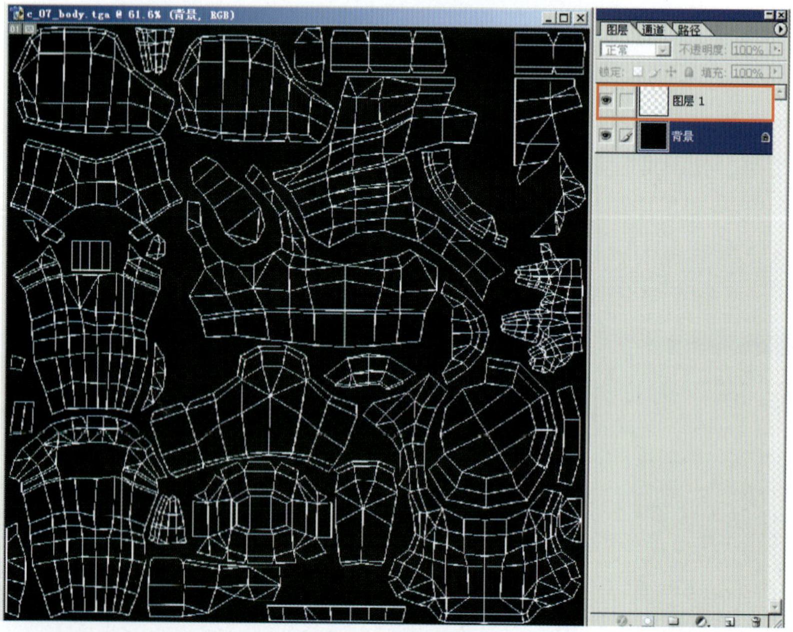

图 6-111　成功提取线框

3）绘制基础纹理。方法：用 Photoshop 打开配套光盘中的“贴图 \ 第 6 章　欧美网络游戏男角色的制作 \ 男角色原画 .jpg”文件，降低线框图层的透明度，方便后面的绘制工作，然后创建新图层，使用（多边形套索）工具沿 UV 线框的形状选出身体装备部分的 UV，使 UV 形成选区，接着按下【Alt】键的同时使用（画笔）工具，在“原画设定 .jpg”文件上单击，吸取身体部分的颜色，再按下【Alt+Delete】组合键将颜色填充到新建图层中，最后使用（画笔）工具绘制出装备的明暗关系。如图 6-112（a）所示。同理，完成身体其他部位基础材质的绘制，如图 6-112（b）所示。

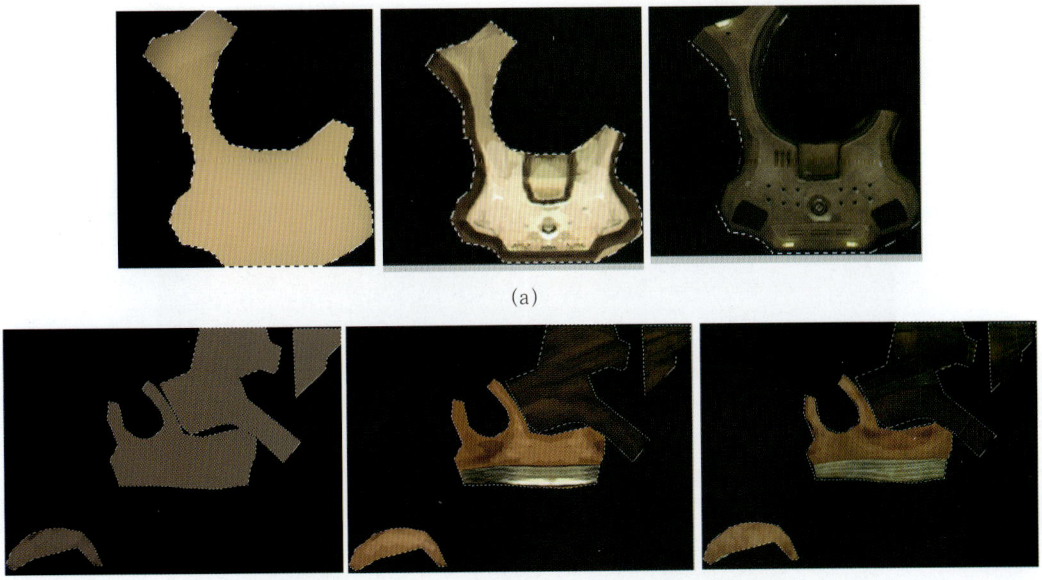

(a)

(b)

图6-112 绘制身体的基础材质

提 示

步骤1）~3）的操作演示详见配套光盘“多媒体视频文件\第6章 欧美网络游戏男角色的制作\c_07_body_t01.avi”视频文件。

4）同上，继续新建图层，然后使用（画笔）工具从原画上吸取颜色，如图6-113中A部分所示。再为每块UV填充不同底色，绘制出基本明暗关系，如图6-113中B部分所示。在手臂材质绘制过程中，尽量采用与原画材质一致的纹理色彩，可以适当截取角色原画的部分纹理作为手臂的基础材质，如图6-113中C部分所示。

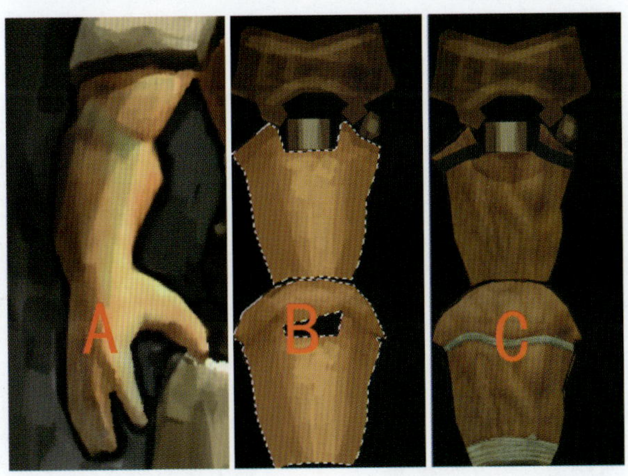

图6-113 绘制手臂材质

5）使用（画笔）工具在不同底色的图层上画出基础纹理，如图6-114中A部分所示，然后使用（多边形套索）工具直接从原画中截取部分装备材质作为绘制纹理的基础，如图6-114中B部分所示。

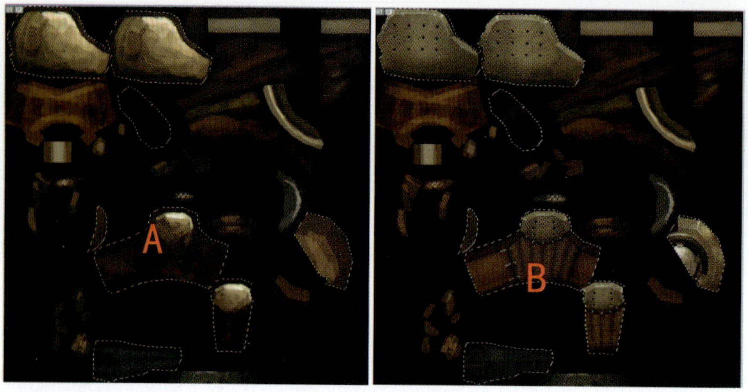

图 6–114　绘制装备基础纹理

6）将绘制的材质指定给完成的模型。回到 Maya 2010 中观察赋予材质后的模型效果，如图 6–115 所示。

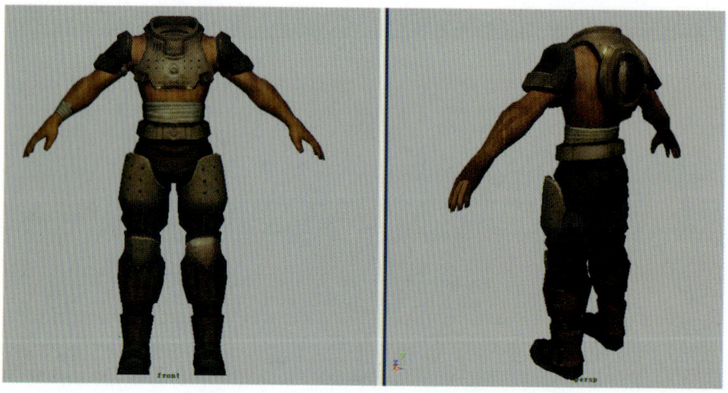

图 6–115　赋予材质后的模型效果

7）同上，根据原画设定图重点对男角色身体各部分的材质进行精细刻画，尽量与原画设定的形象保持一致，如图 6–116（a）所示。刻画完成男角色头部的基本材质之后，为了更好地表现皮肤材质的真实性，可以将一张现成皮肤的纹理材质与绘制的材质进行合成，最终效果如图 6–116（b）所示。

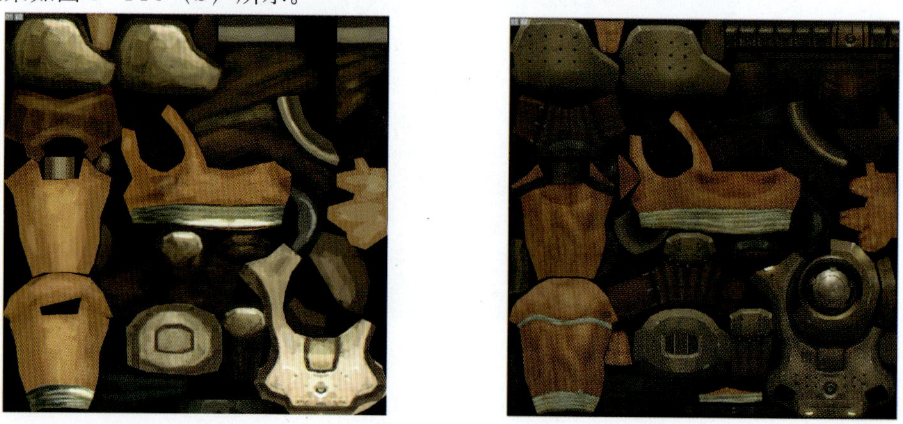

(a)　　(b)

图 6–116　身体材质的细节绘制及完成效果

提 示

步骤4）~7）的操作演示详见配套光盘“多媒体视频文件\第6章 网络游戏男角色的制作\c_07_body _t02.avi”视频文件。

8）至此，整个男性的模型和贴图的制作就全部完成了。把赋予材质后的文件命名为“c_solder02.mb”，保存到“MAYA文件\第6章 欧美网络游戏男角色的制作\”目录中。单击(Render Setting)工具，设置渲染参数，如图6-117所示。然后单击(Render)工具对角色进行渲染。接着按网络游戏的规范制作流程，同原画设计进行比较，再对整个角色进行细节调整。调整完成后，从【Front】视图、【Side】视图和【Persp】视图进行渲染，效果如图6-118所示。

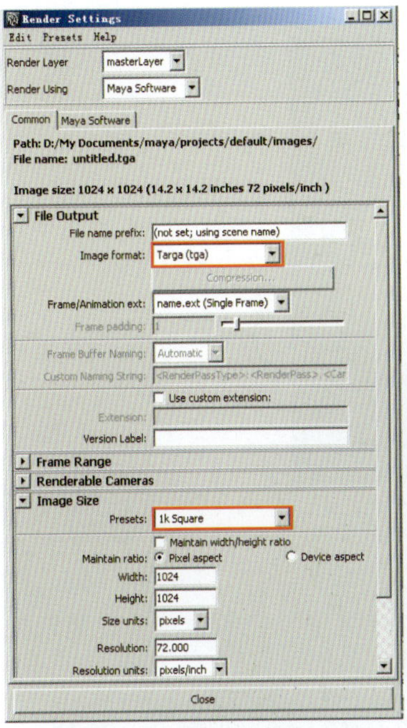

图6-117 渲染参数设置

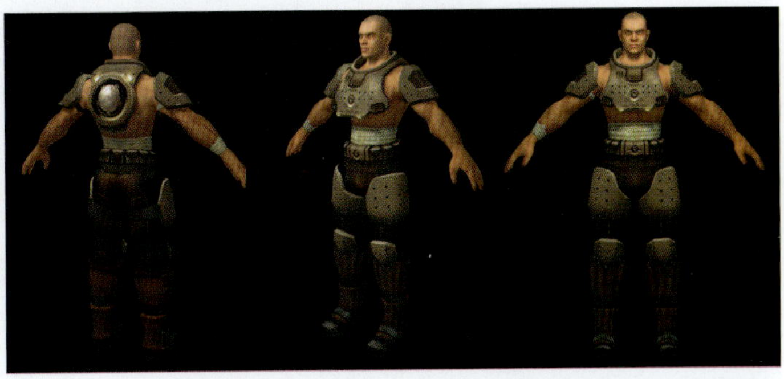

图6-118 男角色模型的最终渲染效果

6.3 角色换装赏析

在游戏中，对一个人物角色来说，最能表现其性格特征的就是服饰。游戏中不同的种族、职业会有不同的服饰。因此在创建模型之前需要考虑角色换装的问题，这样在后面的贴图绘制和动画制作中就可以通过服饰装备的刻画赋予角色强大的生命力。

网络游戏的换装部位可以分解得很细，但充分考虑到游戏资源的优化利用，角色换装主要体现在头和身体2个比较明显的部位。本例为一个网络游戏中具备换装系统的男角色，该角色有2套服装。下面就通过男角色的2套装备在主要部位的更换来观察网络游戏中具备换装系统的角色的效果变化。

1）头部装备的正面变化效果如图 6-119 所示；侧面效果如图 6-120 所示。

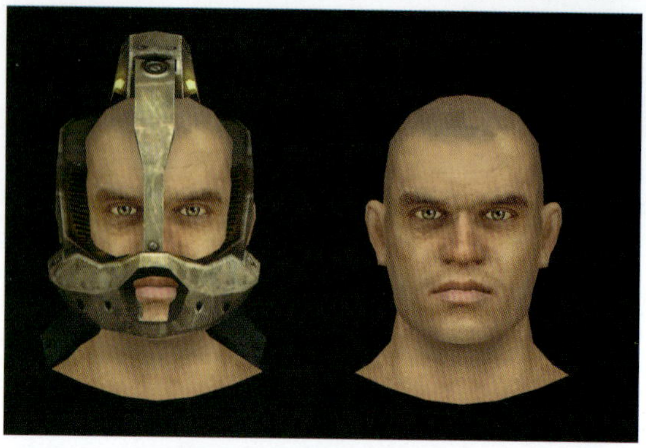

图 6-119　正面变化效果

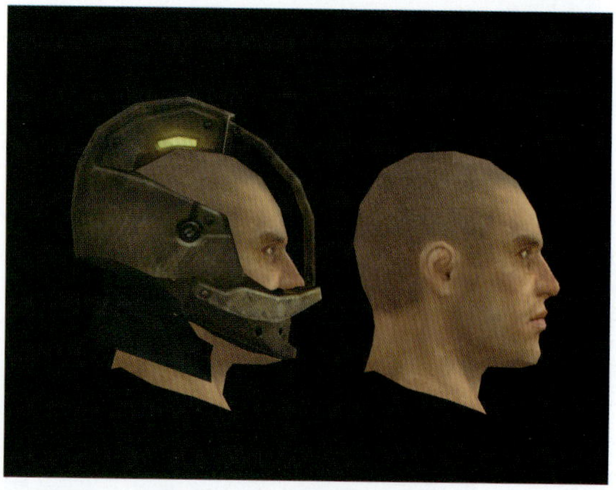

图 6-120　侧面变化效果

2）身体部位换装主要体现在共用一个头部模型和一个 UVW 结构线，却使用不同的贴图纹理，同时身体与装备各个部分接缝位置的顶点完全一致，身体及装备的正面换装效果如图 6-121（a）所示；侧面换装效果如图 6-121（b）所示。

(a)

(b)

图 6-121　身体及装备的正面和侧面换装效果

从以上内容可以看出，按照网络游戏换装规范制作的角色模型的分段贴图效果。角色放置在编辑器中的2套装备效果如图6-122所示。

图6-122　编辑器中男角色换装效果

课后练习

运用本章所学的知识制作一名男战士角色。制作时注意表现男战士的造型特点以及铠甲材质的纹理处理技巧，效果如图6-123所示，工程文件请参考配套光盘“课后练习\第6章\男战士.zip”文件。

图6-123　男战士

Learn more about it!

笔记栏